市民から若手技術者まで(デマンドサイド関係者)のための

# キーナンバーで綴る 環境・エネルギー読本

環境技術交換会(大阪大学名誉教授 水野 稔 ほか) 著

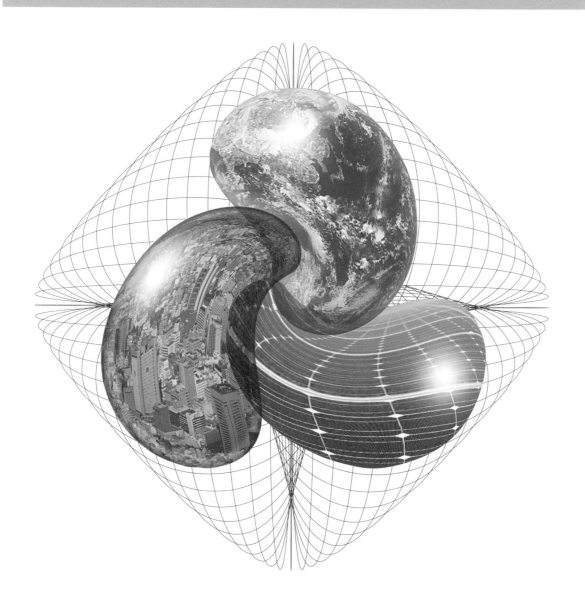

日本工業出版

# 目　次

## 序章　エネルギー・環境の歴史とデマンドサイドシステム構築の重要性 …… 1

### 序.1　エネルギー・環境の歴史 … 3
- 参考　エネルギー・環境関連の年表 … 3
- KN序.01　人類史は補助動力源から「5期」に分けられる … 4
- KN序.02　現代アメリカ人は原始人の約「60倍」のエネルギーに依存 … 5
- KN序.03　「一石四食」（石炭の偉大な貢献と消費量の爆増） … 6
- KN序.04　「第1次」は水力「第2次」は石炭による蒸気力の産業革命 … 7
- KN序.05　熱機関は「1712年」炭鉱生まれの大飯喰らい … 8
- KN序.06　ワットはNC機関の効率を「4倍以上」に高めた … 9
- KN序.07　始まりが「1800年」の近代都市 … 10
- KN序.08　「4,000人」近くが亡くなった1955年のロンドンスモッグ … 10
- KW序.01　「処理インフラ」の形成（環境問題の解決策） … 11
- KN序.09　現代社会の「3大限界」を可視化したローマクラブの報告書 … 12
- KN序.10　オイルショックでは原油価格が約「10倍」に高騰 … 13
- KN序.11　「20世紀後半」に大きく変遷した環境問題 … 13

### 序.2　DS中心社会とDSS技術者の役割（第4世代の都市代謝系構築の視点） … 14
- KW序.02　「規模の経済」巨大化を目指した供給・処理インフラ … 15
- KW序.03　デマンドサイドの問題を指摘したA.ロビンスの「ソフト・エネルギー・パス」 … 16
- KW序.04　「情報発信性」生活のシステムにはきわめて重要 … 17
- KW序.05　「情報発信のないインフラ」等の例 … 18
- KN序.12　目指すは「第4世代」の代謝系都市 … 19
- KW序.06　「スマートコンシューマ」の育成と支援（消費者庁への期待） … 20
- KW序.07　「土木環境工学と建築環境工学」の位置づけの変化 … 21
- KN序.13　「第一」のキーパーソンDSS技術者のあり方 … 22
- KW序.08　デマンドサイド中心社会の「情報整備」を進めよう … 23

### 序.3　本書のフレーム … 24

## 第1章　エネルギーの基礎 … 25

### 1.1　エネルギー関連単位のキーナンバー … 27
- 1.1.1　エネルギーの単位：ジュール［J］ … 28
- KN1.01　1Jは「水1リットルを10.2 cm」持ち上げるエネルギー … 28
- KN1.02　1Jの熱で「水1 cc を 0.24 ℃」温度上昇（水の比熱は約 4.2 kJ/(kg·℃)） … 29
- KN1.03　水の比熱を「1 kcal/(kg·℃)」と決めて熱量が計量されていた … 30
- KN1.04　気体の比熱には「2種類」ある（定圧比熱 $c_p$ と定容比熱 $c_v$） … 31
- 1.1.2　その他の関連する物理量および単位 … 32
- KN1.05　大気圧は水深10 mの水圧とほぼ同じで約「1,000 hPa」（0.1 MPa） … 32
- KN1.06　華氏目盛：「0度は最低気温、100度は血液の温度」 … 32

### 1.2　動力機の能力比較 … 33
- KN1.07　「1Jの仕事を1秒間」にする能力が1W … 33
- KN1.08　1馬力は約「750 W」の仕事能力（英馬力HPと仏馬力PS） … 34

|  |  |  |  |
|---|---|---|---|
|  | KN1.09 | 人間は約「0.1馬力」（火事場のくそ力は1馬力？）…動力機の能力比べ | 34 |
|  | KN1.10 | 補助単位として「1 MP（人力）= 75 W」の提案 | 35 |
|  | KN1.11 | 動力源としての馬の効率は人間の「3倍」 | 36 |
|  | KN1.12 | 古典的風水車の最大馬力は約「15馬力」程度で24時間稼動 | 37 |
| 1.3 | エネルギー源としての燃料 | | 38 |
|  | KN1.13 | 石油系の燃料の発熱量は単位質量あたりではほぼ一定の約「44 MJ/kg」 | 38 |
|  | KN1.14 | HHVはLHVより液体・固体燃料で約「5%」、気体燃料で「10%」大 | 39 |
|  | KN1.15 | 1 kgあたりの発熱量は炭素が約「34 MJ」、水素は約「120 MJ（LHV）」 | 40 |
|  | KN1.16 | 同じエネルギー量なら灯油の容積は石炭の「1.4分の1」 | 41 |
| 1.4 | 熱と仕事の相互変換 | | 42 |
|  | 1.4.1 | 熱から仕事を取り出す（熱機関） | 43 |
|  | KN1.17 | 熱から仕事を取り出す熱機関には「5つの要素」が必要 | 44 |
|  | KN1.18 | 1000℃と20℃の温度差から取り出せる最大仕事の効率は「77%」 | 45 |
|  | KN1.19 | 「二つ」の法則による熱エネルギーの「二つ」の評価方法 | 46 |
|  | KN1.20 | 「第二」法則はエネルギーの質の低下法則 | 47 |
|  | KN1.21 | 電気エネルギーは「100%」がエクセルギー（エクセルギーの計算方法） | 47 |
|  | KN1.22 | 現実的な熱機関は理論効率の「30%」程度 | 48 |
|  | 1.4.2 | 仕事から熱への合理的な変換（熱ポンプ） | 49 |
|  | KN1.23 | ヒータの「4〜5倍」の熱が出るヒートポンプ | 50 |
|  | KN1.24 | 0℃室外から20℃の室内への熱ポンプの理論COPは約「15」 | 51 |
|  | KN1.25 | 現実の熱ポンプには「4つ」の基本要素がある | 52 |
|  | KN1.26 | 熱ポンプに関する「4つの」補足的話題 | 53 |
|  | 1.4.3 | 冷熱の製造 | 54 |
|  | KN1.27 | 室内26℃、室外30℃の冷房機の理論COPは「75」と大きいが、現実は？ | 54 |
|  | KN1.28 | 冷媒選定には「5因子」の考慮が必要 | 55 |
|  | KN1.29 | 「1冷凍トン」は1トンの0℃の水を24時間で0℃の氷にする能力 | 55 |
|  | KN1.30 | 空調用冷却塔の1トン（冷却トン）は約「4,500 W」 | 56 |
|  | KN1.31 | 湿式放熱の潜熱は顕熱の約「4倍」（冷房排熱） | 56 |
| 1.5 | 熱エネルギーおよびエネルギー変換プロセスの評価 | | 57 |
|  | KN1.32 | "「50%」のエネルギーを海に捨てる火力発電"という評価について | 57 |
|  | KN1.33 | 温水ボイラのエンタルピー効率は「80%」、エクセルギー効率は「10%」 | 58 |
|  | KN1.34 | ボイラで損失の約「8割」…発電プラントのエクセルギーフロー図 | 59 |
|  | KN1.35 | 民生部門の効率「80% or 13%」…日本の人工エネルギーの流れ図 | 60 |

## 第2章 エネルギー資源　61

|  |  |  |  |
|---|---|---|---|
|  | KN2.01 | 地球に来る太陽エネルギーは人類消費の「1万倍」 | 63 |
| 2.1 | 世界のエネルギー資源 | | 64 |
|  | KN2.02 | 化石燃料全体の可採年数（R/P比）は「74年」（2012年） | 64 |
|  | KN2.03 | シェア「48%」の中国が牽引する石炭消費 | 65 |
|  | KN2.04 | 石炭は石炭化の段階で「4種類」がある | 65 |
|  | KN2.05 | 中東の生産比率「30%」（偏在する石油資源） | 66 |
|  | KN2.06 | ロシアとアメリカで「40%」を生産の天然ガス（NG）資源 | 66 |
|  | KN2.07 | ウラン資源のR/P比は約「110年」（2010年） | 67 |

|  |  |  |  |
|---|---|---|---|
|  | KN2.08 | 現在のNGの「5倍」のシェールガス埋蔵量（非在来型資源） | 68 |
| 2.2 | 世界の再生可能エネルギー（再エネ）利用状況 |  | 69 |
|  | KN2.09 | 原発1基相当：設備容量「100万kW」、年発電量「65億kWh」 | 69 |
|  | KN2.10 | 世界の総発電設備容量は原発「5460基」相当、総発電量は「3364基」相当 | 70 |
|  | KN2.11 | 世界の一次エネルギーにおける再エネの割合は「20%」程度 | 70 |
|  | KN2.12 | 世界の再エネ発電設備は水力が原発「960基」相当、その他はその半分 | 71 |
|  | KN2.13 | 原発「100基」相当を越えたPVの発電設備容量、風力はその2.8倍 | 71 |
| 2.3 | 日本のエネルギー源 |  | 72 |
|  | KN2.14 | 原子力がなければ自給率「4.4%」 | 72 |
|  | KN2.15 | 石油の中東依存度は「80%」以上 | 73 |
|  | KN2.16 | 石炭の自給率は今や「0.06%」 | 73 |
|  | KN2.17 | 中東依存度が「30%」弱と地政学的リスクの低い天然ガス | 74 |
|  | KN2.18 | 長期契約で「49年」ぶんが確保されたウラン資源 | 74 |
| 2.4 | 日本の再生可能エネルギー資源 |  | 75 |
|  | KN2.19 | 再生可能エネルギーでシェア「35%」、2030年の導入見込み | 76 |
|  | KN2.20 | 豊富な資源のわが国の地熱、現有設備容量はその「3%」未満 | 77 |
|  | KN2.21 | 日本の土地1 $m^2$ に入射する年間太陽熱は約「540万kJ」 | 77 |
| 2.5 | 代表的な再エネの利用システム |  | 78 |
|  | 2.5.1 | 太陽エネルギーの利用 | 78 |
|  | KN2.22 | 太陽に向けた面には快晴時約「1 kW/$m^2$」のエネルギーが当たる | 78 |
|  | KN2.23 | 現状の太陽電池の電力変換効率は「16%」 | 79 |
|  | KN2.24 | 家庭用システムの標準は能力「3kW」で面積は約「20 $m^2$」 | 79 |
|  | KN2.25 | 平板式太陽熱集熱器の効率は「50〜55%」程度 | 80 |
|  | KN2.26 | 太陽熱発電の必要面積は太陽光発電の「3倍」 | 81 |
|  | KN2.27 | 太陽熱温水器の集熱面積は「2〜4 $m^2$」、集熱効率「40〜50%」 | 81 |
|  | 2.5.2 | 風力発電 | 82 |
|  | KN2.28 | 平均風速5 m/s以上の地域で容量「3,500万kW」のポテンシャル | 82 |
|  | KN2.29 | 大型風車の発電量は年間約「1 MWh/kW」…太陽光と同程度 | 82 |
|  | KN2.30 | 直径70 m円で風速10 m/sは約「2,000 kW」の運動エネルギー | 83 |
|  | 2.5.3 | 都市未利用熱源の活用 | 84 |
|  | KN2.31 | 都市廃熱等には「三つ」のレベルの熱がある | 84 |
|  | KN2.32 | ごみ、下水でそれぞれで都市の熱需要の28%の熱が賦存（理論未利用エネルギー量） | 85 |
|  | KN2.33 | ウィーンでは燃料専焼「4%」の地域暖房を実現（廃熱幹線の意味） | 86 |
|  | KN2.34 | ごみ焼却発電の効率は平均「15%」程度でかなり低い | 87 |
|  | KN2.35 | 約「15 ℃」と安定熱源の地下水（年平均気温にほぼ等しい） | 88 |
|  | 2.5.4 | その他 | 89 |
|  | KW2.01 | 「FIT」再エネ利用の促進制度 | 89 |
|  | KW2.02 | 「PURPA法」アメリカの分散型電源の普及に寄与 | 90 |
|  | KN2.36 | 水素は資源ではなく「三次」エネルギー | 90 |
|  | KW2.03 | 「水素社会計画」日本政府の計画 | 91 |

# 第3章　日本のエネルギー供給システム　93

3.1　電力供給システム　95

|  |  |  |  |
|---|---|---|---|
| | KN3.01 | 現状は「10 電力」体制（歴史的概観） | 95 |
| | KN3.02 | 日本の電力事業者には「6 類型」がある | 96 |
| | KN3.03 | 電力用一次エネルギーは国全体の「45%」で、石油は 10% 以下 | 96 |
| | KN3.04 | 年間総発電量は「1 兆 kWh」、最大電力は「1.75 億 kW」 | 97 |
| | KN3.05 | 電力負荷率は約「66%」（低負荷率問題と平準化対策） | 97 |
| | KN3.06 | 設備容量は約「2 億 4 千万 kW」 | 98 |
| | KN3.07 | 原子力と石炭発電の利用率は約「70%」（ベース電源） | 98 |
| | KN3.08 | 望ましい電力設備の予備率は「10 ～ 15%」 | 99 |
| | KN3.09 | 自家発電設備は約「5,000 万 kW」 発電量は「2,000 億 kWh」 | 99 |
| | KN3.10 | 新鋭火力発電は効率「60%」程度を達成 （GT-ST コンバインド発電） | 100 |
| | KN3.11 | 原子力発電の効率は「30%」強で、残りは海に放出 | 101 |
| | KN3.12 | 効率が約「70%」の揚水発電（サプライサイドの蓄電装置） | 101 |
| | KN3.13 | 1kWh の発電排熱に海水「154 リットル（火力）～ 230 リットル（原子力）」が必要 | 102 |
| | KN3.14 | 電圧が「50 万 V ～ 2 万 2 千 V」の送電網 | 103 |
| | KN3.15 | 「2020 年」に発送電分離（電力自由化の動向） | 104 |
| | KN3.16 | PPS は「30 分」の同時同量で対応 | 104 |
| 3.2 | 都市ガス供給システム | | 105 |
| | KN3.17 | ガス供給事業は「1872 年」開始で用途は照明（歴史的概観） | 105 |
| | KN3.18 | ガス事業には「3 類型」がある | 106 |
| | KN3.19 | 都市ガスの搬送には「3 つ」の圧力レベルがある | 106 |
| | KN3.20 | 13A と 12A で「99.9%」を占める （都市ガスの種類） | 107 |
| | KN3.21 | 単位体積当たりの発熱量で LPG は都市ガス 13A の約「2.3 倍」 | 107 |
| 3.3 | 石油・石炭の供給システム | | 108 |
| | KN3.22 | タンカー「3 隻で 1 日分」のオイルを輸送 | 109 |
| | KN3.23 | 石油の備蓄は「207 日」ぶん | 109 |
| | KN3.24 | 原油の精製で「5 種」の製品を製造 | 110 |
| 3.4 | 地域冷暖房システム | | 111 |
| | KN3.25 | 日本では「1970 年」大阪万博の地域冷暖房で開始（歴史的概観） | 112 |
| | KN3.26 | 熱供給事業法は「21 GJ/h」以上の規模に適用 | 112 |
| | KN3.27 | 地域冷暖房の「11」のメリット | 113 |
| | KW3.01 | 地域熱供給の「ネットワーク化」 | 114 |
| | KN3.28 | エネルギーの面的利用の「3」類型 | 115 |
| | KW3.02 | 供給インフラとしての「地域冷暖房のあり方」 | 115 |

# 第 4 章　マクロエネルギー消費とデマンドサイド対応の概要 ……117

|  |  |  |  |
|---|---|---|---|
| 4.1 | 世界とその中での日本の一次エネルギー等の消費 | | 119 |
| | KN4.01 | 日本の電力の一次エネ換算値は「昼 9,970、夜 9,280 kJ/kWh」 | 119 |
| | KN4.02 | エネルギー消費（石油相当）は 1 人 1 日世界「6 リットル」、日本「11 リットル」 | 120 |
| | KN4.03 | 世界の総消費は 1965 年から「年率 2.6%」の伸び率で増加 | 120 |
| | KN4.04 | 近年の日本のエネルギー消費の伸びは「5 期」に分かれる | 121 |
| | KN4.05 | 化石燃料の割合は世界では「80%」、日本では「94%（2013 年）」 | 121 |
| | KN4.06 | 日本の石油依存度は「東日本震災前 40%、震災後 45%」 | 122 |
| | KN4.07 | 生産のエネルギー効率世界「2 位」の日本 | 122 |

|  |  |  |  |
|---|---|---|---|
| | KN4.08 | 日本の電力消費は家庭：業務：産業がほぼ「3：3：4」 | 123 |
| | KN4.09 | 産業：民生：運輸＝「4：3：2」日本の部門別エネルギー消費 | 123 |
| 4.2 | MEU、MWUによる日本人のエネルギー等消費の概観 | | 124 |
| | KN4.10 | 基礎代謝量は成人「男性1,500 kcal/日、女子1,200 kcal/日」 | 124 |
| | KN4.11 | 必要摂取カロリーは基礎代謝量の「1.5～2倍」 | 125 |
| | KN4.12 | 生物としての人間が必要なエネルギーは約「100 W」（1MEUと定義） | 125 |
| | KN4.13 | 日本で生活に消費する一次エネルギーは「60MEU」 | 126 |
| | KN4.14 | 家庭での直接消費は「9MEU」 | 126 |
| | KN4.15 | 生物として人間を支える水1MWU＝「2.5リットル/日」 | 127 |
| | KN4.16 | 家庭生活の物質収支と都市の「供給・処理インフラの容量」 | 127 |
| 4.3 | デマンドサイド対応の動き | | 128 |
| | KN4.17 | 日本の省エネ法のはじまりは「1979年」（省エネ法の変遷） | 128 |
| | KN4.18 | 年間消費量「1,500キロリットル」（原油換算）以上の事業者は義務あり | 129 |
| | KN4.19 | エネルギー消費量の「60％」を占める中小事業者対応がカギ | 129 |
| | KN4.20 | トップランナー機器は「28種」で家庭用エネルギー消費の約「7割」をカバー | 130 |
| | KW4.01 | 「メガワットとネガワット」「発電所と節電所」 | 131 |
| | KW4.02 | 「エネルギーマネジメント」はデマンドサイドのキーワード | 132 |
| | KW4.03 | デマンドサイドを中心とする「新ビジネス」 | 133 |
| 4.4 | 分散型電源（デマンドサイドの発電システム） | | 134 |
| | KN4.21 | CGSは「二つ以上」の形態のエネルギーをつくる | 134 |
| | KW4.04 | コージェネは電力会社のアイデア「米国と欧州のCHPの変遷」 | 135 |
| | KN4.22 | 住宅用コージェネ発電は「1 kW」、太陽光発電は「3 kW」その違いは？ | 135 |
| | KW4.05 | マイクログリッドは「Good Citizen」の発想がベース | 136 |
| | KW4.06 | デマンドサイドシステムとしての「コージェネシステム（CGS）の評価」 | 137 |

## 第5章　家庭部門でのエネルギー消費とその改善　　139

|  |  |  |  |
|---|---|---|---|
| 5.1 | マクロ消費状況とトレンド | | 141 |
| | KN5.01 | 家庭用エネルギー消費は最終エネルギー消費の約「14％」 | 141 |
| | KN5.02 | 20世紀後半に家庭用エネルギー消費は年率「2.8％」の増加 | 142 |
| | KN5.03 | 暖房・給湯用エネルギー消費は約「50～60％」（用途別のシェア） | 143 |
| | KN5.04 | 日本はアメリカの約「1/2」以下（家庭用エネルギー消費の国際比較） | 144 |
| | KN5.05 | 家庭用の電力化率は約「50％」（エネルギー源の推移） | 145 |
| 5.2 | 多様性のある家庭用エネルギー消費 | | 146 |
| | KN5.06 | 一人住まいは4～6人世帯の一人あたりの約「1.8倍」のエネルギー消費 | 146 |
| | KN5.07 | 世帯数は2015年にピークで「5000万」強、平均人数2.4人 | 147 |
| | KN5.08 | 北海道は全国平均の「1.7倍」のエネルギーを消費 | 148 |
| | KN5.09 | 集合住宅は戸建て住宅の「50～70％」のエネルギー消費 | 149 |
| | KN5.10 | 同じような条件の家庭でも「4倍」も違うエネルギー消費 | 149 |
| | KN5.11 | 1世帯の電力消費は「1日に10 kWh」（月に300 kWh） | 150 |
| | KN5.12 | 家庭用契約電流で一番多いのは「30アンペア」 | 150 |
| | KN5.13 | 住宅の熱需要原単位は「20～25 GJ/（世帯・年）」 | 151 |
| 5.3 | 家電機器のエネルギー消費と省エネ化 | | 152 |
| | KN5.14 | 冷蔵庫の消費電力は1995年ころの「1/（4～5）」：家電の効率の向上動向 | 153 |

|       |            |                                                                                                 |      |
| :---- | :--------- | :---------------------------------------------------------------------------------------------- | ---: |
|       | KN5.15     | LED電球の消費電力は白熱電球の「1/5」                                                              | 154  |
|       | KN5.16     | JISの年間エアコン運転候補日は冷房112日、暖房169日                                                | 155  |
|       | KN5.17     | トップランナー方式の導入により家庭の電気代は約「27%」節約                                        | 155  |
|       | KN5.18     | 待機電力で年間「7,400円」の電気代を負担                                                          | 156  |
| 5.4   | 家庭における水消費と給湯エネルギー                                                                              | 157  |
|       | KN5.19     | 家庭での最大の水消費はトイレ水の「28%」                                                          | 157  |
|       | KN5.20     | 給湯用エネルギーは家庭用の最大用途で灯油「約1 1/2ℓ/（日・世帯）」                                  | 158  |
|       | KN5.21     | ヒートポンプ給湯器の一次エネルギー効率は「100%」を越える                                          | 159  |
|       | KN5.22     | シャワー「20分」で浴槽1杯分の湯を消費                                                            | 160  |

## 第6章　業務部門でのエネルギー消費とその改善 ... 161

|       |            |                                                                                                 |      |
| :---- | :--------- | :---------------------------------------------------------------------------------------------- | ---: |
| 6.1   | 業務系のエネルギー消費の動向                                                                                     | 163  |
|       | KN6.01     | エネルギー消費は全体の「19%」で、1990年から「年率1.7%」の増加                                      | 163  |
|       | KN6.02     | 事務所ビルのエネルギー消費原単位は平均「1.7 GJ/（m²・年）」（業種別消費）                          | 163  |
|       | KN6.03     | オフィスビルの用途別は動力・照明用が「49%」で一位                                                 | 164  |
|       | KN6.04     | 電力が「50%」強（業務用のエネルギー源）                                                          | 164  |
| 6.2   | 業務系エネルギー使用量を左右する要因                                                                            | 165  |
|       | KN6.05     | エネルギー消費に関わる「七つ」のトピックス                                                        | 165  |
|       | KN6.05 (1) | 冷房時の室温は28℃に…適切な室内環境の実現                                                          | 165  |
|       | KN6.05 (2) | 事務所ビルの床面積は0.9%の微増…増加はいつ止まるか                                                 | 166  |
|       | KN6.05 (3) | システムの省エネ化がキー                                                                         | 166  |
|       | KN6.05 (4) | パソコンOFFで年間1万円削減…オフィス機器の電力消費                                                 | 167  |
|       | KN6.05 (5) | LED改修で83%の削減実績…LEDランプは普及するか                                                     | 167  |
|       | KN6.05 (6) | 15%節電に向けて…中小業務ビルの節電対策                                                           | 168  |
|       | KN6.05 (7) | 契約電力比率は50%…契約電力量と電気料金の関係                                                      | 169  |
| 6.3   | ZEB（ネット・ゼロ・エネルギービル）                                                                             | 170  |
|       | KN6.06     | 「ネット・ゼロ」への世界競争始まる                                                                | 170  |
|       | KN6.06 (1) | 最後の「28%」は太陽光発電…ZEBに至る様々な省エネ技術                                              | 171  |
|       | KN6.06 (2) | ZEBはすべて社会人の役割発揮が求められる国民運動                                                  | 171  |
|       |            | ZEB　海外事例－1（米国・レガシーセンター）                                                         | 172  |
|       |            | ZEB　海外事例－2（米国・オバーリン大学）                                                            | 172  |
|       |            | ZEB　海外事例－3（米国・国立再生可能エネルギーセンター）                                             | 173  |
| 6.4   | 建築由来の環境負荷を減らす方策                                                                                   | 173  |
|       | KN6.07     | 環境負荷を減らす「5つ」の方策                                                                     | 173  |
|       | KN6.07 (1) | 建物のインプットとアウトプットを減らす（地球環境問題対応）                                        | 174  |
|       | KN6.07 (2) | 断熱と遮光からスタート（方策1　省エネルギー・その1）                                               | 174  |
|       | KN6.07 (3) | 自然の光や風を取り込む（方策1　省エネルギー・その2）                                               | 175  |
|       | KN6.07 (4) | エネルギーを無駄なく使う（方策1　省エネルギー・その3）                                             | 175  |
|       | KN6.07 (5) | 100年建築（方策2　建物のロングライフ化）                                                          | 176  |
|       | KN6.07 (6) | 人と自然に害0の材料（方策3　エコマテリアルの採用）                                                 | 176  |
|       | KN6.07 (7) | 都市環境に害0（方策4　リサイクル、廃棄物削減・適正処理）                                           | 177  |
|       | KN6.07 (8) | 緑、水にあふれた美しい街（方策5　環境保全・景観形成）                                              | 178  |
|       | KN6.08     | 環境負荷「1/2」を達成して（時を越えて活きる建築・都市）                                            | 178  |

| | KW6.01 | 建築設計…「サステナブル・アーキテクチャー」 | 179 |
|---|---|---|---|
| 6.5 | | 建築設備技術者が知っておきたい新技術 | 180 |
| | KN6.09 | 知っておきたい「9つ」の新技術 | 180 |
| | KN6.09(1) | 自然エネルギー利用…建築設備・環境 | 180 |
| | KN6.09(2) | データセンターの空冷式分散空気調和機…空調・換気1 | 181 |
| | KN6.09(3) | タスク・アンビエント空調…空調・換気2 | 181 |
| | KN6.09(4) | SI住宅の合流式排水システム…給排水・衛生1 | 182 |
| | KN6.09(5) | 直列多段増圧給水システム…給排水・衛生2 | 182 |
| | KN6.09(6) | 多様化電力供給システム…電気1 | 183 |
| | KN6.09(7) | オフィスビルの高効率・長寿命照明…電気2 | 184 |
| | KN6.09(8) | 長周期地震動への対応…輸送設備 | 184 |
| | KN6.09(9) | BCP、スマートグリッド…最近の話題 | 185 |
| 6.6 | | ビルのエネルギー・物質フローと関連設備…建築設備・設計講座（1万㎡オフィスビル） | 186 |
| | KN6.10 | 建築設備設計は「4分野」で「3段階」からなる | 186 |
| | KN6.11 | 1万$m^2$オフィスには平均「650人」が在住（建築物概要） | 187 |
| | KN6.12 | 「冷房2600、暖房1200 GJ/年」（空調・換気―その1） | 187 |
| | KN6.13 | 「熱源　1000 kW、空調機　150 kW」（空調・換気―その2） | 188 |
| | KN6.14 | 上水、雑用水　ともに1日「30 $m^3$」（給排水・衛生） | 188 |
| | KN6.15 | 受変電「1,850 kVA」（電気　その1） | 189 |
| | KN6.16 | 最大需要電力「730 kW」（電気　その2） | 189 |
| | KN6.17 | エレベータ「15 kW×3台」（輸送設備） | 190 |
| | KN6.18 | 年あたり電力「200万 kWh」、水「1万 $m^3$」（エネルギー・物質収支） | 190 |

# 第7章　エネルギーと環境　191

| 7.1 | | 気候一般とエンジニアリング | 193 |
|---|---|---|---|
| | KN7.01 | 地球がバスケットボールなら大気層はわずか「0.3 mm」 | 194 |
| | KN7.02 | 対流圏の標準大気は高度「100 mで0.6℃」気温が下がる（気温減率） | 195 |
| | KN7.03 | 中立大気の気温減率は「100 mで1℃」（断熱減率） | 195 |
| | KN7.04 | 大気の気温減率に関連する［5つ］の話題 | 196 |
| | KW7.01 | 物体の温度は「平衡温度」を目がけて変化する | 197 |
| | KN7.05 | 地球の放射平衡温度は「-20℃」、実際の平均温度は「15℃」 | 198 |
| | KW7.02 | 「地表面熱収支」 | 199 |
| 7.2 | | 地球温暖化 | 200 |
| | KW7.03 | 「生死の違い」はどこにある？…生きた星・地球、死んだ星・月 | 201 |
| | KN7.06 | 1950年から50年間で地球平均気温は「0.6℃」上昇 | 202 |
| | KN7.07 | 産業革命前「280ppm」、現在「400ppm」（二酸化炭素濃度） | 202 |
| | KN7.08 | 温度上昇目標「2℃以内」、二酸化炭素濃度の目標「550ppm」 | 203 |
| | KN7.09 | 地球温暖化が化石燃料利用の「第1」の制約？ | 203 |
| | KN7.10 | 人為的温室効果ガスのうち二酸化炭素が日本では「95%」 | 204 |
| | KN7.11 | 世界の二酸化炭素排出量は年間約「300億トン」（一人あたり4.3トン） | 204 |
| | KN7.12 | 日本の二酸化炭素排出量は年間一人約「10トン」 | 205 |
| | KN7.13 | 「一人一日1 kg」の二酸化炭素削減（家庭生活での目標）：「18%」の削減 | 205 |
| | KN7.14 | 都市ガスの二酸化炭素排出量は、石油の「4/5」で、石炭の「2/3」 | 206 |

| KN7.15 | 炭素トン当りは二酸化炭素トンあたりの「3.7倍」 | 206 |
| KN7.16 | 全原発停止で「4割」アップ（電力の二酸化炭素排出係数） | 207 |
| KN7.17 | 二酸化炭素税トン「千円」でエネルギーコストはどうなる？ | 208 |
| KN7.18 | すでに「22回」行われているCOP（国際的取組みの概要） | 208 |
| KN7.19 | 削減単価「0円以下」が多い省エネ関係対策 | 209 |
| KN7.20 | 日本の目標の限界削減コストは「$500/$CO_2$トン」程度（各国対策目標の比較） | 210 |
| KN7.21 | 京都メカニズムは削減8.4%の「5.9%」（日本のCOP3目標達成内訳） | 211 |
| KN7.22 | 地球温暖化に対する「二つ」の対策（緩和策と適応策） | 212 |
| KN7.23 | IEAでは2050年に$CO_2$削減に対するCCSの寄与を「14%」としている | 212 |
| KN7.24 | 冷媒が関係する「2つ」の地球環境問題（オゾン層破壊と温暖化） | 213 |

## 7.3 都市温暖化（ヒートアイランド）問題 …… 214

| KN7.25 | 100万人都市のヒートアイランド強度は「8〜11℃」程度 | 215 |
| KN7.26 | ニューヨーク市の都市大気ドームの高さは平均「300 m」 | 216 |
| KN7.27 | 東京の日最低気温の上昇は日最高気温の約「5倍」（HIの時間特性） | 217 |
| KW7.04 | 典型的HIは「夜間現象」（ターゲットは熱帯夜の削減） | 218 |
| KW7.05 | 夜間に強くなるHIの「メカニズム」 | 219 |
| KN7.28 | 大気熱負荷の気温感度は夜間には日中の「数倍」 | 220 |
| KN729 | 熱代謝無配慮都市には「5項目」がある | 221 |
| KW7.06 | 「発汗都市」熱代謝と水代謝の連携強化の勧め | 222 |
| KN7.30 | 気温30℃で、1℃の気温低下と相対湿度「1.5%」増加が等価 | 223 |
| KN7.31 | 緑のHI緩和効果には「2要因」がある | 223 |
| KN7.32 | 海風の到達で「2〜5℃」の気温が低下（風通しのよい都市） | 224 |
| KW7.07 | 都市の「熱的軽量化」 | 224 |
| KW7.08 | 「熱を捨てる」をエンジニアリングの対象に位置付ける | 225 |
| KW7.09 | 「冷房はエセ環境技術」か？ 室内も室外も気温を下げる湿式放熱冷房 | 226 |
| KW7.10 | 「太陽熱の反射・遮蔽」 | 227 |
| KW7.11 | 大気熱負荷と「ヒートアイランド熱負荷」 | 227 |
| KN7.33 | 大阪では「20 W/$m^2$」の大気熱負荷削減（HI対策にも行動目標が必要） | 228 |
| KN7.34 | 100 $m^2$の土地の住人は1晩でバケツ「1杯」の打ち水をしよう | 228 |
| KN7.35 | 夜間には一次破壊系熱は二次破壊系熱の「5〜8倍」大きい | 229 |
| KW7.12 | 「大気熱負荷を基礎情報とするHI対策体系」の確立 | 229 |
| KN7.36 | ヒートアイランド対策の「2つ」のカテゴリ（緩和策と適応策） | 230 |

# 第8章 エネルギー関連のコストとシステムの経済的評価 …… 231

## 8.1 経済性 …… 233

| KN8.01 | わが国1人あたりの化石燃料輸入額は「年24万円」 | 233 |
| KW8.01 | ベースは「原油価格」一次エネルギーのコスト | 234 |
| KN8.02 | 「二次エネルギーのコスト（熱量ベース）」（演習題） | 235 |
| KN8.03 | 石油火力は他の燃料よりも「2倍以上」の発電コスト | 236 |
| KN8.04 | 燃料費は電気料金の約「35%」 | 237 |
| KN8.05 | ネガワットのコストはすべて「0円以下」？ | 238 |
| KN8.06 | わが国のガソリン税は「リットル58円」 | 239 |
| KN8.07 | 日本の環境税は二酸化炭素トンあたり「289円」 | 240 |

|  |  |  |  |
|---|---|---|---|
| | KN8.08 | 風呂沸かしには約「20MJ」のエネルギーが必要（演習題） | 241 |
| | KN8.09 | エアコンの暖房費は石油の約「1/2」（演習題） | 241 |
| 8.2 | ライフサイクル評価 | | 242 |
| | KN8.10 | ビル運用時の二酸化炭素排出はライフサイクルの「2/3」 | 243 |
| | KN8.11 | 建築部門の二酸化炭素排出は全体の「40%」以上 | 243 |
| | KN8.12 | 家電製品のイニシャルエネルギーはライフサイクルの「10%」程度 | 244 |
| | KN8.13 | 次世代冷媒のGWIは直接ぶんが「1/5」以下 | 244 |

## 付録A　熱と仕事の相互変換（工業熱力学のさわり） …… 245

| | | | |
|---|---|---|---|
| A.1 | 理想気体の状態変化（熱力学の第一法則） | | 247 |
| | KW-A.01 | 熱力学が対象とする物体または系に関する用語 | 247 |
| | KN-A.01 | 一般ガス定数は「8.31kJ/(kmol·K)」（ボイル・シャールの法則） | 248 |
| | KW-A.02 | シリンダー・ピストンによる「仕事の取り出し」 | 249 |
| | KW-A.03 | 「PV線図」は仕事の出入りの理解に便利 | 249 |
| | KW-A.04 | 「絶対仕事」は一回のみ、「工業仕事」は継続的な仕事（エンタルピーIの解説） | 250 |
| | KW-A.05 | エネルギー保存則は熱力学では「第1法則」と呼ばれる | 251 |
| | KW-A.06 | 代表的な「変化プロセス」 | 252 |
| A.2 | 熱から仕事をとり出す | | 253 |
| | KW-A.07 | 熱エネルギーは「無秩序エネルギー」 | 253 |
| | KW-A.08 | 空気の入ったシリンダーピストンを使って「熱から仕事」をとる | 254 |
| | KW-A.09 | 「サイクル」は熱と仕事の継続的変換プロセス | 255 |
| | KW-A.10 | 「熱機関サイクル」の具体例 | 256 |
| | KW-A.11 | 温度$T_1$の高熱源と$T_2$の低熱源を利用して仕事をとる「カルノーサイクル」 | 257 |
| A.3 | エネルギーとエントロピー（熱力学の第二法則） | | 258 |
| | KW-A.12 | 可逆サイクルの$\oint dQ/T$はゼロ→「エントロピーは状態量」 | 259 |
| | KW-A.13 | 「TS線図」は熱の出入りの理解に便利 | 260 |
| A.4 | 不可逆過程とエントロピー | | 261 |
| | KW-A.14 | エントロピーの増大法則は「宇宙の支配法則」 | 262 |
| | KW-A.15 | TS線図で「不可逆性によるエントロピーの増加と仕事の減少」を見る | 263 |
| | KW-A.16 | エントロピーの増加によるエネルギー損失「グイ・ストドラの定理」 | 264 |
| | KW-A.17 | 一番まずい断熱膨張は等温変化「不可逆断熱膨張」 | 265 |

# まえがき

## 本書の背景

 本書の作成者である「環境技術交換会」は、空調関連分野の、ゼネコン、サブコン、建築設備システム設計、エネルギー会社、電機メーカー、コンサル、大学、のほぼ同年代の8名の技術者の会である。約20年前、環境の温暖化が重要問題化しはじめたころに会を立ち上げ、少し広い視野から、「エネルギー」「環境」「都市」「建築」「空調システム」「健康」「快適性」「日本経済」「人口問題」などをキーワードとして、年4回のペースで、輪番で話題提供し議論する方式で情報交換してきた。その間、環境とエネルギーに関する問題はますます重要性が高まり、会で交換された環境技術に関する情報は各自の仕事の展開にとってきわめて有用であった。

 メンバーも定年を迎えはじめた数年前から、会の集大成として、「何か外部の方にも参考になるものを残そう」と、出版物を作成をすることにした。分野としては、「エネルギーと環境に関するシステムやエンジニアリングのあり方」として、会の蓄積を生かした解説書を作ろうということになった。

## エネルギー・環境問題における空調技術者の位置

 環境技術交換会では、つぎのような点から、われわれ空調技術者はこれからの持続可能社会の構築に向けてきわめて重要な位置にいると考えている。

### ①空調技術者はデマンドサイドシステム技術者で持続可能社会構築のキーパーソン

 空調技術者は、単に建物に空調設備を設置するだけではなく、建物に求められる健康で快適、生産性の高い最適な空気環境を創造するシステム技術者である。空調システムは目的達成のために電力・都市ガスなど多くのエネルギーや、水などの資源を使う。この関係上、電気や衛生に関する設備技術者と協力して、建物におけるエネルギーや水・空気のフローを適正化することも重要な仕事である。関連システム全体から見れば、建物関係すなわち、「需要側（デマンドサイド）」のエネルギー、水や空気などのフローのシステムを担当する技術者である。

 過去において、建築内空間の快適化（建築環境工学）は建築の最重要課題の一つであり、風土とマッチした建築構造を工夫して行ってきた。しかし、20世紀後半には、空調技術などの発達とともに、エネルギーさえ投入すればどのような空間でも快適環境化できるようになった。その結果、建築環境工学はメインの課題ではなく、付帯技術化していった側面は否定できない。これによって、建築デザインの自由度は増えたが、建築のエネルギー多消費化が生じるところとなった。オイルショックや地球温暖化問題によって、資源・環境問題が問われている今、建築の持続可能性が求められており、空調技術を含む建築環境工学はそのキーを握っている立場である。

### ②空調技術者はエネルギー・環境問題のプロフェッショナル

 また、最近は建物内の私的空間のみでなく、都市環境や地球環境といった公的空間にも配慮してシステムのあり方を考えねばならなくなっている。とくに、「暑い室内を快適にする」冷房対応はその典型である。いままでは「室内温暖化問題」をエネルギーの力で解決してきたが、これからは、冷房システムが吐き出す排熱による「都市温暖化問題」や、使用するエネルギーに付随して発生す

i

る二酸化炭素による「地球温暖化問題」にも配慮したシステムの適正化が要求される。すなわち、資源・エネルギーを上手に使って、持続可能なシステムを構築することが課題であり、空調技術者はデマンドサイドにおける「エネルギー・環境問題対応のプロフェッショナル」でなければならない。なお、都市建設に関する環境技術者には「土木環境技術者」と「建築環境技術者」の二つのカテゴリがある。いままで、前者は大気や水系などの「公的空間の環境技術者」、後者は建物内の「私的空間の環境技術者」であった。詳細は本文で述べるが、現在の最大の環境問題の一つである環境温暖化（都市温暖化、地球温暖化）は公的空間の問題である。この問題に対する具体的解決策は土木環境技術者にはなく、建築環境技術者が持っている。今や建築環境技術者の使命はきわめて大きくなっており、この立場を的確に認識して仕事をすることにより、その社会的な地位も確固たるものとなるであろう。

　本書は、以上のような認識と自負をベースとしたものであり、関係技術者および市民を含むこれからの主役であるデマンドサイド関係者へのメッセージと考えている。

## 本書のねらい
### ①エネルギー・熱代謝系の考え方を提案する
　20世紀の社会は右肩上がりで、「将来は今より良くなる」というトレンドのもとに、今だけを考えてシステムつくりを行ってきた。しかし、いまや時空間軸にわたる広い視野のもとでシステムを考えなければならない時代である。空間的には資源から環境まで、時間的には過去から今までを位置づけて今後を考える必要がある。また、技術者は、設計・施工して製品をつくり、ユーザーに引き渡せば終わりであったが、今やライフサイクルに亘って関与すべき時代となっている。これらの点は序論で考察するが、今まではトータルシステムの一部、たとえば本書のテーマであるエネルギーシステムにおいては、供給者（本書ではサプライサイドと呼ぶ）のみが奔走して、消費者（デマンドサイド）に便利で快適な生活を提供してきた。その結果が、資源の枯渇や地球・都市の温暖化問題の深刻化である。これからは、全体のあり方からサブシステムのあり方を考え、各セクターが持続可能社会の実現を目指して、それぞれの役割を果たさねばならない時代である。ものや水に対しては、資源・供給・消費・廃棄・処理・環境に亘って全体を見る「都市代謝系」の発想はかなり普及しているが、エネルギーに対しては全く不十分である。本書においては、「エネルギー・熱代謝系」として全体を俯瞰する発想を根幹とする。

### ②持続可能エネルギーシステム構築におけるデマンドサイドの重要性を示す
　上で述べたように、本書ではエネルギーシステムとして資源から環境までを俯瞰してとらえる。いままでは、資源、供給、消費、環境影響がそれぞれ別々に扱われてきた。そして、サプライサイド主導で、エネルギーを「安価に安定供給」すれば問題はないと考えてきた。デマンドサイドは、めんどうなことはサプライサイドにまかせ、便利・快適な暮らしを享受して、料金を払うだけの存在であった。デマンドサイドにシステムを構築する建築技術者（本書では「デマンドサイドシステム技術者」と呼ぶ）も、エネルギーや水などは、都市インフラに繋げば十分であり、建物から生じる廃棄物は、都市の処理インフラ（本書ではこれを「ディスポーズサイド」と呼ぶ）にまかせればよいと考えてきた。節電や省エネルギー、ごみの減量化や再利用などは、サプライサイドやディス

ポーズサイドからの要請がなければ考える必要もなかった。デマンドサイド担当とも言うべき自治体においても、エネルギー問題は国の問題と考えており、担当部署すら存在しなかった。これらの問題点の詳細は序章で述べるが、現在の資源・環境問題の克服には、デマンドサイド関係者が、これまでの受け身体制ではなく、逆にサプライサイドやディスポーズサイドにあるべき姿を提言し、実現させる重要な立場である。

### ③デマンドサイドのレベルアップのための知識を示す

これには、デマンドサイドが、エネルギーの資源から環境に至るまでの正しい知識をもち、適正な判断ができるようにレベルアップせねばならない。本書の性格に関するキーワードを挙げると、「エネルギーの資源から環境まで（エネルギー・熱代謝系）」、「サプライサイド主導からデマンドサイド主導へ」、「デマンドサイドからの発想」「地域資源からの発想」、「環境技術のパラダイムシフト」、「建築末端論から建築中央論へ」、などがある。詳細は序論で述べるが、これらのキーワードは、これからのエネルギーシステムを考える上で、きわめて重要である。

### ④定量的情報として"キーナンバー"の重視

そして、本書の統一的な方針として「キーナンバー」を重視することとした。エネルギー問題を考えるには、量的な感覚を身につけることがきわめて重要である。たとえば、市民であれば、自分は1日にどれだけのエネルギーを使っているのか、また、それによって二酸化炭素をどれだけ発生させているのか、それらは国や世界の平均と比べてどんな位置にあるのか、これらを受けて、われわれはどう行動せねばならないのか、などを理解していなければ地についた議論ができないであろう。また、自治体の担当者は、自分たちの都市やその中のビルなどでエネルギーがどれくらい使われており、その内訳はどんなものなのか、また、例えば、市の遊休地にメガソーラをもってきたらどれくらいの発電ができるか、これらの問に即座に答えられるレベルが必要である。建築関係者も、ハンドブックなどに頼らないで、各種の建物でのエネルギーや水の収支の定量的な概要が頭に入っていないといけない。

このような数量的な知識もなく、エネルギー問題が感覚的・感情的に論じられているのが、デマンドサイドの現状である。本書では、基本的事項の解説だけではなく、エネルギーの基本的な量的情報をできるだけ示そうと考えた。そして、数値の提示だけでなく、数値のもっている意味や考えるポイントを解説することを基本的方針とした。本書にはキーワードの解説も一部含まれるが、本書のタイトルに「キーナンバー」を付したのは、このような点を強調したいためである。

### ⑤数値は概数とする（データブックとしての厳密性は追求しない）

本書は定量データを多く紹介するが、厳密なデータブックではない。厳密なデータブックであれば、データの年度を合わせるなどそれなりの細かい調整が必要である。本書では、「重要なのはオーダーおよびその意味」と割り切って考え、データの年度の統一などの追求は必ずしも行っていない。そして、本書のデータは、色々な桁数のデータがあるが、有効桁数は3桁程度と割り切って考えることとした。

### ⑥デマンドサイドが適切に判断できる支援をする

東日本大震災時におこった福島第1原子力発電所の事故を契機に、エネルギーシステムの根本的なあり方が、デマンドサイドの各セクターや市民にも問われている今日、上記のような知識と考え方をもっている必要がある。現状は、国を含むサプライサイド（供給者側）は、安定供給のための

マクロなエネルギー消費情報しか興味がなく、市民を含むデマンドサイドは自分の電気料金・ガス料金にしか興味がない。このようなレベルでは、今後のエネルギーシステムをいかにすべきかの真の議論は到底できないであろう。

#### ⑦一般の人にも読み易くするする

エネルギーの正しい理解には物理学、とくに熱力学の知識が必要である。これには、数式的な説明がどうしても出てくる。理想はともかく、一般の人はこれを見て敬遠されるであろうことは十分に予測された。このギャップの解決策として、やや数式的説明を伴う熱力学の記事は付録に回すこととした。デマンドサイド関係者のうち、システムをつくり運用する技術者（デマンドサイドシステム技術者）にとっては、この項目はきわめて重要である。工学部出身の技術者にとっては、復習的な内容ではあるが、筆者らなりの解り易い解説をしたので、ぜひ読んでいただきたい。また、記事には関連する囲み記事（ポイント、エッセイ、ウンチク）などを可能な限り挿入し、興味をもって読んでいただけるように努めた。一般の人も本書で、資源から環境までのエネルギーシステムの全貌と課題を把握していただければ幸いである。

#### ⑧完全な体系化は目的としない

なお、エネルギーも環境も、正しく理解するにはきわめて広範囲の体系的な知識が必要である。この点について、本研究会のメンバーだけの執筆である本書は、体系化の完全性は目指さないで、得意な分野で読み物的なものをつくることにした。この点で、情報としてやや偏っているが、ご容赦いただきたい。また、章・節立てをしているが、各記事は単独記事と考えており、どこから読んでも大きな差し障りはない。なお、環境・エネルギー問題に関する関連情報の完備のためには、今後、他の側面からの類似の発想の書籍等が発行されることに期待したい。

## 想定する読者層

本書の企画で、いろいろ論議を呼んだのは対象とする読者層であった。前述のように、「デマンドサイド関係者」が対象である。この中で、デマンドサイドの主役である一般市民をはじめ、工学系の学生、建築志望の学生、より専門の空調技術者、また、国や自治体のエネルギー行政関係者、など、いろいろ考えられた。研究会では、その中でも「これからのシステムを構築していく若い人を意識した情報」という大枠だけ決めて、執筆者がいろいろな読者に対する情報を発信することとした。この関係上、一部の記事には「○○への情報」のような書き方をした部分や一般市民向けを意識した情報も存在する。

本書の内容には、専門的なものが含まれている。市民も含むデマンドサイド関係者にできるだけ理解していただくように、できるだけ平易に解説するように努めた。この関係上、やや厳密性に欠ける部分もあるが、この点はご容赦いただきたい。なお、専門的知識といっても、市民が次世代に期待されるスマートコンシューマとなるためには必要な情報である。ぜひ、一般の方も、専門的知識の「感じ」だけでも理解されるように、挑戦して読んでいただき、レベルアップされることを期待する。

（執筆者代表　　水野　稔）

## 本書の記事の構成

⑴　表題記事の二つの分類

　本書の書名には「キーナンバー」があり、基本となるキーとなる数値を含んだ表題を示し、それを解説する形式をとっている。関連事項は囲み記事などとしてキーナンバー記事に埋め込んだ。しかし、数値は含まないが、基本的事項として解説したい記事もあった。したがって、原則として表題をつぎの2種類に分類した。

　◆キーナンバー記事

　　キーとなる数字を含んだ記事であり、【KN○.○○】という各章における通し番号を付した。

　◆参考とすべき基本的な事項（キーワード記事）

　重要な用語（キーワード）等の説明であり、【KW○.○○】という各章における通し番号を付した。

⑵　付帯する囲み記事の三つの分類

　また、見出し記事のなかに加えた関連事項をつぎの3種に分類した

　＜ポイント＞　関連する重要なポイントや関連する情報（他者の考えなど）を示す

　＜エッセイ＞　原則として筆者オリジナルの経験や考えなどをやわらかい文章で述べる

　＜ウンチク＞　意外な視点の記事や、ややマニアックな関連情報

## 序章

# エネルギー・環境の歴史と
# デマンドサイドシステム構築の重要性

# 序章 エネルギー・環境の歴史とデマンドサイドシステム構築の重要性

　いま、人間活動が膨大化し、その活動を支えるエネルギーと環境に関するシステムの基本的なあり方が、人類存続に関わる大問題として問われている。いままで、とくに産業革命以後のここ200年は、事実上無限と考えられた資源・環境を使って、「将来は今より豊になる」という発想で、今のみを考えていろいろなシステムを作ってきた。その結果、人間活動は指数関数的に増大し、資源の有限性にもとづくエネルギーの価格高騰、温暖化に代表される地球規模の環境問題等が、きわめて深刻な問題となってきている。この序章では、過去の歴史を振り返り、現状を位置付け、今後の考え方について述べる。

　基本的な考えの概要はつぎのとおりである。先進諸国は、産業革命以後、従来の太陽光のフローと違った、太陽光のストックである強力かつ豊富な地下資源の化石燃料をいち早く使って豊かになることを目指してきた。エネルギーシステムの構築の基本は、世界の化石燃料を集め、消費者（産業や民生：本書ではデマンドサイドと呼ぶ）に電力・都市ガス・石油のような高級エネルギーを供給するインフラ「供給インフラ」を構築することであった。これは比較的容易であった。すなわち、エネルギーを商品として利潤追求すればよかったからである。インフラ構築には資本が要る。エネルギー産業は資本主義の牽引役であった。しかも、これは富国策のベースでもあり、国も最大限の支援をしてきた。このシステムは、国とエネルギー産業が牽引する、「供給者（サプライサイド）主導のシステム」であった。

　また、大量消費地である都市に運び込まれる化石燃料は、大気汚染を中心とする環境問題を引き起こした。これには、処理インフラを構築して対処することになる。なお、今日はともかく、廃棄物の処理は金もうけとは直結しないため、公共サービスとしてインフラ構築がなされていく。本書ではこの部門を処理セクターとして「ディスポーズサイド」と呼ぶ。このような、サプライサイドが主導し、ディスポーズサイドがその支援をするという体制によって、巨大産業都市が資源・環境問題を克服して、現代都市が成立し、人類社会を牽引していったのである。

　この構造の下で、デマンドサイドは、「それを使って便利・快適な生活をして料金を払う」という、受け身の「お客さま」であった。これが、サプライサイド主導の現システムである。いま問われているのは、この体制からの転換であり、パラダイムシフトと呼ぶべき大転換である。

　今後は、エネルギーシステムの外部に置かれているデマンドサイドを内部化し、活性化する必要がある。すなわち、デマンドサイドからの発想や、オンサイトの再生可能エネルギー源を重視したシステムの構築が課題である。いままで単なる消費者であった市民は、スマートコンシューマとしてレベルアップし、自らの問題としてエネルギー問題やシステムを理解し、適切な選択をせねばならない。また、いままで建築をエネルギー供給インフラや廃物の処理インフラに繋げばよかった建築技術者は、デマンドサイドに好ましいシステムを構築し、デマンドサイドのレベルアップに寄与する「デマンドサイドシステム技術者（DSS技術者）」として、エネルギーシステム作りに一層の貢献をせねばならない。

　以上が、序章で強調したい点である。ぜひ、「デマンドサイドの発想から、何を変えねばならないか」を考えていただきたい。序章の最後に、これらの問題認識を受けた本書の枠組みなどを示す。

＜本章の主な参考図書等＞
①小野満雄「エネルギー概論」日本評論社1975、②ポール・マントゥ「産業革命」東洋経済1964、③石谷清幹「工学概論」コロナ社1972、その他は本文中に記載

# 序.1 エネルギー・環境の歴史

## 【参考】エネルギー・環境関連の年表

　エネルギーと環境の歴史として、ここでは、1ページに限定して、本書に関係のある部分を中心にピックアップした年表で示す。なお、年にアンダーラインを施したのは日本での出来事として、世界史と区別した。

BC5000年ころ　大河文明（大土木工事）
BC736～AD480年　ローマ時代（人力時代ピーク）
768～1400年　いわゆる中世（ピーク1000年ころ）
　（畜力時代の最盛期：分散型社会・荘園制）
1150年　水車動力のバザクル社（初の株式会社）
1400年（～1800年）　中央集権国家
1500年ころ　大航海時代（植民地・東西貿易）
1600年ころ　薪の不足（石炭への燃料転換）
1712年　ニューコメン（英）の蒸気機関
1735年　ダービー父子（英）の石炭製鉄法の完成
1760年代～1780年代　第1次産業革命（イギリスの綿工業）紡績業と織布業での開発競争
1765年　ワット機関（英）（熱機関時代の始まり）
1800年　ワットの特許が切れる（近代の始まり）
1804年　R.トレビシック（英）蒸気機関車発明
1814年　スチブンソン（英）　機関車ロケット号
1821年　ファラデー（仏）　電磁気による電気→力学エネルギーへの変換法の発明
1824年　カルノー（仏）熱→仕事の量の理論
1841年　マイヤー（独）他　エネルギー保存則
1859年　ドレーク（米）　石油採掘
1872年　日本の蒸気機関車鉄道（新橋・横浜間）
1876年　オットー（独）ガソリンエンジンの発明
1879年　エジソン（米）　白熱電球発明
1881年　エジソン商用発電所（ニューヨーク）
1886年　白熱ガス燈の発明（オーストリア）
1887年　東京に火力発電所
1892年　京都に蹴上水力発電所
1892年　ディーゼル（独）エンジン発明
1913年　日本の動力需要＞電灯需要
1914年　工業で、電力＞蒸気力
1950年代　中東、アフリカに石油発見相次ぐ

1955年　ロンドンスモッグ事件
1954年　世界初の原子力発電所（ソ連）
1954～1972年　日本の高度経済成長期
1959年　日本でロンドン型スモッグがピーク
1960年代後半　4大公害訴訟
1962年　日本で　石油＞石炭
1962年　電力の水主火従→火主水従へ
1966年　東海村に原子力発電所
1969年　LNGの輸入開始
1969年　電力の夏ピーク＞冬ピーク（東電管内）
1970年　日本でロサンジェルス型スモッグ発生
1970年　公害国会
1970年代　都市型公害の時代
1972年　ローマクラブのレポート
1973年　第1次オイルショック
1974年　サンシャイン計画スタート
1976年　ロビンス（米）「ソフトエネルギーパス」
1978年　第2次オイルショック
1978年　ムーンライト計画スタート
1979年　わが国に省エネ法制定
1979年　スリーマイル島原発事故（米）
1980年　石油代替エネルギー法の制定
1985年　オゾン層保護のウィーン条約
1986年　チェルノブイリ原発事故（ソ連）
1989年　アラスカ沖パルディーズ号石油漏えい
1992年　リオサミット（地球サミット）開催
1995年　阪神・淡路大震災（ライフライン崩壊）
1997年　COP3京都会議で京都議定書採択
2005年　ヒートアイランド対策大綱制定
2011年　福島第一原子力発電所事故

## 【KN序.01】 人類史は補助動力源から「5期」に分けられる

主となる補助動力源は時代とともに変遷してきた。人類史は補助動力源から、「人力(時代)」、「畜力」、「風水車」、「熱機関」、「電力機械」の5期に分けられる。なお、電力機械を独立させるのはやや違和感があろう。電気を作りだす主動力源は熱機関だからである。しかし、それによる社会の変化は大きいため、ここでは別時代とした。

### ◆人力時代（文明の中心：大河文明、ギリシャ・ローマ）

地球規模の偏西風の変化によって、大干ばつが起こり、食い詰めた人々が、大河のほとりに集まったとされるのが大河文明時代（BC.5000年ころ）と言われる。ピラミッドなどの大土木工事が行われたが、労働者は貧しいけれども自由民であったと言われている（鈴木秀夫「気候と文明」朝倉書店1978）。以後、国家が確立され、国家間の戦争による捕虜の奴隷が労働を担っていく。

最盛期はローマ時代であった。なお、ローマの拡張時代には奴隷の供給が豊富であったが、末期は奴隷不足に苦しむようになり、奴隷同士の婚姻を認め、その子供を奴隷とするなどのソフト施策もとられたと言われている。一方では、奴隷の蔑視が、生産力向上を阻み、ローマ帝国滅亡の1因と言われている。

### ◆畜力時代（北西ヨーロッパ）

畜力が使われるようになると、繁栄の中心が南欧から中・西欧に移っていく。南欧は砂質土壌で農耕は容易であるが、生産性が低く、粘土層で生産性の高い地方に移って行った。畜力時代の最盛期は中世の荘園時代であった。この時代までは、暮らしを支えるエネルギー源は太陽エネルギーのフローであり、集積のメリットはなく、分散型社会であった。荘園の中での領主・農奴・馬のセットが、安定した中世の根幹であった。太陽エネルギーにより出来る農産物、これは人間の食料であり、馬の飼料でもあった。国王も居たが、強大な力をもたず、外敵が襲来すると、連合して城壁に囲まれた城に籠って、門を閉ざして戦った。

### ◆風水車時代（北西ヨーロッパ）

さらに、生産性を高めたのが、風水車である。風水車は作るのに資本が要るが、作ってしまえば富を生み出す。世界初の株式会社はフランスの水車工場（バザクル社）であった。第1次産業革命は水車動力による工業と資本主義の進展であった。富の集中とともに、中央集権時代に移っていく。列強は富国強兵策を取るが、富の根源は相変わらず太陽エネルギーのフローであった。自国の太陽エネルギーで成立し得ない集権国家を支えたのは、植民地政策や東西貿易である。これは、世界の太陽エネルギーの搾取の手段と言われる。一方で、機械の発達により、人類は重労働から解放されるが、婦女子労働者が24時間稼働の水車工場で、過酷な労働を強いられる社会が生まれる側面もあった（【KN1.12】参照）。

### ◆熱機関時代（イギリス）

石炭利用の熱機関により、産業立地が水車時代の山間部から解放され、大産業都市が成立するようになった。ここから、地下資源というストック依存型の持続不可能社会が始まった。

### ◆電力時代（アメリカ）

ここでは、都市立地が動力立地から独立した。都市外で動力を発生させ、電力に変えて都市に送るのは、大気汚染という環境問題回避の一つのアイデアでもあった。

---

**＜ウンチク＞中世のシンボル"城壁"を打ち破った火薬エネルギー**

強固な城壁は中世社会のシンボルと言われる。人々の安全を守る一方で、発展の阻害の象徴でもあった。この城壁を打ち破って、中世社会を崩壊させたのが、「破壊のエネルギー」である火薬であったと言われている。（A.ヴァラニャック「エネルギーの征服（成熟と喪失の文明史）」新泉社1979）。

## 【KN序.02】 現代アメリカ人は原始人の約「60倍」のエネルギーに依存

エネルギーの使用量は、時代とともに大きく増加してきた。各時代人の一人あたりの消費エネルギー量には以下のデータがある（エネルギー白書2010など）。なお、内訳で「食料」は家畜用も含む。

◇**原始人**：100万年前の東アフリカ
食料と火のみにエネルギーを使用した
4,000 kcal/日　食料（50%）と火（50%）

◇**狩猟人**：10万年前のヨーロッパ
暖房と食料に薪を使用した
5,000 kcal/日　食料（60%）と居住（40%）

◇**初期農業人**：B.C.5000年大河文明時代
穀物を栽培し、家畜のエネルギーを使用した
12,000 kcal/日　食料、居住、農業（各33%）

◇**高度農業人**：1400年ころの北西ヨーロッパ
暖房用石炭、水力・風力を使い、家畜を輸送用に使用した。
26,000 kcal/日　食料（23%）、居住（46%）、農業（27%）、輸送（4%）

◇**産業人**：19世紀後半ころのイギリス
蒸気機関の普及、第2次産業革命終了後
77,000 kcal/日　食料（9%）、居住（42%）、農業・工業（31%）、輸送（18%）

◇**技術人**：現代アメリカ人
電力を使用、自動車の普及
230,000 kcal/日　食料（4%）、居住・商業（29%）、農業・工業（40%）、輸送（27%）
現代アメリカ人（技術人）は、原始人の60倍のエネルギーを使った生活をしている。なお、これは一人あたりのエネルギー消費であり、総エネルギー消費は人口の増加も加わり、もっと大きな伸び率で増えている。

### ＜ポイント＞代謝用と補助用エネルギー

人間が使うエネルギーは代謝用エネルギーと補助エネルギーに分けて考えられる。前者は、人間が生物としての機能を果たすのに必要な、食物として摂るエネルギーである。代謝用は時代によって余り変化せず、現代は筋肉作業の減少により、逆に低下していると言えよう。一方、補助エネルギー、これは「人間活動の補助」ためのエネルギーである。時代とともに著しく増加しているのはこの部分である。

### ＜ポイント＞世界人口の伸び

現代の人口は約70億人、産業人のころ（1830年）は10億人で、約7倍に増えている。年率に直すと1%強の増加である。いろいろな統計によると、近年も年間に1億3,000万人生まれて、6,000万人が亡くなり、約7,000万人の増加があると言われている。これによれば、同じ1%の増加である。

人口の伸びと、一人あたりのエネルギー消費の伸びで世界の総エネルギー消費は、伸び続けている。

### ＜ウンチク＞エネルギー消費量は下手な文明の指標

「エネルギーの消費量」「紙の消費量」などは、一時は文明の高さの指標とされた。そして、大量消費のアメリカ社会が理想であり、各国の目標と考えられていた。これに対し、シューマッハは、今や、これは「下手な文明の指標」ときわめて的を射た批判をしている。（E.F.シューマッハ「人間復興の経済学（small is beautiful）」佑学社 1976）

## 【KN序.03】 「一石四食」（石炭の偉大な貢献と消費の爆増）

石炭はもともと薪の安価な代替燃料であった。燃やすと煙や臭いがあり、貧しい人々の燃料であった。ヨーロッパでは、1600年ころに薪が不足し価格が高騰した。この理由は、開墾による森林破壊、大航海時代で造船などに優先利用されたからである。工業用燃料も順次、石炭に切り替わっていった。筆者は、石炭は「自己増殖性のある資源」と呼んでいる。石炭で石炭が掘れ（熱機関）、石炭で石炭が運べる（蒸気機関車）。これによって、都市のエネルギー源となり、指数関数的な消費の増加となっていく。

石炭は以下に示すように、人間社会にきわめて大きな影響を与えた。

### ◆石炭は森林の救世主であった

薪の不足で工業用燃料が石炭に切り替えられていった。しかし、製鉄業だけは石炭が使えなかった。これは、石炭中のイオウのせいである。このため、英国では製鉄業が森林を食い尽くす危機にあった。ダービー父子によるコークス製鉄法（1735年）により、石炭が瀕死の英国の森林を救った。なお、今はその石炭が酸性雨を介して、森林破壊の元凶になっている。皮肉な現実である。

### ◆石炭はクジラの救世主でもあった

欧米の大都市の街路灯ではクジラの油が使われた。1740年代のロンドンでは、5,000もの街灯があったようである。ヨーロッパには、古代ローマ時代に始まる鯨油目的の捕鯨の長い歴史があり、地中海から大西洋を獲り尽くしていった。アメリカの捕鯨産業は、17世紀半ばに東海岸で始まり、そこを獲り尽くし、北極海も獲り尽くし、1830年ころから太平洋に進出し、太平洋東部も獲り尽くし、さらに西へと進出を余儀なくされた。これにより、捕鯨船への燃料や水の補給のために、ペリーが日本に開国を迫ることになった（石弘之ほか「環境と文明の世界史」洋泉社新書2001）。19世紀になり、石炭ガスによるガス燈が普及し、クジラは絶滅を免れたのである。なお、欧米人はクジラの肉を食べないで、油だけを取った。これと比較して、日本人は、クジラを利用し尽くす点で、きわめて優れたクジラ文化である。

### ◆石炭は民族解放の父

分散型エネルギーである太陽光を富の源泉とする時代に、主として強兵策により誕生した初期中央集権国家の維持には、他国に降り注ぐ太陽光が必要であった。すなわち、太陽光の成果を世界各国から集めることである。大航海時代を経て、東西貿易や植民地政策で成立したのである。植民地は言うまでもないが、東西貿易も多分に搾取であったと言われている。この関係上、木材が造船に優先使用され、薪の価格上昇で燃料が石炭に変わった。石炭の利用の進展により、富の源泉としての植民地は不可欠ではなくなり、民族の自立も容認されていった。

### ◆一石四食

世界の人口は1800年ころから急増している。これは、医学・衛生学の発展の成果と言われているが、筆者は食料の増加が大きいと思っている。筆者は一石二鳥をもじって、「一石四食」と言っている。石炭・石油類が四つの面で食料増産に寄与した。一食は、化石燃料で動かすトラクターが、それまでの馬よりも強力開墾をして得られる。もう一食は、馬の食料用の土地が人間用にできることで得られる。あとの二食は、化石燃料起源の化学肥料と、農薬の成果である。

---

**＜ウンチク＞三圃農法と馬の飼料**

三圃農法は、ヨーロッパ中世の発展を支えた大改革であった。それまでは土地の1/2を休耕させる二圃農法であった。それを、土地を三つに分け、人間のための小麦、主として馬の飼料となるカラス麦と休耕田にして、1年毎にローテーションするものであった。単純計算では、三圃農法により、食料は33％の増産になる。

## 【KN序.04】 「第1次」は水力、「第2次」は石炭による蒸気力の産業革命

第1次産業革命は、水車を動力源とする工業の発展とそれに伴う社会の大変革「資本主義社会の確立」である。水車動力は、立地が急流のある川の周辺という制限を受ける。したがって、山間部に工業都市が発達せざるを得なかった。原料、製品の輸送、人手の確保の点で大きな制約を受け、大産業都市は成立し得なかった。

第2次産業革命は、石炭から生み出される蒸気動力による工業の発展である。石炭は運搬が可能であり、動力立地、すなわち工業立地に地理的制約を受けない。したがって、交易の中心である、臨海部に大産業都市が成立するところとなった。ただし、これが成立するには、石炭を都市に運ぶインフラの構築が課題であった。

当初は、水運で都市に運ばれた。この関係で、利用できる炭鉱は海や大河のほとりの「線上」に限られた。そして、石炭だけではなく、材料や商品の運搬用のためにも運河が建設されていた。これが、蒸気機関車による鉄道に代わっていった。蒸気機関車によって、利用できる炭鉱が線から面に広がり、供給面でも大きな発展を与えた。蒸気機関車の功績として、「人が容易に旅行できるようになった」と言われるが、歴史的意義は、石炭の搬送インフラであったことが大きいと考えられる。

### <ポイント>産業革命とは

単なる「画新的な機械の発明に基づく産業の発展」では不十分である。それによって「社会の大転換」が起こることが、産業革命の条件である。過去の産業革命では、「資本主義社会の発展」という大社会転換があった。

### <ウンチク>ロンドンの sea coal

当時ロンドンでは、石炭を「sea coal」と呼んでいたようである。これはテームズ川を遡上して海から船で運ばれていたからと言われている。石炭が水運で運ばれていたという一つの証拠である。

### <ウンチク>日本における石炭の鉄道輸送

日本は島国であり、九州・北海道などの石炭も船で需要地まで輸送されたが、内陸の炭鉱では、港までは河川による舟輸送が行われた。舟輸送が鉄道輸送に切り替わった例として、九州の筑豊炭田がある。ここでは、最初に遠賀川が使われ、河口の芦屋まで底の浅い五平太船と呼ばれる舟で運ばれた。当時は、舟で川面が見えないと言われた（参考①）。1891年に石炭輸送を主目的に、蒸気機関車鉄道によって、若松－直方間が開通された。日本で最初の新橋－横浜間の鉄道開業は1872年、東海道線（東京－神戸）1889年、山陽鉄道（神戸－広島間）1894年の開通であるので、石炭輸送鉄道はきわめて早期の開通である。なお、石炭輸送の鉄道の最初は1889年の北海道炭こう鉄道である。

### <エッセイ>アメリカでの運河ツアーの経験

筆者が訪米中に、チェサピーク・オハイオ運河の観光という貴重な経験をした。これはオハイオから太西洋までの運河で、もとは主要な交通手段であったが、今は観光資源として部分的に残されている。そこは流れがほとんどなく、30人くらいを乗せた船を一頭の馬（1馬力）が土手の小道から曳いてのんびりいく。船頭がバンジョーの弾き語りで当時の歌のサービスをしてくれた。高低差のある箇所では、水門を操作して水位を調整し時間をかけて通過するという、のんびりとしたツアーであった。当然、揺れなどもなく、きわめて快適であった。

馬車であればもっと早く着いたであろうが、多分、数頭立てで定員も少なく、乗り心地が悪く、歌どころではなかったであろう。なお、入手したパンフレットには、運河で運んだ主要なものの一つに、「石炭」が挙げられていた。

## 【KN序.05】　熱機関は「1712年」炭鉱生まれの大飯喰らい

現代の主動力源は熱機関である。その原型である蒸気機関は炭鉱で生まれた。燃料である薪の不足から、石炭需要が伸び、表層掘りから深抗掘りに変わっていった。すると炭坑に溜まる地下水の排除問題が生じた。当初、人力や馬、水車などがこの排水の動力源として使われたが、「自前の石炭の力で排水したい」のニーズから、蒸気機関が誕生した。その成功者がニューコメン（英）であり、1712年であった。

ニューコメン（NC）の蒸気機関の動作を説明しよう。図－1のように、まずシリンダーに大気圧100℃の蒸気を満たす。弁を閉じて、シリンダーの中に水を噴霧させる。すると蒸気が凝縮して、シリンダーが真空状態になり、大気圧に押されてピストンが下がり、水の排出仕事をする。すなわち、NC機関は大気圧機関であった。

NC機関の欠点は、効率の悪さであった。しかし、石炭が豊富にある炭鉱ではあまり問題ではなく、炭鉱用の動力源として大いに活用され、石炭の増産に寄与した。

しかし、NC機関が都市の動力源となるには、石炭の運搬問題が致命的であり、効率の改善が必須要件であった。これに成功したのが「蒸気機関の父」と言われるジェームズ・ワットであった。

なお、熱機関は燃料に火をつけて燃やし、熱を発生させる「野蛮」とも言える技術である（【KN1.33】参照）。これが、技術的改良を重ねて現在のエンジンの比較的高効率があるが、根本は変わらず、合理的技術とは言えない。

### ＜ポイント＞当初の蒸気機関は大気圧機関

筆者が子供のころ、ワットが「ヤカンの蓋を持ち上げるのを見て蒸気の力を知った」と読んだような記憶があるが、ニューコメンに始まりワットの時代までは、蒸気機関は本文で示したように、大気圧機関であった。なお、それ以前、蒸気圧力を利用するセーヴァリーの蒸気機関があった。しかし、この機関は普及していない。

蒸気機関のキーとなる圧力には、蒸気圧、大気圧、真空（凝縮器がつくる）の3つがある。現在の火力発電所では、超臨界圧蒸気が作られ、真空とのエネルギー差（正しくはエンタルピー差：【KW-A.04】参照）を使って、可能なかぎりの仕事が取り出される。真空は冷却水の温度が低いほど低圧になる。海の近くでは海水が利用されるが、冷却水が得にくい内陸では、蒸発式冷却塔などを使ってこれを実現している（【KN3.13】参照）。蒸気機関車などは、蒸気圧と大気圧の差が利用される。

### ＜ウンチク＞当初蒸気機関は水力機械の補助

第1次産業革命で、水車駆動の工場が川に沿ってあたかも糸に通したビーズのように林立したと言われている。渇水期などでは水力が不足し、馬力車輪により水車用の水が汲み上げられた。これはきわめて不経済であり、これを蒸気機関が代替した。当初、蒸気機関は、NC機関でもわかるように、上下運動を与えるものであり、これはポンプの目的からと考えられる。ワットは直線運動を回転運動に変える遊星歯車機構を発明した。これらによって、蒸気機関が水力機械の補助的機械ではなく、直接に水力機械を代替する動力機械となっていった（D.S.L.カードウェル「蒸気機関からエントロピーへ」平凡社 1989）

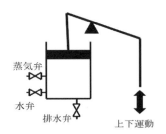

図－1　ニューコメン期間の原理図

## 【KN序.06】　ワットはNC機関の効率を「4倍以上」に高めた

　ワットのアイデアは「分離凝縮器」であり、図-1に摸式的に示すように、シリンダーから凝縮器を分離させた点にある。NC機関ではシリンダーが凝縮器を兼ねており、シリンダーは熱くなったり、冷たくなったりする。冷たくなったシリンダーに蒸気を送り込むと、凝縮が起こり損失となる。ワットは「シリンダーはいつも熱く、凝縮器はいつも冷たく」して、この損失を排除したのである。この工夫によって、ワットはNC機関の効率を4倍以上高めたと言われる。それまで荷車4台ぶんの石炭が1台で済む。これによって、蒸気機関が都市の動力機となり得た。

　その他、ワットは蒸気機関に関する多くの発明をしている。例えば、往復運動から回転運動への遊星歯車による変換機構、出力調整用のスロットル・バルブ、遠心調速機（ガバナー）なども彼の発明である。

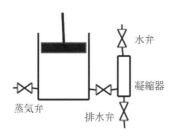

図-1　ワットの分離凝縮器のイメージ

### ＜ポイント＞ワット成功のシステム

　ワットの技術開発のスタイルに、今日の原型が見られる。ワットは技術者であるが、グラスゴー大学のブラック（蒸発潜熱の発見者）、資本家ボールトンとのタッグであったと言われている。すなわち、現代社会の特徴である、強力な「技術・学術・資本の協力体制」の始まりである。

　なお、ワットは、蒸気機関の設計はするものの、製造はしなかった。機器の据え付け、初期調整を行い、技術コンサルのようなソフトビジネスをした。報酬はNC機関に対して節約できた石炭量の1/3を受け取ったと言われている。

### ＜ウンチク＞ワットの技術の先見性のミス

　ワットは、蒸気機関に関する広範な特許を押さえていた。これによって、新たな機関の開発が抑えられた。ワットは安全性の観点から、蒸気機関の高圧化に反対して、開発を阻害した。既述のように、ワットの蒸気機関は大気圧機関であり、大気圧と真空の差の力を利用するものであり、この点で危険性はなかった。ただし、この大気圧機関は図体も大きく、効率も悪く、大量の石炭に加えて、ボイラー用と凝縮用の水も必要で、蒸気機関車の動力源とは成り得なかった。ワットの特許が切れたのが1800年であった。以後、高圧蒸気機関がわっと出現し、蒸気機関車が実用化された。1804年のR.トレビシックの蒸気機関車の発明、また、スチブンソンの蒸気機関車ロケット号（1814）は高性能で有名である。蒸気機関車はいろいろなものを運んだが、歴史的に意義が高いのは、石炭の運搬である。すなわち、石炭の都市への供給インフラである。これにより、近代都市が成立できた。（参考③）

### ＜ウンチク＞エジソンも技術の先見のミス

　ワットと並び称される発明王エジソンも、同じようなミスを犯している。彼は、電力の交流化に反対した。主な理由は、「交流化すれば容易に高圧化できて危険」であった。これによって、エジソンは電力業界から脱落するところとなった。ワットの蒸気の高圧化ときわめて類似している。ともに、「安全性」であったのは、きわめて示唆に富んでいる。少なくとも言えることは、「技術の将来の予測はきわめて難しい」ということであろう。（参考③）

## 【KN序.07】 始まりが「1800年」の近代都市

　近代都市は交易の中心地に産業があり、高度集積・活発な生産・消費活動がおこなわれた都市である。この都市を支えたのは、外部（オフサイト）の資源である。発展のための要件は、オフサイトの資源を都市に運び込むインフラ（供給インフラ）の構築であった。

　水に関しては水道がローマ時代から実現されていたように、確立された生活インフラであった。しかし、エネルギーは完全にネックであった。水車動力の時代には、産業都市は急流のある山間部にしか成立し得なかった。

　搬送できるエネルギー資源である石炭の使用とともに、近代都市が作られていった。しかし、相変わらず固体の石炭の運搬は大問題であった。この解決策が蒸気機関車を使った鉄道である。

　この点から、前項で述べたワットの特許から解放され、高圧蒸気機関の開発が始まった1800年を近代都市の始点と位置付けるのが適当と筆者は考えている。

> **＜ポイント＞燃料の流体化の意義**
>
> 　主たるエネルギー源が化石燃料になり、供給インフラを構築して大量のエネルギーを使った生産活動が、国家の発展の鍵であった。その最も成功したモデルが、わが日本である。燃料を石炭から石油に変え、大型タンカーで、世界から石油を集める。この点で、島国の日本はきわめて適していた。
>
> 　日本は一気にGNP世界第2位の経済大国に登りつめた。その後、LNG技術の導入で天然ガスもエネルギー源に加わり、大気汚染問題も緩和して、順調な経済発展と快適な生活を支えた。

## 【KN序.08】 「4,000人」近くが亡くなった1955年のロンドンスモッグ

　供給インフラの構築で、大産業都市としての近代都市はオフサイトの資源で成立するようになった。産業用も生活用も都市での石炭の燃焼量が増大していった。その結果が環境問題である。

　とくにロンドンでは、石炭燃焼による亜硫酸ガスによる大気汚染が問題化していった。その結果、いろいろな汚染防止策がとられた。例えば、関連する法整備として、都市整備法（1847）、煤煙取締法（1853、1856）、アルカリ法（1863）、衛生法（1866）が制定されている。しかし、1873年に顕著なロンドンスモッグが起こり、更なる法整備の強化が行われたが、1880、1882、1891、1892年に顕著なロンドンスモッグが起こるなど、悪化を続けた。1905年には、ロンドン公衆衛生会議で、ロンドンの「霧（fog）」と「煙（smoke）」を結びつけて「スモッグ（smog）」の名称が正式に誕生した。

　その後、幾度かの法的制度の強化が行われたが、生産増強が優先され汚染は進行した。第2次世界大戦後の1955年のロンドンスモッグ事件では、3,900人の死者を出すところとなった。これを機に、抜本的な大気清浄法（1956）が制定された。その後もロンドンスモッグは起こった（1962など）が、石炭使用の減少もあり、沈静化していった。日本でも1960年前後の高度成長期に、ロンドン型スモッグが深刻な環境問題であった（大場英樹「環境問題と世界史」公害技術同友会1979）。

　なお、アメリカのロサンジェルスは、自動車排ガスがもたらすオキシダントがつくる、光化学スモッグで有名であった（始まりは1940年代初期）。ロンドンスモッグは夜間に始まるのに対して、ロサンジェルススモッグは太陽光が関与して昼間に起こる。なお、この問題は、自動車エンジンなどのNOx規制により、問題が鎮静化していった。

## 【KW序.01】 「処理インフラ」の形成 （環境問題の解決策）

わが国では、高度経済成長期以降に悲惨な公害事件が起こった。戦後、「世界の工場化」政策により、驚異的な経済発展を遂げたわが国は、公害先進国でもあった。

公害対策にはいろいろな手段があるが、処理インフラを完備することが基本であった。工場からの排ガスや廃水には処理装置を義務づけ、都市廃棄物に対してはゴミ焼却場や下水処理場などのインフラが整備された。自動車にも、高性能な廃ガス処理装置が付けられた。これら技術開発と法的整備により、基本的に公害問題は解決された。

このような、供給インフラと処理インフラが完備した都市は、生体になぞらえて、「動脈・静脈系完備都市」と呼ばれることがある。この両者が備わった都市を、ここでは現代都市としよう。

これにより、資源を大量消費して、豊さを追求できる体制が完成したと考えたのである。

### <ポイント> 1970年公害国会
### （わが国の地域環境問題対応の体制が確立）

供給インフラの完成で、「生産に励もう」としたところで公害問題が起こった。日本は、公害先進国として、大いに揺れた。

多くの悲惨な被害者の犠牲があり、1960年代後半までに、公害対策のための体制が確立されていった。東大に都市工学、京大・北大に衛生工学、阪大に環境工学と専門家の養成機関が充実された。1970年の臨時国会では、公害問題に関する集中審議が行われ、公害対策基本法（1967年制定）の改正を柱とする法体系の抜本的整備・改正が行われた。この国会は「公害国会」と呼ばれ、翌年に環境庁が設置されるなど、公害対策体制が整備された。ここからもわかるように、公害が起こったのは、「処理の専門家が居なかった」が基本的な考えであった。

### <エッセイ> 処理概念のない
### エネルギーシステム

都市の物質代謝系では、供給と処理にインフラが整備されている。例えば、水であれば、上水と下水がある。ものは、流通インフラとごみ処理場がある。エネルギーは、電力・都市ガス・石油などで供給されるが、大気汚染物質に対してはともかく、廃物である熱の処理インフラは存在しない（表－1）。その結果がヒートアイランド問題である。エネルギーについても、処理の概念が必要である（【KW7.08】参照）。

表－1　各対象の都市供給・処理インフラ

|  | 供給インフラ | 処理インフラ |
|---|---|---|
| 水 | 上水道 | 下水道 |
| もの | 流通システム | ゴミ処理場 |
| エネルギー | 電力・都市ガス | ? |

### <ポイント> 公害（典型七公害・四大公害訴訟）

公害は社会・経済活動によって生じる環境破壊による社会的災害である。企業による産業公害と、都市活動による都市型公害がある。環境基本法などでは、①大気汚染、②水質汚濁、③土壌汚染、④騒音、⑤振動、⑥悪臭、⑦地盤沈下　を典型七公害として、環境行政が行われてきた。その他、光害や日照、アスベストやダイオキシンなどの有害物質も公害とされている。また、2012年には放射性物質も加えられた。

裁判で争われた公害事件のうち、四日市ぜん息（1967年提訴）、水俣病（1969）、新潟水俣病（1967）、イタイイタイ病（1969）は、四大公害訴訟と呼ばれる。いずれも1970年代前半に原告勝訴となった。その後、道路や空港などの公共インフラをめぐり訴訟が行われた。ここでは、「環境権」と「公共性」が争点となり、後者が勝るケースが多くなった。

## 【KN序.09】 現代社会の「3大限界」を可視化したローマクラブの報告書

1972年に、有名なローマクラブの報告書「成長の限界」が発表された。石油の大量消費で等比級数的成長を目指していた世界に、根本的問題を突き付けた。このまま成長を続ければ、世界は破滅に至ることを、システム・ダイナミクスの手法を用いて、コンピュータによる世界モデルで将来予測を行った。その結果、遠くない将来に、世界は地球の容量を越え、破滅に至ることを、具体的に示した。(D.H.メドウズほか「成長の限界」ダイヤモンド社1972)

ここでは、「①資源的な限界」「②環境的な限界」「③食料の限界」の三つの限界が示された。中でも、①が最初に訪れる。そして、これを乗り越えても②が待ち構えており、さらに③もあり、人類は大打撃を受けるという衝撃的なものであった。

ただし、環境的制約は化学汚染タイプのものが考慮されており、現在最大課題となっている地球温暖化問題は全く考慮されていなかった。

その後、1992年に続編「成長の限界－限界を越えて」、2005年に「同－人類の選択」が出版されるなど、世界の動向を見ながら、「現状の課題を放置すると、破滅が早く訪れる」という視点から、世界に発信し続けている。

このレポートの1年後にオイルショックが起こった。このレポートの関与は(筆者は)不明であるが、ジャストなタイミングであった。これを機に、世界で原子力発電が普及するなど、大きな変化をもたらしたのは間違いない。

### <ポイント>ローマクラブ

オリベッティ社（イタリア）の会長であったアウレリオ・ペッチェイと英国の科学者アレクサンダー・キングが主導し、世界各国の経済人、科学者、教育者、など各分野の学識経験者100人から構成され、1970年3月に発足した。開催地ローマにちなんでローマクラブと命名した。政治家は意図的に除外されている。「成長の限界」の第2、第3レポートをはじめ、インパクトのある多くのレポートを世界に発信している。

### <ポイント>「宇宙船地球号」「ガイア論」

地球や環境問題の考え方にはいろいろなものがある。ここでは、代表的なものとして、「宇宙船地球号」と「ガイア論」を紹介する。

◆宇宙船地球号　地球を無限の大きさと見ないで、宇宙を航行する船とする見方である。世界で最初のそれは、1879年米国のヘンリー・ジョージと言われている。ただし、彼は地球の貯蔵は無限と考えていたようである（Wikipedia）。現在の有限な地球のイメージは1966年にケネス・E・ボールディングが提唱した。この宇宙船は無限の蓄えがなく、採掘する場所も汚染する場所もない。そして循環する生態系やシステムの中にわれわれはおり、有限の資源の中での人類の共存や資源管理の必要性を訴えた。

◆ガイア論　ガイアはギリシャ神話の大地の女神であるが、「天も内包した世界」のイメージである。ガイア論は地球を生命体と見做すジェームス・ラブロック（英）の仮説であり、1984年に「地球生命圏・ガイアの科学」などで発表された。地球は自己調節システムをもった生命体で、人類はこれを認識して、活動のあり方を考えるべきである。さもなくば、ガイアは容赦なく人類を滅亡させるであろうとしている。

限界のオンパレード

## 【KN序.10】　オイルショックでは原油価格が約「10倍」に高騰

供給と処理のインフラが整備され、「さあ、体制は整った、中東の石油を使って生産に励もう」という1973年に起こったのが、オイルショック（OS）であった。なお、1979年にイラン・イラク戦争があり、第2次オイルショックも起こった。

ちなみに、OS前の各国エネルギーの石油依存度は、アメリカ47％、ドイツ47％、英国50％、フランス67％であり、日本は実に78％であった（経済産業省「エネルギー白書」2010）。原油の価格もバレル$3から$30近くにと10倍近く高騰した。当然、OSの日本経済への影響はきわめて大きかった。

日本でも、エネルギー・セキュリティの重要性が認識され、石油の備蓄を進めるとともに、原子力や太陽熱などの自然エネルギーの活用や、省エネルギーなどが進められた。

OSは、「政治的に引き起こされた危機」とも言われているが、真剣にエネルギー効率の改善に取り組んだ結果、わが国の国際競争力の強化につながった。これは、大きな教訓である。

---

**＜エッセイ＞OSのなかった東側諸国**

ベルリンの壁崩壊後、筆者がある調査団でチェコのエンジン工場で聞いた工場長の話が印象的であった。「東側諸国は、ソ連による安定供給でOSがなかった。その結果、エネルギー効率改善が進まず、完全に西側に引き離された」という主旨であった。

当面、ハンデであっても、重要問題に真剣に取り組み、対応策を確立することはその後の強みになる。日本の公害対応も同じである。日本の技術レベルはきわめて高く、人々の集中力もすごい。必要なのは、目標や動機づけである。

なお、技術開発だけではなく、それを世界のスタンダードにする戦略がとくに重要である。

---

## 【KN序.11】　「20世紀後半」に大きく変遷した環境問題

わが国は「工業による高度経済成長」を達成した。海洋に囲まれた国土を活かし、世界から資源を集め、加工して輸出するモデルは、他に類を見ないものであった。一方で、公害先進国でもあった。わが国の環境問題の経過を概観しよう。

◆ **1960年前後「産業公害問題」**　工場が生産を拡大し、新たな化学物質などの生産をはじめ、廃棄物を適正に処理・処分しなかったことによる環境汚染が問題であった。

◆ **1970年代「都市公害問題」**　都市活動自体が大気汚染・水質汚濁・騒音問題などを引き起こす。加害者と被害者の区別が不明確な問題であった。

◆ **1980年代「地球環境問題」**　地域的な環境問題から、より広域の国境を越えた環境問題に拡張した。酸性雨、砂漠化、絶滅危惧種問題、オゾン層の破壊などであった。

◆ **1990年代から「地球温暖化問題」**　1992年リオの地球サミットにより、持続可能な開発に向けた地球規模でのパートナーシップの構築などが合意され、気候変動枠組み条約などが始まった。

---

**＜エッセイ＞温暖化問題は新しい環境問題**

公害問題は、主として化学汚染問題である。これは、処理装置などの技術的な手段で解決できる。市民は費用の出費を認めれば、あとは専門家がやってくれた。地球温暖化問題は、環境負荷が安定な化学物質である二酸化炭素による環境問題であり、処理技術では解決できない。これは、現代文明の根源的課題である。生活者自身が「解決の活動の主役」であり、この点で根本的に異なる問題である。

## 序.2 DS中心社会とDSS技術者の役割
## （第4世代の都市代謝系構築の視点）

　前節では、エネルギーと環境の利用の歴史を振り返り、現状までの経過を述べた。要約すると、現代文明は産業革命以後わずか200年であるが、化石燃料と環境に過剰依存して急激に成長しており、このままでは、資源問題と環境問題で持続が不可能であることが明白になってきている。この回避のためには、現状の修正レベルではなく、パラダイムシフトともいうべきものが必要である。

　本節では、エネルギー関連システムの現状を位置付け、改革の方向性を考える。要約すると、「現在のエネルギー・環境システムは、化石燃料と地球環境が十分にある初期の状況そのままであり、時空間軸でのシステム化が不十分である。この点に、まだ破滅回避の可能性がある」である。

　現状システムの欠陥の例を挙げよう。空間軸では、資源も環境も無限という発想で、供給インフラを整備し、それに伴う地域環境問題に対しては処理インフラを整備した都市「動脈・静脈完備都市」を構築してきた。この中でデマンドサイド（DS）はお客さまであり、料金さえ払えば、便利・快適な生活ができる都市である。これに対して、第4世代の代謝系都市を目指すべきである。すなわち、持続可能性を必須要件として、資源・供給・循環・処理・環境を一つのシステムと見る都市である。デマンドサイドは単にサービスを受ける存在ではなく、システムの中央として、きわめて重要な立場である。このような全体的な視点に立ち、DSにあるべきシステムを構築し、管理する技術者が「デマンドサイドシステム（DSS）技術者」である。DSS技術者こそ、これからの持続可能社会構築に向けて、問題の正しい認識をもち活躍すべき存在であり、代謝系都市構築の中心技術者となるべき存在である。また、時間軸では、いままでは「将来は現在より良くなる」として、現在のみを考えた都市を構築してきた。今や、過去からの流れを正しく認識し、将来世代も含んだシステムを考える発想に転換せねばならない。言わば、「資源・環境」と「将来」を内部化した都市代謝系を構築していかねばならない。

---

**＜エッセイ＞これからのビジネスの一つの方向性**

　今までは「便利・快適な暮らし」が目標であったが、今後は「上手な暮らし（スマートライフ）」とすべきであろう。関連するビジネスは、「エネルギー」や「家電機器」などの製造・販売であったのに対して、これからは「エネルギーサービス」や「スマートライフ」が対象になっていくと思われる。これは「サービサイジング」と呼ばれている。デマンドサイドの多様性を無視することなく、いかに対応するのかがポイントであろう。

---

**＜エッセイ＞会席料理はシステム料理、寿司は非システム料理（システムとは）**

　本書では「システム」という用語をよく用いる。常識語とも言えるが、ここで、システムについて補足しておこう。渡辺はシステムについて（渡辺茂「システムとはなにか」共立出版 1974）「①いくつかの要素から成っている。②要素間にはいろいろな関係がある。③システムには目的がある、④単に状態として存在しているだけでなく、時間的な流れがある」としている。筆者は「システム」の説明に、料理を引き合いに出している。コース料理は、客の満足度を最大にするシステム料理である。ここでは、出てくる料理には順番があって、うまく味覚等が刺激されるように工夫されている。和食の会席料理は、世界遺産に登録されたように、すぐれたシステム料理である。なお、和食では寿司も有名であるが、食べる順序は一応定石があるようである。しかし、基本は「好きなように食べればよい」ようである。この秘密は、ガリにあるように思われる。味覚がこれでリセットされる。この意味で、寿司は非システム料理である。

　システムデザインとは「コース料理のデザイン」とイメージすればわかり易いであろう。

## 【KW序.02】 「規模の経済」 巨大化を目指した供給・処理インフラ

現代のエネルギー供給システムは一般にきわめて巨大である。例えば、電力システムは、世界から集めた化石燃料等を巨大発電所で電気に変え、都市まで長距離送電されている。

巨大化と遠隔化の歴史が電力システムの発展の歴史であった。最初、発電所は小規模の都市内発電であった。火力発電は、規模の経済(スケールメリット)が働く代表的な例である。すなわち、大規模の発電所ほど効率がよく、経済的である。したがって、大規模集中化が基本的動向であった。

日本では、中部山岳地域などの豊富な水力資源で発電して、大消費地である都市に送電するために、電力の遠隔送電技術が開発された。また、この送電技術の発達は、大規模化にも貢献している。遠隔・大規模発電の典型は原子力発電である。火力発電も効率問題だけでなく、大気汚染問題等の都市環境問題回避のためにも遠隔化は有難い技術であった。

欧米においても、最初は都市内発電所であった。後述(【KW4.04】参照)するが、火力発電には発電廃熱が発生する。都市内発電では、この廃熱を都市の熱需要に充てることが可能である。こうして、主に寒冷地にある欧米先進国では、地域暖房が電力会社のアイデアとして生まれた。CGS(コージェネレーションシステム)または、CHP(熱電併給)システムである。寒冷地では暖房が必需品であり、これはよいアイデアであった。

しかし、復水発電(電力専用発電)や送電技術が進歩すると、早々に規模の経済を求め、電力専用・巨大遠隔発電に変わっていった。この動きはとくにアメリカで顕著であった。

### <ポイント>オイルタンカーの規模の経済と不経済

スケールメリットの大きなものに、オイルタンカーがある。大型化するほど輸送費が安価になる。このメリットを求めてタンカーは高度経済成長期にどんどん大型化して行った。当時、世界一を誇ったわが国の造船業界は「いずれ、近い将来に100万トンになる」と予測していた。しかし、大型化は止まり、いままでの最大は1979年に58万重量トンで終わった。現在は30万トンが最大級である。これは、大きくなると、狭い海峡が通れないなどの不都合もある。最大の要因は、アラスカ沖におけるバルディーズ号事件(1989)に代表される、タンカー事故のときの油漏れによる海洋汚染が甚大となり、タンク構造が複雑化したのが大きい。これらは規模の不経済である(【KN3.22】参照)。

### <エッセイ>スケールメリットの少ない太陽光発電

同じ発電システムでも、太陽光発電にはスケールメリットが少ない。主要部分の発電セルによる発電量は面積に比例するからである。この技術は電力需要の近くで発電するのが原理的には好ましい。住宅の屋根に置いて、そこで使うオンサイトのシステムである。メガソーラープラントで発電して送電するのは、この点では意味が少ないと思われる。なお、太陽熱利用システムも同じであり、集熱量は面積比例である。太陽熱地域暖房などは全く考えられないであろう。

大きいことはいいことだ

## 【KW序.03】 デマンドサイドの問題を指摘したA.ロビンスの「ソフト・エネルギー・パス」

前述したように、1970年代に自由主義世界は2度のオイルショックに見舞われた。石油価格は高騰し、ガソリンをはじめ多くの物資が不足した。世界はエネルギー供給力の向上に躍起となった。

この中で、エイモリー・ロビンスは、著書「ソフト・エネルギー・パス」で「供給ではなく、エネルギーの使い方の問題」と主張した。今では普通の指摘であるが、経済や科学技術の発展の著しい当時には、斬新な考え方であった。

彼は、「ひびの入ったバスタブに入って、お湯の供給を要求するがごとし」「バターを切るのにチェインソーを使うがごとし」などの指摘をした。後者はエネルギーの質の重視という主張である。そして、再生可能エネルギーなどの適正技術で世界は十分やっていけることを論証した。

彼は、エネルギーの供給力強化に向けた核利用をはじめとする巨大科学推進の道を「ハード・エネルギー・パス」と呼び、エネルギーの使い方の改善と太陽エネルギーのフローに依存する道を「ソフト・エネルギー・パス」と呼んだ。「人類は選択の分岐点に居て、後者を行く」ことを主張した。

なお、彼はハードパスとソフトパスは相容れないものとした。これに対して、「両立できる」「両立すべき」など、いろいろな論議を呼んだ。

このような論議は、オイルショック後に石油がだぶつき、どこかに消し飛んだ感がある。しかし、地球温暖化問題や、福島第1発電所の事故を経験し、技術も進歩したいま、再評価が必要である。

### <ポイント>資源・環境問題に関する考え方

#### ◆エクステンシブな対応・インテンシブな対応

エクステンシブな対応は、「外延的」という意味であり、深海や宇宙などの遠くに資源を求めたり、環境を拡げることで問題の解決を図る方法である。典型例として「高煙突技術」がある。これは、大気汚染対策として、煙突を高くして、汚染物を遠くに拡散させるような解決方法である。これは自らを変えないで、外部や専門家に頼る対応である。

デマンドサイド中心社会は、当然、インテンシブな対応社会である。

#### ◆エンド・オブ・パイプ対応

同じような発想で、環境問題に対するエンド・オブ・パイプ対応の考え方がある。これは、工場や都市で何がなされているのかを問わないで、排水管などから出てくる汚染物を技術的に処理する方法である。前述の「処理インフラの完備による問題対処」はこの発想である。

地域環境問題では、このような対処方法が可能であったが、地球の温暖化のような環境問題では対応がとれない。ここでは、内部を改善する「インテンシブな対応」が必要である。エネルギー問題の場合、サプライサイド的対応は、エクステンシブな対応である。

### <エッセイ>高煙突は賢い煙突か?

日立の鉱山では、近代的な高煙突に対して、従来の低煙突を「アホ煙突」と呼んで馬鹿にした。拡散理論によると、汚染物の着地濃度は煙突高さの2乗に反比例する。したがって、仮に10倍の高さにすれば、生産量を100倍にできる。しかし、高煙突が生み出したのは、より困難な広域の大気汚染であった。また、高煙突では、煙突周辺は汚染が軽減される。炭坑節にあるように、「お月さんには悪いけど、幸せよ」と油断していると、全体が悪くなってしまう。この意味で、高煙突は「情報を発しない煙突」である。高煙突の問題点は、「地域環境と地球環境がトレードオフ(利害が対立)の関係になる」点である。これに対して、低煙突では、両者の保全が一致している。地球温暖化問題の緩和のためには、このような構造にするのが一つのポイントである。

## 【KW序.04】 「情報発信性」 生活のシステムにはきわめて重要

前項において、「高煙突は情報発信のない煙突」と述べたが、資源・エネルギー関連のシステムの要件にこの「情報発信性」がある。生産のシステムはともかく、一般市民に対する生活のシステムにおいて、これはきわめて重要である。

エネルギーや水は単なる経済財ではなく、多くの問題と関係しており、大切に使うべきものである。情報の発信性とは、これらの問題や構造を市民に伝えることを言う。

現在は、エネルギーも水も、供給者には安定供給義務が課されている。そして、市民は、料金さえ払えばどれだけ使ってもよい体制である。例えば、電力需給のひっ迫時や渇水時に、節電や節水が呼びかけられるが、市民の積極的協力が得られない現実もある。望ましいのは、それを利用している市民に「関連する問題構造」を伝え、市民のレベルアップに寄与するものである。前述のように、「便利・快適な生活」の支援ではなく、「上手な生活」の支援である。

### <エッセイ>「飲水思源」「排便思末」

末石冨太郎阪大学名誉教授は、著書の中でつぎのような主旨の例を述べている。「中国の水道技術者が、わが国の巨大浄水場を見学したとき、"市民は飲水思源できるのか?" と問うたという。システムが小さければ、水源のこともわかるが、現代の巨大システムで蛇口をひねれば水を得られる状況で、市民は水源まで考えることはないであろう。ここでは、野放図に水需要が伸び、さらに水源が遠くなり、ますます飲水思源できなくなる。この意味で、現代の巨大上水システムは欠陥である」。なお、熟語事典には「飲水思源」は「井戸を掘った人の苦労を忘れるな」という時間的な意味のようであるが、巨大システムはそういう情報を出さない。

筆者は、これをもじり、「排便思末」という4字熟語を作った。トイレで用を足し、レバーを引けばそれで終わり。それがどこで処理され、環境に戻るのかは全く考えられない。いわば、現代の巨大インフラは、源(資源)も末(環境)にも開いて(外部化して)いる。資源・環境を内部化することは、きわめて重要な要件である。実現すべきは市民に「飲水思源・排便思末させる」ものでなければならない。なお、この私作熟語は、中国で講義したとき、現地の人に理解された実績がある。

同じく、現代のエネルギーシステムは「使能源思源・排熱思末」できない。これがエネルギー資源の枯渇問題であり、ヒートアイランドなどの温暖化の一つの根本的原因である。

### <エッセイ>電気システムの原理

筆者の好きな漫画(Ralph Dunagin:なお、下の拙い絵は筆者によるイメージである)を紹介しよう。父が子に電力システムを教えている。「電気なんか簡単さ、二本の電線の一本から電気が流れ込んで、もう一方からカネが出ていくのさ」と説明がある。このシステムは「電力を使うことの電源立地のリスク」「資源がどこから来ているのか」「陰での技術者等の努力」など何も発信しない。この子は電気技術者になろうと思うであろうか。システム技術者はこのようなことも考えてデザインせねば失格である。

筆者は学生に、「このシステムは不完全である。少なくとも電線がもう1本要る。それは電源立地と消費地を結ぶ情報の伝達線」と説明した。この問題は、沖縄の米軍基地問題にも共通である。問題構造の伝達のためのシステムデザインはきわめて重要である。

## 【KW序.05】 「情報発信のないインフラ」等の例

前項で述べた「情報発信性」について、対象を少し広げて例示する。

◆シリコンバレーの地下水汚染の教訓

シリコンバレーのハイテク汚染は、半導体洗浄の有機溶剤が地下タンクから漏れ、地下水汚染をして、それを水道から飲んだ子供の心臓に奇形が出た事件であった。地下タンクのセールスのキャッチコピーが "Bury it, and forget it" であった。地下に置いたために漏れがわからなかった。（吉田文和「ハイテク汚染」岩波新書1989）

◆阪神・淡路大震災時での教訓（1）

淡路島の民家で大震災時にガス漏れ警報器が鳴り、その家のLPG機器を調べたが異常がなかった。その夜に一家5人のうち4人がガス中毒で亡くなるという、いたましい事故があった。これは、近くを通る都市ガス管の破損が原因であった。地下埋設インフラは情報発信の点で問題がある。

◆阪神・淡路大震災の教訓（2）

この大震災では、大都市のライフラインが崩壊した。一般に、電気・ガス・水のシステムは壁や床下などに隠れていて、全くわからない。その中で、水槽のバルブが震災直後に閉められた集合住宅では、保水できて大いに助かった。システムデザインの要点である。

◆高い堤防は安全か（最適洪水確率年は？）

これも阪大名誉教授末石先生の指摘である。堤防の高さは、公平性から洪水確率年を基に客観的に決定される。整備が一順すれば、「安全性向上のため」として洪水確率年をより長くし、さらに高くされる。しかし、堤防が高くなると、町では油断が生まれる。具体例として、1976年に起こった長良川の大洪水による甚大な被害がある。岐阜県南部はもともと洪水が起きやすく、住居や集落に輪中というマイ堤防の文化があった。川の堤防が高くなり、この文化が消失して大被害になった。洪水確率年には最適値があるだろうか？　公共事業の堤防族は、安全性の御旗の下で、より高い堤防を推進するであろう。ポイントとして、洪水確率年は50年程度に抑えておくと、一生に一度は洪水があるとして、それなりの備えがなされる。大投資をして数百年に一度大被害を起こすのか、投資をほどほどにして洪水は多く起きても被害を小さくするのかの選択である。

同じく、東日本大震災の津波被害を受け、防潮堤の整備が計られている。被災地での防潮堤事業の予算規模は1兆円規模で、南海トラフ地震まで考えるとさらに膨大な予算になる。

◆情報を出す地震、出さない地震

上と同じく、東海沖の地震は約60年周期であり、これは一生のうちに一度は起こる地震である。こうなると、各人が地震対策を行うであろう。事実、関東周辺では、家具の転倒防止や非常持ち出し、非常食などの対策がとられている。阪神淡路大震災は数百年に一度であったので、甚大な被害になった。前者は情報を出す地震、後者は出さない地震と言えるであろう。

◆真空パイプのごみ収集システム

この収集システムは、地中等に配管を設け、真空掃除機のように、各家庭からパイプでごみを吸い取って焼却プラントへ搬送する。一時、理想のシステムとして、日本でも建設された例がある。これがあれば、街に収集車が走ることも、家庭に数日間ごみを保留することもなく、快適である。しかし、このプラントは情報発信性に欠け、ごみの減量化にはつながらないであろう。また、犯罪のチェックもきわめて難しいであろう。

なお、情報はそのシステムから発信する必要はないが、生活しながら学べてレベルアップできるのがベストであろう。これはシステムデザインの重要な課題である。

## 【KN序.12】 目指すは「第4世代」の代謝系都市

巨大都市は現代文明の特徴の一つである。集まって暮らす利便性や効率性など、大きなメリットがある一方で、大量の外部資源を運び込み、その結果の大量の廃棄物を処理・処分せねばならない。都市を生体にたとえて考えるのは有用である。

生体は活動を維持するために、食料・水・酸素等を取り入れ、老廃物を外に出す。そのために生体には動脈系と静脈系が備わっている。このような考え方が代謝系都市論である。都市の発展を代謝系の視点から概観すると、3世代に分けられる。

◇第1世代：供給インフラ完備のレベル
◇第2世代：供給・処理インフラ完備のレベル
◇第3世代：供給・消費・処理が一つのトータルシステムとして機能のレベル

現在は、第2世代は達成されているが、消費すなわち、デマンドサイドのシステム化が不十分で、第3世代の必要性が認識され始めている段階であろう。また、システムの目的も、第1～3世代では「便利・快適な暮らしの支援で、安価・安定、大量消費で経済発展」であったが。現在目指すべきものは「上手な暮らしの支援で、適正消費で持続可能的発展」である。この意味で、創るべきは「第4世代の代謝系都市」である。

なお、生体には、「資源・環境」のキーワードはなく、これらは外部である。都市代謝系では、資源・環境も含めて考える必要がある。これは、生体の代謝系と根本的に異なる点で、人類に課された新たな課題といってよい。

> **＜エッセイ＞エネルギー・熱代謝系の確立**
>
> いままでのエネルギーシステムの見方の欠点の一つは、全体のエネルギーの流れをシステムとして見ていない点にある。
>
> 図-1に、筆者らの視点からのシステムの全容を示す。基本的なエネルギーの流れは、「一次エネルギー」→「二次エネルギー」→「需要（エネルギーサービス）」→「熱となって都市大気を通って宇宙へ霧散」である。ここでは需要として、民生用を対象として、「動力・照明等」と「熱」の二つのカテゴリにまとめた。なお、いままでのエネルギーフローは需要端で終わりである。この図は使ったエネルギーが環境に霧散するまでを示している。筆者らは、これを「ネルギー・熱代謝系」と呼んでいる。
>
> 図には、関連する各種リスクも示している。これらのリスクについても十分な配慮が必要である。なお、ヒートアイランド問題を考えるときには、この図はまだ不完全である。ここには、都市に降り注ぐ太陽熱も表す必要があるし、時間情報も入っていない。少なくとも夜間と日中の区別は必要である（【KW7.04】参照）。

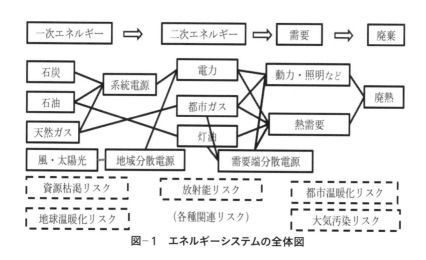

図-1　エネルギーシステムの全体図

**【KW序.06】** 「スマートコンシューマ」の育成と支援（消費者庁への期待）

筆者はオイルショック後（1981年）、アメリカへ客員研究員として留学の機会を与えられた。商務省のNBS（National Bureau of Standards）で、建物の省エネルギー研究に従事した。

向こうの建物の省エネ研究者の話では、オイルショック後しばらくは研究ができなかったそうである。それは、市民からの直接の「わが家の省エネ」についての問い合わせが原因であった。アメリカの市民はタックスペイヤーとしての意識が明確で、国立の研究所には相談する権利があると考えている。ここにアメリカの市民のレベルの高さを見たように感じた。日本では、市民にも研究者にも、ここまでの意識はないであろう。

消費者が確かな知識と参加意欲をもって行動できる、これがスマートコンシューマである。最近、わが国に消費者庁が設立された。消費者庁の柱の一つに「消費者教育」が挙げられている。そこでは、「環境教育や食育教育などと連携をとる」と謳われている。なお、エネルギー教育は資源・エネルギー庁、環境教育は環境省の管轄と言えよう。スマートコンシューマの育成の視点から、これらを統合した「エネルギー・環境教育」の体系を確立すべきである。

また、デマンドサイドの特徴は「多様性」である。サプライサイドの発想での、「標準モデル」での消費の見方ではなく、個々の市民の生活に対する情報支援がなされるべきで、これも消費者庁の主導で、各自治体が適切な対応をとることが大いに期待できる。

自治体は供給システムのあり方よりもむしろ、このような視点からエネルギー問題にしっかり関与することが必要である。

なお、本書では「上手な生活」の用語をよく使うが、これは「スマートな生活」と同義語であることを付記しておく。

---

**＜エッセイ＞アメリカの「わがまま文化」と、日本の「少し譲って上手に暮らす文化」**

上記のアメリカ滞在中に、アスファルトと芝生で覆われた地面を「なぜ？」と考えた。筆者の仮説は、「家の中にドロを持ち込まないため」である。日本では、玄関で履物を脱ぐことによって、この問題を見事に解決している。また、ワシントンDCの公園の公衆トイレがすべて暖房完備なのにも驚いた。これも、日本では非接触型便器によって、「便座に座ったときのいやな冷たさの問題を見事回避している」ということに思いが至り、日本文化は「実に優れている」と再認識した次第である。

西洋文化は、わがままであって、自分を譲らないで他人、都市づくりやエネルギーで問題を解決するように思われる。日本の「各自が少し譲歩する文化」が、これからのキーと思った。

団体がレストランで食事の注文をするのも同様である。日本人は、作り手や早く料理が出てくる可能性も考えて、「右に同じ」的注文をする。共産圏の某国で、これを「社会主義的日本」と皮肉られた経験があるが、「状況を読み少し譲って上手に暮らす」、これからの重要な発想だと思う。

また、争いごとは多くの資源を浪費する。一般的な日本人が論争を好まないのも、この文化の表れと筆者は思う。この是非は大いに議論があろうが、このような点から、わが国のとるべき道は資源有効活用の科学技術や省エネ文化を進展させることであろう。中でも、「周辺を見て、自分は少し譲歩しても全体の利益を生み出し、問題をよい方向に解決する」この考え方を世界に普及させることであろう。

これは、南町奉行大岡越前の「三方一両損」の発想である。

## 【KW序.07】 「土木環境工学と建築環境工学」の位置づけの変化

環境工学の分類には色々あるが、都市を造る建設工学では、土木環境工学と建築環境工学の二つがある。DSS技術者を自認する筆者らは、後者に属している。

いままでこの両者の違いは明快であった。前者は都市や地域等の「公的空間の環境問題」を扱う。【KW序.01】で示したように、基本は汚染質を含む廃棄物を処理する技術関連である。後者は建築内および敷地内空間という「私的空間の環境」を担当し、空間デザインやエネルギーなどを使って快適空間などを創造する技術である。

しかし、新しい環境問題である環境温暖化、これには都市温暖化（ヒートアイランド問題）と地球温暖化問題があるが、これらに対しては、土木環境工学の処理技術には対処能力はない。デマンドサイドのあり方がメインとなり、エネルギー・熱代謝系の適正化がキーとなる（【KN序.12】参照）。これは、建築環境工学の分野である。すなわち、今や、建築環境工学に関する技術者は、都市や地球という公的空間の環境技術者である。

しかし、現状は、いままでの「公的」「私的」の枠組みから、環境によいシステムの実現を図る場合に、建築環境技術者は施主を説得して行っている。これは施主の善意の負担に期待するものであり、システムの普及はなかなか進まない。建築環境技術者は、現在の自らの立場を正しく認識し、従来の「施主との連携」だけでなく、「公共とも連携」して問題解決を図らなければならない。すなわち、システム採用による施主の「私的効用」は施主がもち、環境への寄与という「公的効用」に対しては、社会が支援するという体制に向けての制度的な工夫を行い、公共とともに持続可能な社会の実現を図っていく責務がある。

これは、環境工学にとって、パラダイムシフトとも言うべき、大きな枠組みの変化である。建築環境工学関係者はこの立場を正しく認識し、デマンドサイドに構築するシステムが適正になるように国や自治体に政策提言なども行う必要がある。従来、建築環境技術者は、国や自治体から要請されて対応するというのが社会的活動のベースであったが、今後は積極的に自分たちの貢献が実現していくように、情報発信して、実現させていかねばならない。

### ＜エッセイ＞建築中央論

動脈・静脈完備都市の見かた（【KN序.12】参照）からは、デマンドサイドすなわち建築は、供給システムの終点であり、処理システムの始点と位置づけられる。そして、供給インフラと処理インフラの単なるユーザーであった。この見方を筆者は「建築末端論」「建築ユーザー論」と呼んでいる。

一方、都市代謝系の視点に立てば、建築はシステムの中央となる。ここでは建築は「インフラを利用して料金を払う」だけのユーザーであってはならず、上手な資源・エネルギーの使い方を実践し、供給システム、処理システムのあり方に適切に発言すべき主体である。たとえば、「循環型社会への働きかけ」や、「需要の質に合ったエネルギー・資源や設備の選択」などの行動によって、これからの持続可能な都市代謝系の実現に向けて、なすべきことはきわめて多い。まさに、「都市代謝系構築の主役」と言って過言ではない。筆者らはこれを「建築中央論」と呼んでいる。

### ＜エッセイ＞デマンドサイドの施策は自治体マター

エネルギー政策は一貫して国の管轄であった。デマンドサイドの特徴は、いろいろな条件によってきわめて多様なところにある。地域特性もきわめて強い。現在、省エネルギー基準は国の担当である。本来は実態を知っている地域が考えるべき問題である。このように、デマンドサイドの問題は、自治体の問題である。

## 【KN序.13】 「第1」のキーパーソンのDSS技術者のあり方

デマンドサイドの主役は生活者である。持続可能な第4世代の都市代謝系(【KN序.12】参照)を具現化すべく、これから、賢い選択をして、上手(スマート)に暮らしていくことが必要である。

そして、それを支援するのがデマンドサイドシステム(DSS)技術者である。デマンドサイドの特徴は「多様性」である。これを考慮して、生活者の視点で最適なシステムを提供する。

サプライサイド技術者は、供給側、生産者側の都合を優先する。たとえば、部屋の暖房問題を考えよう。サプライサイド技術者は、平均消費パターンや標準住戸を設定する。そして、そこで最高機能を発揮するトップランナー機器を開発して、大量供給をする。彼らが提供するのは機器であって、システムではない。この意味で、「サプライサイドシステム技術者」と呼んでいない点をご理解いただきたい。

例えば、自家用車の機種選択を考えてみよう。高価なハイブリッド車を、年間数千kmしか乗らないユーザーが結構購入しているように感じる。これは無駄と言えよう。こう言うと、「それほど使わなくても、省エネルギー機器を買うのは良いことだ」と反論される。たしかにそうではあるが、そのお金は、最新冷蔵庫や太陽光発電などに投資する方が好ましいかもしれない。一般生活者は、このような発想が浮かばないのが普通であり、このような省エネ投資などの支援業務もDSS技術者の仕事の範ちゅうである。

### ＜ポイント＞DSS技術者が留意すべきこと

筆者は、DSS技術者の団体ともいうべき、空気調和・衛生工学会の技術者倫理を作成した経験がある(http://www.shasej.org)。それを、少し広げて、以下にやや順不同であるが、DSS技術者のあり方を挙げる。

◇エネルギーも水も都市インフラにつなげば終わりと安易に考えない
◇デマンドサイドが都市代謝系の中央であることを認識(「建築中央論」【KW序.07】)し、サプライサイド、ディスポーズサイドに適切に提案する。
◇金銭コストだけで評価せず、時空間軸での重要事項も含めて評価する。
◇コンプライアンスは必要であるが、単なる法の遵守ではなく、正しい倫理感をもつ。
◇よいシステムが普及するように制度提案もする。必要であれば技術者団体として行う。
◇公的効用と私的効用の認識をもち、公と私の費用負担を適正化するよう行動し、よいシステムを実現する(【KW序.07】参照)
◇知識は広く、深く(いわゆる、木も知り、森も知る)なるように研鑽するが、システムのポイントを押さえることが必要である。
◇資源・環境に対する深い理解をもち、自分の活動との関係を的確に押さえる。
◇システムを完成させ引き渡して終わりではなく、ライフサイクルにわたって気を配る。
◇ユーザーの特性に合うシステムを提供する。
◇ユーザーのレベルを上げる発想をもつ。
◇単なる縁の下の力持ちだけではいけない。
◇これからのエネルギーシステム構築のキーとなる立場を認識し、誇りをもつ。
◇若い人に訴え、DSS技術者の重要性を認知させるなど、同志を増やす。

　　　　　　　　　　　　　　　　····等である。

### ＜エッセイ＞専門技術者とDSS技術者の相違

冷暖房を例として、専門技術者とDSS技術者を比較してみよう。例えば、電気技術者であれば、電気を使う技術を提案し、化学技術者では、吸収冷凍機などを提案する。これに対して、DSS技術者は使用者の住まい方に最適な方式を提案する。また、冷暖房が必要かどうか、パッシブな手法(【KN2.25】参照)なども検討する。

| 【KW序.08】 | デマンドサイド中心社会の「情報整備」を進めよう |

後の章でいろいろ具体例を示すが、現在のエネルギーに関係する多くの情報は、サプライサイドとしてのエネルギー会社の事業計画や、国の資源確保に関する計画つくりのための情報と言ってよいであろう。きわめてマクロな情報であり、国や地域全体のエネルギー消費データである。国民一人あたりの平均的消費量（原単位）がベースである。デマンドサイドの特徴である、多様性については、「モデル住宅」「モデルビル」「モデル世帯」「モデル生活パターン」などを設定し、平均的消費量などを求め、それに人口や住宅数、ビル数などを乗じて全体を推定することが行われている。これらのデータは消費者にとってほとんど役に立たず、これらはサプライサイドのための情報である。デマンドサイド中心社会におけるデータのあり方は大きな課題である。

＜エッセイ＞「あなたの暮らし」の商品試験

筆者が本書の執筆をしているとき、NHKの朝ドラ「とゝねえちゃん」の「あなたの暮らし出版社」の商品試験の場面が放送されていた。メーカー（サプライサイド）は決して出さない情報を、生活者サイドの立場で試験してデータを示し、よりよい暮らしを支援していこうという発想である。これはよい事例だと思った。

ドラマでもその事業の難しさがいろいろストーリ展開されていった。とくに低い評価を受けた企業の苦悩と抵抗が描かれていたが、試験者の中立性、能力が問われるシステムで、今なら消費者庁の仕事かなと感じた（【KW序.07】参照）。

こういう情報を出すことによって、生活者の商品選択を支援するとともに、商品を見るポイントについて生活者のレベルを上げる。一方ではメーカーのレベルも上がり、企業が強くなっていく。これはデマンドサイド中心社会の構築の望ましいストーリである。

＜エッセイ＞米国のConsumer's Report

前記の筆者のアメリカ滞在中（1981年ころ）にスーパーの雑誌コーナーで入手した、乗用車に関するコンシューマーズレポートに感心した。アメリカで販売されている乗用車の各機種について、1機種1ページをあててその車の故障の統計が各部品毎に記載されていた。平均よりよいものは赤色で、悪いのは黒色で表示されている。当時は日本車がアメリカ市場を席巻していた時代であり、日本車の頁は真っ赤で、アメリカ車の頁は真っ黒であった。一目了然、これではだれもアメリカ車は買わないだろうなと感じた。その他の商品についても同様のものがあるのかは調べていないが、きわめて有用なデータであると実感した。

上手な生活に役立つ情報が欲しいわ！

りんちゃん

# 序.3　本書のフレーム

本書は、前述したように、時空間軸にわたってできるだけ幅広い分野をカバーするよう配慮したが、環境技術交換会のメンバーがそれぞれ得意の分野についての情報を示した。おおよその分野はつぎのとおりである。

### ◆エネルギー・熱代謝系を広くカバー

持続可能な第4世代のエネルギー・熱代謝系の確立を基本目的とするため、エネルギー資源、供給システム、デマンドサイドシステム、処理システム、環境の全体を原則としてカバーする。

### ◆エネルギーを使うプロセスとしては「生活プロセス」、中でも「住」を対象とする

エネルギーを使った各種プロセスには、「生産」と「生活」の両者がある。本書では「生活プロセス」を主ターゲットとする。これは、生産の場には専門技術者がいるが、生活プロセスに関しては、「専門家」の概念が明確ではなく、この点に情報の意味があると考えたものである。また、生活の基礎的条件には「衣食住」があるが、本書では主として建築がらみの「住」関連を対象とする。

### ◆熱と仕事の関係を重視する

生活のためのエネルギーの使用は、一般に、「明かり、熱、仕事」を得るためである。なお、最近は「情報」も重要な用途である。ここでは、省エネのポイントとも言える、熱と仕事を得るためのエネルギーの消費を扱う。とくに、熱と仕事の相互関係は、工業熱力学の主題であり、デマンドサイド関係者は、この基本を十分に理解しておく必要がある。ここについて、本書では基本的事項として、かなり詳しく扱う。「はじめに」にも述べたように、この部分は数式を使った説明がある程度必要なため、付録とした。

### ◆エネルギーの4大法則に配慮する

一色はエネルギーの理解には4大法則の認識が必要と述べている（一色尚次：工業熱力学、森北出版）。それらは、①エネルギー保存則、②エネルギーの質の低下則、③エネルギー速度則、④変化の存在法則、である。従来のエネルギー学は①〜③が対象であるが、今や④の認識が不可欠となっている。

### ◆環境問題としては温暖化問題を主とする

前述のように、エネルギー消費と環境問題は密接な関係がある。日本は、高度経済成長期に深刻な公害に見舞われた。これらは、未処理の汚染物質が引き起こす「化学汚染」であった。これらは基本的には解決されてきており、ここでは新しい問題として、環境温暖化を主な対象とする。環境温暖化には、「室内温暖化」「都市温暖化」「地球温暖化」と三つのレベルがある。空調システム技術者は、室内温暖化問題（寒冷化対策としての暖房も含む）がいままでの操作対象であったが、都市・地球の温暖化問題も含めて解説する。

### ◆その他の資源について

本書の中では、「水」についても少し解説する。水とエネルギーは、都市で供給される2大ユーティリティである。水とエネルギーのシステムの比較は、重要な視点である。デマンドサイドである建築の設備システム技術においては、エネルギーと水のフローの適正化は重要な課題である。また、環境温暖化の緩和には、水の使い方がポイントの一つである。室内温暖化に対する空調は、気温と湿度（水分）の調整が主用課題である。

---

**＜特記事項＞キーナンバーの概略性、数値情報の取り扱いの注意**

本書では、できるだけ数値情報を示そうとして編集した。よく言われるように、数値の提示には「数値の一人歩き」が伴う可能性がある。すなわち、数値導入の仮定等が無視され、数値のみが都合よく利用されていく危険性である。このような利用をしないようにお願いしたい。また、本書では「現状データ」などとして、いろいろな情報も記されている。詳細のデータブックとしては、統一した年度の情報が用意されることが望ましい。本書では、概略数値とその意味の解説を主たる目的としたため、完全な年度の統一は行えていない。この関係上、一部で整合性のとれない数値があることをお断わりする。このような点が問題になる情報については、他の適切なデータブックを参照いただきたい。

# 第1章

# エネルギーの基礎

# 第1章 エネルギーの基礎

　広辞苑には、「エネルギー」として、つぎの3つの説明がしてある。①活動の源として体内に保持する力、②物理的な仕事をなし得る諸量、③エネルギー資源のこと。人間を含む生物は食物を摂って、それを①のエネルギーに変え、それによってさまざまな活動を行う。また、人間は③を利用して、環境を快適にしたり、人力ではできない仕事を機械にさせて、暮らしを豊かで便利にしている。この点において、人間は「エネルギー資源を発見」し、その「利用技術を発明」し、活動を支援する「補助エネルギー」としている。これによって生物界の頂点に立っている存在である。本章では、「エネルギーとは何か」をはじめ、エネルギーの理解に必要な物理的な側面を解説する。

　エネルギーにはさまざまな形態があり、資源も用途も多種・多様である。また、相互に変換が可能である。この関係上、エネルギーの量を表す単位にもさまざまなものがある。デマンドサイド関係者としては、これら各種単位の相互関係を理解し、エネルギー量を感覚として把握することが必要である。

　序論で述べたように、本書で扱うエネルギーの形態は、主として熱と動力である。現在の主たるエネルギー源は、化石燃料である。その一般的な利用方法は、燃料を燃やして熱エネルギーに変え、それをさまざまな形態に変換することである。例えば、動力はこうして得られた熱エネルギーから熱機関を動かして得ている。さらに、動力で発電機を動かして、デマンドサイドへは電気エネルギーなどの形態に変えて供給される。さらに、電力は再度熱に変換して利用されることもある。エネルギーの有効利用のポイントは、「熱と動力は質の異なるエネルギー」であることを理解するところにある。

　本章は、上に述べたような点について、エネルギーに関する物理的な基本を解説する。熱エネルギーと動力の関係については、大学の機械工学科などで熱力学を学んだ人には復習となるであろう。しかし、建築専攻の学生などは、必ずしも十分には学んでいないと考えられる。本書を機会に、問題を正しく認識し、興味と必要があれば、専門書でさらに勉強していただければ幸いである。

　繰り返しになるが、本章の重要な一つのポイントは、「熱エネルギーの質」の意味と、その定量的な評価方法の理解である。これには、エントロピーやエクセルギーの知識が必要である。これらは、学生からは「頭の痛くなる用語」と言われるのも事実である。なお、工学系の学生や技術者はともかく、一般市民にはこれらが高いハードルにならないように、本書では詳細は付録Aにまわし、本章では必要な結果のみを使うこととした。できれば、付録もしっかり読んで「感じ」だけでも理解していただければ幸いである。

**＜本章の主な参考図書等＞**
①谷下市松「基礎熱力学」裳華房 1988、②石谷清幹（編著）「熱管理士教本（エクセルギーによるエネルギーの評価と管理）」共立出版 1977、③空気調和・衛生工学会「SIの解説と演習」1983、④小野満雄「エネルギー概論」日本評論社 1975、その他は本文中に記載

## 1.1 エネルギー関連単位のキーナンバー

日本では、計量法によって使用できる単位が定められている。計量法は1992年に大きく改定され、国際単位系（SI単位系）が採用された。なお、一部で、例外的に「用途を限定する非SI単位」も認められている。例えば、エネルギー関係では［cal］などがある（【KN1.03】参照）。

**エネルギー関連単位の換算表**

仕事量　$1\,J\;(=1\,N\cdot m) = 2.778\times10^{-4}\,W\cdot h = 0.2389\,cal\;(=0.1020\,kgf\cdot m)$
　　　　$1\,kcal = 4.186\,kJ$　　$1\,kWh = 3{,}600\,kJ$
仕事率　$1\,W = 1\,J/s$　　$1\,PS = 735\,W$　　$1\,kW = 860\,kcal/h$
圧　力　$1\,Pa = 1\,N/m^2 = 1\,J/m^3$
熱伝導率　$1\,W/(m\cdot K) = 0.860\,kcal/(m\cdot h\cdot ℃)$
熱伝達率　$1\,W/(m^2\cdot K) = 0.860\,kcal/(m^2\cdot h\cdot ℃)$
比　熱　$1\,J/(kg\cdot K) = 0.2389\,cal/(kg\cdot ℃)$

注）力の単位として、工学単位系（少し前の工学書などで用いられた）ではkgfが使われていた。これは標準重力場（$g = 9.8\,m/s^2$）で1 kgの質量のもつ重量である。すなわち、$1\,kgf = 9.8\,N$である。

**＜ポイント＞SI（国際標準単位系）について**

◆基本単位は7つ、m、kg、s、A（アンペア）、K（ケルビン）、mol（モル）、cd（カンデラ）
◆組立て単位：　rad（ラディアン）、sr（ステラディアン）
◆SI単位と併用してよい単位：分、時、日、度、分、秒、リットル、トン
◆接頭語　P：ペタ（$10^{15}$）、T：テラ（$10^{12}$）、G：ギガ（$10^9$）、M：メガ（$10^6$）、k：キロ（$10^3$）、m：ミリ（$10^{-3}$）、$\mu$：マイクロ（$10^{-6}$）、n：ナノ（$10^{-9}$）
◆人名の単位は大文字表記　　例えば、W、J、K、Pa、N　など

◆**本章で用いる主な量記号**（他の章も基本的にはこれに準じる）

圧力：P　　　体積：V（v：比容積）　　　温度：T（絶対温度：T　摂氏温度：t）
仕事：W（工業仕事：$W_t$）　　　　　　　熱量：Q
内部エネルギー：U（比内部エネルギー：u）　質量：m　　分子量：M
ガス定数：R（一般ガス定数：$\bar{R}$）　　　　質量流量：G
体積流量：Q　エネルギー：E　比熱：c（定圧比熱：$c_p$、定容比熱：$c_v$）
比熱比：$\kappa$　重力加速度：g　高さ：h　　速度：v　　電圧：V　　電流：I
電気抵抗：R　密度：$\rho$　体積膨張率：$\beta$　熱伝導率：$\lambda$
発熱量：H（高発熱量：$H_o$、低発熱量：$H_u$）　効率：$\eta$（カルノー効率：$\eta_c$）
エンタルピー：I（比エンタルピー：i）　　　エントロピー：S（比エントロピー：s）
エクセルギー：$E_x$（比エクセルギー：$e_x$）　面積：A　　成績係数：COP

## 1.1.1　エネルギーの単位：ジュール〔J〕

前出の単位の換算表で、仕事量（エネルギー量）の単位として〔J〕〔W・h〕〔cal〕を示したように、エネルギーの単位にはいろいろなものがある。この中で、もっとも基本的なものはジュール〔J〕である。エネルギーにはいろいろな形態があり、ここではキーナンバーを「1ジュール」として、これが各エネルギーの形態でどれくらいかを示そう。1ジュールは仕事の量として定義されるが、熱エネルギーの単位としても用いられる。

また、食品関連で熱量単位としてカロリー〔cal〕も使われている。カロリーの定義および、熱量を扱うのには比熱の概念が必要である。比熱の解説も含んで関連するキーナンバーを紹介する。

### 【KN1.01】　1Jは「水1リットルを10.2cm」持ちあげるエネルギー量

エネルギーとは「仕事をする能力」である。仕事は「力 × 動かす距離」であり、力に抗して動かすことが仕事をすることになる。

仕事の単位としての「ジュールJ」は

$$1\,J = 1\,N\cdot m$$

である。すなわち、1Jは1Nの力に抗して1m動かす仕事量である。

なお、1Nの力とは、1kgの質量を$1\,m/s^2$の加速度で動かす力である。ちなみに、質量1kgの重力は、重力加速度$g = 9.8\,m/s^2$であり、9.8Nである。

もっているだけでは仕事ではない

なぜなら、台で置き換えられる

エネルギーにはいろいろな形態がある。代表的なものを紹介しよう。

◇位置のエネルギー　　$E = m\cdot g\cdot h$
◇運動エネルギー　　　$E = (1/2)\,m\cdot v^2$
◇圧力のエネルギー　　$E = P\cdot V$
◇電気エネルギー　　　$E = V\cdot I\cdot t$
◇化学エネルギー　　　燃料のエネルギー
　　　　　　　　　　　（後述）
◇熱エネルギー　　　　$E = c\cdot m\cdot \Delta T$

＜数値例＞1Jのエネルギーが、いろいろなエネルギーの形態でどのような状況に対応するのか、数値例を挙げておこう。

◇**位置のエネルギー**：水1リットル（1kg）が10.2cmの高さにある状態
◇**運動エネルギー**：水1リットルが1.40 m/sで動いている状態
◇**圧力のエネルギー**：大気圧を10ccの押しのける仕事
◇**化学エネルギー**：燃料1gは約40kJであり、1Jは0.025 mgの燃料の保有エネルギーに相当する。燃料のエネルギーは膨大である。
◇**電気エネルギー**：100Wの電球を0.01秒間点灯
◇**熱エネルギー**：水1ミリリットルを0.24℃上昇させる熱量（【KN1.02】参照）

◆その他のエネルギーの単位
◇ワットアワー

1ワットの仕事率（【KN1.07】参照）で1時間仕事したときの仕事量であり、一般に電力エネルギーの量を表すときなどに用いられる。

$$1\,Wh = 1\,W \times 1\,h = 1\,J/s \times 3{,}600\,s = 3{,}600\,J$$
$$\rightarrow\ 1\,kWh = 3{,}600\,kJ$$

◇カロリー

20℃の水1gを1℃温度上昇させる熱量
$$1\,cal = 4.186\,J \qquad 1\,kcal = 4.186\,kJ$$

## 【KN1.02】　1Jの熱で「水1ccを0.24℃」温度上昇（水の比熱は約4.2 kJ/(kg・℃)）

物体のもつ熱エネルギーは、＜ポイント＞で述べるように、内部エネルギーと呼ばれる。質量 m の物体に対して、内部エネルギー U の増加 $\Delta U$ [kJ] と、温度上昇 $\Delta T$ には次の関係がある。

$$\Delta U = cm\Delta T$$

ここで、c：比熱 [kJ/(kg・℃)] である。比熱は、単位が示すように、物体 1 kg を 1 ℃温度上昇させるのに必要な熱エネルギー [kJ] で、物性値である。比熱は一般に温度によって変化する。水の場合、ほぼ一定で、0〜100 ℃で高々 0.2 %の変化である。

水の比熱は 20 ℃で 4.186（概数としては 4.2）[kJ/(kg・℃)] であり、1 kJ のエネルギーでは水 1 リットル (kg) を 0.24 ℃温度上昇できる。

おそらく、ほんの少ししか昇温できないと驚かれると思う。これを如何に解釈すべきであろうか？「温水のもつエネルギーは膨大である」「風呂の湯沸かしには多くのエネルギーが要る」など、この数値から考えてほしい。

気体の比熱には、後述（【KN1.04】参照）のように、定圧比熱 $c_p$ と定容比熱 $c_v$ がある。内部エネルギーを決定するのは、後者の $c_v$ である。

### ＜ポイント＞物体のもつ熱は内部エネルギー

われわれはよく「物体のもつ熱」と言うが、熱力学でいう「熱」は物体間で交換されるエネルギーを言い、「物体がもつ」という概念ではない。物体がもっている分子運動のエネルギーなどは内部エネルギーと呼ばれる。われわれが物体に触って感じる温度は内部エネルギーの大きさの尺度である。内部エネルギーの内容は、分子の並進、回転、振動エネルギーなどの運動エネルギーと、分子間引力などの位置のエネルギーである。物体が外部と熱や仕事の交換をすると、これらが増減し、温度が上下するのである。

なお、このように、熱エネルギーと内部エネルギーは厳密には異なるが、本項の最初で使ったように、文脈で、内部エネルギーを「物体がもつ熱エネルギー」と呼ぶこともある。

### ＜ポイント＞物体の相変化時の比熱は無限大 （顕熱と潜熱）

物体に取り入れたり、物体から取り出す熱には顕熱と潜熱がある。顕熱は「見える熱」すなわち、熱量が増減すれば、温度が上下して見える。一方、氷の融解・氷結や水の蒸発・凝縮といった相変化に関わる熱は、温度変化を伴わないため、潜熱（隠れた熱）と言われる。大気圧下で、氷の融解熱は、335 kJ/kg であり、沸騰時（100 ℃）の蒸発熱は 2,256 kJ/kg である。なお、蒸発熱は、温度に依存し、温度が高くなるほど小さくなる。ちなみに、水の蒸発熱は、0 ℃で 2,501 kJ/kg、30 ℃では 2,430 kJ/kg である。

氷を鍋に入れて一定の熱を加えつづけると、水の温度は上がるが、融解時と沸騰時には温度一定区間が現われる。いわば、沸騰時と融解時には、みかけ上の比熱は無限大となる。

顕熱と潜熱は本書でいろいろなところに出てくる。とくに気候・気象関係、空調関係ではきわめて重要な用語である。

比熱は熱エネルギー理解の基本中の基本よ！
しっかり理解してね

## 【KN1.03】 水の比熱を「1 kcal/(kg·℃)」と決めて熱量が計量されていた

従来の工学単位系では、仕事には［kgf·m］の単位が用いられていた。なお、1[kgf] は標準重力場（$g = 9.806\ m^2/s$）において 1 kg の質量の受ける重力であり、9.806 N である。熱には、別の単位［kcal］が用いられていた。すなわち、水の比熱を 1 kcal/(kg·℃) として、熱量が計量された。

仕事と熱が異なる単位であったため、その相互関係を見つける必要があった。仕事がどれだけの熱エネルギーに相当するのか（仕事の熱当量という）については、有名なジュールの実験がある。図－1 にその模式図を示すように、断熱した容器に水を入れ、中に設置した羽根車を滑車に繋いだ錘で回すと、まさつで水温が上昇する。これを式で表すと、

$$mgh = Q\ (= cm'\Delta T)$$

である。ここで、m は錘の質量、g：重力加速度、h：錘の降下量、Q は等価な熱量、m'：水の質量、c：水の比熱、$\Delta T$：水温の上昇である。

なお、cal と J の換算関係はつぎのとおりである。

1 kcal = 4.186 kJ

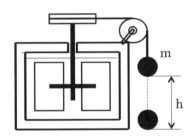

図－1　ジュールの実験のイメージ

### ＜数値例＞100 m の滝が落ちて 0.23 ℃水温上昇

滝の水は滝つぼに落ちて、水どうしの摩擦で位置のエネルギーが熱に変わる。100 m の高さを落ちたあとどれくらい水温が上がるであろうか。

式は簡単で、位置のエネルギーと内部エネルギーの上昇が等しいことから次式となる。

$$mgh = mc\Delta T$$

これから、$\Delta T = 0.23$ ℃となる。滝つぼの水温上昇は、ほんのわずかである。なお、これは、水と空気のまさつや、落下時の水の蒸発などを無視した計算である。なお、後述（【KN1.24】参照）のように、滝の水の運動エネルギーで水車を回し、それでヒートポンプを駆動して大気から熱を汲み上げ、水を加熱すると、理論的に約 50 倍の 11.5 ℃昇温できることを示す。これこそ技術の成果である。

---

### ＜ポイント＞従来単位系と SI 単位系におけるジュールの実験の意味の違い

ジュールの実験からは［kcal］と［kgf·m］の換算関係が得られた。一方、SI 単位系では、熱も仕事も同じ［J］が用いられるため、この実験からは、水の比熱が得られることになる。

---

### ＜ポイント＞栄養学ではカロリー（cal）表示が認められている

日本の計量単位令は、カロリー［cal］、キロカロリー［kcal］、メガカロリー［Mcal］、ギガカロリー［Gcal］の使用を認めている。世界的には、1948 年国際度量衡総会（CGPM）で、カロリーは出来るだけ使用せず、もし使用する場合は「ジュール［J］を併記する」としたが、国際系単位（SI）では、カロリーは併用単位に指定されていない（1960 年の第 11 回 CGPM で決議）。日本では栄養学などの専門家などから、ジュールはなじみにくいと言うクレームがあり、日本の計量法では、1999 年 10 月以降、法令上の正確な表示ではなく、「カロリー」表示は、人間・動物に限って、これらが摂取するものの熱量または、これらが代謝により消費する熱量に対して使用できるとしている（計量単位令第 5 条、別表第 6 の項番 13）。なお、将来は、ジュールに置き換えるとしている。

## 【KN1.04】 気体の比熱には「2種類」ある（定圧比熱 $c_p$ と定容比熱 $c_v$）

気体の比熱には2種類ある。定圧比熱 $c_p$ と定容比熱 $c_v$ の二つである。

定容比熱は、剛体の容器に入れたような、容積一定の気体1kgの温度を1℃上げる（分子運動の活発化）に必要な熱量［kJ］である。

一方、風船の中の気体のように、一定圧の下で温度を上げると、気体は膨張する。膨張には周囲空気を押しのける仕事が必要であるため（【KN1.05】参照）、この膨張仕事ぶんも気体を加熱せねばならない。この比熱は定圧比熱と呼ばれる。気体の場合、加熱はふつう等圧下で行われるので、比熱と言えば、定圧比熱を指す（図−1）。

$\kappa = c_p/c_v$ を比熱比と呼ぶ。当然1以上の値である。$\kappa$ は気体の原子数でおおよその値が決まる（＜ポイント＞参照）。

＜ポイント＞にも示すように、空気の定圧比熱はおよそ 1.00 kJ/(kg・℃)、であり、定容比熱（内部エネルギー増加ぶん）は約 0.71 kJ/(kg/℃) である。比熱比はちょうど1.4である。これから、膨張仕事ぶんは約 0.29 kJ/(kg・℃) ということになる。

$\kappa = 1 + R/c_v$ の関係がある。ここで、Rはガス定数（【KN-A.01】参照）であり、空気については、R = 0.2872kJ/(kg・K) である（Rの物理的な意味はここからわかる）。

なお、水などの液体や固体の場合は、温度によってほとんど膨張しないため、$c_p$ と $c_v$ の区別がなく、単にcと表される。

---

**＜ポイント＞空気などの2原子気体の比熱比はおよそ1.4**

本文で示したように、気体の比熱比 $\kappa$ は気体の原子数でおおよそ決まる。
◇単原子気体　　　$\kappa$ = 1.66
◇2原子気体　　　$\kappa$ = 1.40
◇3原子以上気体　$\kappa$ = 1.33

これらの値は気体分子運動論の「エネルギー等配の法則」から求められる理論値である。単純な理論ではあるが、現実の気体はおおよそこの値に近い比熱比をとる。なお、単原子気体の例としてヘリウム、アルゴンがあり、2原子気体は酸素、窒素、水素など、3原子以上の気体は水蒸気、二酸化炭素、亜硫酸ガス（3原子）、アンモニア、アセチレン（4原子）、メタン（5原子）などがある。空気は混合気体であるが、主として酸素と窒素の2原子分子の気体からなっており、比熱比 $\kappa$ は約1.4である。

---

**＜ポイント＞空気の比熱は約1kJ/(kg・℃)、水の比熱は1kcal/(kg・℃)**

以前の工学単位系では、熱量の単位にcalが使われていた。ここでは、20℃の水の比熱を1 kcal/(kg・℃) と決めて熱量が計量されていた。いま用いられているSI単位系では、空気の比熱が約 1 kJ/(kg・℃) となる。これは偶然であるが、熱の計量が水本位制から空気本位制に変わったような感じである。

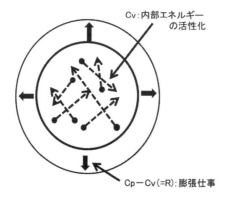

図−1　気体の比熱の内訳

## 1.1.2 その他の関連する量および単位

**【KN1.05】** 大気圧は水深10 mの水圧とほぼ同じで、約「1,000 hPa」（0.1 MPa）

圧力の単位は Pa（パスカル）が使われる。
$1\ Pa = 1\ N/m^2 = 1\ J/m^3$

圧力は単位面積にかかる力（$N/m^2$）であるが、単位体積あたりの圧力のエネルギー（$J/m^3$）でもある。大気圧は約1,000 hPa（ヘクトPa）（正しくは 1,033.2 hPa = 760 mmHg）これは、約0.1 MPa である。また、1 $cm^2$ で 1 リットル（kg）の水の重さ（水柱では10 m）を受けるのに相当する。

hPa という中途半端な単位が使われるのは、それまで mbar（ミリバール）が使われており、両者は同じで、mbar = hPa であるからである。

なお、水の密度は空気の約 850 倍である。水柱 10 m の 850 倍は 8.5 km で、約 10 km である。大気層は、対流圏高さが約 10 km（【KN7.01】参照）である。すなわち、おおよそ、対流圏高さが地表レベルでの密度の空気としたときの大気層の厚さである。

大気圧下での膨張仕事の大きさを見てみよう。膨張仕事は dW = PdV（【KW-A.02】参照）である。一定圧の下では、P・ΔV となる。大気圧を 1 $m^3$ 押しのける仕事は、100,000Pa × 1 $m^3$ = 100,000 J = 100 kJ である。1 J は大気圧を 10 cc だけ押しのける仕事に相当する。

> **＜ポイント＞大気圧から大気の総重量がわかる**
>
> 大気圧から地球の空気の総重量 G が概算できる。地表面 1$cm^2$ で約 1kg（= $10^7$ t/$km^2$）であるから、それに地球の表面積を掛ければよい。D を地球の直径（= 4 万 km/π）とすれば、
> $G = \pi D^2 \times 10^7 = 5.1 \times 10^{15}\ t$
> これは、大気の量に関するキーナンバーである。

**【KN1.06】** 華氏目盛：「0 度は最低気温、100 度は血液の温度」

温度の目盛りには、有名な二つの尺度がある。それは、摂氏（セルシウス氏）目盛り℃と、華氏（ファーレンハイト氏）目盛り°Fである。

換算式： ℃ =（°F − 32）/1.8

絶対温度にも摂氏準拠と華氏準拠の二つがある。

◇K（ケルビン） ：摂氏目盛の絶対温度
K = ℃ + 273.15

◇R（ランキン）：華氏目盛の絶対温度
R = °F + 491.7

なお、国際単位系（SI）では、℃ と K を使うことが定められている。

> **＜ポイント＞華氏は生活密着の温度目盛り**
>
> 摂氏目盛は、大気圧下における、水の氷点（正確には 3 重点）を 0 ℃、沸点を 100 ℃とした科学的合理性をもった目盛であり、正式な国際温度目盛りとして使われている。なお、華氏目盛は、0 度 F はファーレンハイト氏が住んでいたドイツのダンチッヒでの戸外の 2 年間の最低気温、100 度 F は血液の温度と言われている。イメージとしては、暑い・寒いという温度感覚、すなわち「生活密着の温度目盛り」である。これが多くの支持を受けた理由であり、欧米のフート・ポンド系国において使われ、SI 単位系が制定された今も、アメリカなどで使われているようである。
>
> なお華氏目盛りについては、塩と氷で得られる寒剤の温度を 0 度 F、口の中の温度を 96 度 F としたという説もあるが、残念ながら未確認である。

## 1.2　動力機の能力比較

　人間はきわめて弱小な身体能力しか持たない。しかし、活動を支援する「補助動力源を発見」し、その「利用技術を発明」して、その活動を拡大し続けてきた。補助動力源の発展の歴史は、文明発展の歴史の根幹といっても過言ではない。

　序章でも述べたが、補助動力源の変遷は、人力時代（1機最高出力：0.1馬力程度）→ 畜力時代（1馬力）→ 風・水車時代（15馬力）→ 熱機関時代（100万馬力）と変遷し、1機が出せる出力も、指数関数的に拡大してきている（石谷清幹「工学概論」コロナ社1972）。今は熱機関時代であるが、それまでの動力源が太陽エネルギーのフローに依存しているのに対し、主動力源は太陽エネルギーのストックである化石燃料である。なお、風水車も近代的なものでは単機出力が巨大化している。

　動力機はエンジン（原動機）を積んで、仕事をする機械である。人力・畜力（筋力）、風水車、熱機関等、多くの動力機が社会を支えるべく働いてきた。動力機の能力は「仕事率」で表示される。主たる単位はワット［W］である。仕事率は「単位時間に行える仕事量」である。仕事率に稼働時間を乗じれば、仕事量が得られる。

　本節では、動力等の量的イメージを掴めるように、仕事能力等に関する各種の話題とキーナンバーを示し、解説する。

### 【KN1.07】「1 Jの仕事を1秒間」にする能力が1 W

　「仕事率」は単位時間（例えば1秒間）にできる仕事であり、単位は「ワット：W」が用いられる。

　◆ワット　1 W = 1 J/s である。すなわち、1ジュールの仕事を1秒間で行う能力である。

　＜数値例＞1 W は、およそ、1秒間に水10ミリリットルを70 cm 持ち上げる能力である。

　＜数値例＞人間は約75 W の継続的な仕事能力をもつ（【KN1.09】参照）。

　なお、周知のように、［W］の単位は電力関連でよく使われる単位である。

　有名なオームの法則は
　　　$I = V/R$
　ここで、I：電流［A］、V：電圧［V］、R：抵抗［Ω］である。消費電力率 W［W］は、
　　　$W = V \cdot I = I^2 \cdot R$
　である。これはジュールの法則と呼ばれる。

#### ＜ポイント＞誤用されることが多いkWとkWh

　一般人が間違いやすいのは、kWとkWhである。前者は仕事率であり、後者は仕事量である。発電関係では、発電設備の容量はkWで表され、発電量はkWhで表される。例えば、「1 kW の発電機を10時間運転すると、10 kWh 発電する」「1 kW の太陽光発電設備は、年間1,000 kWh の発電をする（【KN2.24】参照）」などと使われる。

　kWとkWhの誤用は、筆者が学生のレポートをチェックするときの1つのポイントであった。

## 【KN1.08】 1馬力は約「750W」の仕事能力（英馬力HPと仏馬力PS）

馬力には英馬力（HP：horse power）と仏馬力（PS：Pferdestärke ドイツ語"馬の力"）がある。馬力は、J.ワット（英）が自分の開発した蒸気機関の仕事能力を競合相手の馬と比較できるように表示して、販売促進のために考案した単位である。彼は、仕事率を測定する装置を工夫して、馬を使って実測した（冨塚清「動力物語」岩波新書、1980年）。それらの結果を基に、1秒間に550ポンドの力に抗して1フィート動かす仕事能力を1馬力とした。これをWに換算すると、1馬力（HP）＝ 745.7 W に相当する。これを英馬力といい、ヤード・ポンド法の国（イギリス・米国など）で用いられた。

これに対して、メートル法の国（フランス・ドイツ・日本など）では、英馬力に近くて、キリの良さから、75 kgの質量の重量に抗して1秒間で1 m動かす仕事率を1仏馬力（PS）とした。これは735 Wに相当する。

SI単位系では、馬力の単位は正式には定義されていないが、慣例的に実社会で（主としてエンジンの能力表示などに）依然として用いられている。

上述のような経緯があり、日本では馬力として、仏馬力（PS）が使われる。なお、数値を丸めて1馬力＝ 750 W とすることもある。

### ＜エッセイ＞荷馬車の思い出

子供のころ荷物運搬の馬車の後ろにそっとぶら下がると、バックミラーなど無かったのに、必ず御者のおっさんに見つかってどなられた。1馬力エンジンなので敏感なのだ。荷物運搬が馬車からオート三輪に変わって、ばれなくなったが、少し危険な遊びになった。昭和20年代の懐かしい思い出である。


## 【KN1.09】 人間は約「0.1馬力」（火事場のくそ力は1馬力？）…動力機の能力比べ

いろいろな動力源のおおよその出力を紹介しよう。
- ◇人間　75 W（1/10馬力として設定）
- ◇馬　750 W　（ワットの時代の馬）
- ◇家庭用コージェネの発電機　1 kW
- ◇原付バイクエンジン　5 kW
- ◇自動車　100 kW（1500 ccクラス乗用車）
- ◇新幹線電車モーター　2万 kW
- ◇船の原動機　37万 kW
  （40万トン・オイルタンカーの例）
- ◇水力発電機　35万 kW（黒部第四発電所）
  なお中国の三峡ダムは70万 kW×32台で計2,240万 kWである。
- ◇原子力発電　100万 kW（1基）
- ◇ロケットのエンジン　2,000万 kW（最大級）

### ＜エッセイ＞人力メータの経験

人間は約1/10馬力と言われている。なお、筆者が科学博物館で、ワットメータのついた自転車を一生懸命に漕いだときは、70 Wは出なかったように記憶している。なお、火事場のくそ力と言われるが、短期に集中すれば、大きな仕事も可能である。例えば、100 m走では1馬力くらいが出されているといわれる。

## 【KN1.10】 補助単位として「1 MP（人力）＝ 75 W」の提案

仕事率の単位 W は、定義は物理的には明確ではあるが、一般人には感覚的にはきわめて解りにくい。昔は電球がよく切れて、60 ワット電球を買いに走ったものである。このころにはワットもある程度馴染みであったように思う。J. ワットが自分の作った蒸気機関を売り込むのに「馬力」の単位を発明した（【KN1.08】参照）ように、わかり易い単位が望まれる。

もはや、馬力はこの要件を満たさなくなっており、筆者は「人力：MP」がよいと考えている。

$$1 \text{ MP} = 75 \text{ W}$$

### ＜エッセイ＞原発の発電機は 1400 万人力

現在の一般的な動力機械の単機最高能力は 100 万 kW（原子力発電の蒸気タービン）で、人力で表すと 1400 万人力である。これは、一般人の理解できない大きさである。これを用いている現代の巨大発電システムは、当然、市民の想像を超える。これも、人々がエネルギーに無関心となる理由の一つと言ってよいであろう。理解を助ける補助単位として、生活用と生産用は区別した方がよいであろう。MP は当然生活用の補助単位である。

なお、大きさを強調したい場合を除いて、原発の出力を人力や馬力で表すこと自体が基本的に間違っていると言うべきであろう。

なお、前項で示したロケットエンジンの能力などは身近に理解できる必要はないが、われわれの生活を支える発電機については、身近な情報として理解できるべきであろう。

### ＜エッセイ＞MP 使用によるエネルギー文化の変化

MP を使うことにより文化も変わってくるであろう。例えば、家電製品などに「MP」を併記してはどうだろうか。例えば、小型テレビが約 1 人力のレベルであることがわかると、足まわし電源テレビの発想も湧くであろう。体重コントロールのまさつ自転車などは、無為にエネルギーをまさつ熱に変えているが、テレビ観賞と運動不足解消が同時にできるのはたいへん結構である。TV ゲーム機も足ふみ電源と組み合わせれば、健全な青少年の育成に寄与することであろう。

なお、例えば、足回し電源テレビを一生懸命動かして節約できるのは、1 時間で約 75 Wh である。仮に電気料金を 1 kWh＝25 円とすると、2 円にもならない。これでは励みにはならず、寝そべってテレビを見ることになりかねない。この例からは「エネルギー代はきわめて安い」と言えるであろう。

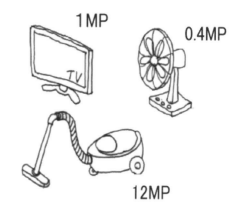

## 【KN1.11】 動力源としての馬の効率は人間の「3倍」

「馬は人間の3倍食べるが、10倍の出力がある」すなわち、動力機としての馬は人間の約3倍の効率があると言える。しかし、人間と違って、馬には人間の付き添いが必要である。なお、当初、農耕用の馬具の開発が遅れており、人間と同程度の効率であったと言われている。

この点もあって、古代ローマ時代は動力源として馬ではなく人間が採用されたと言われる。馬具の開発（くびき、蹄鉄など）が進み、馬の開墾能力の増大があり、耕うんの容易な砂地の南欧から、生産性の高い粘土質の中西欧に繁栄の中心が移っていった。これが、ローマ帝国衰退の一因と考えられる（平田寛「失われた動力文化」岩波新書 1976）。

### <ポイント>動力機としての人間の効率

人間の8時間の仕事は 0.075×8 = 0.6 kWh である。これを電気代に換算すると、1 kWh = 25 円とすれば、わずか 15 円の電気代と等価である。また、人間の効率を試算すると、1日の仕事は、

$$0.075 \times 8 \times 3{,}600 = 2{,}160 \text{ J} = 516 \text{ kcal}$$

である。食料を1日に 2,400 kcal 摂るとすれば、効率は、516/2,400 = 22% となる。前述のように、馬はこの3倍とすれば、65% となる。筆者のイメージとして、これらの効率はやや高すぎるように思われる。いずれにしても、人間は「頭を使って何ぼ」である。

### <ウンチク>動力機としては馬が牛を圧倒

馬は農耕用・乗用・戦争用と用途が多様で、中世社会のユーティリティであった。一般に、牛では戦争にならない。わが国では、木曽義仲（倶利加羅峠の戦い）で牛が使われたくらいではなかろうか。なお、東南アジアなどでは、水牛や象も戦争に使われたようであるが、何といっても馬が主役であった。軍事と生産の両者に使えるという点で、馬はきわめて優れた動力機であった。

### <エッセイ>大衆車といえども 100 馬力

ニューヨークのセントラルパークでは、1頭立ての馬車が数多く観光用に営業している。30年前に訪れたときの筆者の印象では、雰囲気はよかったが、排泄物の臭いがひどく、きわめて不快に感じた。最近再訪したら、人力車が多く走っており、1馬力と1人力の競争となっていた。なお、日本の人力車は人間が曳くが、ここでは自転車が用いられており、スピードも結構速いように感じた。セントラルパーク観光も省エネと環境改善が進んでいるようである。なお、運転者は馬車では年配の人が多く、自転車はもっぱら若者であり、今後どのようになるのかにも興味を感じた。

翻って、我々が使っている乗用車は大衆車といえども、100馬力くらいの出力がある。しかし、不快感は全くなく、快適である。すばらしい科学技術の成果である。しかし、地球温暖化ガスは大量に排出している。もし、100頭立ての馬車であれば、とんでもないことになっており、大きな社会問題となっているであろう。なお、馬も呼吸等で二酸化炭素を出すが、カーボンニュートラルであり、地球温暖化とは一応無関係である。

この状況を如何に考えるべきであろうか。筆者は、自動車が出す廃棄物に対して、「われわれ人間には危険感知センサーがない」ことを認識すべきと言いたい。少なくとも、大衆が100馬力の乗物に乗っていることは、「ものすごい行為」だと認識すべきである。なお、100馬力は1,000人力である。1,000人が曳く人力車を想像すると、さらに、新しい感情が湧いてきませんか？

## 【KN1.12】 古典的風水車の最大出力は「15 馬力」程度で 24 時間稼動

補助動力源として、人力時代、畜力時代のいわゆる筋力時代のあとに、風・水車の時代がやってきた。これらは、太陽エネルギーのフローが気象現象を通して引き起こす動力源である。

風車は粉ひきや灌漑用に利用されたが、風の強い地域という限定を受けるため、それほどは普及していない。水車はある程度急流のある川という場所的制約はあるが技術的にも簡単であり、広く利用され、社会に大きな影響を与えてきた。

なお、近代的風・水車は別として、古典的なものは、最大出力は 15 馬力（約 10 kW）程度である。これは、水車の強度的制約と考えられる。水車の出力は $\eta gQh$ で表される。$\eta$ は水車の効率、$g$ は重力加速度、$Q$ は流量、$h$ は水位差である。ちなみに、水量 1 $m^3$/s、水位差 3 m、効率 30% とすると、出力は約 10 kW である。ここでは木造水車の効率を 30% としたが、これは、近代水車の効率は 80～90% と言われており、その 1/3 程度と仮定した値である。

水車動力の特徴は、いろいろあるが、①動力立地が急流のある山間部に限定、②建設には資本が必要、③24 時間動力が得られる、などがある。

### ＜エッセイ＞動力の 24 時間性がもたらしたもの

どのエネルギーの歴史の本にも載っている、古代ギリシャの詩人アンティパトロスによる有名な水車の歌がある。その要旨は、「粉ひき娘たちよ、静かにお眠り、水の妖精が代わりに仕事をしてくれる。そして、古きよき時代に戻るのだ」である。

これは、人々を労働から解放してくれる水車を讃える歌である。なお、ここで、古きよき時代とは、「労働などしないで、崇高な哲学・芸術にいそしむギリシャ時代初期」と考えられる。その時代には、労働は賤しい奴隷がするもので、讃えられてはいなかった。　　　　　　（右へつづく）

しかし、水車は必ずしもそのような社会を実現してはくれなかった。たしかに力仕事から解放してくれたが、運転制御などの軽作業に人間が必要であった。第 1 次産業革命時には、賃金の高い屈強の男工が失職し、婦女子労働が普及していった。また、利潤を上げるために水力の 24 時間性をフル活用し、24 時間稼働工場が出現した。

ロンドンからは、孤児などが紡績工業都市のランカシャなどに派遣され、昼夜交代制で労働に当った。当時、「ランカシャの寝床は冷めることはなかった」といわれた（参考④）。これは、水車動力が生み出した苦難の時代とされている。なお、昼夜二交代制は労働時間の短縮の点から評価できるという指摘もある。

水車動力の 24 時間性は資源のもたらす特性である。日本でも、第 1 次世界大戦後の不況時に中部山岳地帯等の水力が相対的に豊富な時代があった。このとき、電灯が主の夜間需要時代であったために、日中の需要開拓が積極的に行われた。電気化学工業やアルミの精錬、電鉄などが振興された。この中には電力の浪費とも言うべき需要があることは否定できず、オイルショック時などに、産業構造の転換が迫られた。

最近は、原子力発電の 24 時間性が注目される。原子力発電は出力調整が難しいこともあり、24 時間フル稼働がなされる。これは、水力のような資源的な 24 時間化に対して、技術システム的な 24 時間化と言えよう。このため、夜間の電力が余り、夜間電力料金を下げるなどして、需要開拓が行われてきた。

好ましい需要開拓はよいとして、エネルギーの浪費につながらないことがポイントである。また、ピーク電力需要を伸ばせば、好ましくない需要喚起の可能性がある。この点はデマンドサイドが十分認識すべきポイントである。

## 1.3 エネルギー源としての燃料

燃料の歴史は古く、火の発見が始まりである。燃料の用途は、はじめ照明と調理であり、エネルギー形態から言えば、光と熱であった。なお、燃料はもっぱら薪であった。これは太陽エネルギーのストックではあるが、時間スケールの長さから見ると、実質的に太陽エネルギーのフローであり、再生可能エネルギーであった。序論(【KN序.03】参照)で述べたように、中世に薪の値段の高騰があり、徐々に太陽エネルギーのストックである化石燃料に変わっていった。なお、石油、ガス、電気などの新しいエネルギー源は、すべて照明の目的から使われはじめてきたのも興味ある事実である。

起源は光用途であったが、現在の燃料の主用途は、熱と動力である。熱は民生用の暖房・給湯・調理、工業の加熱プロセスに欠かせないものである。動力については、人間はきわめて弱小な肉体しかもたないのに対して、補助動力を作りだすことによって、活動を巨大化させてきた。このように、燃料を熱と動力に使って繁栄した文明が現代文明である。 なお、石炭・石油は化学材料でもあり、衣服や建材、雑貨などの多くをカバーしている。

本節では、化石燃料を中心に、そこに含まれるエネルギー量などに関するキーナンバーを紹介する。

---

**<ポイント>石油等に関する熱量、容量の単位**

◇1石油相当トン(toe)=約 42 GJ　　◇1石炭換算トン= 0.7 toe

◇1Btu(英国熱量単位) = 1.05506 kJ　　◇1バレル= 159 リットル　　◇1ガロン= 3.8 リットル

---

**【KN1.13】 石油系の燃料の発熱量は単位質量あたりではほぼ一定の約「44 MJ/kg」**

石油系燃料の平均的な発熱量を表-1に示す。なお、石油系燃料では、表のように、ナフサ、ガソリンから重油へと体積あたりの発熱量は大きくなるが、比重量も大きくなり、単位質量あたりの発熱量はほぼ一定となる。概数では、低発熱量(次項参照)はおよそ44MJ/kgである。

表-1　石油系燃料の発熱量(低発熱量)

|  | 比重 | MJ/リットル | MJ/kg |
|---|---|---|---|
| 原油 | 0.854 | 36.2 | 42.4 |
| ナフサ | 0.723 | 31.9 | 44.1 |
| ガソリン | 0.733 | 32.9 | 44.9 |
| 灯油 | 0.792 | 35.0 | 44.2 |
| 軽油 | 0.833 | 36.1 | 43.3 |
| A重油 | 0.860 | 37.2 | 43.3 |
| B重油 | 0.900 | 39.4 | 43.8 |

**<ポイント>木材系は石油の約1/3、都市ごみは1/5の発熱量**

バイオマス系の燃料については、組成や水分などの含有率により発熱量に幅がある。ここでは、各種資料を参照した概数(低発熱量)を紹介するに止める。

◇まきを含む木質系燃料　　15 MJ/kg
◇都市ごみ　　　　　　　　10 MJ/kg

すなわち、木材系は石油の約1/3、都市ごみは1/5程度である。当然であるが、都市ごみの発熱量は組成によって大きく異なる。中でも水分とプラスチックの混入量が大きく影響する。

なお、石炭・石油は永年をかけて、バイオマスの炭素と水素成分が凝縮されたものと言えよう。

## 【KN1.14】 HHVはLHVより液体・固体燃料で約「5%」、気体燃料で約「10%」大

燃料の発熱量には、高発熱量（HHV：Higher Heating Value）と低発熱量（LHV：Lower Heating Value）の2種類あるため、発熱量データを見るとき、どちらのデータなのかに注意が必要である。なお、高位発熱量、低位発熱量と呼ばれることもある。

燃料等の発熱量はカロリメータで測定される。カロリメータは水で満たした二重壁の容器の中に、少量の燃料と酸素を入れ、完全燃焼させる。発生した熱を水に吸収させ、その温度上昇から熱量を算出する。カロリメータの水は常温近くであり、燃焼ガスに含まれる水蒸気は凝縮して、凝縮潜熱が水に加えられる。この潜熱を含んだ燃焼熱がHHVである。

一方、ボイラなどでは燃料が燃やされ、熱がボイラ水に伝えられるが、排ガスは一般に100℃以上であり、燃焼ガス中の水蒸気は凝縮することなく、大気に放出される。このような場合には、水蒸気の凝縮熱はもともと利用できないものと考える方が合理的である。また、自動車などの内燃機関での燃料の燃焼も蒸発潜熱は利用できない。このように、燃焼を伴う多くの分野では、HHVから水蒸気の凝縮潜熱を差し引いたLHVで、燃料の発熱量が扱かわれてきた。

以上のように、HHVとLHVの差は、燃料に含まれる水素や水分に依存する。したがって、燃料によって異なるが、おおまかに言えば、LHVは、水素の含有量が相対的に少ない液体・固体燃料ではHHVの約5%減であり、気体燃料では、約10%減となる。

言うまでもなく、その差が最も大きいのが水素であり、炭素では両者は同じである。

両者の関係式として次式がある。高発熱量を $Ho$、低発熱量を $Hu$ で表すと、

$$Ho = Hu + 25（9h + w）\ \ kJ/kg$$

ここで、$h$：水素の重量%、$w$：水分の重量%
なお、式中の25は、蒸発潜熱を 2,500 kJ/kg としていることによる数値である。

燃料種別によるデータ例を**表−1**に示す。

表−1 代表的燃料の高発熱量と低発熱量

| 燃料 | 高発熱量 | 低発熱量 | 比 |
|---|---|---|---|
| 石炭 | 25.5 | 24.4 | 0.957 |
| 石油 | 46.1 | 43.3 | 0.940 |
| 都市ガス | 54.4 | 49.1 | 0.900 |

注）発熱量単位：MJ/kg、都市ガスは13A

### ＜ポイント＞業界によって異なり統一されていない表示

なお、HHVとLHVのどちらの発熱量を基準として使うのかは業界によって異なり、必ずしも統一されていない。例えば、電力事業者の火力発電の効率は高発熱量ベース、ガス事業者の機器や小型発電のそれは低発熱量ベースなど、主として慣例によって異なる基準が使われている。したがって、両者の効率の値を比較する際には注意が必要である。

最近は、ガス温水ボイラなどで、伝熱面温度を100℃以下にして、潜熱も利用する機種も開発され、低発熱量ベースでは100%の効率を越えるものも出現しており、誤解も招きかねない。

しかるべき公的機関で、統一が図られるべきであるが、デマンドサイド関係者は、この問題点の本質を正しく知っておく必要がある。

## 【KN1.15】 1kgあたりの発熱量は炭素が約「34 MJ」、水素は約「120 MJ (LHV)」

燃料の主成分は、炭素と水素である。単体での発熱量（低発熱量）は、水素119.7MJ/kg（高発熱量は142 MJ/kg）、炭素33.91MJ/kg（高発熱量も同値：前項参照）である。燃料によって、両者の含有比率が異なり、発熱量が異なる。

たとえば、メタン（$CH_4$）では分子数では1/3が炭素、2/3が水素であり、メタンは水素の比率が高い物質である。なお、水素は軽いため、重量で見た場合、炭素のウエイトが高くなる。メタンの場合、重量比率では3/4が炭素、1/4が水素となり、発熱量（低発熱量）は、

34×（3/4）＋120×（1/4）＝55.5 MJ/kg

となる（図－1）。

石炭、石油は炭素の比率がガスより高いため、発熱量はより炭素に近い値となる。

なお、一般の燃料にはその他の成分や水分も含まれ、これらは発熱量を下げる。

たとえば、各種石炭の低発熱量を表－1に示す。石炭は不燃物も含まれるため、炭素の値よりも小さい。そして、種類によって、30～25 MJ/kgの値をとる。もちろん、同じ種類であっても産地などによって違ってくる。

ガス体の燃料の発熱量などは単位体積あたりで表される。そのときはかなり値に幅が出るが、単位質量あたりで表すと、ある程度、値の幅は限定される。

ガス燃料について、市民が使う代表的なガスである都市ガス（13A）とLPG（液化石油ガス）の低発熱量を表－2に示す。LPG（液化石油ガス）は密度が都市ガスより大きいため、同じ体積であれば発熱量は大きいが、質量あたりの発熱量は都市ガスの方が10％ほど大きくなる。都市ガスはメタンが主成分であり、水素の成分が多く、質量あたりの発熱量ではLPGよりも大きくなる。

表－1 石炭の低発熱量（MJ/kg）

| コークス | 原料炭 | 一般炭 | 無煙炭 |
|---|---|---|---|
| 29.4 | 29.0 | 25.7 | 26.9 |

表－2 都市ガスとLPGの発熱量（MJ/kg）

| 燃料 | kgあたり |
|---|---|
| 都市ガス（13A） | 49 |
| LPG | 46 |

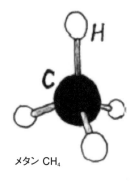

メタン $CH_4$

メタンの発熱量

| | 原子量 | 原子数 | 重量比 | 発熱量（LHV） |
|---|---|---|---|---|
| 炭素C | 12 | 1 | 3 | 34×（3/4） |
| 水素H | 1 | 4 | 1 | 120×（1/4） |

メタンの発熱量（LHV）＝55.5 MJ/kg

図－1 メタンの発熱量の構造

## 【KN1.16】　同じエネルギー量なら灯油の容積は石炭の「1.4分の1」

燃料を運ぶのに、容積は重要な因子である。表-1に1 MJ あたりの容積の概算結果を示す。石油（灯油）は1 MJ で約28 cc である。なお1斗缶（18リットル）の発熱量（低発熱量）は、約630 MJ となる。

石炭は石油の1.4倍程度の嵩になり、輸送が困難な上に、移動作業にポンプや配管が使えず、シャベルとコンベヤなどに依らねばならず、作業効率が悪い。なお、水や油などと一緒にスラリとしてパイプライン輸送されることもあるが、石油よりも効率は悪い。

表-1　各種燃料1MJあたりの容積

|  | 体積 | 計算の設定 |
| --- | --- | --- |
| 灯油 | 28 cc | 比重0.8、発熱量44 MJ/kg |
| 石炭 | 40 cc | 嵩比重0.9、発熱量28 MJ/kg |
| NG | 30リットル | 発熱量 50 MJ/kg、密度0.662 kg/m³ |
| LNG | 50 cc | NGの1/600の容積 |

なお、原油は一般にきわめて粘度が高い（ドロ状の）ため、パイプラインで輸送するには相当量加熱して粘度を下げねばならない。アラスカ・パイプラインでは架台を通る熱で永久凍土が解けないように色々検討がなされたのは有名な例である（加藤辿「資源からの発想」中公新書 1979）。

一方、天然ガス（NG）は気体で、表に示すように、同じ熱量で油の1,000倍ほどの体積になり、これをそのまま船などで運ぶのは、現実的ではない。パイプライン輸送は可能であり、ヨーロッパや北米では、長距離輸送のインフラが整備されている。中東などでは、石油の掘削とともに天然ガスも噴出するが、昔は利用できずに燃焼廃棄されていた。これを−162 ℃以下に冷却し、LNG化して約600分の1の容積にして運ぶ技術が開発され、海外の需要地へ運ぶことが可能になった。

### ＜ウンチク＞原子力発電燃料ペレットは1個で石油1斗缶32缶ぶんのエネルギー

原子力発電の燃料ペレットは1個1 cm径×0.8 cm（PWR用）で1軒の家庭6カ月分の電力が賄える（電事連図面集）。このエネルギー量を推算すると、1世帯の電力消費量は 10 kWh/日として（【KN5.11】参照）10 kWh/日×30日×6カ月＝1,800 kWhの電力に相当すると試算できる。発電効率を33%（【KN3.11】参照）とすると、含まれるエネルギー量は、5,400 kWh となる。Jに換算すると、約20 GJ/個となる。石油に換算すると、1斗缶（18リットル）約32個となる。

大変なエネルギー密度である。このエネルギー量の制御やセキュリティーはそれだけ難しいが、エネルギーの搬送の面ではきわめて優れている。

### ＜ウンチク＞バルチック艦隊敗北の理由

日露戦争で、大日本帝国海軍がロシア帝国のバルチック艦隊を撃破したのは有名な出来事である。その理由はいくつも挙げられているが、その一つに燃料問題がある。バルチック艦隊は石油化が遅れ、石炭を燃料としていた。艦内の石炭の運搬に多くの人員が必要で、戦闘に影響したというものである。（参考④）

## 1.4 熱と仕事の相互変換

### ◆熱エネルギーから仕事を取り出す方法と量

本書では、エネルギーの用途として、主として熱と動力を考える。熱は燃料を燃やすことによって容易に得られる。これは化学エネルギーから熱エネルギーへの変換であり、誰でも知っているプロセスである。問題は動力（仕事）を得る方法である。現在、最も一般には動力は熱エネルギーから得られている。ここでは熱エネルギーから仕事を得る方法を解説する。これには、①熱から動力をいかにして取り出せるのか？　②どれくらい取り出せるのか？　の二つの問題がある。①については、熱機関を動かして仕事を取り出すことができる。これについては、自動車のエンジンのような身近な機械があり、原理は理解できるであろう。しかし、②については、工業熱力学に関する理論的な知識が必要である。熱と仕事動力の相互比較を正しく行うには、②についての正しい理解が不可欠である。

### ◆仕事から熱を合理的に作りだす方法と量

また、仕事を使って熱をつくり出す場合もある。たとえば、電力を使って熱を作りだす最も簡単な装置は、ニクロム線などの抵抗線に電流を流して熱（ジュール熱）を発生させる方法である。これに対して、最近はヒートポンプ機器がよく使われるようになっている。この方法ではジュール熱の数倍の熱が得られる。エネルギーのユーザーもこの原理を知っておくことが必要である。

### ◆本節の理論的な背景は付録に示す

熱と仕事の相互変換は工業熱力学のメインテーマであり、その理解には数式も使った説明が必要である。理系の出身者や学生にとっては問題ないであろうが、一般市民にも読んでいただくことを考えている本書では、ここでハードルを設けることは不本意であるため、理論的な面は付録Aに記述する構成をとった。本節では、最低限必要な結果だけを引用して解説する。

### ◆工学系履修者も復習を兼ねてぜひ付録を読んでいただき、理解を深められたい

工業熱力学は機械工学関係者にとっては必修科目であるが、ガス定数、エントロピーやエンタルピー、ポリトロープ変化、可逆・不可逆変化などの、やや難解な内容が含まれるという印象をもっておられる方も多いようである。付録では、筆者の経験を活かして、できるだけ平易に記述したので、ぜひ復習を兼ねて読んで考えていただきたい。また、筆者らが「デマンドサイドシステム技術者」の候補として期待する建築系関係者は、多分、工業熱力学を十分には受講していないと思われる。本書で入門を試みていただければ幸いである。

### ◆本節の内容

本節では、熱エネルギーが他のエネルギーと異なるエネルギーである点を述べたあと、熱から仕事を取り出す「熱機関」について解説する。そして、有名な「カルノーサイクル」で理論的に取り出せる仕事量を示す。そのあと、熱力学第一法則と第二法則の意味を説明し、エネルギーの有効活用には後者の見方が重要であることを説明する。そして、熱エネルギーのエネルギー的価値として、「エクセルギー」を紹介する。また、仕事を熱に上手に変換する「熱ポンプ」について解説する。また、冷熱をつくる「冷凍機」は熱ポンプ機器の一つである。その代表であるエアコンの動作原理も一般にはあまり理解されていないようである。ここでは、冷熱の作り方についても解説する。

## 1.4.1 熱から仕事を取り出す（熱機関）

　この項では熱から仕事を取る熱機関について述べる。熱エネルギーが他のエネルギーと異なるランダムな分子運動のエネルギーであることを述べ、そこから仕事を取り出す基本的な考え方を解説する。有用な仕事をさせるには、熱から継続的に仕事を取り出す必要がある。これには、自動車のエンジンのようにサイクルをさせる必要がある。歴史的にも有名なカルノーサイクルによって、ある温度の熱源から取り出した熱量から理論的に取り出せる継続的な仕事量を示す。また、この理論上取り出し得る仕事はエクセルギーと呼ばれ、残りはアネルギーと呼ばれる。すなわち、熱エネルギーはエクセルギーとアネルギーからなっている。関連して、熱力学の第一法則と第二法則の考え方などを解説する。

　ここで問題となるのは「熱からどのようにして仕事を取り出すのか？」である。これには「熱とは何か？」の問にも答えなければならない。後者の問題は、中世ヨーロッパで長年をかけて明らかにされた課題である。それまで支配的な考え方であった熱素説（【KW-A.07】参照）が覆され、熱は仕事と同じくエネルギーの一形態であり、熱は仕事にもなり、仕事は熱に変換できることが明らかとなった。

　物体がもつ熱エネルギーは、エネルギーの一形態であるが、「内部エネルギー（【KN1.04】参照）」と言われるように、他のエネルギーとは異質である。前述のように、すべてのエネルギーは最終的には熱エネルギーに変換され、無用なものとなり、環境中に霧散していく。内部エネルギーは分子のランダムな運動エネルギー（並進・回転・振動のエネルギー）であり（【KW-A.07】参照）、いわば無秩序エネルギーである。仕事をする能力であるエネルギーは、秩序の下に存在する。例えば、位置のエネルギーは重力の下で「高・低」という秩序、電気エネルギーは「＋・－」という秩序の下に存在する。

　無秩序エネルギーである内部エネルギーからは、直接仕事を採ることはできない。例えば、熱帯地方の空気の内部エネルギーは極地方の空気のそれより大きいが、空気のみからは仕事は採り出せないため、人間にとって「熱帯地方のエネルギー事情の方が良い」とは言えない。

　熱エネルギーから仕事を取り出すにはやはり「秩序」が利用される。それは「温度差」である。これを示したのが、カルノーであり、彼の名をとったカルノーサイクルの理解が有用である。

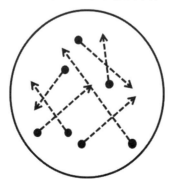

熱は分子のランダム運動のエネルギー
… ここからどうやって仕事を取り出す？

## 【KN1.17】 熱から仕事を取り出す熱機関には「5つの要素」が必要

序論では石炭から動力（仕事）を取り出す機械であるニューコメンエンジンやワットエンジンについて述べた。これは石炭の化学エネルギーをもととするが、燃焼によって熱エネルギーに変換して、そこから動力を取り出すものであり、これらは総称して「熱機関」と呼ばれる。

現在実際に使われている例を挙げれば、自動車のガソリンエンジン、ディーゼルエンジン、航空機のガスタービン、発電所の蒸気タービンなどがある（【KW-A.10】参照）。

例としてガソリンエンジンの作動を図－1にPV線図（【KW-A.03】参照）とシリンダー・ピストンの図で示す。シリンダーとピストンが使われ、ピストンは左端（上死点）と右端（下死点）の間で往復動を繰り返して連続して動力を取り出す。これを「サイクル」と言う。図で横軸はピストンの位置（すなわち気体の体積）であり、縦軸は気体の圧力である。なお、【KW-A.03】で述べるように、PV線図上の閉曲線の面積は、エンジンから取り出せる仕事の大きさに比例する。

図の①の段階では、シリンダーにはガソリンの気化成分と空気の混合気体が入っている。①→②へ混合気が圧縮される。左端にいったあと点火プラグで火花を飛ばして混合気を爆発させて内部で熱を発生させる（最高圧力点が③）。高温高圧になった混合気を、②→④の膨張プロセスを通してピストンを押して動力を取り出す。この動作を繰り返し継続させるため、④→⑤で排気弁を開けて燃焼ガスを排気する。⑤→①で、排気弁を閉じて吸気弁を開いて、ガソリンと空気の混合気を吸い込む。この動作を繰り返し（サイクル）行って、熱から継続的に仕事をとる。このように継続的に取り出す仕事を「工業仕事」という（工業仕事の詳細は【KW-A.04】参照）。

熱機関にはつぎの5つの要素が必要である。
(1) 作業流体
(2) 加圧部（ポンプ、圧縮機など）
(3) 加熱部（ボイラ、燃焼室、原子炉など）
(4) 出力部（ピストン、タービンなど）
(5) 放熱部（復水器、大気への放出など）
（塩田ほか「エネルギー変換工学」コロナ社 1974）

なお、内燃機関のシリンダーのように、同一部分でこれらの幾つかが行われる場合もある。付録で述べるいろいろな熱機関において、何がそれに該当するのかを確認すると勉強になるであろう。

この5要素の中で、「なぜこの部分が必要なのか」がわかりにくいのは、(2)と(5)であろう。しかし、熱機関のポイントはここにある。以後の本文や付録などを読んで、各自ご理解いただければ幸いである。

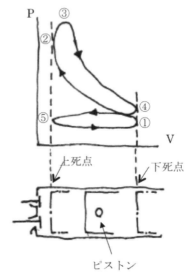

図－1　ガソリンエンジンのイメージ

## 【KN1.18】 1,000 ℃と20 ℃の温度差から取り出せる最大仕事の効率は「77％」

カルノーサイクルは、エネルギー関係者にとって必修ともいうべき、きわめて有名な理論サイクルである。これによって、熱から取れる仕事量が初めて定量的に論じられた。また、このサイクルからエントロピーなどの状態量も発見された（詳細な説明は付録Aを参照されたい）。

カルノーサイクルでは、温度 $T_1$ [K] が一定の高熱源から取り出した熱 $Q_1$ から理論上得られる仕事 $W$ が求められる。$Q_1$ のすべては仕事に変えられず、温度 $T_2$ [K] 一定の低熱源に $Q_1 - W = Q_2$ の熱を捨てなければならない。

結果だけを示すと、理想的な（可逆）プロセスのカルノーサイクルでは、高熱源から取り出した熱 $Q_1$ のうち、仕事 $W$ になる比率（カルノー効率）$\eta_c$ は、次式となる。

$\eta_c = W/Q_1 = (Q_1 - Q_2)/Q_1 = 1 - T_2/T_1$

上式から、高熱源温度が高く、低熱源温度が低い（温度差が大きい）ほど多くの熱が仕事に変えられることがわかる。

なお、詳細は省略するが、カルノーサイクルは温度 $T_1$ と $T_2$ の熱源の間で仕事を取り出すサイクルのうちで最も効率の高いものである。

例として、$T_1 = 1,000$ ℃（1,273K）、$T_2 = 20$ ℃（293K）とすれば、$\eta = (1,273 - 293)/1,273 = 0.77$ となり、1,000 ℃から取り出した1 Jの熱のうち、仕事になるのは0.77 Jである。

### ＜重要な公式＞

カルノーサイクルの効率 $\eta_c$
$$\eta_c = 1 - (T_2/T_1)$$
なお、Tは絶対温度 [K] である。

### ＜ポイント＞「ある温度の熱」という概念は重要

ある物体から熱 $\Delta Q$ を取り出すと、次式のように温度が $\Delta T$ 下がる。
$$\Delta T = \Delta Q/(c \cdot m)$$
$c \cdot m$（$c$：比熱、$m$：質量）は熱容量と呼ばれ、これが大きいと $\Delta T$ は小さい。$c \cdot m = \infty$ ならば、熱を取り出しても温度は変わらない。この例として、大気や海洋、大量のマグマなどは、事実上無限の熱容量と考えてよい（他の例はポイント参照）。ここからとる熱はその温度の熱である。

一方、ポットの中の湯や、加熱した鉄板が保有している熱などは、熱容量が有限であり、そこから熱を採ると温度が下がる。このような熱は、熱採取前後の平均的な温度の熱というのが妥当であろう。このように、熱エネルギーには温度が付随する。熱のエネルギー的な価値を論じるには、単に熱と言うのではなく、「ある温度の熱」という概念が必要である。

＜例＞
◇ 20 ℃の海洋から100 kJの熱を採ったときは、「20 ℃の熱100 kJを採った」という。
◇ 10 $\frac{リットル}{kg}$ の40 ℃の水（熱容量：41.86 kJ/℃）から100 kJの熱を採ると、水温は37.6 ℃になる。この100 kJの熱は、「平均温度38.8 ℃の熱」と呼んでよい。なお、ここでは、算術平均をとったが、正確には対数平均をとるべきである。
◇ 30 ℃の大気から、20 ℃の海洋に100 kJの熱が伝わったときは、「30 ℃の熱100 kJが、20 ℃の熱100 kJになった」と言える

### ＜ポイント＞温度一定の熱源の例

上述のように、熱容量無限大の熱源は温度一定の熱源である。大気や海洋のような大量のマスがこれに相当する。また、潜熱なども熱の出入りがあっても温度が変わらない熱源である。また、冷房した部屋の空気のように熱のソースがあり、そこから冷房機が過不足なく熱を吸収するような場合も、室の空気は温度一定の熱源と考えてよい。

## 【KN1.19】 「二つ」の法則による熱エネルギーの「二つ」の評価方法

　工業熱力学の課題の一つに、「熱と仕事の相互関係」の理解がある。これには、重要な熱力学の第一法則と第二法則がある。

### ◆熱力学の第一法則

　エネルギーには「保存則」があり、ある行為の前後で、「エネルギーの総量は一定」である。例えば、電気を使ってエレベータで人を上階に運んだ場合、電気エネルギーは位置のエネルギーと各部の摩擦による熱に変わるが、総量は保存され同じである。

　これを熱と仕事の関係に適用したのが熱力学の第一法則である。ここで登場するのは「内部エネルギーU」「外部と交換する熱量Q」「外部と交換する仕事W」である。

　第一法則は、ある気体の塊の変化の際に、

$\Delta U$（内部エネルギーの増加）
　$= Q$（外部から得た熱量）
　　$+ W$（外部から受けた仕事）

が成立するというものである。

　なお、上式は「閉じた系」に対する表現である。工業的に意味のある継続的変化「流れ系」（ここでの仕事を工業仕事と呼ぶ）での表現は、

$\Delta I$（エンタルピーの増加）
　$= Q$（外部から受けた熱量）
　　$+ W_t$（外部から受けた工業仕事）

となる（詳細は付録A参照）。

　第一法則はエネルギーの量的関係を述べるものである。例えば、1,000℃の熱源から、20℃の大気に熱を伝えた場合、熱力学第一法則は、「熱源が失った熱と、大気がもらった熱量は同じである」ということになる。すなわち、このプロセスは「損失のないプロセス」ということになる。

　しかし、1,000℃の熱からは仕事が取り出せるのに対して、20℃の大気の熱からは仕事は全く取り出せず、このプロセスで熱のエネルギー的価値は失われており、「損失のあるプロセス」である。

　すなわち、熱力学第一法則は、エネルギーの量の保存則であり、「エネルギーの価値や質」というものを論じるものではない。われわれがエネルギー問題を論じる際には、当然後者の視点が必要である。これを扱うのが、熱力学第二法則である。

### ◆熱力学の第二法則

　熱力学の第二法則は、エネルギーの使い方を論じる上で、きわめて重要な法則である。これには、色々な表現がある（付録A1.3項参照）が、エネルギー源的なものとして「仕事はすべて熱に変換できるが、熱のすべてを継続して仕事に変換することはできない」という表現がある。言いかえると、「熱（内部エネルギー）には仕事にならない成分があり、継続的な仕事に転換する際には、それを廃熱として外部に捨てなければならない」となる。

　仕事になる成分を「エクセルギー（有効エネルギーともいう）」、ならない成分を「アネルギー（無効エネルギー）」という。すなわち、

（熱エネルギー）=
　（エクセルギー）+（アネルギー）

　エクセルギーとアネルギーの比率は、熱源（高熱源）温度と周囲（低熱源）温度に依存する。同じ周囲温度に対して、温度が高い熱ほどエクセルギーの比率は大きい。なお、周囲温度の熱はすべてアネルギーである。

　また、周囲温度以下の熱源があれば、第一法則ではマイナスのエネルギーになるが、第二法則では、ここも仕事が取り出せるから、プラスの評価となる。

---

**＜エッセイ＞熱エネルギーのミソとクソ**

　筆者は、学生の受けを狙って、エクセルギーを「ミソ」、アネルギーを「クソ」と呼んだ。この表現は、結構、好評で印象に残ったようである。

　カルノーサイクルは、ミソの理想的な分離機という訳である。下手に（不可逆的に）操作すると、損が生じる。すなわち、ミソが減って、クソが増えてしまう。もちろん、この表現は公式には使ってはいけない（念のため）。

## 【KN1.20】 「第二法則」はエネルギーの質の低下法則

前項で述べたように、熱エネルギーは伝熱などのプロセスを経て「①熱量は保存される」が、温度レベルは低下していき、最終的には周囲温度の熱になっていく。これは「②エネルギーの質は低下していく」ことを意味している。

①が熱力学の第一法則で、②が熱力学の第二法則である。すなわち、前項で示したように、熱エネルギーはⒶエクセルギーとⒷアネルギーから成り、第一法則はあるプロセスの前後でⒶ＋Ⓑは一定、第二法則はⒶが減って、Ⓑが増えることを意味している。

この点はきわめて重要なので、再度まとめておく。

◇熱力学第一法則：エネルギー量の保存則

◇熱力学第二法則：エネルギーの質の低下則

前者の方が簡単なので、熱エネルギーや内部エネルギーの評価にもっぱら使われているが、正しくは後者を使うべきである。具体例は1.5節で扱う。

**熱力学第一法則**

> エネルギーの量は無くならない

**熱力学第二法則**

> エネルギーの質(価値)は低下していく

## 【KN1.21】 電気エネルギーは「100%」がエクセルギー（エクセルギーの計算方法）

エクセルギーはいろいろなエネルギーから理論上取り出し得る最大の仕事である。電気エネルギー、位置のエネルギー、運動エネルギーは全量仕事に変えられるので、エネルギー量の100%がエクセルギー量になる。燃料などの化学エネルギーは、近似的に高発熱量をエクセルギー量としても大きな問題は生じない（詳細の議論は専門書に譲る）。

問題は、熱エネルギーの場合である。エクセルギーは熱から理論上取り出せる仕事で、最大仕事と呼ばれる。熱エネルギーから仕事を取り出すには低熱源が必要であるので、これを熱容量が無限大の周囲（温度 $T_0$ [K]）としよう。

また、最大仕事は、ある状態の気体などに対しても定義される、状態量の一つである。なお、最大仕事は周囲条件に依存するため、「周囲条件を固定した場合」という制約がある。この場合、その気体を周囲と平衡（温度と圧力が等しい）するまで、可逆的に変化させたときに得られる仕事である。

エクセルギーの基本式は次式である。

$$Ex = Q - T_0 \cdot \Delta S$$

なお、$\Delta S$ は周囲と平衡状態のエントロピーとの差である（詳細は付録A.3節を参照されたい）。

具体的ないろいろな場合のエクセルギーの計算式を以下に示す。

◆無限熱容量の熱源（度 $T$ [K]）の熱 $Q$

この場合は、カルノーサイクルから次式となる。

$$Ex = Q(1 - T_0/T)$$

◆有限熱容量 $cm$ の物体のもつ熱量 $Q$

この場合は、熱を取り出すと熱源の温度が低下していくため、取り出せる仕事は上の場合よりも小さくなる。外界と平衡するまでに取り出せる熱量は、$Q = cm(T-T_0)$ であり、これから取り出せる最大の仕事、すなわち、エクセルギー $Ex$ は次式となる。

$$Ex = Q - cmT_0 \ln(T/T_0)$$

◆閉じた系と流れ系での気体

結果のみ示す。

◇閉じた系　$Ex = U - U_0 - T_0(S - S_0)$

◇流れ系　$Ex = I - I_0 - T_0(S - S_0)$

## 【KN1.22】 現実的な熱機関は理論効率の「30％」程度

熱機関の効率を表示するのに、投入熱に対する取り出した仕事の比率として、次式が使われる。

$$\eta_1 = W/Q \qquad \cdots (1)$$

カルノーサイクルの効率（【KN1.18】参照）はこの形であった。前述したように、Qはもともと仕事にならない成分を含んでいるので、この効率は第一法則的な効率の式である。

この効率は、熱の質と技術の優秀性の両者が関係する値である。例えば、熱源温度が低い場合には、いかに技術が優秀でも、効率は低くなるため、式(1)では技術の評価には不十分である。

これに対して、第二法則的効率として、

$$\eta_2 = W/E_X \qquad \cdots (2)$$

が考えられる。これによると理論（可逆）サイクルは効率が100％となり、熱源の温度は関係なくなり、技術の優劣が正しく評価できる。

なお、自動車のエンジンの効率などは、分母に燃料の発熱量が用いられる。前述（【KN1.21】）のように、燃料のエクセルギーは高発熱量で近似できるため$\eta_2$に相当する評価がなされていると考えてよい。

効率の値を下げるのは変換プロセスの不可逆性である。それらには、流体が流れるときの圧力損失、温度差のある伝熱、もちろん、放熱損失も関係する。その他、回転軸やピストンとシリンダーの間の摩擦などによる損失もある。

なお、式(2)の効率はまだ十分には普及しておらず、今後の課題である。

では、現実的な各種エンジンの$\eta_2$はどれくらいであろうか、いろいろなケースがあり値の特定は難しい（危険でもある）が、あえてオーダーを示せば、30％程度といったところであろう。

---

### <ポイント>コージェネレーションの効率の評価

一つのエンジンで仕事Wと熱Qを取り出すコージェネレーションの性能を表すのに、ふつうは

$\eta = (W + Q)/(燃料の発熱量)$

が使われることが多い。

この式の問題点は、言うまでもなく、WとQの質の異なるエネルギーが単純に加算されている点である。この評価ではコージェネレーションに圧倒的に有利な評価といえるであろう。

なお、デマンドサイドに立ったコージェネレーションの評価については、【KW4.06】で論じているので、参照されたい。

---

あなたはどちらがいいと思うの？

第一法則的効率
$\eta_1 = W/Q$
第二法則的効率
$\eta_2 = W/Ex$

## 1.4.2 仕事から熱への合理的な変換（熱ポンプ）

　熱エネルギーは「質の低いエネルギーの形態」であることがお解りいただけたことと思う。それでは、いろいろなエネルギーを使って上手に熱をつくるにはどうすればよいか。例えば、滝の水を滝つぼに落として、位置のエネルギーを摩擦で熱に変える方法は、最も下手な方法である。また、電気エネルギーを抵抗線などで、ジュール熱に変えるのも、同様に最も下手な方法である。

　これには、エネルギーの質の高さ（低エントロピー性）を活かして、まさつや伝熱などの不可逆プロセスをできるだけ経由しないで（付録A参照）、「温度秩序を作り出す」という発想が必要である。熱ポンプは、仕事によって外界などの熱源（低熱源）から熱（アネルギー）を汲みあげて、温度差秩序をつくる合理的な熱への変換機器である。本項では、仕事を使って合理的に熱（温度差秩序）を作りだす熱ポンプについて解説する。

　なお、熱ポンプは低温部から高温部にエネルギーを使って熱を汲みあげる機械である（＜ポイント＞参照）。われわれは、いろいろな場面でこの機械を使っている。低温部を使うものの代表は冷凍機であり、周囲より低い温度（冷熱）を作り出す装置である。エアコンの冷房モードも同じである。一方、高温部を使うものは、エアコンの暖房モードやヒートポンプ式給湯器などである。この項では、主として温熱の製造について述べ、冷熱の製造に関しては、次項で扱う。

### ＜ポイント＞熱ポンプは低温から高温に熱を汲みあげる機械（液ポンプとの比較）

　液ポンプは、エネルギー（電力）を投入して低いところから、高いところに液体を汲みあげる機械である（図－1）。同じように、熱ポンプは、温度の低いところ（低熱源）から、温度の高いところ（高熱源）に熱を汲みあげる機械である（図－2）。自然界ではこの逆の変化は起こるが、このような変化は起こらない。これを起こすには電力などのエネルギーEの投入が必要である。

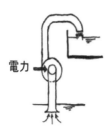
図－1　液ポンプ

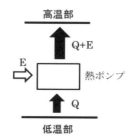
図－2　熱ポンプ

## 【KN1.23】 ヒータの「4〜5倍」の熱が出るヒートポンプ

暖房機には、ヒータ方式とヒートポンプ方式の2種類がある。機器の価格は前者が安価で、後者は高価である。しかし、前者は使った電力ぶんの熱しか出ないのに対して、後者は条件にも依るが、一般に電力の4〜5倍の熱が出る。したがって、両者の経済性は電力代も含めて検討すべきである。

ヒートポンプは電力を使って外部等から熱を汲みあげる機械である。電力1を使って、外部等から3〜4の熱を汲みあげて4〜5の熱として利用するというような量的な関係である。

### <ポイント>熱ポンプの理想サイクルは逆カルノーサイクル

カルノーサイクルは、熱機関サイクルであり、ある温度 $T_1$ で一定(熱容量無限大)の高熱源の熱 $Q_1$ から取り出せる最大の仕事を求める理想サイクルである(【KW-A1.11】参照)。熱 $Q_1$ から仕事になる成分 $W$(エクセルギー)を取り出し、残り $Q_2$($= Q_1 - W$)(アネルギー)を低熱源 $T_2$ に捨てる。

これは可逆サイクルであり、このサイクルを逆に回せば、仕事 $W$ を投入し、低熱源から熱 $Q_2$ を汲み上げ、同じ熱 $Q_1$ にして高熱源に戻すことができる。これが逆カルノーサイクルであり、熱ポンプの基本サイクルである(【KW-A.13】参照)。

### <ポイント>ヒートポンプの性能はCOPで表示

熱ポンプでは性能を表すのに、効率ではなく、COP(Coefficient of Performance:成績係数)が用いられる。これは、「投入した仕事の何倍の熱を汲みあげられる」のかを示す性能指数である。ちなみに理論的(逆カルノーサイクル)COPは、次式で与えられる。なお $T_1$、$T_2$ の単位は[K]である。

$$COP = Q_1/W = T_1/(T_1 - T_2)$$

この式からもわかるように、COPは1以上の値である。現実のヒートポンプのCOPはさまざまな不可逆性のため、この値より小さくなる。

### <ポイント>なぜ、効率と言わないで成績係数と呼ぶのか

「効率」の概念は、理論上の上限と現実の比であり、100%が上限である。熱ポンプの成績係数は100%を越えるため、効率の概念にはなじまない。

### <ポイント>冷凍機とヒートポンプのCOP

熱ポンプの用途には、「冷熱をつくる」のと「温熱をつくる」の二つがある。本書では、前者を冷凍機、後者をヒートポンプと呼ぶことにする。例えば、エアコンの冷房モードが前者で、暖房モードが後者である。どちらも、熱源の一方が外気であり、前者の場合は、冷房室の空気が低熱源であり、そこから汲み上げる熱量が問題である。後者では、外気が低熱源、室内空気が高熱源になり、高熱源に与える熱量が問題になる。COPの式の分子の熱は両者で異なる。逆カルノーサイクルの場合は、

◇冷凍機　　　　$COP = T_2/(T_1 - T_2)$
◇ヒートポンプ　$COP = T_1/(T_1 - T_2)$

ヒートポンプのCOPは1以上であるが、冷凍機は必ずしもそうではない。

なお、冷熱需要と温熱需要の両方があるような場合には、これを同時に行う場合もある。これはきわめて好ましいエネルギーの用途であり、すべての熱が使えるときのカルノー熱ポンプでは、

$$COP = (T_1 + T_2)/(T_1 - T_2)$$ となる。

## 【KN1.24】　0℃の屋外から20℃の室内へのヒートポンプの理論COPは約「15」

冷暖房・給湯に必要な熱の温度は比較的常温近くである。熱源は、一般に大気であり、熱を汲みあげる温度差は大きくない。したがって、理論COPは結構大きな値になる。このことは、冷房はともかく、「暖房・給湯に高級エネルギーである電力を使う場合は、熱ポンプを使うのが原則である」ことを意味している。

ここでは、可逆熱ポンプサイクルで理論的なCOPの数値を具体的に求めてみよう。例えば、0℃(273K)→20℃（293K）への理想ヒートポンプの成績係数は、COP=293/(293−273)=14.7　となり、大きな効用が期待できることがわかる。

### <試算例>滝の水で水車を回し、熱ポンプを使えば50倍の水温上昇

【KN1.03】で、100 mの高さの滝では、位置のエネルギーが滝つぼでのまさつで熱エネルギーにかわるとき、水温の上昇は0.234℃であることを示した。すなわち、

　　$mgh = mc\Delta t$　より

　　$9.8 \times 100 = 4186 \times \Delta t$　→　$\Delta t = 0.234$℃

これは典型的な不可逆変換である。

可逆変換は、滝の水で水車を回し、それで可逆熱ポンプを動かして、周囲大気から可逆的に熱を汲み上げて水温を上昇させる方法である。計算は「得られた水のエクセルギーが位置のエネルギーに等しい」ことから求めることができる。

この場合の温度上昇を求める式は、つぎのようになる。

　　$mgh = c \cdot m\Delta T - c \cdot mT_0 \ln\{(T_0 + \Delta T)/T_0\}$

付録の解説を参照して、上式を導出するのは、DSS技術者を目指す学生にとっては、よい演習課題である。また、機器構成（とくに熱交換の方法）を考えるのもよい課題である。ここでは、前者に対する結果のみを示すと、この場合は約50倍の温度差（COP=50）が得られる。

---

### <ポイント>現実の熱ポンプのCOP

現実の熱ポンプにはさまざまな不可逆性があり、左記のような大きなCOPは実現できない。きわめて大凡であるが、現実と理論値の比率は熱機関と同様に30%といったところであろう（【KN1.22】参照）。それでも、温熱製造において、熱ポンプの効用はきわめて大きい。

### <ポイント>一次エネルギー換算COP

冷凍機には大別すると、燃料方式と、電気方式の2種類ある。COPは前者では燃料の発熱量が、後者では電力を入力として評価される。両者の比較をする場合には、一次エネルギー換算COPを用いるのが妥当である。電力の一次エネルギー換算値は発電効率として約40％が設定されているので、電力のCOPに0.4倍した値となる。

なお、COPはいろいろなフレームで求められることがある。空調機などでは、ポンプやファンなどの補機動力の算入の有無、定格条件でのCOPなのか期間平均COPなのか、など、値の評価のためには、十分な吟味が必要である。

### <ウンチク>風呂の焚き上げのCOPよりも、追いだきのCOPは低い

最近電気を用いた給湯器として、ヒートポンプ形式のものが増えてきている。水道水から湯を焚き上げるときのCOPと、追いだきの場合のCOPはどちらが大きいであろうか。答えは「前者」である。何故ならば、熱源となる外気と湯の平均的温度差は前者の方が小さいからである。

## 【KN1.25】 現実の熱ポンプには「4つ」の基本要素がある

カルノーサイクルと逆カルノーサイクルの関係からわかるように、熱ポンプサイクルは、基本的には熱機関サイクル(【KW-A.09】参照)の反対方向まわりのサイクルである。現実の熱ポンプは、作業流体を相変化させるため、蒸気タービンサイクルと類似している。

図-1に、蒸気タービンシステムと圧縮冷凍機システムを対比して示す。復水器と蒸発器、ボイラ(蒸発器)と凝縮器、蒸気タービンとコンプレッサーが反対方向機器として対応している。相違は、破線の楕円で示した、ポンプと膨張弁である。逆カルノーサイクルでは、膨張プロセスで動力回収が行われるが、現実の熱ポンプでは、動力回収なしで絞り変化で減圧される。冷蔵庫などはコストのかからないように、きわめて細いパイプ(キャピラリーチューブ)にして、降圧させる。このプロセスは、典型的な不可逆プロセス(A.4参照)であり、損失を生じるが、システムの単純さを重視したものである。なお、現実の熱ポンプではここは液相であり、あまり動力回収ができないのも理由である。

熱ポンプでは作業流体を相変化させ、蒸発で熱を吸収し、凝縮で熱を放出する。自然界では低温で凝縮し、高温で蒸発するが、熱ポンプはこれを逆転させる。コンプレッサーで作業流体の圧力を高めて、高温で凝縮させる。低い温度で熱を吸収するために、膨張弁で圧力を降下させ、低温で蒸発させる。

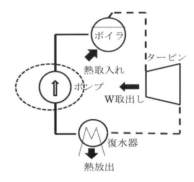

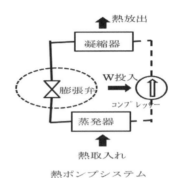

図-1 熱機関と熱ポンプの対比

### <ポイント>熱から冷熱をつくる吸収冷凍機

圧縮冷凍機は電力駆動の冷凍機であるが、熱で駆動する冷凍機もある。吸収冷凍機と呼ばれ、各種熱源の熱や、燃料の燃焼熱が駆動源である。

基本構造として、蒸発器からの低圧蒸気を高圧蒸気にする加圧部分のみを図-2に示す。吸収器と発生器があり、低圧の冷媒ガスを吸収器で吸収剤に吸収し、発生器で高圧の冷媒ガスを発生させる。この部分は、圧縮方式のコンプレッサーに相当している。冷媒ガスとしては水を、吸収剤としては臭化リチウムが使われることが多い。なお、現実の機器では、効率向上のためのさまざまな工夫がなされている。

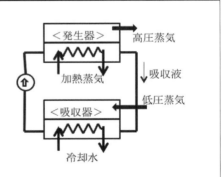

図-2 吸収冷凍機の駆動部

## 【KN1.26】 熱ポンプに関する「4つ」の補足的話題

ここでは「4」をキーナンバーとして、熱ポンプに関する4つの話題を紹介する。

### (1) 熱ポンプでくみ上げた熱量による評価はあまり意味がない

ヒートポンプによる下水熱の利用システムなどを評価するのに、よく、下水から回収した熱が表示されることがある。これは適切ではない。熱ポンプで問題になるのは、どれだけ低熱源から熱を汲み上げたかではなく、熱ポンプの「駆動の電力がどれだけ少なかったか」である。熱量表示がしたければ、熱の温度レベルも併記すべきである。

技術の成果を過大に見せるために、意図的にこのようなデータが表示されることもあるが、これは適切ではない。

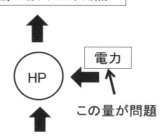

### (2) 自然冷媒

アンモニア、水、二酸化炭素、炭化水素、空気など自然界にある物質である。無害の自然冷媒であれば理想的であるが、一般に有害であっても分解が容易という特長があり、これらの点で危険性が相対的に低くなる。ただし、使用できる温度レベルが目的とマッチする必要がある。

例えば、水を冷媒として使うヒートポンプ暖房機は可能であろうか。暖房機として機能させるには、0℃近くの低熱源と25℃近くの高熱源の間で動作させることになる。すると−10℃程度で水を蒸発させ、35℃程度で凝縮させる必要がある。前者は0.6 kPa（0.006気圧）、後者は5.6 kPa（0.035気圧）程度の高真空が必要であり、理論的には可能であっても技術的には問題である。

### (3) 室外機の設置環境も重要

エアコンなどの室外機の環境は効率向上にとってきわめて重要である。しかし、いろいろ空間的制約もあり、設置業者はきわめて適当に設置していく場合も多いようである。冷房の場合には日が当ったり、熱がこもったりすれば、電力を多く消費する。これは、きわめて重要な項目と認識する必要がある。

### (4) 大気熱は未利用エネルギーか?

いままで述べてきたように、熱ポンプは、電力エネルギーの数倍の熱を生み出す。このもとは大気等の周囲の熱である。ヒートポンプの普及のために、「大気熱は未利用エネルギー」として、「都市未利用エネルギー活用」の範ちゅうに入れ、さらなる普及を進めようという意見がある。確かに熱ポンプの普及はきわめて重要であるが、ここまでに述べてきたように、周囲温度の熱は何の価値もないアネルギーである。熱ポンプは「エネルギーの質の有効利用システム」と位置付けるべきである。もし大気よりも温度の高い廃熱などの熱源があり、それを利用してより多くの熱の発生ができれば、これは「熱ポンプによる未利用エネルギーの活用」と言えるであろう。

このような見方は、誤った理解に結びつく可能性があり、十分な配慮が必要である。普及のためのキャッチ・コピーであっても、熱力学と整合性のある説明をすべきである。

### 1.4.3 冷熱の製造

前項で述べたように、冷熱の製造機も熱ポンプである。目的とする低温部（低熱源）から熱を吸収して、それを外気等（高熱源）に捨てるものが冷凍機である。「冷凍」と呼ぶが、かならずしも「凍結」させる必要はない。冷房機や冷水製造機も冷凍機の範ちゅうである。冷蔵庫や冷房機は家庭の中で多くのエネルギーを消費している機器であるが、一般の人にはあまりその構造が知られていない。本項では、冷房機の構造を示す。なお、冷房機は室から吸い上げた熱を外気に放出する。しかし、この放熱器についてはあまり注目されることはなかった。しかし、エネルギー・熱代謝系の観点からは、この機器もきわめて重要である。ここでは、「熱を環境に捨てる」を司る放熱器についてもキーナンバーを挙げて解説する。

### 【KN1.27】 室内26℃、室外30℃の理論COPは約「75」と大きいが、現実は？

冷暖房・給湯用の熱需要の温度レベルは低く、可逆熱ポンプのCOPは結構大きな値になる。例えば、表題の室内26℃（299K）、室外30℃（303K）でのCOPは、303/(303−299)=75.8 と約75になる。しかし、現実にはさまざまな不可逆性があり、COPは低下する。ここでは、エアコンを例にして、伝熱による不可逆性を具体的に見てみよう。

図−1に暖房運転と冷房運転の温度関係のイメージ図を示す。なお、メーカーの設計は不明であるので、数値はあくまでイメージである。

◆暖房時の温度関係とCOPへの影響

図の左側に示すように、5℃の室外から20℃の室内、すなわち、15℃の温度差で熱を汲みあげることになる。しかし、熱を移動するのに、蒸発器と凝縮器で温度差が必要である。図の場合、熱ポンプサイクルは−10℃から36℃で作動させねばならない。前者の場合、理論COP（逆カルノーサイクル）は19.5であるが、後者では6.7になる。

◆冷房時の温度関係とCOPへの影響

図の右側の冷房の場合は、室内温度は26℃で、室外気温は30℃である。この場合、4℃の温度差でよいが、伝熱の温度差を考えると、10℃→40℃の熱ポンプとなる。前者のCOPは75.8ときわめて高いが、後者では9.4となる。

その他、冷暖房ともに膨張弁での絞り損失、暖房時では蒸発器の霜とり運転、室内機と室外機のファン動力などもあって、実機のCOPは上記の修正COPよりも値は小さくなる。

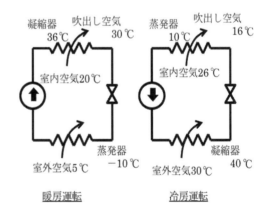

図−1 暖房時と冷房時のシステムの各部の温度のイメージ

## 【KN1.28】 冷媒選定には「5因子」の考慮が必要

　熱ポンプの作業流体は、冷媒と呼ばれる。冷媒の選定には、①求められる温度レベル（熱源、使用目的温度）において、適当な圧力で相変化する物性の物質が必要である。その他、②安全性（燃えないこと、無毒性）、③安定性、④経済性（冷媒のコスト、冷凍機の効率）、などが要求される。

　最初の圧縮冷凍機は、1834年にパーキンス（米）がエーテルを用いて作ったものと言われる。エーテルには危険性も多いため、その後いろいろな冷媒が試され、1876年にリンデ（独）よってアンモニア冷凍機が開発され、普及した。アンモニアは物性的にはすぐれた冷媒であったが、刺激臭など、漏えいしたときの安全性などで問題があった。1928年に化学会社デュポンの開発によるフロンが一世を風靡した。新冷媒であるフロンの商品紹介のときに、「デュポンの社長が思いっきり吸い込むパフォーマンスをした」と聞いたことがある。

　しかし、オゾンホールが発見され、次第にその原因がフロンガスにあることが分かってきた。したがって、⑤地球環境への悪影響のないことが、きわめて重要な冷媒の要件となっている（[KN8.13] 参照）。

## 【KN1.29】「1冷凍トン」は1トンの0℃の水を24時間で0℃の氷にする能力

　冷凍機の能力を表すのに、冷凍トンRtという単位が使われることがある。1冷凍トンは0℃の1トンの水を24時間で氷にする冷凍能力をいう。

　ワットで表すと、つぎのようになる。

　1 Rt = 79.7 kcal/kg（氷の潜熱）×1,000 kg/(24h)

　　　= 3,320 kcal/h ＝ 3,860 W

　なお、アメリカなどのフート・ポンド系単位を採用していた国では、2,000ポンド（0.9072トン）の水を基準としたため、3,024 kcal/h＝3,515 Wを1冷凍トンと定義した。これを1米国冷凍トン（USRt）と呼んでいる。上記の値の約1割減である。なお、冷凍トンはSI単位系にはない。

### ＜ポイント＞冷凍機の1馬力は2,800 W

　冷凍機の1馬力は2.8 kWの冷却能力（おおよそ8畳室の冷房負荷相当）を示す。1馬力=735 Wであるので、COP = 2.8/0.735 = 3.8 相当の冷凍機が想定されていることになる。なお、中国ではより直接的に「匹」がもちいられることもある。たとえば、2馬力機が「2匹機」のように表される。面白い表現である。

### ＜ウンチク＞トンの単位の由来

　「トン」はもともとヤード・ポンド系の単位である。もともとワインの樽に入る水の重さをベースとしていた。1,000 kgを1トンとするのは、グラムトンまたは発祥国から仏トンともいう。SI単位系では、メガグラムの単位を使うことが推奨されているが、認知度も高いため併用も認められ、よく使われている。ヤード・ポンド系では、現在の英トンは2,240ポンド（1,016 kg）で、米トンは2,000ポンド（907.2 kg）である。この両者は「ハンドレッドウエイト」の20倍で定義されており、英ではハンドレッドウエイトが112ポンド、米では100ポンドであることからこの違いがある。なお、英トンは仏トンと2％しか違わないが、米トンは約10％違うため、注意が必要である。

## 【KN1.30】 空調用冷却塔の1トン（冷却トン）は約「4,500 W」

冷房では、室から除去した熱は外部に捨てられる。この方法にもいろいろある。エアコンでは、室内機で冷媒が蒸発し、蒸気の形でエネルギーを保有し、室外機（凝縮器）に運ばれ、外気で冷やされて、液にもどる。ビルの場合も、冷媒で熱の移動が行われる場合（分散型冷房）はエアコンと同様である。集中式冷房では、機械室の空調機で作られた冷水が熱媒として使われる。この場合は冷却水に熱が乗せられて屋上などの冷却塔で外部に捨てられ、水が再生され、循環利用される。この場合、ふつう水を噴霧して直接空気と触れさせる蒸発式冷却塔が使われる。大気への熱の放出方法で、乾式放熱と湿式放熱に分かれる。冷房システムの全体の熱の流れを図－1に、湿式放熱器と乾式放熱器のイメージを図－2に示す。水と空気を触れさせたくない場合には、右図のように、パイプ内に冷却すべき水を流し、空気で冷やす方法が乾式放熱である。また右図の場合も、パイプを別の水の噴霧等で冷やせば湿式放熱になる。

なお、冷却塔の能力を示すのに、「冷却トン」という単位が用いられることがある。1冷凍トン（【KN1.29】参照）の冷凍機の熱を処理する冷却塔能力が1冷却トンである。当然、冷凍機駆動の動力も上乗せされるので、処理熱量は多くなる。

冷却トンは冷凍機のCOPに依存する数値であるが、日本冷却塔工業会では「1冷凍トンの熱を標準条件（入口水温37 ℃、出口水温32 ℃、入口空気の湿球温度27 ℃、水量13㍑/min）で大気に捨てる熱を1冷却トンとする」としている。これによると、1冷却トンは4,535 kW（3,900 kcal/h）である。

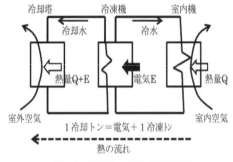

図－1　冷房システムの熱の流れ

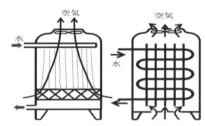

図－2　湿式放熱器（左）と乾式放熱器（右）

## 【KN1.31】 湿式放熱の潜熱は顕熱の約「4倍」（冷房排熱）

前項で述べた、乾式放熱と湿式放熱について、前者は熱をすべて顕熱で、後者は顕熱と潜熱で放出する。湿式の場合の放熱において、(顕熱:潜熱)は条件によるが、冷房の場合の大凡は（1:4）である（冷却塔工業協会ホームページ）。なお、一般に、乾式放熱よりも湿式放熱の方が伝熱が良好であり、冷房機の効率も高くなる。

乾式放熱は、水を使わないので、メンテナンスが容易であり水道代もかからないメリットがある。近年、湿式が減り、乾式が増加傾向にある。

なお、乾式放熱は都市の温暖化（ヒートアイランド）問題を助長する可能性がある。

いままで、熱を捨てることは全く問題になることはなかった。したがって、経済性だけで、方式の評価が行われてきている。今や、地球温暖化からのエネルギー消費、ヒートアイランド問題からの顕熱放出量も含めて、「熱の捨て方」もきっちりと評価すべき時代である。

## 1.5　熱エネルギーおよびエネルギー変換プロセスの評価

ここでは、【KN1.19】で述べた熱エネルギーの二つの評価方法の重要性を具体的に示すため、いくつかの事例を紹介する。

### 【KN1.32】　"「50%」のエネルギーを海に捨てる火力発電"という評価について

火力発電プラントのシステム図を単純化すると、図－1のようになる。燃料がボイラで焚かれ、蒸気を作り、それでタービンを回して発電機で電気をつくる。残りの熱は復水器で海に捨てられる。

例として、各機器の効率をつぎのように仮定する。ボイラ効率（＝蒸気の保有する熱量／燃料の熱量）＝90%、発電効率（＝電気エネルギー／燃料の熱量）＝40%。その他の熱損失やポンプ仕事などはここでは無視しよう。

エネルギーフロー図を描かせると、大抵の人は、図－2のようなものを描くであろう（このような図を、開発者にちなんで、サンキー線図という）。

この図を見れば、確かに多くの熱量が復水器から海へ捨てられている。これから、もし、「発電システムの問題点は復水器にあり、改善すべきは復水器」、また、「ボイラは90%の熱を蒸気に伝えており、あまり問題はない」という評価をしたとすれば、これは誤った評価である（【KN1.33】参照）。

また、例えば、冷却水の温度を下げれば、この線図はどうなるであろうか？復水器を強く冷却するために、「海へ行く熱量が増える」と考えたとすれば、これも間違いである。正解は、「発電量が増え、海への熱は減る」である。

さらに、タービンの前に弁などの絞りを入れると、絞りプロセスでは仕事も熱も取り出さないため、図－2では損失は現われない（【KW-A.05】参照）で、発電量が低下し、海への熱量が増えたエネルギーフロー図となる。

この矛盾は、このエネルギーフロー図が熱量（エンタルピー）ベースで描かれているからである。これは熱力学第一法則的評価である。

正しい評価は、第二法則的評価で得られる。ここでは、問題の紹介までとして、詳細は後述（【KN1.34】参照）する。

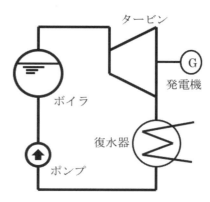

図－1　火力発電プラント

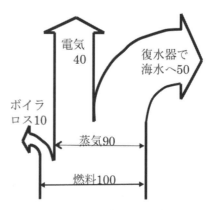

図－2　エンタルピーサンキー線図

## 【KN1.33】 温水ボイラのエンタルピー効率は「80％」、エクセルギー効率は「10％」

機器またはプロセスの性能評価に、「効率」が使われる。これは、$\eta$＝（出力エネルギー）／（入力エネルギー）で定義され、ふつう％で表される。「100点満点の$\eta$点」のイメージである。

例えば、エンジンの効率は、（得られる動力）／（消費燃料のエネルギー）で定義される。ガソリンエンジンなどは、約40％程度である。燃料のエネルギーの40％が車の駆動に使われ、60％は損失になるということになる。

問題は、熱エネルギーが関係する場合である。問題のポイントは、熱エネルギーをエンタルピーで評価するのか、エクセルギーで評価するのかにある。ふつうは、簡単さから、熱量（エンタルピー）で評価するエンタルピー効率が使われる。

例として温水ボイラの効率を考えよう。

エンタルピー効率＝
　（得られる温水の熱量）／（燃料の発熱量）

ふつうの温水ボイラでは80％くらいになる。すなわち、燃料の発熱量の大半が水に伝わり、このエネルギー変換プロセスはかなり成績がよいということになる。

一方、得られる温水のエクセルギーで考える評価方法もある。つくられた温水（100℃とする）の熱エネルギーのうち、エクセルギーは12％（【KN1.21】のエクセルギーの式を使用）、アネルギーは88％程度である。燃料の保有熱のエクセルギーは、ほぼ発熱量に等しいこと、熱量は温水に80％伝わることを考えると、エクセルギー効率は9.6％となる。エネルギーのもつ価値（仕事になる成分）は、このプロセスでわずか10％弱になってしまい、「問題の大きいプロセス」という評価になる。

エネルギーがいかに有効に変換されているのかは、エクセルギー効率で考えるべきである。

◇エンタルピーによるプロセスの評価
　（第一法則的評価）

◇エクセルギーによるプロセスの評価
　（第二法則的評価）

各種エネルギー転換システムの両者による効率の概略値の比較を表−1に示す。

表−1　各種システムの効率の比較

|  | エンタルピー効率 | エクセルギー効率 |
|---|---|---|
| 大型ボイラ | 90 | 50 |
| 燃焼式暖房器 | 90 | 10 |
| ガソリンエンジン | 40 | 40 |
| 火力発電 | 40 | 40 |
| CGS | 70〜80 | 35〜45 |
| 温水ボイラ | 80 | 10 |

要は、出力が仕事の場合には両者は同じで、出力が熱の場合は評価が大きく異なる。低温の熱が出力の機器ではエクセルギー効率は小さくなる。

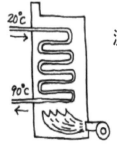

温水ボイラの効率

80％ ？
10％ ？

### 【KN1.34】 ボイラで損失の「8割」…発電プラントのエクセルギーフロー図

火力発電のエネルギー（エンタルピー）フロー図は【KN1.32】で述べた。それに対する、エクセルギーフローを図-1に示す。出力である電力の比率は、仕事であるため、両図とも同じである。大きく異なるのは、損失のところである。

ポイントはつぎのとおりである。

◇エンタルピーフロー図

発電プロセス以降に損失の大半がある。また、「復水器で大量の熱を海に捨てている」となっている。

◇エクセルギーフロー図

ボイラに損失の大半（図の場合約8割）がある。復水器から捨てているエクセルギーはほんのわずかである。

エンタルピー図の復水器の損失が大きいのを見て、「問題プロセスは復水プロセス」と判定したとすれば、これは大きな誤りである。エクセルギー図から、「ボイラで燃料エネルギーを熱エネルギーに変換するプロセスが問題」が正しい見方である。なお、復水器で捨てているものは、量的には大きいが、質の低いアネルギーである。なお、「エントロピーを捨てている」と言ってもよい。

目的にもよるが、エネルギー有効利用のために、「プロセスのどこが問題か？」などを評価するには、エネルギーの質を考えた、エクセルギーベースで描かなければならない。

＜エッセイ＞でも述べるが、復水器からは大量の熱が捨てられるが、温度の低い低レベルの熱量であり、エクセルギーは小さい。エクセルギーフロー図では、損失の大部分はボイラにあり、燃料を燃焼や伝熱といった不可逆過程で熱に変えているところに、エネルギー有効利用上の問題点があることが正しく線図に表れてくる。また、絞りではエンタルピーは一定であり損失のないプロセスであるが、エクセルギーでは損失がきちんと表れてくる。「燃焼により熱をつくる」は典型的な不可逆過程である。とくに温度の低い熱をつくるほど不可逆過程であり、多くのエントロピー（A1.4参照）が発生する。これは、燃料の高エクセルギーが低エクセルギー熱になるプロセスである。

なお、エンタルピーフロー図とエクセルギーフロー図で、電力の部分は同じになる。これは、電力、燃料とも「エネルギー量＝エクセルギー量」であるためである。

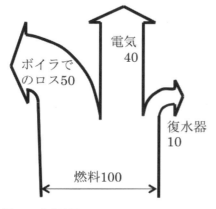

図-1 火力発電のエクセルギーフローのイメージ図

---

**＜エッセイ＞ 火力発電プラントの復水器から海に捨てているものは何か？**

◇この熱は大量であるが、仕事を取り出すのは不可能な熱であり"勿体なくない"

◇冷却水の温度が低くなると、海に捨てる熱は少なくなる。ここが面白いところである。

◇復水器で捨てているのはアネルギーである
……復水器は作業流体の側からみた呼び名であるが、エネルギーの側からみると、「アネルギー放出器」と呼ぶべきものである。

◇理想の復水器はアネルギーのみを捨てるが、現実には熱の放出には温度差が要り、エクセルギーも少し捨てている。

## 【KN1.35】 民生部門の効率「80% or 13%」… 日本の人工エネルギーの流れ図

日本のマクロなエネルギーフローとして、図-1のようなエンタルピーフロー図が示されることがある。この図は、2010年のわが国のエネルギーフロー図であり、エネルギー白書の同様のチャートを簡略化したものである。また、デマンドサイドのあとの有効利用ぶんと無効ぶんへの振り分けは筆者の推定による概算である。なお、この図は概要を示すものであり、細部は省略されている。

このような図は、俗称スパゲッティ・チャートと呼ばれる、皿の上のスパゲッティをフォークで持ち上げたときの形に似ているからである。

この図は左から各種一次エネルギーが入ってきて、変換され、各部門での仕事や熱などの有効活用される部分と、変換の過程で熱となって廃棄される分に分けられている。図では有効利用ぶんが46%で、廃棄される損失ぶんが54%になることを示している。エネルギーの半分以上が、損失になって有効活用できていないことなどがわかる。また、電力部門に損失が大きいことなども強調された図と言えよう。

もう少し突っ込んで、この図から、各部門別のエネルギー効率を読み取ってみよう。

◇発電部門　18/45＝40%
◇民生部門 18/22＝82%
◇運輸部門　5/15＝20%
◇鉱工業部門 23/28＝82%

となる。これから、「エネルギー効率が低く問題の多い部門は発電部門と運輸部門であり、民生部門や鉱工業部門はなかなか優秀」と評価したとすれば、これは全くの誤りである。

このような使い方をするには、エクセルギーフロー図に依るべきである。ちなみに、概算によるエクセルギー効率で各部門を比較すると、

◇発電部門 40%　　◇民生部門 13%
◇運輸部門 20%　　◇鉱工業部門 37%

となる。民生部門や鉱工業部門は、用途に熱用途が多いことにより、エクセルギー効率が著しく低くなり、問題のあるエネルギーの使い方をしている部門ということになる。エネルギーの有効利用の状況を示すには、これらを図で示す必要がある。

エンタルピーフロー図（第一法則的エネルギーフロー図）では、損失やプロセスの有効性などの評価は全くできない。デマンドサイドシステム技術者にとって、第二法則的なエネルギーフロー図である、エクセルギーフロー図の理解は不可欠といってよい。

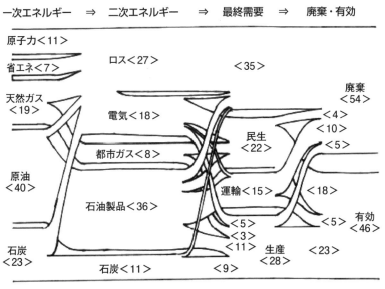

図-1　日本のエネルギーフロー（エンタルピー基準）
◇2010年　◇総一次エネルギーは22.1×$10^{18}$ J　◇図中の数値は%

# 第2章

## エネルギー資源

# 第2章　エネルギー資源

　現代社会を支える主たるエネルギー資源は、化石燃料である。化石燃料は、過去に地球に降り注いだ太陽エネルギーのストックと考えるのが一般的である。人類により消費されるエネルギー資源は指数関数的に伸びており、いずれ資源は枯渇すると考えられている。そして、1970年代のローマクラブによる「資源の限界」の指摘（【KN序.09】参照）、そのあとに起こったオイルショックで石油資源の枯渇が叫ばれ、そのときの社会の混乱の大きさも実感された。しかし、現在のところ、消費と新規発見がほぼバランスしており、枯渇推定年に関係するR/P比は必ずしも減少傾向を示していない。とくに、最近は採掘技術の進歩でシェールガスなどの非在来型化石燃料が、利用できるようになっており、楽観的なムードもある。しかし、新資源は採掘が困難なものに変わってきており、油断は禁物である。

　資源問題の多くはサプライサイドの問題ではあるが、デマンドサイド関係者もエネルギー資源の過去から現状について基本的な知識をもち、今後のあり方を考えていく必要がある。

　化石燃料の後に活用すべき非化石エネルギーの本命は「再生可能エネルギー」であろう。再生可能エネルギーは一般に分散型エネルギーであり、デマンドサイドに近い資源である。

　本章では、各種エネルギー資源の歴史的概観と特徴、非在来型化石燃料も含んだ資源の賦存量の現状について述べる。また、再生可能エネルギーの活用に関して、資源状況や利用技術についても概要を述べる。言うまでもなく、再生可能エネルギーの基本は太陽エネルギーのフローであり、これですべてが賄えれば持続可能である。しかし、一般に再生可能エネルギーには希薄性や変動性などの問題があり、これらによる適用限界が存在する。これらを十分認識して今後を考える必要があり、安易な期待は危険である。

　本章では、以上のような視点から、エネルギー資源に関するキーナンバーの抽出を行った。

　2.1では、世界のエネルギー消費の伸びと、化石燃料の資源量等について解説する。2.2では、世界の再生可能エネルギーのマクロな賦存状況と、利用状況を示す。2.3では、日本で使われている化石燃料等のエネルギー源について述べる。2.4では、日本の再生可能エネルギー利用の現状と今後の見通しを述べる。2.5では、再生可能エネルギーの利用システムや技術に関するキーナンバーを紹介する。

＜本章の主な参考図書等＞
①経済産業省編「エネルギー白書」（主として2014年版）、②日本エネルギー経済研究所計量分析ユニット編「EDMCエネルギー・経済統計要覧」省エネルギーセンター2016、③同「エネルギー・経済データの読み方入門」同2011　その他は原則として本文中に記載

＜ポイント＞地上資源文明論

　地上資源文明論は、池内了氏などが提唱している概念である。筆者も「地上資源」は重要なキーワードと考えている。地下資源は賦存量が不明で世界に集中的に偏在するのに対して、地上資源には、存在量の明確さ、広く遍在するという根本的に異なる資源である。持続不可能な大量消費・大量廃棄の現代社会は、地下資源に頼った結果である。この両者にそれぞれ依存した社会がいかに異なるのかは、興味ある課題である。

## 【KN2.01】　地球に来る太陽エネルギーは人類消費の「1万倍」

人類が消費する総一次エネルギーは2012年には年間で原油換算125億トンであった。化石燃料はそのうちの約80%であり、100億トンである（参考①）。また、化石燃料の確認埋蔵量のR/P比は74年（【KN2.02】参照）である。これらを地球にやってくる太陽エネルギーと比較しよう。

地球大気層表面の単位面積に入射する太陽エネルギーは太陽定数と呼ばれ、約1,370 W/m$^2$である。地球の投影面積を乗じれば総エネルギーが得られる。これらの数値から計算すると、地球にやってくる太陽エネルギーは上述の消費エネルギー（人工エネルギー）の約1万倍である。1年は8760時間であり、総一次エネルギー消費量は1.14時間相当の太陽エネルギー、おおまかには1時間ぶんと考えればよい。こうすると、化石燃料の確認埋蔵量は74時間分となる。地質時代の46億年と比較すると、500億分の1程度となり、ストックの量はごくわずかとも思える。

この「1万倍」または「1時間相当」は化石燃料消費のキーナンバーであると同時に、再生可能エネルギーのキーナンバーでもある。また、「74時間」はストックのキーナンバーである。

再生可能エネルギーのもとは、地球における太陽エネルギーフローである。図－1に、地球における太陽エネルギーの分配状況を示す。反射34%、熱として吸収47%、蒸発23%、大気・海水の運動0.23%、光合成に回されるのは0.02%程度である。それぞれ、蒸発ぶんの水が水力発電、大気・海水の運動ぶんが風車や波力発電、光合成ぶんがバイオマスエネルギーのもととなる。

化石燃料は、光合成に使われたエネルギーが地下にストックとして蓄えられたものである。太陽エネルギーフローのうち、ストックに回る量は不明であるが、低い比率であろう。

以上に再生可能エネルギーの地球規模の賦存量についてマクロな考察を行ったが、一般に、「地球でこれだけの再生可能エネルギーのポテンシャルがある」と論じてもあまり意味がない。すなわち、再生可能エネルギーはフローであり、それを大規模に集めて使う発想はないし、保存しておくものでもない。再生可能エネルギーの量に関しては、「土地1 m$^2$でこれだけのポテンシャルがある」といったローカル情報に意味がある。この点が化石燃料との違いの一つのポイントである。

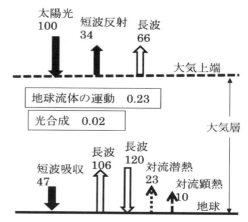

図－1　地球でのエネルギー収支（太陽光を100）
（大竹編「続日本環境図譜」共立出版、昭和57年を参考に作成）

### <ウンチク>地質時代は46億年

地質時代とは約46億年前の地球の誕生から、現在までの数千年の記録の残っている有史時代以前までの時代である。化石燃料はこの地質時代の生物遺骸の堆積と考えられる。全く仮の計算であるが、46億年の長さをある程度認識するために、つぎのような概算を行ってみた。

現在の地球で、植物で固定されるエネルギー（炭化水素）は、太陽エネルギーの0.02%である。これと前述の「確認埋蔵量が74時間相当」を組み合わせると、化石燃料の確認埋蔵量は、42年の地球での全植物固定量に相当することになる。これを見ても、46億年の長さがわかるであろう。

## 2.1 世界のエネルギー資源

世界のエネルギー需要を満たす資源の現状を把握するキーナンバーを示す。資源の枯渇に関する指標の一つであるR/P比を紹介して、各化石燃料（石炭、石油、天然ガス）およびウラン燃料について、その利用の歴史的経過を紹介し、地球上における賦存状況、採掘状況などについて述べる。また、最近はシェールガスやメタンハイドレートのような、非在来型の油やガスが利用可能になっており、エネルギー資源の考え方に大きな影響を与えるようになっている。

なお、化石燃料には地球の温暖化という環境資源的な制約もある。環境資源的な問題は、第7章で扱う。そこで示すが、大きな技術的革新がないと、どうも環境制約の方が強く、地球の温暖化問題から化石燃料は使い尽くせないことになりそうであるが、われわれにとって人間社会へのインプットの供給元である資源と、アウトプットの受け入れ先である環境の理解は不可欠である。

なお、世界のエネルギー資源消費の概要については、4.1節を参照されたい。

### 【KN2.02】 化石燃料全体の可採年数（R/P比）は「74年」（2012年）

化石燃料はどれぐらい資源があるだろうか。資源の埋蔵量は可採年数で表され、これにはR/P比が用いられることが多い。Rは資源の確認埋蔵量で、Pは1年の生産量である。R/P比（単位は年数）は現在の資源消費で可採年数を出すが、資源消費は年々指数関数的に伸びている。また、新規発見資源もあり、R/P比は一つの目安に過ぎない。

化石燃料のR/P比はどれくらいであろうか。2012年時点で各化石燃料のR/P比としてつぎのようなデータが出されている（参考①）。「石炭109年、石油52.9年、天然ガス56年」また、[KN4.05]で示す各化石燃料の一次エネルギー消費におけるシェアで重み付け平均をとると、化石燃料のR/P比として、

$$(109 \times 0.29 + 52.9 \times 0.32 + 56 \times 0.21) / (0.29 + 0.32 + 0.21) = 73.5 \text{年}$$

すなわち、約74年が可採年数ということになる。R/P比の上述の問題点を考えると、多寡の判断はできないが、少なくとも、「化石燃料はいずれ枯渇する」ことは間違いないであろう。

> **＜ポイント＞一向に減らない石油のR/P比、急激な減少の石炭**
>
> 石油のR/P比は1970〜1987年には35年、1987〜2002年は45年、2002〜は48年と段階的に増加し、各々の期間内では微増している。常識的には年とともに減少するはずであるが、新たなエネルギー源の発見や掘削技術の向上で伸び続けている。ちなみに1987年の急増はOPEC加盟国が申告を修正し、2002年はカナダのオイルサンドを在来型石油と評価したことによる（参考③）。
>
> 一方、石炭のR/P比は急激に減っている。2000年：227年、2003年192年、2006年147年、2009年：122年、2012年：109年である（環境省資料：BP統計）。これが、新たな資源の発見がないときの現実の例である。

## 【KN2.03】　シェア「48％」の中国が牽引する石炭消費

◆**石炭資源と消費の歴史的概観**　石炭の利用は、ギリシャ時代に記録があったようであり、きわめて古い。臭い煙が出ることもあって、薪の安価な代替燃料であった。中世では産業用に用いられるようになり、製鉄業においてもダービー父子のコークスによる製鉄法の開発（1735年）によって解決が図られ、ジェームス・ワットの蒸気機関の開発（1784年）によってイギリスのみならず全世界の産業革命に進展した。石油の登場までは燃料の主役であり、「黒いダイヤ」などと言われた。現在でも資源量は豊富(R/P比109年)であり、産炭地が世界に分散している（アメリカ27.6％、ロシア18.2％、その他ヨーロッパ17.1％、中国13.3％、オーストラリア8.9％、インド7.0％、…）こともあって、広く使われている。

◆**生産量**　2012年約78億トン（中国45％、アメリカ12％、インド8％、インドネシア6％、オーストラリア‥‥）

◆**消費量**　世界全体で一次エネルギー消費の29％（非OECD諸国では40％超）、年率4％で消費が伸びている。国別シェアは、中国48％、アメリカ11％で半分以上となっている。中国は、1990年代後半から2000年代初頭にかけて石炭消費の伸びが停滞したが、それ以後は急激に増加させており、世界の伸びの多くは中国によるものと考えてよい。

（各データは参考①）

> **＜ポイント＞深刻な環境インパクト**
>
> 自国内の安価な石炭のフル消費による経済成長を目指す中国、インドの消費の伸びが顕著である。その結果での、環境への大きなインパクト（PM2.5や二酸化炭素の多排出）が懸念事項である。今後は、CCT（クリーン・コール・テクノロジ）の進展が大きな鍵といってよい。

## 【KN2.04】　石炭は石炭化の段階で「4種類」がある

地中に埋もれた植物が、地圧や地熱よって石炭に変化することを石炭化と言う。石炭は産地や地層によって性質が大きく異なる。石炭の成り立ちは、地中に埋まった樹木が年代を経るにしたがって、4種類に分けてつぎのように、

　泥炭 → 褐炭 → 瀝青炭 → 無煙炭

と順次変わっていく、この過程を石炭化と言う。

なお、さらに細分化して、それぞれの間に亜炭、亜瀝青、半無煙炭を入れて7分類とすることもある。

石炭化が進むほど炭素含有率が高くなり、無煙炭と瀝青炭は高品位炭と呼ばれ、古い地層に存在する。石炭化の進んでいない褐炭、泥炭は低品位炭と呼ばれる。

石炭が産出される地層は、古生代と言われる地層が一番古く、年代としては、

　◇石炭紀　　　　2億8,000万年前頃
　◇二畳紀　　　　2億2,000万年前頃

があり、シダ類やトクサ類が原料である。つづく中世代では

　◇三畳紀　　　　1億9,000万年前頃
　◇ジュラ紀　　　1億5,000万年前頃
　◇白亜紀　　　　1億2,000万年前頃

があり、ここではソテツやイチョウなどの裸子植物が優勢であった。

日本の炭坑では、主として

　◇新生代第三世紀　7,000〜2,000万年前

の地層で瀝青炭が産出される。

（西岡邦彦「太陽の化石：石炭」アグネ叢書 1990）

## 【KN2.05】 中東の生産量比率「30%」（偏在する石油資源）

◆**石油資源の歴史的概観** 大規模生産の始まりは1859年ドレーク（米）による石油井戸の成功である。灯火、薬品用途から燃料へと利用は拡大していった。20世紀に入り、自動車燃料として使用が急増した。1960年前ころから石炭から主役の座を奪った。さらに、衣料やプラスチックの原料としても、消費量を飛躍的に増加させた。

◆**確認埋蔵量** R/P比52.9年（2012年）の地域シェアは、中東48.1%、米州32.9%、アフリカ7.8%、ユーラシア7.5%、…である。国別では、長らくサウジアラビアが1位であったが、超重質油の埋蔵量の拡大により、2010年以降はベネズエラが1位となっている。

◆**原油生産量の地域シェア** 中東が33%を占める。世界最大の産油国はロシア12.5%、サウジは12.1%、米国9%、…である。

最近、新規発見で偏在性が緩和されつつあるものの、政治的に不安定さのある中東に偏在しているのは、エネルギーセキュリティ上好ましくない。

◆**世界の石油需要の動向** オイルショック以降減少したが、着実に伸びている。2012年の一次エネルギーでのシェアは32%である。

（各データは参考①）

### <ポイント>埋蔵量80%のOPEC

1960年代までは国際石油資本（メジャーズ）の独占であり、産油国は生産量に応じたロイヤリティと税金を受け取っていたに過ぎない。1960年に5カ国（イラク、イラン、サウジ、クェート、ベネズエラ）が産油国の利益を守ることを目的としてOPEC（Organization of Petroleum Exporting Countries）を設立した。2016年現在で14ヶ国であり、シェアは埋蔵量80%、生産量42%である。

## 【KN2.06】 ロシアとアメリカで「40%」を生産の天然ガス（NG）資源

◆**ガス資源の歴史的概観** ガス燃料のはじめは石炭ガス（コークス製造の副産物）であり、用途は照明（1800年ころ英国）であった。

◆**ガス資源の種類** 天然ガス（ガス田ガス、油田ガス、炭田ガス）、石油系ガス（ナフサ分解ガス、LPG）、石炭系ガス（コークス副生ガス）

◆**天然ガスの主成分** メタンであり、その特性は、沸点は$-161.5$℃である。臨界温度は$-82.6$℃であり、これ以上では加圧しても液化しない。気体のメタンが液体になると、体積は約1/600になる。

◆**埋蔵量** 確認埋蔵量187兆$m^3$（2012年）、R/P比56年、地域シェアは中東43%、欧州・ロシア等31%…で、石油よりは世界に分散している。

◆**生産状況（2012年）**
世界生産量3.4兆$m^3$（欧州・ロシア31%、北米27%、中東16%…）である。2002年からの10年間の伸びは年率2.9%（石油は1.4%）であった。中東の生産量が少ないのは、国際パイプラインなどのインフラの未整備による。

◆**消費状況** パイプラインの整備された欧州・ロシアと北米で60%を占める。近年の動向は、発電用が伸びている。これはガスの相対的なクリーンさと、コンバインドサイクル発電のような高効率発電の技術進歩などが関係している。

◆**世界貿易と輸送インフラ** 2012年のガスの貿易量の比率は30.7%で、石油の64.2%よりも少ない。これは、輸送の難しさが原因である。すなわち、メタンの液体での比重0.43（原油0.85）でタンカーは原油より明らかに不利である。2012年のパイプライン輸送とLNG輸送の比率は約7:3である。

（各データは参考①）

## 【KN2.07】　ウラン資源の R/P 比は約「110 年」（2010 年）

◆**ウラン資源の歴史的概観**　ウランは原子力発電の燃料である。原子力発電は、1951 年にアメリカでスタートしてから、1970 年代のオイルショックを追い風にして 1980 年代後半まで加速度的に建設されてきた。しかし、アメリカのスリーマイル島事故（1979 年）、ソ連のチェルノブイリ発電所事故（1986 年）の大事故もあり、以後、急激に伸びが低下し、直線的な設備容量の伸びにとどまっている。この間は、地域的にはアジアだけで発電所の新設が行われてきた。しかし、地球温暖化対策などで、原子力の見直しの気運も高まってきており、欧米においても原子力発電所の建設が再開されている。一方で、2011 年 3 月の福島第一発電所事故があり、以後、日本の原発 59 基が順次保守定検停止に入ったまま停止している。2015 年 9 月、九州電力川内原子力発電所をはじめその他数基が、原子力規制委員会の審査にパスして再稼働した。しかし、一方では原発反対の高まりもある。

なお、1980 年代後半からは、既設発電所の稼働率向上が進展して、この面での発電電力量の増加が行われている。

◆**資源の埋蔵量**　2010 年の世界のウランの確認可採埋蔵量は 710 万トン U である。同年の需要量は 6.4 万トン U であり、R/P 比は約 110 年である。国別埋蔵量は、オーストラリア 24.5％、カザフスタン 11.6％、ロシア 9.2％、カナダ 8.7％、ナミビア 7.3％、米国 6.7％…であり、分散している。

◆**ウラン生産量**　国別比率は、2012 年で、カザフスタン 36.5％、カナダ 15.4％、オーストラリア 12.0％、ニジェール 8.0％、…である。

（各データは参考①）

### ＜ポイント＞核燃料サイクル

燃料（ウラン）調達から最終処理・処分までを連続して行うのが核燃料サイクルである。ウラン資源の有限性の対処技術として、使用済み核燃料を処理して MOX 燃料として、原子炉や高速増殖炉で再利用する核燃料サイクルが期待されている。図－1 で、上半分のサイクル（MOX 燃料化）は実現されているが、これによる効果は右端に示したように利用効率 1.1 倍であり、限定的である。下半分の高速増殖炉サイクルが実現すれば、利用効率が 60 倍となる。しかし、日本の試験炉もんじゅは 1995 年 12 月 2 次冷却系の配管から冷却剤のナトリウムが漏えいする事故が発生、その後の安全点検にも問題が発生するなど、見通しは立っていない。原子力利用の最大の問題点は、核廃棄物の処理・処分問題であり、このサイクルの成否はきわめて重要なポイントである。

なお、2016 年 9 月にもんじゅの廃炉方針が政府で固められた。今後は、燃料の増殖よりも核の廃棄物処理に主眼をおく高速炉の開発に期待する方針である。

しかしながら、核燃料サイクルの確立は無資源国である日本にとっては、克服しなければならない極めて重要な課題であると考える。

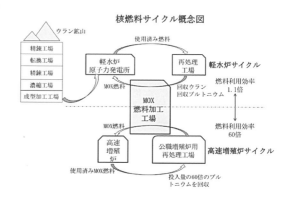

図－1　核燃料サイクル
（出典：電気事業連合会　原子燃料サイクルから作成）

## 【KN2.08】 現在のNGの「5倍」のシェールガス埋蔵量 （非在来型資源）

非在来型資源は、「通常の油田・ガス田以外から採れる石油や天然ガス」である。すでに、技術開発が行われ、実際に採掘もされているが、一般にコストが高く、在来型資源のコスト上昇によって競争力が生じているものである。例えば、OPECが「高価格の維持のために生産調整をすべきか？」の意志決定時に、「非在来型資源の開発進展」を配慮せねばならなくなっている。

資源量は莫大であり、例えばシェールガスの技術的に回収可能な資源量は1,000兆$m^3$とも言われている。現在の天然ガス（NG）の確認埋蔵量185兆$m^3$の5倍であり、その莫大さが推定できる。環境のことを考えなければ、消費の伸びを考えても21世紀も化石燃料主体のエネルギー資源体制が可能なようである。

以下に各種資源についての概要を述べる。

◆非在来型オイル資源
◇タイトオイル（シェールオイル）

タイトオイルは孔隙率・浸透率の低い岩石のなかの中・軽質油であり、目の詰まった頁岩中の油はとくにシェールオイルと言われる。生産方法は後述のシェールガスと基本的に同じである。

◇オイルサンド

流動性のない高粘度のタール状の原油を含む砂岩層のことで、油砂やタールサンドとも呼ばれている。採取された原油は粘度によって「超重質油」や「ビチューメン」に区別される。主なオイルサンドの鉱床はカナダとベネズエラにある。最近、石油の確認埋蔵量において両国のシェアが上がったのは、これらが算入されはじめたことによる。カナダのアルバータ州から採れるオイルは「ビチューメン」と呼ばれる。ベネズエラのオリノコ川周辺で採れる油は「オリノコ超重質油」と呼ばれている。

◇オイルシェール

オイルシェールとは、ケロジェンを多く含む頁岩（油母頁岩）のことを指す。ケロジェンは原油にまで十分に熟成する手前の段階のもので、これを加工して利用するものである。オイルシェールの開発の歴史は古く、17世紀にまで遡るようである。最近の原油高などで再度注目を集めた。

◆非在来型ガス資源
◇シェールガス

シェールガスは頁岩中に賦存する天然ガスである。シェールオイルと基本的には同様の存在形態である。ガスを含む頁岩層に水平にパイプを入れる（3,000 mも可能）。高水圧をかけて人工的に割れ目を作って採取する。シェールガスは埋蔵量が多く、すでにかなりの量が採取されており、1990年代から重要視されている。

◇タイトサンドガス

これは硬質（タイト）な砂岩中に存在するガスであり、浸透率が極めて低いため、採取には破砕などの特殊技術が必要である。タイトサンドガスはすでに採取されており、重要なガス資源である

◇コールベッドメタン

日本では炭層メタンと呼ばれ、石炭の生成過程で生じたメタンガスが石炭層中に貯留されたものである。もともとは石炭の開発時に、安全上回収されていたものの商業利用である。

◇メタンハイドレート

メタンを中心にして周囲を水分子が囲む形の包接水和物で氷に似ている。1 $m^3$のメタンハイドレートを解凍すると、164 $m^3$のメタンガスと水になる。ハイドレートの構造を維持するためには、低温かつ高圧が必要。地球上では、シベリアなどの永久凍土の地下や深海の海底で存在している。ほとんどが海底にあると言われる。日本近海は世界有数のメタンハイドレート埋蔵量があり、日本の天然ガス使用量の100年分くらいがあると言われている。

（各データはエネルギー白書2016などによる）

# 2.2 世界の再生可能エネルギー（再エネ）利用状況

「再生可能エネルギー」は、欧米を中心とした世界各国で「Renewable energy」と呼ばれ、使い続けてもエネルギーが補給され続け、枯渇しない自然由来のエネルギー源である。なお、本書では見出しなどで、再生可能エネルギーを「再エネ」と短縮して呼ぶ場合もある。

再生可能エネルギーには、バイオマス（発電、熱利用、燃料製造）、水力、風力、太陽エネルギー（発電、熱利用）、海洋エネルギー等の自然エネルギー、廃棄物エネルギー（発電、熱利用、燃料製造）などがある。最近、太陽光発電等の技術進歩が大きく、地球温暖化対応のカーボンフリーのエネルギーとして注目されている。未だ一次エネルギーのシェアは低いものの、伸び率は著しいエネルギー源である。

再生可能エネルギーの利用には、大別して、発電利用と熱利用がある。ここでは主として、発電利用の世界の動向を扱う。

なお、本文でも世界全体の発電施設の設備容量や発電量などが出てくるが、○○GW、○○TWhなどで表示しても、大き過ぎることもあって実感ができないことが考えられた。したがって、本書では、一つの試みとして、原発の相当基数で表示することにした。まず、原発の相当基数のベースとなる一基あたりの設備容量と、年間発電量をキーナンバーとして設定することから始める。

【KN2.09】　原発1基相当：設備容量「100万kW」、年発電量「65億kWh」

世界等の総発電設備容量を示すときに、「○億kW」と書かれても、理解がしにくい。また総発電量「○兆kWh」も同様である。これには、第4章で扱うように、世界の一人あたりで評価するのも一つの方法と考えられる。しかし、ここでは、「原発の相当基数」を主として使うこととする。

原発1基の発電設備容量は100万kW（= 1 GW）としよう。また、年間発電量は、【KN2.10】の表のデータで示されている設備利用率75%として、約65億kWh（1GW×8760時間/年 × 0.75 = 65.7億kWh）とする。

なお、これは原子力発電の重要なキーナンバーの一つである。

＜ポイント＞原発1基の経済規模

発電量が年間65億kWhということは、仮に電力が20円/kWhで売れたとすると、年間約1,300億円の売り上げになる。これは、莫大である。

原発1基ぶん
◇設備容量 ‥‥ 100万kW（1 GW）
◇発電量 ‥‥ 65億kWh

## 【KN2.10】 世界の総発電設備容量は原発「5460基」、総発電量は「3364基」相当

　2011年の世界の発電設備容量は54.6億kWであり、総発電量は22.1兆kWhである。世界の総発電容量と総発電量について、それぞれのエネルギー源別のデータを**表－1**に示す。表は参考①のデータをもとに、筆者らが、原発の相当基数および、平均稼働率など、いくつかの計算値を追加したものである。

　発電設備容量の資源別シェアは、石炭の約32％をトップに、ガス、水力、石油、その他、原子力、の順になっている。年間発電量では、石炭の約41％から、ガス、水力、原子力、石油、その他の順となっている。

　設備容量と発電量の順が変わるのは、設備の利用率がエネルギー源で異なることによる。設備利用率（＜ポイント＞参照）は、原子力の75％から、石炭の60％、以下、ガス、水力、石油、その他の順である。原子力はベース電源として、一般に定期点検による停止を除いてフル稼働されるため利用率が高い。次いで、燃料費の相対的に安価な石炭がベース的運転される。次いでガス・水力であり、石油は主としてピーク対応のエネルギー源である。表にも示してあるが、世界の2011年の総発電容量は原発5,460基相当、総発電量は原発3,400基相当である。発電容量の相当基数より発電量のそれが小さいのは、表にあるように、原子力発電設備の利用率が75％と高いのに対して、全体の設備利用率が46％と低いことによる。

### ＜ポイント＞発電設備の稼働率と利用率

◇稼働率＝(実稼働時間)/(休止も含む稼働時間)
◇利用率＝(実発電量)/(設備容量でフル稼働したときの発電量)

表－1　世界の発電設備容量、年間総発電量、利用率のエネルギー源別現状（2011年）

| | | 単位 | 石油 | 石炭 | ガス | 原子力 | 水力 | その他 | 計 |
|---|---|---|---|---|---|---|---|---|---|
| 容量 | シェア | ％ | 8.0 | 31.9 | 25.9 | 7.2 | 19.4 | 7.6 | 100 |
| | 設備容量 | 億kW | 4.37 | 17.42 | 14.14 | 3.93 | 10.59 | 4.15 | 54.6 |
| | 相当基数 | － | 437 | 1742 | 1414 | 393 | 1059 | 415 | 5460 |
| 発電量 | シェア | ％ | 4.8 | 41.3 | 21.9 | 11.7 | 15.8 | 4.5 | 100 |
| | 発電量 | 兆kWh | 1.06 | 9.13 | 4.84 | 2.59 | 3.49 | 0.99 | 22.1 |
| | 相当基数 | － | 163 | 1405 | 745 | 398 | 537 | 152 | 3400 |
| | 利用率 | ％ | 28 | 60 | 39 | 75 | 38 | 27 | 46 |

## 【KN2.11】 世界の一次エネルギーにおける再エネの割合は「20％」程度

　世界の一次エネルギー供給における再生可能エネルギーのシェアは19％（2011年末）である。

　内訳は、近代的再生可能エネルギー9.7％、伝統的バイオマス9.3％でおよそ半々である。

　なお、伝統的バイオマスとは、農作物残渣（わら等）、家畜の排せつ物、林産物（炭、薪など）の固形燃料であり、暖房や調理などに使われるエネルギーである。

　一方、近代的な再生エネルギー9.3％の内訳は、バイオマス熱、太陽熱、地熱などの熱利用が4.1％である。電気利用は、水力発電が3.7％、バイオマス・太陽光・風力・地熱の発電が1.1％、バイオ燃料（バイオエタノール、バイオディーゼル）が0.8％である（REN21「自然エネルギー世界白書」2014）。

## 【KN2.12】 世界の再エネ発電設備は水力が原発「960基」、その他はその半分

電力供給源としての再生可能エネルギーのシェアは、設備容量の点から見ると、水力発電が960 GWであり、その他の再生可能発電がその約半分で、480 GWである（ISEP「自然エネルギー世界白書2014」）。原子力発電の相当基数で表すと、水力が原発960基、その他が480基、併せて1,440基相当である。

設備容量ベースで、再生可能エネルギー発電全体に占める水力発電の割合は66.6％で、約2/3を占める。風力発電は19.7％、太陽光発電は7.1％、バイオマス発電は5.8％、地熱発電は0.8％、海洋発電は0.0％である（ISEP「自然エネルギー世界白書」2014）。

### ＜ポイント＞発電容量の国別比較

再生可能エネルギーの発電容量の大きい地域は、EU27（44％）とBRICS（27％）である。EU27では、ドイツ、スペイン、イタリアなどがFIT（Feed-in Tariff）制度（【KW2.01】参照）によって、再生可能エネルギー導入を促進させた。

BRICSでは、中国、インドの風力発電の導入が進んでいる。その他の地域では、アメリカの風力発電が進んでいる。

水力を除く再生可能エネルギー導入上位の国は、中国、アメリカ、ドイツ、スペイン、イタリア、インド…となる。上位の国は風力発電の導入が多く、発電容量で1位の中国は風力が再エネの83％を占める。2位アメリカでは70％、ドイツは、風力と太陽光がほぼ同一で、これらで88％、イタリアは太陽光が風力の約2倍となっている。（参考①）

＜注＞EU27、BRICSとは　EU27はEU加盟国で、現在は2013年にクロアチアが加わり28カ国である。BRICSとは、ブラジル、ロシア、インド、中国、南アフリカの頭文字を並べたもので、新興大国5カ国である。

## 【KN2.13】 原発「100基」相当を越えたPVの発電設備容量、風力はその2.8倍

太陽光発電は2012年に世界の発電設備容量が100GW（＝1億kW）を越えた。前述のように、原発100基相当である。これは3年前の2009年の約4倍にあたり、ここ数年で飛躍的に導入が進んでいる。ただし、太陽光発電は設備の利用率が低い。日本では12％程度（【KN2.19】参照）である。前述のように、原発の利用率は75％程度であるので、総発電量は原発15基相当となる。

ドイツは世界全体の30％弱が導入されており、最も導入量の多い国である。ドイツは2005年以降、常に太陽光発電容量が世界トップである。ドイツに次ぐのがイタリアで、世界全体の16％である。日本は5位である。

日本では風力発電の導入は太陽光発電に比較して見劣りするが、世界では風力発電が再生可能エネルギーのトップである。風力を最も牽引しているのが中国で、2008年以降その導入を増加させ、2010年にはアメリカを抜き世界トップとなった。アメリカも導入量を着実に増やしているが、世界2位である。欧州ではドイツとスペインが上位2カ国である。2012年の世界の総設備容量は2億8千万kWであり、容量では原発280基相当である。風力発電の設備利用率を20％とすると、発電量では原発約75基ぶんとなる。（参考①）

## 2.3　日本のエネルギー源

日本はエネルギー資源の乏しい国である。頼るべきエネルギー源の選択には、いろいろな側面の考慮が必要である。デマンドサイドの関係者も、ポイントを押さえておく必要がある。

本節では、「エネルギーの自給率」「石油依存度」「石油の中東依存度」などを示し、さらに日本が依存している各種化石燃料、ウラン資源などについてのキーナンバーを紹介する。

なお、日本のエネルギー資源消費のマクロ状況については4.1節を参照されたい。

### 【KN2.14】　原子力がなければ自給率「4.4%」

エネルギーはわれわれの生活に不可欠なものであり、国家セキュリティの点から、エネルギー自給率はきわめて重要な指標である。

わが国のエネルギー自給率の経年変化を表ー1に示す（参考①）。表には、自給エネルギーに原子力を含まない場合と含む場合を示している。原子力発電の燃料であるウランは国産ではない。しかし、近年、原子力は「準国産エネルギー」として、自給エネルギーに加えられている。その理由は、ウランはエネルギー密度が高く、備蓄が容易であること、一度購入すると数年間使うことができることなどによるものである。

表ー1　日本のエネルギー自給率の変遷

| 年 | 原子力除外 | 原子力含む |
|---|---|---|
| 1960 | 58.1% | 58.1% |
| 1970 | 14.9% | 15.3% |
| 1980 | 6.3% | 12.6% |
| 1990 | 5.1% | 17.1% |
| 2000 | 4.2% | 20.4% |
| 2010 | 4.4% | 19.5% |

表からわかるように、わが国のエネルギー自給率は1960年には約58%であり、原子力をもたなかったが、年々自給率が低下して、現在は4%を下回っている。原子力を入れれば、20%弱である。このように、エネルギーのほとんどを海外に依存する現状は、きわめて大きな問題である。現在、原子力発電の稼働の是非が大きな問題であるが、仮に原子力を2012年のように化石燃料で代替すれば、わが国のエネルギーセキュリティは著しく脆弱となる。これは重要なポイントである。

#### <ポイント>エネルギー自給率（%）の国際比較（2007）

代表的な国々のエネルギー自給率の比較を表ー2に、原子力を除外した場合と含む場合を示す。（エネルギー白書2010）

表ー2　各国のエネルギー自給率

| 国 | 原子力除外 | 原子力含む |
|---|---|---|
| ロシア | 177 | 182 |
| 中国 | 91 | 92 |
| イギリス | 76 | 83 |
| アメリカ | 62 | 71 |
| フランス | 8 | 51 |
| ドイツ | 30 | 41 |
| 韓国 | 2 | 19 |
| 日本 | 4 | 18 |

注）100%越えるのは輸出を意味する

ロシアはエネルギーの輸出国である。ここには記載がないが、中東などの産油国はもちろん輸出国である。カナダも輸出国である。フランスは原子力発電がきわめて多い。日本・韓国は自給率がきわめて低く、エネルギーセキリティ上で課題の大きい国である。

## 【KN2.15】 石油の中東依存度は「80%」以上

日本の一次エネルギーの中では、石油が44.3%（2012年）でトップである（【KN4.06】参照）。

日本は、石炭から石油に燃料転換して高度経済成長を遂げた。国内油田は新潟県、秋田県、北海道にあるが、石油の自給率は2012年に0.4%でほとんど輸入に頼っている。輸入先も、中東地域が80%以上を占めており、この点がエネルギーセキュリティ上の問題点の一つである。

輸入先の国別シェアでは、サウジアラビア30.4%をトップに、以下アラブ首長国連合（UAE）22.1%、カタール11.4%、クウェート7.4%、の順である。中東以外では、ロシア5.3%、インドネシア3.6%等である。

わが国は、自由主義世界で起こった1970年代の二度のオイルショック（【KN序.10】参照）の影響を大きく受け、脱中東依存がそれからの国家目標となった。1967年に91.2%あった中東依存度を、1987年には67.9%まで低下させたが、バブル期を通って2009年度には再び、89.5%になった。その後、中東以外からの輸入の増加で、2012年には83.2%になっているが、依然高い中東依存度である。（参考①）

### ＜ポイント＞石油依存度の経年変化

わが国の石油依存度のピークは、オイルショック時に75.5%（1973年）であった。以後、輸入量は増減を繰り返すものの、比率は減少を続けてきた。2009年には40.1%まで低下したが、2011年の東日本大震災で少し増加傾向となり、2012年では44.3%となっている。

## 【KN2.16】 石炭の自給率は今や「0.06%」

日本では、昔は100%であった石炭の自給率が徐々に低下し、1970年には50%になり、以降、下がり続け、現在では0.06%とほとんど採掘されていない。現在は、北海道の一部で発電用炭が採掘されているに過ぎない。

2012年度の輸入量（≒国内での消費量）は1億8,377万トンである。一次エネルギーでのシェアは下がったものの、消費量は伸び続けている。具体的には、1965年度の7,000万トン強から2005年度の1億8,000万トンまで伸び続け、以後ほとんど伸びてはいない。

2012年度の輸入先は、オーストラリア62%、インドネシア20%、ロシア6.7%、カナダ5.3%・・・となっている。

消費は、発電用が43%、鉄鋼製造用が38%と両者で約80%である。鉄鋼用消費は主に高炉製鉄用コークス製造のための原料として用いられており、原料炭と呼ばれている。原料炭は1975年ころまでは急激に伸びたが、それ以降現在に至るまでほぼ一定量に留まっている。原料炭以外は一般炭と呼ばれる。発電用は火力発電のボイラ燃料として使われており、1968年ころに一つのピーク2,500万トン強をとり、以後石油の伸びとともに減少した。1970年代は1,000万トン弱レベルで一定であったが、1980年から脱石油の流れで増加して、2007年に9,500万トンに達した。以降やや減少気味である。なお、発電用が鉄鋼用を追い越してトップシェアになったのは、2002年度である。その他の消費先の主なものは、窯業土石である。（参考①）

## 【KN2.17】 中東依存度が「30％」弱と地政学的リスクの低い天然ガス

わが国において1969年の液化天然ガス（LNG）の導入までは、天然ガスの利用は国産天然ガスだけであり、総一次エネルギーに占める割合は1％程度であった。以後、世界各地からのLNGの導入が進み、2012年度の天然ガスの自給率は2.8％に過ぎない。国産天然ガスは、新潟県、千葉県、北海道、秋田県で産出されている。

天然ガスの輸入先は、2012年度において、アジア大洋州その他が71.4％、中東が28.6％であり、中東依存の少ない点で地政学的リスクの低いエネルギー源である。国別順ではオーストラリア19.6％、カタール17.6％、マレーシア16.4％、ロシア9.6％、ブルネイ6.8％、インドネシア6.6％、UAE6.4％、ナイジェリア5.2％……であり、世界各地から輸入されている。（参考①）

天然ガスの消費については、発電用が7割、都市ガス用が3割となっている。都市ガスの用途は、2000年ころまでは家庭用が最大のシェアであったが、近年は産業用が最大シェアとなっている。

> **＜ポイント＞LPガスの海外依存度は76％？**
>
> LPガスは天然ガス生産の随伴ガス、原油生産の随伴ガス、石油精製過程等からの分離ガスとして生産される。1960年代までは、国内の石油精製の分離ガスが中心であった。しかし、年々輸入の比率が高まり1980年代中ごろ75％近くになった。以後、輸入比率はほぼ一定で、2012年には75.9％となっている（2012年資源エネルギー庁データ）。国産は24.1％であるが、そのもととなる石油が輸入であるので、正しい認識が必要である。

## 【KN2.18】 長期契約で「49年」ぶんが確保されたウラン資源

通常、採掘したウラン鉱石を「天然ウラン鉱石」と言い、ウラン235の含有率は約0.7％である。これでは使い物にならないので、鉱山のオンサイトでガス状にして含有率を3～5％に濃縮し、粉末にしたものを六フッ化ウラン（イエローケーキ）と言う。これを成形、焼結、研削してペレット状にしたものが原子炉の燃料となる。

日本は、かつて人形峠で培った技術を日本原燃㈱が引き継ぎ、六ヶ所村に濃縮工場（生産能力1,050トンSWU/年）を有しているが、必要量の大半は六フッ化ウランとして輸入している。

世界で必要なウラン量は、67,990トンU（2012年）で、国別では、アメリカ（26.3％）、フランス（13.6％）、中国（9.6％）、ロシア（8.0％）、日本（6.8％）……である。日本は世界で5番目の消費国である（OECD-NEA編、WNA編2012）

日本における天然ウランの輸入量は2005年に490トンUで、その輸入先は、カナダ97.3％、フランス1.8％、アメリカ0.8％である。ウラン235の含有量3～5％の濃縮ウランの輸入量は899トンUで、輸入先は、アメリカ65.7％、フランス27.4％、イギリス4.1％、ロシア2.8％である。

2009年3月時点で、カナダ、オーストラリア、イギリス、南アフリカ、フランス、アメリカなどとの長期契約で、262.9千トンUと、ニジェール、カナダ、オーストラリアの鉱山開発権分67.1千トンU、合わせて330千トンUを確保している。この量は2010年国内需要6.7千トンUの49年分に相当する。（石油天然ガス・金属鉱物資源機構）

> **＜ウンチク＞日本のウラン鉱は開発に至らず**
>
> 日本では、岡山・鳥取の県境の人形峠、岐阜県の東濃で鉱床が発見された。しかし、推定埋蔵量が6,600トンUと規模が小さいため、商業ベースに乗らず、開発されなかった。

## 2.4　日本の再生可能エネルギー資源

　日本は先進国の中で最も低いエネルギー自給率の国である。また、化石燃料への依存度がきわめて高い。2011年の東日本大震災の結果、脱原子力の動きも高まっており、ますます再生可能エネルギーに期待が集まっている。過去の日本において、脱石油エネルギーとしての再生可能エネルギーへの注目は、1970年代のオイルショックにより、エネルギーセキュリティ問題の重要性が認識されたときにあった。このときは、サンシャイン計画などが国家プロジェクトとして実施された。ここでは、太陽熱の利用が重点的に研究された。結果として、その後の石油のダブつきにより、ほとんど進展しなかった。現在は、地球温暖化問題と脱原子力が駆動力となっている。再生可能エネルギーとしては、風力、太陽光発電などの発電利用に多くの期待が寄せられている。

　なお、ポイントで述べるように、わが国の新エネルギー法で指定されているものには、11のカテゴリがある。これらすべてを扱うのは筆者らの力量を越えるので、本節では筆者らの興味ある話題のみを紹介する。なお、現在の新エネルギー法では明確には含まれていない、ゴミ焼却発電や都市未利用エネルギー活用についても述べる。

---

**＜ポイント＞新エネルギーと再生可能エネルギー**

　再生可能エネルギーは、日本では「新エネルギー」と呼ばれてきた。これは、1997年に成立した「新エネルギー等の促進に関する特別措置法（新エネルギー法）」で指定されたものを指す。ここでは、バイオマス、太陽熱利用、雪氷熱利用、地熱発電、風力発電、太陽光発電があり、廃棄物発電、天然ガスコージェネレーション、燃料電池なども含まれていた。

　その後、「再生可能エネルギー」という概念の国際的な認知度の高まりを受け、2008年の改正では、「新エネルギー」は再生可能エネルギーの枠組みの中で、「普及のための支援を必要とするもの」とされた。なお、「再生可能エネルギー」の対は「枯渇性エネルギー」である。

　また、新エネルギーは、「（石油）代替エネルギー」と呼ばれることもあった。これは新エネルギー法の背景に、「脱石油」の国家目標があったことによる。しかし、石油代替エネルギーには、当然、石炭・天然ガス・原子力も含まれるので、「代替エネルギー」の名称を使うには、このあたりの認識にもとづく注意が必要である。

　現在の新エネルギー法で指定されているものはつぎの11種類である。①太陽光発電、②太陽熱利用、③風力発電、④雪氷熱利用、⑤バイオマス発電、⑥バイオマス熱利用、⑦バイオマス燃料製造、⑧塩分濃度差発電、⑨温度差エネルギー、⑩地熱発電（バイナリー方式）、⑪小水力、である。

## 【KN2.19】 再生可能エネルギーでシェア「35%」、2030年の導入見込み

環境省は再生可能エネルギーの普及可能性について2020年、2030年、2050年の導入見込み量を推計している。推定導入量にも上位から下位までのシナリオがあるが、ここでは高位推定にもとづくデータで考察する。表ー1に2030年の再生可能電力関連の情報をまとめた。

なお、表の「比率」は、最近の日本の年間総発電量が約1兆kWh（【KN3.04】参照）であることをベースに利用可能量がその何%になるかを示す。例えば、太陽光で約13%の発電が可能という計算になる。風力は約6.5%、中小水力で7.1%、その他で9.3%となり合計で35.7%のシェアとなる。

表ー1 再エネの推定導入見込量

| 区分 | 利用可能量 | 比率 | 原発相当 |
|---|---|---|---|
| 太陽光 | 128 TWh | 12.8% | 20基 |
| 風力 | 65 TWh | 6.5% | 10基 |
| 中小水力 | 71 TWh | 7.1% | 11基 |
| その他 | 93 TWh | 9.3% | 14基 |
| 合計 | 357 TWh | 35.7% | 55基 |

注）「平成26年度2050年再生可能エネルギー等分散型エネルギー 普及可能性検証検討報告書」

### <ポイント>再エネポテンシャル推定の問題点

環境省資料によると、太陽光発電の設備容量は109 GW（＝1億900万kW）となる。現状の日本の総電力設備容量は、2億4,000万kW（【KN3.06】参照）であるので、太陽光発電で現状の総発電設備容量の1/2倍以上となる。

### <ポイント>再エネ発電導入の現状と将来推定

環境省資料によると、導入量の将来推定に、低位、中位、高位の推定がなされているが、ここでは高位の一次エネ供給量データを示す。

表ー2にあるように、2050年の推定では直近年の6.5倍であるが、低位では3.7倍、中位では5.0倍である。発電設備は2013年現在で約704万kW（資源エネルギー庁データ）で、原発7基ぶんである。

表ー2 導入量の将来推定

| 年 | 原油換算 | 比率 |
|---|---|---|
| 直近年 | 3,243万kL | 1 |
| 2020年 | 6,115万kL | 1.9 |
| 2030年 | 9,480万kL | 2.9 |
| 2050年 | 20,982万kL | 6.5 |

### <ポイント> 発電方式別の設備容量と発電量の関係

現状のデータを表ー3に示す（資源エネルギー庁2015）。

表ー3 発電方式別の容量と発電量

| 方式 | 容量<br>(万kW) | 年発電量<br>(億kWh) | 原単位<br>(kWh/kW) | 利用率<br>(%) |
|---|---|---|---|---|
| 地熱 | 52 | 29 | 5,600 | 66 |
| 太陽光 | 560 | 59 | 1,054 | 12 |
| 風力 | 260 | 32 | 1,230 | 14 |

## 【KN2.20】 豊富な資源のわが国の地熱、現有設備容量はその「3％」未満

産業総合研究所のデータによれば、地熱資源量は発電ベースで2,347万kWであるが、設備容量は53.6万kW（2010年）で、わずか2.3％である。発電電力量は年29億kWhである。設備利用率は約62％であり、太陽光や風力発電と比較して安定したエネルギー源であることがわかる。

日本は世界有数の火山国であり、地熱も世界第3位の資源量を有していると言われるが、利用はわずかで、少なくとも8位以下である。これは、資源地が国立公園などの規制地に多いこと、温泉事業者の反対が大きいことなどが理由とされている。ちなみに、アメリカは資源量3,000万kWに対して設備容量は約310万kWと10％を越えている。

> **＜エッセイ＞ パリ郊外の地熱利用　地域暖房見学記**
>
> 筆者は1990年ころパリ郊外の地熱利用の熱供給プラントを見学した。地下2000 mから温水を汲み上げ、それを熱源として近辺の地域暖房が行われていた。日本であれば、温泉として楽しむだろうなと思った次第である。日常的な熱源として使うフランスと、非日常的な熱源として使う日本、「どちらが賢いのか」が訪問グループの間で話題になったことが印象に残っている

## 【KN2.21】 日本の土地1 $m^2$ に入射する年間太陽熱は約「540万kJ」

わが国における太陽エネルギー利用のキーナンバーは1 $kW/m^2$（【KN2.22】参照）である。これを基に、いくつかの試算をしてみよう。

太陽光発電では、設備利用率12％であり、1 $m^2$ で年間約1,050 kWhの電力が得られる。仮に電気料金が25円/kWhとすると、年間26,250円となる。なお、FIT制（【KW2.01】参照）を利用して、仮に40円/kWhで売電できたとすると、42,000円となる。

太陽熱集熱器で熱に変換する場合には、日本では、傾斜面1 $m^2$ あたりに年間130万kcal（540万kJ）のエネルギーの入射があるとされており（ソーラーシステム振興協会）、変換効率50％（【KN2.25】参照）とすれば、1 $m^2$ で270万kJとなる。ガスの発熱量を41 $MJ/m^3$（1.3節参照）、温水ボイラの効率を90％とすると、1 $m^2$ で年間73 $m^3$ のガスに相当する。仮に、ガス料金を80円/$m^3$ とすると年間5,840円となる。

なお、上の試算は、発生した電気や熱がすべて使えた場合である。とくに、熱は余剰が出た場合には損失となる。また、太陽電池と太陽熱温水器は価格が違う。どちらが有利かは、さらに詳細な検討が必要である。

## 2.5 代表的な再エネの利用システム

化石燃料はオフサイトの資源であり、エネルギー密度もきわめて高い。したがって得られる電力や熱に量的な制約を考えることなく必要なエネルギー変換システムを構築することができた。しかし、再生可能エネルギーは、オンサイトで得られるが、一般に希薄であり単位土地面積などで得られるエネルギーの量を知った上で、消費も含めたトータルのエネルギーシステムを構築することが必要となる。

本節では、太陽光発電システムで得られる電力、太陽熱集熱器で得られる熱量などに関するキーナンバーを示す。また、システムのサイズなどについても紹介する。次いで、風力発電、都市未利用エネルギーなどについて述べる。なお、再生可能エネルギーは一般的に価格競争力に問題があることが多く、関連産業が育つまでには、国や自治体による公的な支援が必要である。これらについてもキーナンバーやキーワードを紹介する。

### 2.5.1 太陽エネルギーの利用

化石燃料も太陽エネルギー起源と考えられるように、エネルギー資源の根源はほとんど太陽である。再生可能エネルギーもほとんどすべては太陽エネルギーのフローである。ここでは、太陽エネルギーのフローの直接利用のシステムについて解説する。太陽エネルギーは光のエネルギーである。その利用の方法には、光エネルギーを利用するものと、光エネルギーを物体に吸収させて熱として利用する熱利用に大別される。例えば、太陽光発電と太陽熱発電がある。両者の効率はどれほど違うであろうか？20世紀は太陽熱の利用であったが、近年は太陽光の利用が主流である。エネルギーのユーザーであるデマンドサイド関係者は、これらの利用システムの基本を知っておく必要がある。ここでは、基本的なシステムについてのキーナンバーを挙げて解説する。

**【KN2.22】** 太陽に向けた面には快晴時約「1 kW/m$^2$」のエネルギーが当たる

太陽定数（太陽と地球の平均距離における法線面日射量）は 1370 W/m$^2$ である（【KN2.01】参照）。地表における快晴時の法線面直達日射量は、大気透過率を平均的な値として 0.7 とすると、960 W/m$^2$ 程度である。大気での直達日射の減衰ぶんは一部天空日射となる。快晴時の天空日射は直達日射の20％程度である。面に入射する天空日射は、この値に天空率を乗じて得られる。水平面では天空率が1であり、傾くと小さくなり、垂直面では1/2である。

直達日射と天空日射を合わせたものが、面に当たり、太陽に向けた面（法線面）では約 1 kW/m$^2$ となる。これは、太陽エネルギー利用のキーナンバーの一つである。

任意の方向を向いた面での日射量は、三角関数さえ知っていれば、容易に計算できる。

<ポイント>太陽電池の定格入力は 1 kW/m$^2$

太陽電池の定格出力は、入力が 1 kW/m$^2$ の太陽光が入射したときの出力である。ふつう太陽光を模擬した電灯を当てたときの出力として計測し、表示される。なお、発電出力はソーラセルの温度にも依存する。温度が低いほど出力は大きくなる。表示性能は、25℃の温度で求めた値である。

## 【KN2.23】現状の太陽電池の電力変換効率は「16％」

太陽電池の効率には、モジュール変換効率やセル変換効率がある。モジュールとは太陽電池（セル）を複数枚直並列接続して、必要な電圧と電流が得られるようにしたもので、ソーラパネルとも呼ばれる。これをさらに複数枚直並列接続して必要な電力が得られるようにしたものがソーラアレイと呼ばれる。モジュール効率はフレームなども含むため、発電面のみのセル効率よりも低くなる。

太陽電池の素材にはいろいろなものがあり、それぞれによって電力変換効率が違う。例えば、モジュール効率で、単結晶ソーラパネルは15〜20％、多結晶ソーラパネルが15〜16％、薄膜ソーラパネルは9〜14％などである。現在は16％が平均的な値として使われている。（エコライフホームページ）

**＜ポイント＞発電パネルは1kWで6〜7㎡の面積**

$1 kW/m^2$の日射入力に対して、効率16％で1kWの電力を得るための必要面積は、簡単な計算から$6.7 m^2$と求められる。

**＜ウンチク＞2050年目標効率は40％**

NEDO（産業技術総合開発機構）では、2050年までの発電効率と発電コストに言及している（表−1）。これによると2050年目標は、40％であり、必要面積は現在の1/2.5になる。（NEDO PV2030+、2009）

表−1　太陽光発電の効率と単価の将来推計

| 年 | 効率（％） | 発電単価（円/kWh） |
|---|---|---|
| 現状 | 16 | 23 |
| 2017 | 20 | 14 |
| 2025 | 25 | 7 |
| 2050 | 40 | 7以下 |

## 【KN2.24】家庭用システムの標準は能力「3 kW」で面積は約「20 m²」

ソーラパネルは、1枚125〜200Wであり、1kWでは5〜8枚が使われる。家庭用の標準は3kWで、総面積は$20 m^2$程度である。年間発電量は3 MWh（定格1 kWのソーラパネルの、日本での年間発電量はおおよそ1 MWhである）であり、電力料金に換算すると（単価を25円/kWh）、年75,000円である。仮に10年で投資を回収しようと思うと、単純計算で、パネル代が75万円（1 kWあたり25万円）でなければならない。余剰電力に対して、固定価格買取り制度（FIT）がある。買取り価格は年々低減されていくが、制度の始まった年（2012）では42円/kWhであった（【KW2.01】参照）。家庭用の余剰電力は平均55％と言われている。したがって、発電量の45％が25円、55％が42円とすれば、年間の発電金額は103,050円となり、10年回収となるためには、1 kWパネルが34万円程度でよいことになる。

この面積と発電出力の関係の原単位150 W/$m^2$は、まさにキーナンバーである。例えば、体育館は約$500 m^2$である。ここには75 kWの太陽光発電が載る。メガソーラ1,000 kWでは、$6,700 m^2$が必要面積となる。なお、これはパネルの面積であり、事業をするにはその倍程度の面積が要るようである。

## 【KN2.25】 平板式太陽熱集熱器の効率は「50〜55%」程度

太陽熱集熱器は、集光式と平板式に大別される。集光式は反射鏡などで太陽光を集めて、高温の集熱をする。太陽熱で発電や冷房をする場合には集光式を、暖房や給湯では平板式が用いられる。

集熱部では、つぎの熱バランス式が成立する。
（集熱部での吸収日射）
＝（集熱量）＋（平板から周囲への熱損失）

熱損失は平板温度（集熱温度）と周囲空気の温度差を駆動力として起こるため、集熱温度が低いほど集熱効率は高くなる。このように、集熱条件によって集熱効率は変わるが、概算用としては、集熱効率は50〜55%の値が使われる。

なお、日射は平行光線である直達光と、拡散光である天空光からなる。平板式集熱器では両者が利用できるが、集光式では前者しか利用できない。したがって、この点からも効率は前者の方が高い値をとる。そして、拡散光の多い曇天日にはとくにこの特性が大きくなる。

### ＜ウンチク＞集熱器での集熱温度の上限

平板式集熱器で得られる最大の温度は、上述の集熱器の「（集熱量）＝0」で得られる。すなわち、「（日射吸収熱）＝（周囲への熱損失）」となる温度である。これは放射と対流の平衡温度（【KW7.01】参照）であり、ソル・エア温度と呼ばれる。

一方、集光式集熱器での上限温度は何であろうか？仮に、鏡をいっぱい並べればどうなるであろうか。答えは「太陽温度」である。もし太陽よりも温度が高くなると、「自然には熱は低温物体から高温物体に流れない」という熱力学の第二法則（A1.3のまえがき参照）に違反するからである。

### ＜ポイント＞アクティブソーラとパッシブソーラ

1970年代のオイルショックを機に、世界で、太陽熱利用の研究が盛んに行われ、太陽熱発電のようなデモプラントも建設され、「石油がなくても、世界は太陽エネルギーで十分にやっていける」をアピールした。これらがどのように産油国に影響を与えたかは不明であるが、1980年代に石油が再び増産されるようになった。その結果、太陽熱利用は、太陽熱温水器以外はほとんど姿を消した。

1970年代にはもっぱらアクティブソーラシステムが研究された。これは、太陽熱集熱器などで、ポンプなどを使って、エネルギーを投入して積極的に熱を集めるシステムである。これに対して1980年代にはパッシブシステムが大いに研究された。これは、従来型のアクティブシステムに対して、窓を大きくして日射を室内に入れ、床の肉厚のコンクリートなどに蓄熱するなどの、基本的な方法であり、新たなエネルギーを投入しない方法である。

アクティブ手法は設備的な手法、パッシブ手法は建築的な手法である。

アクティブソーラ

パッシブソーラ

## 【KN2.26】 太陽熱発電の必要面積は太陽光発電の「3倍」

　太陽熱を集光式集熱器で集めて蒸気をつくり、それで蒸気タービンを回し発電するのが太陽熱発電である。日本でもサンシャイン計画の中のビッグプロジェクトとして、香川県の仁尾町（香川県は日本で一番晴天率の高い県である）に実験プラントが作られた（1981年）。平板型の鏡を並べ、各鏡に太陽の自動追尾装置をつけて、塔の上にある太陽炉に集光し、ボイラで蒸気をつくり発電した。きわめて壮観なシステムであり、マスメディアを通して大々的に紹介された。このプロジェクトが公式的にいかに評価されているかについて筆者は知らないが、実用化されなかったのは事実である。

　原理的には、希薄な太陽熱を集めて「熱をつくる」点が一つの問題点である。この段階でエントロピーが増大し、損失が発生する（【KW-A.16】参照）。

　ちなみに、現在の太陽電池による発電方式と比較してみよう。仁尾町のシステムと少し異なるが、トラフ型集光装置（太陽の移動を追尾するパラボラ型反射装置の長い列に、反射装置の焦点に沿って取り付けられた真空パイプの中に入れた集熱パイプで集熱する方式）による太陽熱発電では $50\ W/m^2$ が集光面積当たりの発電出力と紹介されている（IPCC再生可能エネルギー源と気候変動緩和に関する特別報告書）。【KN2.24】では、太陽光発電の原単位として、$150\ W/m^2$ と紹介した。この数値から判断すると、太陽熱発電は太陽光発電の3倍の面積が必要ということになる。

## 【KN2.27】 太陽熱温水器の集熱面積「2～4 $m^2$」、集熱効率「40～50%」

　太陽熱温水器は、屋根に置くことで温水が得られ、一般に経済的にもペイする太陽熱利用システムである。オイルショック後注目を集め、年間設置台数のピークは1980年に約85万台であったが、石油の供給緩和もあり、それ以後減少し、今は年間約3万台である。

　基本的なサイズは、集熱面積2～4 $m^2$、貯湯タンク200～300リットル程度が多い。集熱器にはいろいろなタイプがあり、①水を通すパイプにフィンを付けたもの、②集熱板に水を通さないでヒートパイプを用いてタンクに熱を汲みあげるもの、③集熱器を真空管にして、集熱板からの貫流熱損失を減らすようにしたもの、④集熱器には選択吸収膜処理をして日射を多く吸収し、平板からの放射熱損失は減らすもの、などがある。集熱効率は、【KN2.25】で述べたものよりやや低くなり、40～50%程度と言われている。なお、一般に屋根面は、夜間には夜間放射で天空に放熱するため、冬期には水の凍結トラブルを起こすことが多く、適切な対策と管理が必要である。この点、②の集熱器では、集熱面に水を通さないので、凍結の対策が容易になるというメリットがある。

　なお、太陽熱温水器の節約燃料の量については、面積 $3\ m^2$ の集熱器であれば、年間の概略集熱量は540万 $kJ/m^2$ 年（【KN2.21】参照）× $3\ m^2$ × 0.5 = 810万 kJ/年である。都市ガス180 $m^3$ の熱量に相当する。

## 2.5.2 風力発電

　太陽エネルギーは日本国内では、それほど大きな地域差がないが、風力は地域差が著しく大きい自然エネルギーである。風力発電が成立する条件や課題としてつぎのような点が挙げられている。

◇地上 70 m の位置で年平均風速 6 m/s 以上
◇土地の傾き 20°以下
◇幅員 3 m 以上の道路から 1 km 以内の距離
◇居住地から 500 m 以上離れていること
◇環境アセスメントに時間と費用がかかる
◇標高 1000 m 以下
◇年間積雪深さ 100 cm 以下
◇搬入道路に高圧線が通っていること
◇海洋型は漁業権の問題があり開発が難しい

### 【KN2.28】 平均風速 5 m/s 以上の地域で容量「2,500 万 kW」のポテンシャル

　太陽熱エネルギーの利用のポテンシャルは、面積データのみで容易に推定できるが、風力の場合は風に地域性があり、複雑である。日本の風力発電のポテンシャルとして、資源エネルギー庁により、年間平均風速が 5 m/s 以上の地域に 500 kW の風車が設置できるという条件で、2,500 万 kW と推定されている。これは、物理的潜在量と呼ばれている。

　日本国内では、北海道、東北、九州に適地が多いとされている。なお、電力会社への系統連係に余力が少ないことや、その他の制約条件の多いことも足枷となって、伸び悩んでいる。

### 【KN2.29】 大型風車の発電量は年約「1 MWh/kW」・・・太陽光発電と同程度

　NEDO の資料によると、日本の風力発電の設備容量は 2015 年で、2,102 基、合計設備容量は 311 万 kW（1 基平均 1,480 kW）である。この総設備容量は原発 3.1 基相当である。なお、最近は 1 基 1,500 kW 以上の大型風車がもっぱら建設されている。なお、風車のメーカーは海外が国産よりも多くて、ほぼ 70％ を占めている。年間総発電量については、2011 年で、27 億 kWh で、これは、原発 0.42 基相当である。発電原単位は約 1 MWh/(kW・年) である。設備利用率約 12％ になる。これは太陽光発電とほぼ同じ数値である。

　経済的に成立するためには、設備利用率 20％ が必要と言われているが、現実はその 1/2 程度のようである。

　以上のような状況もあってか、個々の風車の設備利用率の実績データはあまり公表されていないようである。北海道寿都町では 30％、東伊豆町では 26％ というデータもある。上記の利用率と比較すると、きわめて良好である。

## 【KN2.30】 直径70 m円で風速10 m/sは約「2,000 kW」の運動エネルギー

風の理論運動エネルギー $P_{th}$ [kW]は、次式で求められる。

$$P_{th} = (1/2) \rho A V^3$$

ここで、$\rho$は空気の密度 [kg/m³]、Vは風速 [m/s]、Aは面積 [m²] である。すなわち、理論的には、風車の出力は風速の3乗と羽根の直径の2乗に比例する（詳細は＜ポイント＞参照）。

風速Vを10 m/sとして、大型風車の直径70mの円の風の運動エネルギーを求めよう。空気の密度$\rho$=1.205 kg/m³（20℃）等を代入すると、

$P_{th}$=2,320 kW　となる。

風車の出力の実用的上限は、この値の60～70％（ベック係数という）と言われる。仮にベック係数を60％とすると、風車の出力は1,392 kWとなる。

また、1,000～2,000 kWの大型風車のおおよそのサイズは、塔高さはプロペラの直径とほぼ同じであり、60～80 mくらいである。

### ＜ウンチク＞プロペラは3枚が多い

大型風車のプロペラの数はふつう2～3枚である。素人的考えでは、もっと多くする方が風のエネルギーが捕まえられると思われるが、2枚でも3枚でも出力はあまり変わらないようである。なお、2枚の方が回転速度を早くせねばならないなどの理由で、ふつうは3枚が採用される。過去に多翼風車も作られているが、重量も大きくなり、効率は逆に低下する。

### ＜ウンチク＞羽根の回転周速度は約5 m/s

羽根の回転数は可変速で毎分10～34回転（rpm）で運用されている（なお、発電機は4極が一般的であり、回転数は1,500 rpmである）。これから周速度が計算できて、5 m/s 程度となる。目で追えるほどの速度である。

### ＜ポイント＞実際の風速と風車出力の関係

現実の風車の風速と出力の関係を図－1に示す。羽根が回転を始める風速（カットイン風速）から、出力は風速の3乗、ローターの半径の2乗に比例して増える。定格風速に到達すると定格出力になる。以後、風速が上がっても羽根の可変ピッチを変えて出力が一定になるように制御される。台風などで、風速がある値（カットアウト風速）を越えると羽根は安全のため停止される。なお、カットイン風速は3～5 m/s、カットアウト風速は23～25 m/s、定格風速として12～14 m/sである。

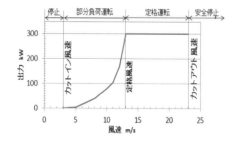

図－1　風速による発電出力の変化の例

（出典:日本電気技術者協会「風力発電システム　運転特性」）

### 2.5.3 都市未利用熱源の活用

都市未利用熱源は、エネルギーや物質が大量に消費されている都市に存在する廃熱などの熱源である。いままでは、ある施設で役に立たない廃熱はすべて捨てられていた。例えば、コンピュータセンターなどでは大量に電力が消費され、冬でも冷房されて熱が捨てられている。一方、その隣のビルでは暖房機器が動いている。これなどは典型的な例である。

下水システム、ごみ処理システムの熱、河川・海洋の熱、地下鉄などの廃熱、これらの多くは公共施設に賦存する社会的な熱である。なお、太陽エネルギーなどは、自分の家の敷地に降り注ぐエネルギーであり、私的な熱源と言えるであろう。都市未利用エネルギーの活用は、こういった社会的な熱源を「みんなの熱源」と位置づけ、合意のもとで利用インフラを構築する意義がある。かなり投資額は大きくなるが、短期的な投資回収ではなく末永く活用して元を取っていこうという考え方である。

電気であればインフラが完全に整備されており、太陽熱発電などで余った電力はそこに逆潮すれば、活用できる。しかし、わが国では一部を除いて、熱供給インフラは存在しない。したがって、都市未利用熱源の活用は、地域熱供給システムの構築も行わねばならず、必ずしも簡単ではない。

なお、地域熱供給システムのようなインフラに依らなくても活用できる熱源も存在する。例えば、河川水などのように、河川に沿う建物が個別に利用する場合もある。下水管も都市に張りめぐらされた分散型の熱源である。また、地下水もどこでも利用が可能な面的な熱源である。これらの熱源のビルなどでの利用の推進は、大きな投資が必要な地域熱供給の形をとらないで活用が可能である。従来、このような都市熱源の私的な利用は原則非認可であり、検討が行われることも極めて少なかった。今後は、持続可能社会の構築に向けて、利用を前提とするなど、方針を根本的に転換すべきである。

都市未利用熱源として、「ごみ焼却熱」「下水」「河川水」「地下水」「エネルギー多消費施設」等が考えられる。ここでは、代表的な熱源についてキーナンバーを紹介して解説する。

### 【KN2.31】 都市廃熱等には「三つ」のレベルの熱がある

都市廃熱等には、温度レベルによって、つぎの三つのレベルの熱がある。よく単なる熱量で評価されることがあるが、エネルギーの質（【KN1.20】参照）を考えて、正しく利用することが必要である。

① ごみ焼却熱や製鉄工場廃熱のような高温の熱

これは高級な熱であり、その質を活かすためにも発電に使うことが望ましい。

② ゴミ焼却発電や都市内発電所の発電廃熱など

この熱は、暖房・給湯に熱交換器などを通して直接利用できる。欧州などではCHP（Combined Heat and Power 熱電併給）として多く見られる。CHPで蒸気タービンにより、発電と熱供給する手法には、背圧型と抽気型の両者があるが、詳細な説明は専門書に譲る。

③ 地下鉄や地下街などの換気や下水・河川水・地下水などに含まれる熱

これらは温度差エネルギーと呼ばれ、ヒートポンプの熱源として大気よりも好ましい熱源として使うことができる。

## 【KN2.32】 ごみ、下水それぞれで都市熱需要の「28%」（理論未利用エネルギー量）

都市には、どれくらい未利用熱が賦存するであろうか。1990年ころ㈳ガス協会のプロジェクトで、東京・大阪・名古屋の3都市の都市未利用エネルギー賦存量が調査された。大阪市の調査は筆者らがおこなった。その結果、冷熱需要の2/3程度、温熱需要の同等以上（105%）があることがわかった（図－1）。

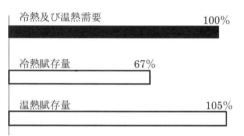

図－1 大阪市の未利用熱の需要に対する比率

ちなみに、各熱源の需要に対するシェアは、
◇冷熱に対して、海水7%、河川水28%、下水22%、ごみ焼却場12%で、計 67%
◇温熱に対して、海水9%、河川水24%、下水21%、ごみ焼却熱8%、発電所40%、その他3%で、計105%

このとき、筆者らは「理論未利用エネルギー」の概念を提案した（表－1）。これは、未利用熱は各施設を当らなくても、生活原単位からある程度推量できるはずである。例えば、ごみ焼却熱であれば、1人1日約1 kgを排出し、燃やせば8,370 kJ（【KN1.13】参照）の熱が得られる。家庭の熱需要（冷暖房・給湯）は1人・1日約28 MJ（【KN5.13】参照）であり、単純計算で約28%を賄うことができる。下水の熱は1人・1日の水の消費量、発電廃熱は同じく電力の消費量から求まることになる。その結果を表－1に示す。

なお、発電廃熱は都市に発電所があるとしたときの発電廃熱であり、本来は（1－発電効率）が発電廃熱であり、発電効率を35%とすれば、電力使用量の1.8倍程度になるが、ここでは電力使用量と同じとしている。太陽熱は都市の建ぺい率（屋根面積）への日射量を都市人口で割った値として求めている。なお、太陽熱は前述したように、私的熱源であり、都市未利用熱源ではないが、比較のために挙げている。

表－1 理論都市未利用エネルギー

| 未利用源 | 対熱需要比 | 根拠の概要 |
|---|---|---|
| ゴミ | 28% | ごみ排出量×発熱量 |
| 下水 | 28% | 使用水量から5℃の熱 |
| 発電排熱 | 180% | 電力使用量と同じ |
| （太陽熱） | （3,200%） | 都市の建ぺい率から |

太陽熱は膨大である。しかし、太陽熱の利用は太陽熱温水器くらいしか利用が進んでいない。未利用熱の活用も、これと比較しても優るとも劣らない難しい課題である。

なお、問題は賦存量よりも、「需要と熱源の距離的ミスマッチ」であり、これを解消する搬送システム（【KW3.01】参照）をうまく構築することが課題である。

すなわち、みんなの合意で「社会インフラとして活用の構造をつくり、永続的に使い続けていく」こういう発想が、都市未利用熱の活用システムの成立には必要である。

### ＜ポイント＞ 3.5軒のごみで1軒の熱需要が賄える

理論未利用エネルギー量から判断すると、理論的には3.5軒のごみで、1軒の熱需要がまかなえることになる。下水も同じである。発電排熱はさらに沢山ある。集合住宅などで、共同でコージェネレーションシステム（【KN4.22】参照）をもって、電力と熱の供給をすれば、エネルギー的にはきわめて合理的である。このシステムの何が問題であるかは、読者への課題とさせていただく。

## 【KN2.33】 ウィーンでは燃料専焼「4%」の地域暖房を実現（廃熱幹線の意味）

少し古いデータ（1990年ころ）であるが、筆者が訪問した北欧の諸都市の地域暖房の熱源シェアを表－1に示す。これらの都市では地域暖房が発達しており、概ね都市全体のシェアと考えてよい。表で「CHP」は熱電併給の略で、発電廃熱と考えてよい。「工場」は工場廃熱である。「燃料」は燃料の専焼である。ウィーンなどは、燃料はわずか4%である。なお、CHPはある程度発電量を抑えて、熱を作っていること、下水にはヒートポンプの電力が投入されている点に注意が必要である。なお、CHPプラントの熱製造のCOP（COPについては【KN1.23】参照）については、【KW3.01】の＜ポイント＞を参照されたい。きわめて高い値である。これは、CHPの優れた点である。

興味のあるのは、前述の理論熱量と同じくらいの数値が出ている点である。前項で示したように、ゴミ熱の理論比率は28%で、下水熱も28%であった。なお、この理論値はわが国のデータである。欧州での理論値は不明であるが、結果的にほぼ同程度である。この秘訣は、地域暖房がネットワーク化されている点にある。

これは、電力ネットワークの長所を考えると明白である。電力ネットワークには、いろいろな発電プラントが連結されている。安価な原子力発電をフル稼働して、変動負荷に対しては、石油火力が対応する。地域暖房においても、当然、熱需要は変動するため、ゴミ焼却プラントなどのエコ熱源をベース運転するのである。変動ぶんは、燃料専焼プラントで対応する。これによって、エコ熱源の熱をすべて活用できる（【KW3.01】参照）。

1地区に1プラントの方式ではゴミ焼却熱のうち使えない熱が発生する場合が多い。なお、ネットワークの規模はむやみに大きくしてもコスト高になるだけで、意味はない。低熱需要時に、エコ熱源の熱がフル活動できるだけのスケールがあれば十分である。これが最小ネットワークサイズである。

表－1　各都市の広域地域暖房の熱源シェア（％）

| 都市 | ゴミ | CHP[2] | 工場 | 下水 | 燃料 |
|---|---|---|---|---|---|
| イエテボリ | 23 | - | 20 | 20 | 37 |
| CTR社[1] | 19 | 71 | - | - | 10 |
| 下ライン地区 | - | 50 | 40 | - | 10 |
| ウィーン | 27 | 69 | - | - | 4 |

注　1）コペンハーゲンのセントラル地区
　　2）CHPは熱電併給プラント

### ＜エッセイ＞下ライン地区での見学記

筆者らが訪問した、ドイツの下ライン地区の廃熱利用熱供給プラントの所長の話が印象的であった。このプラントが地域の誇りであり、毎年行っている施設の見学会に、市民のおよそ1/3が見学に来るとのことであった。日本では、同様のプラントがあっても、市民はまず無関心であろう。また、「ドイツ人は環境に良いと言えば、料金が25%くらい高くても、90%の人はそれを選ぶ」ということであった。言い回しが、いかにもドイツ人らしいと感心したが、市民の意識がきわめて高いようであった。日本でも、インフラ関係者は単なる陰で社会を支える存在であってはならず、プラントの意義などを市民に伝える努力の必要性を痛感した次第である。

## 【KN2.34】 ごみ焼却発電の効率は平均「15％」程度でかなり低い

　ごみは都市で入手できる燃料であり、焼却炉で燃やして、熱回収ボイラで蒸気等が得られる。100t/日以上（対象人口10万人）の大型炉では、熱回収率（ボイラ効率）が65〜70％程度である。

　エネルギーのカスケード利用の原則（【KN4.24】参照）から、この熱はまず発電に使うのが望ましい。発電に使うには、連続焼却炉で、ある程度の規模が必要である。ふつう、200t/日（対象人口約20万人）以上と言われている。発電効率は10〜20％であり、ふつうの化石燃料の火力発電の効率に比して半分以下である。この理由は、発電プラントの効率向上には蒸気の高温・高圧化が必要（【KN3.10】参照）であるが、ごみの燃焼ガスに含まれる塩素などの成分が過熱管を腐食させるため、高温化に制限を受ける点がある。また、復水器がふつう空冷となり、凝縮温度が高くなる点も効率が低い理由である。

　電気を作ったあとの40〜50％の熱が有効に熱利用できれば、ベストである。このため、熱の受け皿となる地域熱供給システムや温水プールなどの施設が併設されることもある。なお、熱需要には季節変動があり、余剰熱が出るのがふつうである。

　これはエネルギーのカスケード利用（【KN4.24】参照）の一つといえよう。いずれにしても、このシステムは単なるごみ焼却施設（厚生労働省管轄）ではなく、都市内の発電システム（経済産業省管轄）としての位置づけをする、すなわち、省庁の垣根を越えた取組みによってはじめて成立するシステムである。

### ＜ポイント＞30万人都市の焼却場のエネルギー賦存量

　30万人都市を対象に関連するエネルギーの概算をしてみよう。ごみ量は約1kg/人・日であり、300t/日である。ごみの発熱量を8.4 MJ/kgとすると、総発熱量2.52TJ/日であり、発電効率を15％とすると、発電量10万5千kWh/日、これが商用電気であれば（単価25円/kWhとすると）263万円/日、熱利用に回せる廃熱を全体の45％とすると、1.13 TJ/日となる。
（石川禎昭、「ごみ焼却排熱の有効利用」理工図書、平成8年）

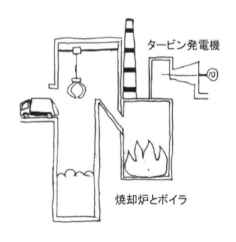

### ＜ポイント＞ごみ焼却のスーパー発電

　上述したように、ゴミ焼却の排熱回収ボイラでは、発電効率を高めるための蒸気の高温・高圧化が困難である。この欠点を補うために、排熱回収ボイラの蒸気を都市ガスなどにより過熱蒸気にして高温高圧化するのが「ゴミ焼却のスーパー発電」である。

## 【KN2.35】 約「15℃」と安定熱源の地下水（年平均気温にほぼ等しい）

気温は日周期、年周期の変動をして、東京や大阪などでは、最高気温35℃、最低気温−5℃程度と40℃くらいの温度変動がある。しかし、地中の温度は安定しており、年中一定で、平均気温にほぼ等しくなる。上述の場合は、15℃くらいと考えてよい。これは地盤の大きな熱容量と熱抵抗による変動の平滑作用の結果である。したがって、暖冷房給湯の熱源として、夏に冷たく、冬に暖かい理想的な熱源である。なお、この熱の利用には、ヒートポンプ（1.4.2項参照）の熱源として使うことになる。地中熱源ヒートポンプは、パイプで熱源水を送り込んで地中の熱を利用するが、最も簡単なのは地下水を汲み上げて、それを熱源として使う方法である。なお、＜ポイント＞で示したが、地下水の汲み上げは地盤沈下を招く可能性がある。状況に応じて、使用した水を還元するなどの適切な対応が必要である。

### ＜ポイント＞温度差エネルギー

地下水も含めて、河川水・海水・下水はヒートポンプの熱源として利用される。これらを利用することにより、大気を熱源とするヒートポンプよりも、少ないエネルギーで熱供給ができる。

これらの水は夏には大気よりも温度が低く、冬には温度が高い。したがって、これらは「温度差エネルギー」と呼ばれる。

なお、水は空気よりも伝熱特性が優れている。したがって、仮に温度が同じとしても、水熱源ヒートポンプは空気熱源ヒートポンプよりも効率が良く、この点でも熱供給の効率が良くなる。

### ＜ポイント＞下水は優れた温度差エネルギー源

下水には大量の熱が含まれており、都市に網の目のように張り巡らされている、まさにオンサイト熱源である。わが国でも、東京後楽地区のように、下水処理場の処理水を熱源とする地域熱供給は存在し、省エネ性を発揮している。なお、下水は流下するほど水温が低下し、熱源的な価値が低減するので、できるだけ排出源の近くで熱を回収利用する方が好ましい。ホテルでは大量の給湯が消費されており、それらを回収利用するプラントも稼働している。なお、給湯は温度的価値を使うものであり、熱量的価値は利用されずにそのまま下水に捨てられるという特徴がある。これを放流するのはきわめて勿体ないことである。

### ＜ポイント＞地下水利用と地盤沈下

大阪などでは、一時、都市部の地盤沈下が著しく、地盤沈下は典型7公害の一つ（【KW序.01】参照）に位置付けられている。これは、工場やビルが主として冷却水として大量の地下水を汲み上げたのが原因である。地下水の汲み上げ規制で、都市の地盤沈下は聞かれなくなった。

しかし、一部の都市では逆に、地下水位が上がって、地震時の液状化も懸念されている。今や、全面利用禁止ではなく、「管理して適正利用」が妥当であろう。その有力な用途として、「温度差エネルギーの活用」がある。

## 2.5.4 その他

ここでは、再生可能エネルギーの普及のための公的支援制度などについて解説する。一般に新しい産業を生み出すには、育成のための政策が適正に行われなければならない。とくに再エネの利用は、システムコストが大きく、初期には確立された化石燃料システムに太刀打ちできない。最近は、固定価格買取り制度（FIT）がスタートしており、これにより再エネの普及の大きな進展が期待されている。

### 【KW2.01】 「FIT」 再エネ利用の促進制度

再エネは一般にコスト高であり、市場にまかせておけば普及が進まない。したがって、量産体制などが整うまで、支援策がとられている。

過去においては、助成金制度がもっぱらとられてきたが、最近は、以下のような施策がとられている。

◆固定枠制度

電力会社等への一定割合以上の再生可能エネルギー利用の義務づけである。クォータ（quota）制とも呼ばれる。日本ではRPS制度（Renewables Portfolio Standard）として、2003年から施行されている。これは経産大臣が、電力会社に目標数値を提示する。各電力会社は自社で再生可能エネルギー発電をするほか、グリーン電力証書などで再生可能エネルギー発電者から権利を購入して対応することができる。2012年にFIT制度の導入で一部を除いて基本的に廃止された。

◆固定価格買取り制度

FIT（Feed in Tariff）制度とも呼ばれ、再生可能エネルギーを一定価格で、一定期間買い上げを保証する制度である。電力会社等に、系統への接続や発生した電力の買い上げを義務づけるのも特徴である。投資リスクがRPS制度より少なく、事業計画が立てやすくなる。なお、買い上げ価格は技術等の進歩によるコストダウンをにらんで、毎年見直しがなされる。この制度の財源は電力料金に上乗せして国民から徴収される。

### ＜ポイント＞FITによる買取り価格と効果

日本のFITの対象は、「太陽光発電」「風力発電」「中小水力発電」「地熱発電」「バイオマス発電」である。それぞれに対して、10〜20年の固定買取り価格が定められている。

例えば、太陽光発電の10kW未満（家庭用）は、2012年は42円/kWhであったが、2013年38円、2014年37円と引き下げられ、10kW以上の非住宅用では、同じく、43.2円→38.9円→34.6円となり、以降も引き下げがつづいている。

この制度により、再エネ発電の認可設備容量は制度開始以前の2,060万kWから、2012年度には4,169万kWとなった。なお、2013年度には買取り価格の見直しにより、認可のペースは鈍っている。なお、認可されたうち、2013年3月末までに稼働を開始した設備は409万kWで、そのうちの96%の391万kWが太陽光発電であった。住宅用と非住宅用の比率は1:2であり、FIT制度により、後者（メガソーラー）の導入が多くなっている。

なお、太陽光発電以外は制度の利用が進展していないため、買取り価格は据え置かれている。

### ＜ウンチク＞ドイツのFIT制度

欧州の各国はFITを導入しているが、最も効果を上げているのはドイツである。1991年に制度を導入し、2011年末で風力発電2,900万kW（世界3位）、太陽光発電2,500万kW（世界1位）である。しかし、FITによる国民負担（電気料金）がかなり（20%程度）上昇し、さらに、自国メーカーが市場を獲得できるとは限らない点も問題となっている。これらを踏まえ、一定の役割は果たしたとして2017年より原則的に廃止する方針を決定している。

## 【KW2.02】「PURPA法」アメリカの分散型電源の普及に寄与

固定価格買取り制度の最初の例として有名なものとして、アメリカのPURPA法（Public Utility Regulatory Policies Act）がある。

オイルショックの後の脱石油政策の一環として、1978年に施行された。カリフォルニア州などの風力発電の立ち上げや、熱専用プラントのコージェネレーション化に寄与した。この法律の骨子は、連邦エネルギー規制委員会（FERC）が認定した発電施設QF（Qualified Facility）からの電力を、電力会社に「回避原価（ポイント参照）」で買取ることを義務づけたものである。

回避原価の決定は、FERCの決めた規則をもとにするが、実際の数値の決定は州政府の決めた規則でなされる。当初は、州政府が高くなる方向で決定したため、制度が大きく寄与した。しかし、電力会社のコスト削減の努力もあり、回避原価によるメリットが低下し、制度の利用が低下した。

### ＜ポイント＞回避原価（Avoided Cost）

余剰電力の買取り価格は、再生可能エネルギー等の経済的成立にとってきわめて重要な因子である。従来、削減される燃料費のコストなどで買取られることが多かった。ちなみに、電力価格に占める燃料費の割合は、わが国では電気料金の1/3程度（【KN8.04】参照）である。これに対して、PURPA法では「回避原価」という設定がなされた。これは、その電力の購入により回避できた全コスト（発電所の建設から管理・運営に至るもの）を考えたものである。これにより、アメリカでの再生可能エネルギーの普及が著しく進展した。

## 【KN2.36】水素は資源ではなく「三次」エネルギー

水素は「水の素」と書かれ、1771年に燃える気体として発見され、1783年にHydrogen（水素）表記された。元素記号はHで、水素分子式は$H_2$で無色無臭の気体である。

自然界にはほとんど存在せず、大気中の水素濃度は1ppm以下であり、水や炭化水素の化合物として存在している。これから水素を取り出すには、熱あるいは電気エネルギーを加える必要がある。

現在、必要な水素は、工場での副生水素と言われ、日本で消費する量を賄っているが、不足分は化石燃料の改質やエネルギーの添加で製造している。したがって、水素は資源ではなく、いわば三次エネルギーである。水素は燃やしても$CO_2$の排出はないが、この精製過程での排出がある。なお、ヨーロッパでは、再生可能エネルギーの風力発電の余剰電力で水素製造をしており、この場合は$CO_2$フリーと言える。

ドイツでは都市ガスのメタンに水素を加え、ハイタン（Hythane）と言い、水素混合都市ガスとして既設のガス配管網で末端まで供給している。

日本では水素の保管は高圧ガス保安法容器保安規則により規制を受ける。赤い高圧容器（内容積46.7ℓ圧力14.7 MPa）で貯蔵・輸送されている。

国内の年間水素製造能力は356億$Nm^3$で、自家消費量291億$Nm^3$で残り65億$Nm^3$は、製薬業界・食品業界・半導体産業などに外販されている。

しかし、この外販量は、100万kWの水素発電所（23億$Nm^3$／基）×2基分と、水素FCV自動車（1,060 $Nm^3$／台）×160万台に相当する（川崎重工業㈱の資料）。

水素は次世代のエネルギーとして注目されており、政府も「水素社会」を見据えた計画も策定している。

## 【KW2.03】 「水素社会計画」 日本政府の計画

2050年の一次エネルギー供給量の内、$CO_2$フリーエネルギーで水素を総供給量の40%を目指すシナリオがある。政府はエネルギー基本計画（2014年）でフェーズ1〜フェーズ3までのシナリオを立てている。

「フェーズ1」では、2030年までに、現在の自動車保有台数約8,000万台の内3%の240万台を水素自動車に転換する目標を立てた。

「フェーズ2」では、水素発電の本格導入、大規模水素供給システムの確立、2020年後半に水素インフラ確立を謳い、海外での、未利用エネルギー由来水素製造・輸送・貯蔵の本格化。火力（LNG）発電の水素発電（水素不足分は、液体水素海外調達）。発電事業用の水素発電本格参入を目指す。

「フェーズ3」では、トータルでの$CO_2$フリー水素供給システム確立。水素インフラ整備により、家庭用にも水素供給し水素キッチンも可能とする。現状の都市ガス配管では、高圧ガス管と中圧ガス管は水素対応可能と言われ、末端の低圧ガス管を整備する必要がある。

これらによって、従来の電気＋熱に水素を加え新たな二次エネルギーシステムを確立するとしている。

水素の供給価格は30円/$Nm^3$（家庭用都市ガスの料金A表　0〜20 $m^3$　165.78円/$m^3$）を目標としている。

発熱量は、水素143.15 MJ/kgに対して都市ガス発熱量は54.55 MJ/kg（高位発熱量）と、コスト・発熱量とも水素が優位である。

日本における水素燃料電子市場を、
◇2020年0.5兆円　◇2030年1兆円
◇2040年2.5兆円　◇2050年8兆円
の市場規模に拡大することを目指している。

### ＜エッセイ＞原子力発電と水素社会

IPCCは2050年には、温暖化ガス2010年比40〜70%削減、さらに2100年には、温暖化ガス排出量「ゼロ」にすることを2014年11月の第5次評価報告書WGⅢで明記している。この前提条件は産業革命以降の世界平均気温を2℃以内に抑えることが前提にある。

これを受けて2015年12月にフランス・パリで開催されたCOP21で世界中の多くの国が参加して世界の温暖化ガス排出量の規制、いわゆるパリ協定が採択された。これに先立って先進各国は意欲的な削減の約束草案を提出した。日本は2030年に2013年比26%削減する案を提出している。日本の26%削減を達成するためには省エネルギー対策だけでなく再生可能エネルギーと原子力という$CO_2$フリー電源を確保することが必要である。

3.11事故の後、一時、原子力発電を国策会社に移管する案が上がったがこれが実現しておれば$CO_2$フリー電源の確保が可能になったと考える。

いずれにしても、電力構成の中で$CO_2$フリーの原子力発電は必要である。筆者らは、ベース電源として、安全の確保された原子力発電を稼働し、夜間での余剰電力で$CO_2$フリー水素を製造し、この水素を燃料として水素発電比率を高めることが一番良いと考えている。

# 第3章

## 日本のエネルギー供給システム

# 第3章　日本のエネルギー供給システム

　日本のエネルギー供給システムは、わが国の高度成長を支えるとともに、国民に便利で快適な生活を提供してきた。資源の乏しいわが国では、ほぼ全量のエネルギー資源を海外から輸入せねばならない。また、石油に代表されるように、資源国は政情の不安定なところが多く、エネルギーの安定供給はきわめて難しい問題である。このような中で、わが国のエネルギーのサプライサイド関係者は現在の繁栄を創りだした第一の功労者といっても過言ではない。

　しかし、序論でも述べたように、現在のエネルギーシステムの抱える問題は大きく、サプライサイドのみにまかせていては持続が不可能とも考えられる。いままでのエネルギーシステムの要件は、「安価で豊富に供給」であった。しかし、オイルショックにより、「安定性やセキュリティ」の重要性が認識され、最近は「資源や環境の持続性」も加わり、エネルギー源の多様化、低炭素化、有効活用の推進など、供給システムの高度化だけでは対応できなくなっている。

　いままで、デマンドサイドは国やエネルギー会社といったサプライサイドにまかせて、いろいろなことを知る必要はなく、快適な生活を楽しみ、きちんと料金を払えばよかった。そして、料金値上げがあっても「仕方ない」と素直に従ってきた。しかし、これからは、エネルギーシステムに関わる問題構造を十分に理解して、適切な選択をするなど、今後のあり方も十分考えて行動することが必要である。この点から供給システムのポイントを知ることはきわめて重要である。

　本章では一次エネルギーを二次エネルギーに転換して供給する都市のエネルギー供給事業（電気事業、ガス事業、熱供給事業）と、二次エネルギーを消費者に届けるまでのシステムについて解説する。エネルギー供給事業は、公益事業として国の監督化に置かれるとともに、保護も受けてきている。

　なお、コージェネレーションなどの分散型電源などもエネルギーの供給インフラと位置付けることもできるが、本書では第4章において、デマンドサイドのシステムとして解説する。また、再生可能エネルギー関連の二次エネルギーへの転換システムは第2章で述べた。

　都市のエネルギー供給インフラは、世界でも200年程度の歴史であり、社会の変化とともにシステムのあり方について不断の追求が必要である。

＜本章での主な参考図書等＞
①経済産業省編「エネルギー白書2016など」、②小野満雄「エネルギー概論」日本評論社 1975

---

### ＜ポイント＞公共事業と公益事業

　エネルギー供給事業は「公益事業」に位置づけられている。一方、「公共事業」という業種もある。

**◆公共事業**　国または地方公共団体が行う、公共の利益のために公共投資金によって行う事業である。当初は私企業では行えない道路、港湾、灌漑等の土木工事に限られていたが、近年では、衛生、社会福祉、教育事業にも広げられている。

**◆公益事業**　公衆の日常生活に欠くことのできない事業であるが、公共事業ほど公共性がないものを言う。公益事業には、①運輸サービス事業（鉄道・都市交通・バス・定期船など）、②通信サービス事業（郵便・電信・電話・放送など）、③基礎的なサービスの供給事業（電気・ガス・水道など）がある。地域独占権などの付与と、それに見合う国家の規制を受ける。

## 3.1 電力供給システム

電力は二次エネルギーの中でもっとも重要なものである。動力、照明、情報、通信、制御など、あらゆる用途に使うことができる汎用のエネルギーである。全国津々浦々電気が来ない家庭はないし、電気がなければ我々の生活は完全にマヒする。いろいろなエネルギー資源から、発電、変電、送電、配電され、消費者に届けられる。

わが国の電力供給システムは、供給者の努力によって、停電率の低さ、供給安定性、電力の品質、などあらゆる点で世界トップレベルである。ここでは、電力供給システムの概要を解説する。なお、供給された電力がいかに使われているかは、第2章や第5, 6章などを参照されたい。

なお、2011年の福島第1原子力発電所事故で多くの原子力発電所が停止しており、発電に使われる一次エネルギー源は異常状態であり、今後の動向は不透明である。ここでは、現在の状況については原則として事故前の2010年の実態を示すことにする。

### 【KN3.01】 現状は「10電力」体制 （歴史的概観）

日本に初めて発電所がつくられたのは、東京電灯KKによる1887年であった。ロンドンやニューヨークでの建設が1882年であり、世界からわずか5年の遅れであった。

はじめ電力の用途は電灯であり、210 Vの低圧で直流により配電された。このため、送電可能距離は高々数百mで、都市内に小規模（35〜70馬力機2〜7台で点灯数1,600〜3,200）の発電所が多くつくられた。その後間もなく、交流に変わり、電圧も2,000〜3,000 Vとなり、浅草に集中発電所がつくられたのが1895年であった。

以降、高圧送電などの遠距離送電技術の発展とともに、中部山岳地帯や東北地方などの豊富な水力の開発が進められた。

明治から大正にかけて、各地で多くの電力会社がつくられ輻輳したが、大正期に統合が進み5大電力（東京電燈、東邦電力、大同電力、宇治川電気、日本電力）に収れんしていった。

1939年に国家総動員法によって、特殊法人の日本発送電KKと9配電会社に統合された。太平洋戦争後、GHQにより日本発送電が解体され、9配電会社が9電力会社になった。1952年にこの9社で電気事業連合会が設立された。なお、その後、同連合会は沖縄電力も加え10電力会社で運営されている。また、1952年には、国家資金100%の電源開発KKも設立された。このような体制でわが国の電力事業は発展してきている。一般に日本の総発電量は一般電力事業者10電力会社の発電量の合計を示す。（参考②）

#### <ポイント>エジソンによる発電所の開設

発明王として有名なエジソンは、1876年に実用的な発電機を、1879年に白熱電灯を発明し、1882年にニューヨークにパールストリート発電所を開設した。直流110 Vで、発電機6台の合計540 kWで、白熱電灯1,616個に給電した。電気料金は競合相手であったガス燈のコストと比較して決定されたため、当初数年は赤字であったようである。（参考②）

#### <ウンチク>初期の電力計

直流を用いたエジソンは、従量料金制で料金を徴収した。電力計は、硫酸亜鉛溶液中に一対の亜鉛電極を置き、通過電力に比例した電気量で電気分解をして、電気析出した亜鉛電極の重量の変化量に基づき計測された。（日本電気技術者協会ホームページ）

## 【KN3.02】 日本の電力事業者には「6 類型」がある

基本は 10 電力の地域独占形態であるが、その後の自由化の動き（【KN3.15】参照）の中で、現在の日本の電力事業者には 6 つのカテゴリがある。

◆**一般電気事業者**　地域独占の、北海道、東北、東京、北陸、中部、関西、中国、四国、九州、沖縄の 10 電力である。

◆**卸電気事業者**　一般電気事業者に電気を供給する事業者で、200 万 kW 超の設備を有する 2 社、電源開発㈱、日本原子力発電㈱である。200 万 kW 以下であるものの、特例で認められている「みなし卸電気事業者」として公営、共同火力がある。

◆**卸供給事業者（IPP）**　一般電気事業者に電気を供給する卸電気事業者以外の者で、一般電気事業者と 10 年以上にわたり 1,000 kW 超の供給契約、もしくは、5 年以上にわたり 10 万 kW 超の供給契約を交わしている者で、いわゆる独立発電事業者（IPP：Independence Power Producer）である。

◆**特定規模電気事業者（PPS）**　契約電力が 50kW 以上の需要家に対して、一般電気事業者が有する電線路を通じて電力供給を行う事業者、いわゆる小売自由化部門への新規参入者（PPS：Power Produce and Supplier）である。

◆**特定電気事業者**　限定された区域に対し、自らの発電設備や電線路を用いて、電力供給を行う事業者で、六本木エネルギーサービス㈱、諏訪エネルギーサービス㈱などがある。

◆**特定供給**　供給者・需要者間の関係で、需要家保護の必要性の低い密接な関係（生産工程、資本関係、人的関係）を有する者の間での電力供給（本社工場と子会社工場間での電力供給等）者である。

## 【KN3.03】 電力用一次エネルギーは国全体の「45%」で、石油は 10%以下

国内の一次エネルギー供給量は、2010 年で、約 22,000 PJ であり、その内の 45% は電力への変換に使われる。一次エネルギーの総供給量のうち電力向けに投入されるエネルギーの比率は「電力化率」と呼ばれる。すなわち、2010 年の電力化率は 45% である。なお、1970 年には、一次エネルギー国内供給量が 13,383 PJ であり、電力化率は 26% であった。したがって、この 40 年間で、電力用一次エネルギーは 1.65 倍、電力化率は 1.73 倍に増加している。

一般電気事業者の電力用一次エネルギーの、2010 年（福島第 1 発電所事故前）の内訳は、

◇水力など再エネ発電　　8%
◇原子力発電　　　　　31%
◇石炭火力発電　　　　24%
◇LNG 火力発電　　　　27%
◇石油火力発電　　　　 8%

である（参考①）。最大のエネルギー源は石油というイメージがあるかもしれないが、原子力が最大シェアで石油は 8% であった。

なお、エネルギーの単位換算では、1 kWh = 3600 kJ であるが、電力の一次エネルギー換算値は昼間 9,970 kJ、夜間 9,280 kJ である。必要な一次エネルギー量が「電力の一次エネルギー換算値」である（詳しくは【KN4.01】を参照）。

## 【KN3.04】 年間総発電量は「1兆kWh」、最大電力は「1.75億kW」

2010年度の総発電量はおよそ1兆kWhである。これは、最終エネルギーの44%（1973年は13%、2070年26%、2000年41%）である（一次エネルギーベース）。電力需要は、省エネや機器効率の改善はあっても、家電機器の普及、OA機器の普及などで伸び続けてきた。

総発電量について2009/1973を比較すると、総発電量は3.1倍である。一方、GDPは2.3倍の伸びであるので、相対的に電力の重要性が増していることがわかる。

部門別の電力消費で見ると、
◇民生業務部門　5.4倍（シェア12→28%）
◇民生家庭部門　3.7倍（19→29%）
◇産業部門　　　1.5倍（66→41%）

となり、民生用消費が著しく伸びていることがわかる。

なお、2000年以降の上昇はゆるやかになっており、とくに、東日本大震災以後は節電志向が進み業務・家庭もほぼ横ばいから減少傾向を示している。

2010年8月23日に電力10社合計の最大電力1.75億kWを記録している。(資源エネルギー庁ホームページ)

## 【KN3.05】 電力負荷率は約「66%」 （低負荷率問題と平準化対策）

負荷率は平均負荷と最大負荷の比率である。前項で示した概略データによると、2010年の負荷率は、（1兆kWh/（365日・24時間））/1.75億kW×100 = 65%となる。

負荷率の低下は、設備が遊ぶことによりコスト高となる。また、ピークの伸びは停電リスクにつながるなど、きわめて大きな問題である。

わが国の電力負荷率は1968年に69%であり、以降漸次低下して1994年55%となった。これは、冷房等の普及で夏のピーク電力が急増したことによる。ここに至って、わが国の電気料金の高さの要因としてこの問題が位置づけられ、「電力負荷率の平準化」が国家的課題となって、各種対策が推進された。(電気事業連合会)

電力負荷の平準化には二つの方法がある。①ピーク負荷の削減、②低負荷の時間帯の需要の喚起、である。このために、夜間電力の低価格化などをはじめとして、色々な対策がとられた。

例えば、冷房用冷熱の蓄熱システムは、夜間に冷凍機を駆動して冷熱を水（水蓄熱）や氷（氷蓄熱）としてタンク等に蓄えておいて、日中に使う手法である。これは、昼間のピーク電力を下げるとともに、夜間の需要を伸ばすという一石二鳥のシステムである。その他、ガス空調システムも電力負荷平準化に寄与する点が評価され、普及が促進された。

これらの対策の結果、2009年には電力負荷率は66.7%にまで上昇してきている。

なお、注意すべき点は、負荷平準化にあたってエネルギー消費量を増やさないことである。夜間電力が安価だと言って、効率の悪い需要が喚起されるのは厳に排除されるべきである。

## 【KN3.06】 設備容量は約「2億4千万kW」

日本の電力設備の総容量は約2億4,000万kW（原子力発電を含む）である。各種発電方式の容量比率と発電比率、利用率を**表－1**に示す（2010年）。

なお、利用率（【KN2.10】参照）には二つのタイプがある。水力や新エネ発電は資源的な制約で決定される利用率である。一方、火力、原子力の利用率は供給サイドの優先運転順位によって決定される。後者の利用率は、①原子力、②石炭、③LNG、④石油、の順である。これは発電所の運転順位である。次項に示すように、原子力・流れ込み式水力発電はベース電源、石炭・LNGはミドル電源、石油と揚水発電はピーク電源である。

表－1 わが国の発電設備容量・発電量など（2010年）（電気事業連合会）

|  | 設備容量 2.4億kW | 発電量 1.0兆kWh | 利用率 |
|---|---|---|---|
| 水力 | 19% | 9% | 22% |
| 原子力 | 20% | 29% | 68% |
| LNG火力 | 26% | 29% | 52% |
| 石油火力 | 19% | 8% | 20% |
| 石炭火力 | 16% | 25% | 74% |
| 新エネ | 1%以下 | 1% | － |

## 【KN3.07】 原子力と石炭発電の利用率は約「70%」（ベース電源）

前項の表で示すように、最も設備容量の多いのがLNG火力の26%であり、原子力、水力、石油火力がそれぞれ約20%、石炭火力は16%である。発電量は原子力とLNG火力が29%でトップシェアである。次いで石炭が25%と続き、水力と火力は10%以下となっている。なお、これらは東日本大震災前の2010年の値である。

設備の利用率は、その発電設備が年間最大出力で連続運転した場合に対する、実際の発電量の比である（【KN2.10】参照）。前項の表にはその値を示した。石炭と原子力が70%前後、LNG火力が50%程度、水力と石油は20%程度である。

この値から発電所の運転優先順位が読み取れる。電力事業者は発電コストの安い電源から運転する。石炭と原子力がそれに相当する。なお、原子力は安全性から出力調整をしないベースロード用として連続運転される点もある。しかし、利用率が100%でないのは、定期点検による停止期間があるためである。石炭火力は燃料費が相対的に低いのが理由であり、利用率が高い。石油火力は、ピーク対応の電源（ピーク電源）である。LNG火力は効率もよく、環境にも優しいため、ベース電源に次いで運転される電源（ミドル電源）である。

なお、【KN2.10】で示した世界の原子力発電の利用率よりもわが国のそれが低くなっている。これは、主として、約1,000万kW容量の柏崎刈羽原発が活断層問題で停止しているという特殊事情と、法定の定期点検期間が長いためであり、わが国の原子力発電のシステムや管理の技術が劣っているわけではない。

## 【KN3.08】 望ましい電力設備の予備率は「10〜15%」

　大停電が起きると被害を受けるのは、末端の需要家である一般家庭、非常電源を持たない商業施設や工場では完全停止を余儀なくされる。なお、鉄道は自前の電源を有するため停電はしないが、道路信号は止まり交通マヒが起こるであろう。重要な施設は非常用電源をもつ必要がある。例えば、病院では自家発電機が93.6%の施設に設置されている（東日本大震災に伴う日本医師会総合政策研究機構の調査）。

　電力供給施設に余裕がないと、いろいろな原因で停電のリスクが高まる。系統電力の望ましい予備率は10%〜15%とされ、電力会社は需要の伸びを見ながら、発電所の新規建設、保守休電中の発電所の再開などの計画を立てている。しかし、3.11の原発停止以後の、予備率は6.6%（2013年）で、危機的な値である。この結果が、節電の要請である。

> **＜エッセイ＞ニューヨークの大停電**
>
> 　ニューヨークを含む北アメリカでは1965年と2003年に大停電が起こっている。前者は12時間の停電で被害者2,500万人、後者は29時間で5,000万人と甚大な被害をもたらした。
>
> 　話題としては、1965年のニューヨーク大停電のときに出生率が上がったというレポートが提出された。なお、「統計的に有意差がない」という報告もあるようである。
>
> 　少子化対策のための計画停電は、アイデアの一つかもしれない。

## 【KN3.09】 自家発電設備容量は約「5,000万kW」、発電量は年約「2,000億kWh」

　わが国の自家発電設備の容量は2010年度末で、約5,400万kWであり、日本の総発電設備容量の約20%である。2010年の発電量は2,386kWhで、国内総発電量の約20%である（電事連資料より）。設備利用率は50%で、余剰がある。これらの企業はPPS事業に進出しているところが多い。

　最近、コージェネレーション発電（【KN4.22】参照）も増加しており、設備容量は944万kWであり、内訳は産業用が約8割である。残りの2割は民生用であり、その約5割が熱需要の比較的多い病院・商業施設・ホテルである。コージェネレーションの発展のポイントは、システムコストである。現在、12〜30万円/kWであり、その低減がカギとなっている。（経済産業省資料）

> **＜ポイント＞分散型電源の情報管理の重要性**
>
> 　2012年の原発停止による電力危機に際し、地域にどれくらいの自家発電能力があるのかが求められたが、適切な情報がなかった。今後は業界と自治体が協力してデータを整備すべきである。
>
> 　なお、1995年の阪神淡路大震災のときに、上水道が崩壊し、井戸情報が無くて困った経験もあった。危機管理のために、分散型インフラの情報管理は重要な課題である。

## 【KN3.10】 新鋭火力発電は効率「60%」程度を達成 （GT-STコンバインド発電）

商用発電所レベルの大型発電システムでは、"汽力発電"が行われる（＜ポイント＞参照）。これは、燃料を燃焼させ、ボイラで水蒸気をつくり、蒸気タービンで発電機を回して発電する方式である。

効率向上のためには、高温化が必要である（【KW-A.11】参照）。汽力発電では、必然的に蒸気の高圧化が必要となる。ワットの蒸気機関（【KN序.06】参照）では、大気圧で100℃の水蒸気が使われたが、以後、技術の発展とともに、蒸気が高温高圧化して、効率が向上してきている。

なお、蒸気は臨界点（水では 22.064 MPa：218.3気圧、374.2 ℃）を越えると、蒸気と液の区別のない単相の領域になる。蒸発潜熱もなく、顕熱のみの領域となる。現在の大型の汽力発電所は超臨界圧条件で稼働している。なお、さらに高温高圧化したものを「超々臨界圧」と呼んで差別化している。

一方では、高温化を達成するために、二流体が用いられるようになっている。代表的なものとして、高温部にガスタービン（GT）で動力をとり、その廃熱で蒸気を発生させて、汽力発電で蒸気タービン（ST）を駆動して発電するシステムである（図－1）。このGT-STコンバインド発電は、効率が60%近くにもなっている。なお、これは、汽力発電の高温化ではなく、エネルギーのカスケード利用（【KN4.21】参照）である。

### ＜ポイント＞IGCC

IGCCはIntegrated coal Gasification Combined Cycle（石炭ガス化複合発電）の略である。石炭火力は二酸化炭素の発生が大きいのが欠点であり、この対策がきわめて重要である。この点において現在注目されているのは、このIGCCとCCS（Carbon Capture and Storage【KW7.23】参照）である。

IGCCは石炭をガス化し、GT-STのコンバインドサイクルで高効率発電する。ガス化により、低品位炭も利用できる。日本では、勿来（なこそ）発電所で商用運転が開始（2013年）されたところである。実証機で発電効率42%（低発熱量基準）程度であるが、より高温化して50%程度が目標とされている。

### ＜ポイント＞汽力発電

汽力発電とは、一次エネルギーで蒸気を作り、タービンを回転させ電力を作るシステムである。火力発電所は大型であり、専ら作業流体に水を用いた汽力発電が採用される。一般に、舶用の大型の原動機としては蒸気タービンとディーゼルエンジンの選択肢がある。前者は大型船で採用される。また、低騒音など快適性の点から高級客船には蒸気タービンが採用される。

なお、作業流体として、水蒸気が使われるのは下記の利点による。
◇圧縮過程に必要なエネルギーが少ないし、ポンプで容易に加圧できる。
◇沸騰・凝縮の熱伝達がきわめて良好である。
◇蒸発潜熱が使える。これにより、熱を受けても温度上昇せずに、多く伝熱できる。
◇水は安定かつ無害で安価な作業流体である。

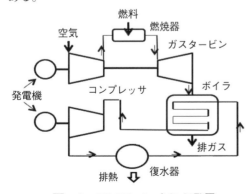

図－1　GT-STコンバインド発電

## 【KN3.11】 原子力発電の効率は「30％」強で、残りは海に放出

　原子力発電も汽力発電である。蒸気が原子炉の核分裂熱で作られる点以外は、火力発電と同じである。ただし、原子力では安全面に配慮して蒸気が火力のように高温・高圧化されないため、効率があまり高くできず、おおよそ33％である。

　火力発電では、電気にならない熱は、一部は煙突を経て大気に捨てられる（廃熱の約20％弱）が、原子力ではすべて復水器で捨てられる。わが国の原子力発電所はすべて臨海発電所であり、廃熱は海水に乗せられすべて海に捨てられる。

　単純に考えて、同じ出力の場合、原子力は火力よりも20％程度温排水熱が多いことになる。さらに、原子力は大型発電所とされ、1970年ころに原子力発電の温排水問題が追求された。現在では、環境アセスメントの必須項目となっており、生態系に悪影響がないように対処されるようになっている。

> **＜ポイント＞BWRとPWR**
> 　原発は、蒸気発生器の形式で、BWRとPWRに分かれる。
> ◆**BWR（沸騰水型）**　原子炉で直接蒸発させた水蒸気をタービンに送り込んで発電する。GE社が開発し、日本では日立と東芝が主方式とし、主として東京電力が採用している。
> ◆**PWR（加圧水型）**　原子炉で作った高圧水を熱源として、蒸気発生器で蒸気を作る。ウェスティングハウス社が開発し、日本では三菱重工が主方式としており、主として関西電力が採用している。

## 【KN3.12】 効率が約「70％」の揚水発電（サプライサイドの蓄電装置）

　電力貯蔵にはサプライサイドのシステムと、デマンドサイドのシステムがある。前者の代表的なものが揚水発電方式であり、後者には需要端近くで蓄電するもので、各種蓄電池が代表的なものである。

　揚水発電は、電力の余る夜間に、ポンプを用いて低位の水を高位のダムなどに揚水して、昼間のピーク時に使う調整電力として有用である。ポンプと水力タービンは同じものが使われる。一旦電力を水の位置のエネルギーに転換し、再度電気に戻すため損失が伴う。揚水発電の効率は、ポンプで水を汲み上げる効率と、水力タービンでの発電効率の積となり、約70％である。

> **＜ポイント＞その他の蓄電システム**
> ◆**圧縮空気貯蔵**　地下深くの岩盤層の空洞に圧縮空気を貯蔵し、電力ピーク用に取出ス。
> ◆**超電導電力貯蔵**　電気抵抗が「ほぼゼロ」の超電導コイルに、一度電気を流して永久電流スイッチを閉じ（閉回路）れば、永久的に電流が流れ、蓄電できる。交直変換器を通して交流に変え、電力供給する。
> ◆**超電導フライホイール電力貯蔵**　「はずみ車」と呼ばれる回転体で、超伝導の磁気浮上軸受を用いて、摩擦のない状態で回転させ、大容量貯蔵システムを構築できる。

## 【KN3.13】 1kWhの発電排熱に海水「154リットル（火力）～230リットル（原子力）」が必要

発電所が臨海部に設置される一つの理由は、「熱を捨てる」点の利便性である。【KN1.32】でも見たように、火力発電所では、燃料のもつエネルギーの40％程度が電力になり、10％程度が燃焼廃ガスなどの形で大気へ、残りの50％程度が廃熱となって海に捨てられている。単純計算では、100万kWの発電所では、125万kWの熱を海に捨てている。原子力発電では、蒸気条件が高温・高圧化できないため、発電効率は33％程度であり、残りはほぼ全量が海に捨てられる。すなわち、100万kWの発電所では、200万kWの熱が海に捨てられている。冷却に使われている海水の量Qを概算してみよう。いろいろな制約から、海水温度の水温上昇は7℃がとられている例が多いようである。100万kWの発電所を仮定する。

◇火力発電所（発電効率40％）

$$125万 kW = Q\ m^3/s \times 4.186 \times 7\ ℃$$
$$\rightarrow\quad Q = 42.7\ m^3/s$$

◇原子力発電（発電効率33％）

同じく　$Q = 68.3\ m^3/s$

ちなみに、淀川の流量は、低水流量で枚方大橋では130 m³/sと公表されている。いかに多くの水が必要か、わかるであろう。電力1 kWhあたりに換算すると、

◇火力 154リットル　　◇原子力 230リットル

となる。

なお、水量はともかく、捨てる熱がもったいないと思われた方は【KN1.32】【KN1.34】を参照いただき、認識を修正いただきたい。

---

### ＜エッセイ＞内陸の発電所での廃熱の放出

内陸部の発電所ではどうしているのであろうか。河川が利用できれば問題はないが、水量が限定されるため、巨大化はきわめて困難である。

水が十分に利用できないときは大気に捨てなくてはならない。このとき、排熱効率（ひいては発電効率）を上げるために、蒸発式冷却塔（自然通風式）が使われることが多い。蒸発式冷却塔は温度の上がった冷却水を、塔の中で噴霧して、空気と触れさせ、主として水の蒸発を利用して水温を下げ、再利用する機器である。欧米の内陸部の発電所では図－1のような、100 m以上にも及ぶ巨大な冷却塔が、発電所のシンボルとも言える威容を示している。わが国でも、地熱発電所などでは、冷却水が調達できないため、この方式が使われている。

筆者も、ヨーロッパの旅行中に、巨大冷却塔からの白煙が上空に昇り、空の雲と一体化している荘大な景色を見て、感激した経験がある。冷却塔からの白煙問題は、地域気象にも影響を及ぼし、航空機の飛行障害になる可能性もあり、発電所建設の環境アセスメントの重要課題となっている。

いずれにしても、熱を捨てるのにフレッシュな海水が使えることは大きなメリットであり、わが国の発電効率の高さもこの恩恵を受けている。

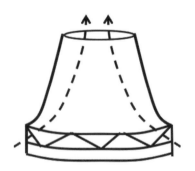

図－1　自然通風式冷却塔のイメージ

## 【KN3.14】 電圧が「50万V～2万2千V」の送電網

　既述のように、発電所は当初都市内に小規模発電所として作られた。山岳地帯には豊富な水力があるし、規模の経済性（【KW序.02】参照）の大きい発電システムは大型化、それに伴う公害問題の回避などから、都市外に大型発電所を建設し、送電技術で都市にエネルギーの粋だけを送ることはきわめて大きなメリットをもたらす。

　このような点から、大容量の長距離発電技術が発展してきた。送電損失は電流に比例するため、高圧化送電技術が追求されてきた。わが国の当初の開発目標は、10万V以上で200km送電であった。200kmは、中部山岳地帯の水力が、東京・大阪・名古屋に送電できる距離である。これによりわが国の電力は水力が席巻するところとなり、高度成長期に石油火力に逆転されるまで続いた。その後、原子力もこの恩恵を受けて、住民の少ない臨海部に発電所が作られていった。

　送電線の基点は、発電所などで作られた数千～2万Vの電力を所内変電所で27万5千V～50万Vに昇圧して超高圧変電所まで送られる。そこで15万4千Vに降圧されて一次変電所に送られる。

　ここでは、一部はそのままの電圧で、大工場や、鉄道変電所に送られ、一部は6万6千Vで中間変電所に送られる。中間変電所では2万2千Vに降圧され、一部は大工場に送られ、一部は配電用変電所に送られる。ここでは6千6百Vに降圧され、一部はビルや中工場に送られ、一部は柱上変圧器に送られる。柱上変圧器で100V～200Vに降圧され小工場・家庭に送られる。配電用変電所より上流が「送電」、下流が「配電」である。

　なお、送電に関して、電圧の大きさや送電線の呼び方などはつぎのとおりである。

- ◇超々高圧 ・・・・・ 50万V以上
- ◇超高圧 ・・・・・・・ 18.7万V以上
- ◇特別高圧 ・・・・・ 7千V以上
- ◇高圧 ・・・・・・・・・ 600～7千V
- ◇低圧 ・・・・・・・・・ 600V以下
- ◇送電線 ・・・・・・・ 配電用変電所まで
- ◇配電線 ・・・・・・・ 高圧電力を送る
- ◇引込線 ・・・・・・・ 低圧電力を送る

　なお、送電線は日本の隅々にまで張りめぐらされている。総延長8万km（地球2周ぶん）で、鉄塔24万基で構成されている。（送電線建設技術研究会資料など）

### ＜ポイント＞直流送電

　家庭で使用されている機器は、ほとんどが交流100Vからコンバータを通し、直流に変換されて稼働している。もし、発電所で直流を作り直流送電で家庭まで送電する方式であれば合理性があるが、まだ確立されていない。なお、四国電力と関西電力の間では大阪湾を直流海底ケーブルによって、ケーブルを海水で冷却しながら送電している。なお、高圧になるとコロナ放電で送電損失が大きくなる。この領域では直流送電（常温超電導も利用）の方が効率よく送電できる。

　最近、大容量の直流送電も考えられ、将来の水素社会では直流送電が主流とされている。

### ＜ポイント＞エジソンの失脚

　エジソンは安全性から、交流送電に反対した。一方、ウェスティングハウスは交流を用いて、高圧遠距離送電の道を進んだ。1888年にニューヨーク州バッファローに交流商業用発電所を開設し、1,000Vでニューヨーク市に送電した。両者は競争をするが、やがて交流送電が勝って、都市外発電が可能となった。この経過は電流戦争（War of Current）と呼ばれている（【KN序.06】の＜ウンチク＞にも関連記事あり）。なお、交流であれば、使用電力量も誘導型の電力計で簡単に測ることができる（【KN3.01】の＜ウンチク＞参照）。

## 【KN3.15】 「2020年」に発送電分離　（電力自由化の動向）

　1950年の電力会社再編以降、一般電気事業者の10社が、地域独占で日本の電力供給を担ってきた。しかし、2000年4月から進められた電気事業分野の制度改革で「電力の自由化」が順次実施されている。2000年に3000 kW以上に小売できる特定電気事業者（PPS）が認められた。それが2004年には500 kW以上（中規模工場、中小オフィスビル、デパートなど）に、2005年には50 kW（小売店舗や小工場など、日本の電力需要の60%）に引き下げられた。PPSだけでなく、地域以外の一般電気事業者の選択も可能となった。2016年には完全自由化が行われる予定である。

　なお、現在のところ、PPSは期待ほど発展していない。これには、PPSは一般電気事業者の送電網を使うが、その託送料金がかなりの額となる。また、PPSは、顧客の使用電力と同量の電力を系統に送り込む義務がある（次項参照）が、不足時の「インバランス料金」が高いことなどが挙げられている。

　これらの問題を緩和するものとして、発送電分離が2020年実施の予定である（2015年3月閣議決定）。これは、電力会社を「発電」「送配電」「小売」の3つの事業に分割する電気事業法の改正である。

　なお、送電事業だけは許可制として、従来どおり地域独占事業となる。これらは、電力供給事業にとってきわめて大きな改革となる。

> **＜ポイント＞対応するガス供給事業の自由化**
>
> 　2017年4月に大手ガス会社の導管部分を分離させ、ガス供給の自由化が予定されている。これらによって電力とガスを融合した市場への再編が進むと考えられている（【KN3.18】参照）。

## 【KN3.16】 PPSは「30分」の同時同量で対応

　電気は発電量と使用電力量を同じにする必要がある。これを「同時同量」という。同時同量が達成できないと電圧や周波数が変動して不都合が起こる。電力会社は絶えず同時同量が達成できるように発電量をコントロールしている。蓄電も、これを実現するための一つの方法である。

　なお、PPSは電力会社の送電網を利用するため、顧客の使用した電気を系統に送り込まねばならないが、このとき、PPSにも同時同量が要求されている。なお、電力会社が周波数一定の制御技術を確立し実行しているため、現実にはPPSは30分間で、3%以内の誤差で系統に電力を送り込むレベルの同時同量を行えばよいことになっている。この点で、PPSには技術要件の緩和というメリットが与えられている。

> **＜ポイント＞アンシラリーサービス**
>
> 　発送電が分離すると、いろいろなサービスのビジネスが生じる可能性がある。その一つにアンシラリーサービスがある。アンシラリーは英語では、「付随する」や「副次的な」という意味であるが、電力用語でアンシラリーサービスは周波数制御などの系統運用サービスのことを言う。
>
> 　PPSの30分同時同量は、一般電気事業者のアンシラリーサービスを受けたものである。これらは託送料金の中に含まれているが、最近は、別途アンシラリーサービス料金として徴収されるようになっている。発送電分離が進行すると、アンシラリー能力のある発電設備などが参画できるアンシラリーサービス市場が生まれてくることも予測できる。

## 3.2　都市ガス供給システム

都市ガスは電力に次ぐ第2の都市エネルギーである。都市ガスも高級かつ汎用のエネルギーであり、少し前までは専ら都市における家庭用の加熱源であったが、最近は、産業用、民生用などのいろいろな分野・用途に使われるようになっている。

燃料としての都市ガスは相対的に環境に優しいエネルギー（【KN7.14】参照）であり、石油に代わってシェアを伸ばしてきている。ここでは、都市ガス供給システムに関するいくつかのキーナンバーを紹介する。

ガス供給は「ガス事業法」による規制がある。ガス事業法の目的は、ガス使用者の利益の保護とガス事業の健全な発展を図るため、事業の運営の調整を行うことである。また、公共の安全の確保と公害の防止を図るため、ガス工作物・用品の規制も行っている。

### 【KN3.17】　ガス供給事業は「1872年」開始で用途は照明（歴史的概観）

日本のガス事業は街灯にガス灯を採用したことから始まった。ガス事業は高島嘉右ヱ門、仏人アンリ・プレグラン、渋沢栄一らが1872年（明治5年）横浜に工場を作り、ガス灯を夜間照明としたことが始まりである。これは英国のガス灯から遅れること60年後の話である。ガス灯は大正の初めごろまでで、後は電灯にその役を譲ることになった。

ガスを熱として使うようになったのは、東京瓦斯が、明治32年にガス器具工場を立ち上げ調理用器具を製作販売したのが始まりである（東京ガスの歴史とガスのあるくらし）。

ガスの原料は1970年代までは、石炭および石油から精製したものであった。この関係上、ガスには有毒な一酸化炭素が含まれており、ガス漏れによる一酸化炭素中毒も起こっていた。現在はLNGを気化させたガスが使われており、この問題は無くなった。なお、LPガスにも有毒成分は存在しない。

また、日本では1969年に初めてアラスカから、東京電力用にLNG（Liquefied Natural Gas：液化天然ガス）が輸入され、その後、都市ガスはすべて天然ガスに転換された。

近年ではシェールガス（【KN2.08】参照）の採掘法が開発され、飛躍的に生産可能埋蔵量が増えている。

> **＜ウンチク＞LNG輸送はイギリスが最初**
>
> LNGは1964年に英国のガス会社がアルジェリアから輸入したのが最初といわれている。それまで天然ガスは地産地消が基本で、採掘現場から地上のガスパイプラインで近隣諸国の発電所などに運んでいた。当時は海底へのパイプライン敷設が難しかったため、ヨーロッパ大陸から離れ、島国である英国ではガスパイプラインによる天然ガス輸入は難しく、一方では深刻化する環境問題への対応から脱石炭を迫られていた。このため英国は、天然ガスを−162℃まで冷却して液化（容積を1/600に）して、長距離海上船舶輸送が可能なLNG輸送システムを構築した。

## 【KN3.18】 ガス事業には「3類型」がある

ガス供給事業者には3カテゴリがある。なお、事業者数などは2013年時点のデータである。

◆**一般ガス事業** 一般の需要に応じて導管によりガスを供給する事業で、全国で209事業者（私営180、公営29）がある。供給世帯数約2,900万件（全国の世帯数は約5000万）である。大手4社（東京ガス、東邦ガス、大阪ガス、西部ガス）で約70％に供給している。約360億$m^3$/年、ガス事業法の適用を受ける。なお、2015年の法改正により、2017年4月からは一般ガス事業者は、ガス製造事業、一般ガス導管事業、ガス小売り事業に分割される。

◆**簡易ガス事業** 簡易なガス発生設備でガスを発生させ、導管によりこれを供給する事業であり、一つの団地内でガス供給地点の数が70以上のものとしている。

◆**LPガス販売事業** 約21,000事業者、約80億$m^3$/年、顧客2,400万件、ガス事業法の適用を受けない。

（資源エネルギー庁「ガス事業制度について」）

### <ポイント>簡易ガス事業誕生の背景

家庭用燃料として、それまで使われてきた木炭、練炭などの固体燃料に代わって、液化石油ガス（LPガス）が普及しはじめたのは昭和30年頃である。当時は容器（ボンベ）にLPガスを充てんして各戸ごとに取り付ける方式であった。

昭和40年頃から都市周辺部で住宅団地の造成が急増し、LPガスを導管で供給する「導管供給方式」が採用されるようになった（一部地方では容器方式が残っている）。このような情勢に、国は70戸以上の団地に対する導管供給事業を公益事業として取り扱うこととし、昭和45年に「ガス事業法」を改正して、これを簡易ガス事業と規定し、同法を適用することになった。

それ以後、簡易ガス事業は、その供給方式の簡便性、需要に対する迅速性、経済性などから全国的に普及した。約1,500事業者で、約1.7億$m^3$/年、顧客140万件である。

## 【KN3.19】 都市ガスの搬送には「3つ」の圧力レベルがある

都市ガスが海外のガス田から消費者に届くまでにはつぎのようなプロセスを経る。

ガス田 ⇒ 液化システム ⇒ LNGタンカー ⇒ 受け入れ基地 ⇒ 気化システム ⇒ LPG・エアー混合プロセス ⇒ 高圧導管 ⇒ 高圧ホルダー ⇒ 高圧ガバナー（整圧器）⇒ 中圧導管 ⇒ 中圧ホルダー ⇒ （中圧供給）中圧ガバナー ⇒ 低圧導管 ⇒ 内管 ⇒ メーター ⇒ 消費機器

国内でのガス搬送には、ガス事業法に規定されているように、高圧・中圧・低圧の三つの圧力レベルがあり、各社でさらに細分化されている（表－1）。

消費者へは中圧と低圧で供給され、中圧は大規模需要等であり、家庭へは低圧で行われている。

表－1 圧力レベルの種類

| 圧力レベル | O社の呼称 | 圧力範囲 |
|---|---|---|
| 高圧 | 高圧 | 1.0 MPa 以上 |
| 中圧 | 中圧A | 0.3～1 MPa |
| | 中圧B | 0.1～0.3 MPa |
| | 中圧C | 0.03～0.1 MPa |
| | 中間圧 | 2.5～30 kPa |
| 低圧 | 低圧 | 1.0～2.5 kPa |

### <ポイント>耐震性が証明された中圧以上配管

1995年に起こった阪神大震災では、都市のライフラインが崩壊した。この中で中圧以上の輸送管にはガス漏れがなく、耐震性が証明された。

## 【KN3.20】 13Aと12Aで「99.9%」を占める　（都市ガスの種類）

都市ガスには、比重、熱量、燃焼速度によって、13A、12A、6A、5C、L1、L2、L3の7種類がある。都市ガスの名称は、数字がウォッベ指数（ポイント参照）に比例する値を示し、英字は燃焼速度の分類（A：遅い、B：中間、C：速い）を示す。なお、L1、L2、L3はいくつかのガスのグループの名称であり、L1、L2、L3の順で発熱量は小さくなる。

日本の都市ガス全体におけるシェアは、高カロリーガスである13Aと12Aで99.9%を占めており、そのほとんどが13Aである。発熱量（HHV【KN1.14】参照）は、13A：約45 MJ/$m^3$、12A：約42 MJ/$m^3$ である

> **＜ポイント＞熱量調整にLPGを添加**
>
> 都市ガスとして供給規程を守るため、発熱量の大きいLPGが添加され、熱量調整が行われている。また、天然ガスはもともと無臭であるが、ガス漏れ認知のために、付臭剤が添加されている。

> **＜ポイント＞ウォッベ指数**
>
> ウォッベ指数は　（発熱量）／$\sqrt{\gamma}$
> で定義される。なお、$\gamma$ はガスの比重量である。燃焼器のノズルから噴出するガスの噴出量が $\sqrt{\gamma}$ に反比例することを考えた燃焼性指標の一つであり、ノズルからの噴出熱量の大きさを示す指標と考えてよい。

## 【KN3.21】 単位体積当たりの発熱量でLPGは都市ガス13Aの約「2.3倍」

都市ガス13A（天然ガス由来）と一般的なLPGの比較の例を**表−1**に示す。都市ガス13A（天然ガス由来）は空気よりも軽く、上方に拡散し、燃焼下限値（燃焼することのできる空気中の濃度の下限値）は比較的高く、安全性がそれだけ高いガス燃料である。

一方、LPGは空気よりも重く、漏れた場合には室の下部に溜まる。LPGの発熱量は単位体積あたりでは13Aの2.3倍（重量は2.4倍）であり、単位質量あたりでは5%ほど低い。また、燃焼下限も低く、漏えい時の爆発には注意が必要である。

なお、地域によっては、LPGに空気を混合して13Aガスとして供給している箇所もある。

表−1　都市ガス13AとLPGの比較の例

|  | 都市ガス13A | LPG |
|---|---|---|
| 組成 | メタン　88.9% | − |
|  | エタン　6.8% | エタン　1% |
|  | プロパン　3.1% | プロパン98% |
|  | ブタン　1.2% | ブタン　1% |
| 標準発熱量 | 45 MJ/$m^3$ | 102 MJ/$m^3$ |
| 比重量 | 0.638 kg/$m^3$ | 1.52 kg/$m^3$ |
| 燃焼範囲 | 5〜15% | 2.2〜9.5% |

## 3.3 石油・石炭の供給システム

◆石油の供給システム

「もし石油がなかったら1世紀以上も文明が損なわれる」ともいわれているように、石油はさまざまな用途に使われ、現在の産業活動と暮らしにとって欠かせないエネルギー資源となっている。油種別に消費分野を見ると、自動車燃料に使用されるガソリンが一番多く、このほか軽油としてバス・トラックの燃料、ジェット燃料として航空機の燃料、LPガス、灯油として一般家庭や業務用の暖房、重油として発電や工場などのボイラ燃料、ナフサとしてプラスチックや各種の合成樹脂など石油化学製品の原料に使われ、その特性を活かし、幅広い分野で利用されている。

石油は日本の高度経済成長期を支えてきたエネルギーである。1970年代には、一次エネルギーの約80％を占め、石油の8割を中東産油国に依存してきた。しかし、中東紛争により原油価格が急騰した1973年の第一次オイルショックを期に、中東以外への石油輸入先の多様化、また石油の一次エネルギーに占める割合の軽減化と、他のエネルギーへの分散化が図られてきた。

2005年度では、一次エネルギーにおける石油の構成比は約49％まで低減した。輸入先はインドネシア、中国、メキシコなどに分散し、1987年には中東への依存度を68％にまで抑えた。しかし、韓国や中国などアジア地域内での消費量の増加とともに、再び中東依存度が高くなり、2006年には約89％まで増加した。年間約2億4,300万キロリットル（2006年）という世界第2位の石油輸入国である日本にとって、産業活動や暮らしにとって依然として大切な資源であり、今後も、その安定的な確保が大きな課題となる。

石油の資源としての特徴や輸入先などは第2章で述べた。ここでは、資源国から日本への輸送に関する現状、国内における備蓄、石油の精製による石油製品など、基本的なシステムについて紹介する。

◆石炭の供給システム

石炭は、用途によって原料炭と一般炭に分けられる。現在、石炭が都市のデマンドサイドで使われることはほとんどない。したがって、石炭については簡単に備蓄量についてのみ示すにとどめる。

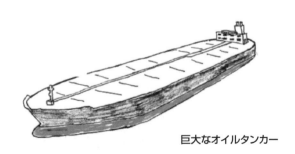

巨大なオイルタンカー

## 【KN3.22】 タンカー「3隻」で1日分のオイルを輸送

タンカーは規模の経済の成立する典型的な対象であり、どんどん大型化していった。1979年に56万重量トンが建設されたあと、規模の経済が見直され、大型化は沈静化した。現在は30万トン級が最大である。タンカー25万トンで、日本の輸入量を年2億5千万トンとすると延べ1,000回の輸送に相当する。すなわち、タンカー3隻で日本の1日ぶんが輸送される。

タンカーは巨大であり、30万トン船で長さ330m（東京タワーと同じ）船底からデッキまで75m（甲板まで29m）全幅60mもあり、船艙の中は15〜20のタンク艙に分かれている。そのための輸送による石油消費は、中東との往復で約2,200kℓになる。（出光タンカーの歴史と原油タンカーの分類）

なお、タンカーの大型化は、オイルタンカーの事故時に海洋汚染の大きな問題となった。有名なのは1989年のエクソン・バルディーズ号事件である（ポイント参照）。これらを契機に、座礁・衝突などによるオイルの船外流失を避けるため、現在ではほとんどが二重船殻構造化や、小タンクへの分割などの対応がとられるようになった。これらは、規模の不経済である。

なお、対策の進展で、重大なオイル流出事故（700トン以上）は、1970年代の年平均24.6件から年々減少し、2010年代は1.7件に減少している。

### <ポイント>バルディーズ号事件

1989年3月23日5,300万ガロンを積んだエクソン・バルディーズ号は、アラスカのバルディーズ港からカリフォルニア州プリンスウイリアム湾に向かった。しかし24日0時過ぎに、操船ミスにより暗礁に乗り上げ、積載量の約20% 1,100万ガロンの原油が流出した。この事故はこれまでに洋上で起こった人為的環境破壊のうち最大級のものである。訴訟では1994年に、2億8,700万ドルの物的損害賠償と懲罰的損害賠償に50億ドルの判決が出たが、紆余曲折があり2007年に、懲罰的損害賠償25億ドルで結審した。また汚染除去のために、膨大な人員とコストが費やされた。この事故がダブルハル（二重船殻）設計の義務化のもととなった。（Wikipedia）

## 【KN3.23】 石油の備蓄は「207日」ぶん

日本の石油備蓄は、1962年OECDの勧告で43日分（1965年）であり、ヨーロッパ諸国の65日分より低かった。1967年第三次中東動乱を経て、OECDは加盟国に対して90日分の備蓄を1975年までに整備するように勧告した。日本では1976年石油備蓄法が施行され、民間備蓄90日分、これを越える分は国家備蓄となった。現在では、国家備蓄5,000万kℓ（75日分）、民間備蓄は減少して平成5年以降、70日分が義務づけられている。2016年3月末時点の国家備蓄122日分（約4,700万kℓ）、民間81日分（約3,000万kℓ）、産油国共同備蓄4日分（134万kℓ）で、合計207日分である。

これらの備蓄された石油は、随時、新しい石油と入れ替えている。

備蓄場所は、国家備蓄が国内10箇所、民間備蓄は国内17箇所となっている。（石油天然ガス・金属鉱物資源機構）

### <ポイント>石炭の備蓄は4日余り

日本では石炭も大量に使われている。しかし、石炭の備蓄能力は、2011年で、貯炭能力200万トン／年間消費量1億6976万トン×365日＝4.3日分である。石炭には、石油のような資源の地政学的リスクが少ないからである。これも石炭の安価な理由の一つである。なお、石炭の備蓄は完全な民間頼みである。（資源エネルギー庁）

## 【KN3.24】 原油の精製で「5種」の製品を製造

原油を精製すると、多くの種類の石油製品ができる。製油所に運ばれてきた原油は、蒸留装置や分解装置によって、ガソリン、灯油、軽油、重油などのさまざまな石油製品に生まれ変わる（図－1）。高さが50メートルもある蒸留塔の中に、加熱炉で350℃に熱した原油を吹き込むと、重いものから、①沸点350℃以上で重油・アスファルト、②沸点240～350℃で軽油、③沸点170～250℃で灯油、④沸点35～180℃でガソリン・ナフサが分留、⑤塔頂からLPガス、が抽出される。

重油の内、A重油は90％が軽油で残りが残渣油である。B重油は半々で、C重油は90％以上が残渣油のものである。最近、B重油はほとんど生産されていない。

なお、原油の精製は日本国内で行われている。タンカーで日本に原油を輸送し、国内の製油所で石油製品が製造されている。

図－2には油田から消費者へ石油を届けるインフラの概要を示す。

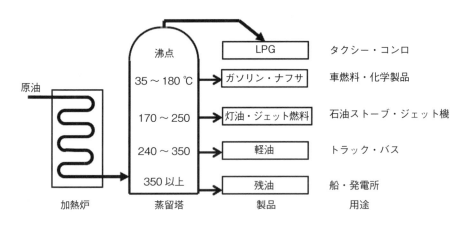

図－1　石油精製システム（石油情報センター「石油精製」から作成）

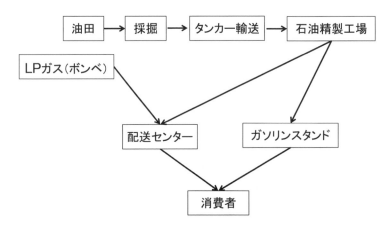

図－2　油田から消費者への石油のフロー

## 3.4 地域冷暖房システム

　暖房設備は寒冷地域では人間生活に不可欠な設備であり、各建物、各住宅に設備がある。熱関連機器は規模の経済が働く分野であり、熱源設備を地域のセンターに置き、暖房に必要な温水や蒸気を各建物に供給するのはさまざまなメリットがある。

　欧米各国の住宅では、地下室などにセントラル暖房設備をもつ全館暖房のことが多い。それを地域セントラル設備に置き換えるのは比較的容易であった。また、地域に火力発電所があれば、そこの蒸気を暖房用熱源として活用するのも当然のアイデアである。とくに、発電に使ったあとの廃蒸気の保有熱が使えれば、それはエネルギーカスケード利用（【KN4.21】参照）であり、エネルギーの有効利用にとってきわめて有意義なシステムとなる。

　このような背景のもと、寒冷な欧米では地域暖房と結びついた、熱併給発電（Combined Heat and Power：CHP）が普及していった。欧米の火力発電所と地域暖房システムはどちらも19世紀終盤に誕生し、ともに発展していった。後に、ゴミ焼却場や工場廃熱などの地域熱源をシステムに組み込むことも自然な流れであった（【KW4.04】参照）。また、大量の発電廃熱の廃棄問題の一つの解決策であった（【KN3.13】参照）。

　一方、日本は比較的温暖であり、北海道を除いてセントラル暖房の発想はなく、一部の部屋のみの暖房で暮らしてきた。したがって、発電所などの地域熱源と地域暖房を結び付ける発想はなく、発電所は規模の経済を活用すべく大規模化し遠隔化していった。

　日本では、環境問題から地域熱供給が注目された。高度経済成長政策で都市が高密度化し、ビル等での暖房用の重油燃焼などがSOx問題を起こし、その解決が急務であった。東京都が、大気汚染問題解決策の一つとして、地域冷暖房の推進を図ったのがわが国での発展の始まりである。日本では1970年ころから、高度に集積した業務地区を対象とする、地域冷暖房プラントが稼働していった。札幌は寒冷であり、住宅団地などで住宅対象の地域暖房が始まった。また、ごみ焼却熱などの都市熱源を活用した住宅団地対象の地域暖房も全国の大都市でつくられていった。

　以後、いろいろな社会変化を受けて、地域冷暖房のセールスポイントは変化してきている。1980年代のバブル期には、都市景観や防災性、高度集積都市の基本インフラなどの点が注目された。近年は、熱環境問題として、地球温暖化やヒートアイランド緩和効果、都市未利用熱などの活用のための受け皿、などとして注目されている。なお、2016年の「電気事業法等の一部改正」で許可制から登録制へ規制緩和された。

> **＜エッセイ＞地域冷暖房取組みの東京と大阪のちがい（自治体の理解がきわめて重要）**
>
> 　東京では大気汚染対策として地域冷暖房（地冷）が推進された。SOx対策からNOx対策へと、熱供給事業は東京都の支援を受けて順調に発展してきた。一方、大阪は1970年の万国博覧会を機に、地域冷暖房がスタートするなど、地冷の出だしは良かったが、その後は主に個別方式での汚染削減努力の結果、大気汚染問題は深刻ではなくなった。今や、環境問題では地球温暖化・ヒートアイランド問題対策との関連を、また、エネルギーの有効利用への寄与を重視すべきである。地冷の推進には、自治体の理解がきわめて重要である。例えば、都市排熱をうまく利用できる場所が地域冷暖房の適地であり、ゴミ焼却等の排熱利用地域熱供給事業や熱媒配管の公道敷設等への理解が望まれる。
>
> 　エネルギーを有効活用するシステムの実現は、地域の特性に適合したものであることが肝要であり、これは「自治体が担うべき重要な業務」という位置づけが必要である。

### 【KN3.25】 日本では「1970年」大阪万博の地域冷暖房で開始（歴史的概観）

色々な資料を参照すると、世界の地域暖房のスタートに関して以下のような情報がある。

- ◆ 1875年　ドイツで地域暖房が始まった
- ◆ 1877年　ニューヨークのロックポートで地域暖房が始まった。
- ◆ 1879年　ニューヨークで発電所からの蒸気で熱供給が始まった。
- ◆ 1882年　ニューヨークに世界最初の商用発電所が始まった。
- ◆ 1893年　ドイツのハンブルグで熱供給の発電所からの蒸気で地域暖房が始まった

情報がやや錯綜しているが、地域暖房と商用発電所の始まりはほぼ同一で、19世紀後期である。また、暖房が必須の寒冷地の欧米では発電所と地域暖房が密接な関係で始まったのも間違いないであろう。

日本では、北海道は別として、地域熱供給は地域冷暖房で始まった。1970年の大阪万博でシステムが作られ、それを千里中央地区で実用プラントとしたのが始まりである。なお、世界最初の地域冷暖房はハートフォード（アメリカのコネチカット州の州都）で、1962年であった。

欧米では主として住宅を中心とした地域暖房で、日本は寒冷地の北海道を除いて、業務地区で冷房を主体とする地域冷暖房がメインである。この関係で、現在の日本の地域冷暖房全体では、冷熱60%弱、温熱40%、給湯1%がおおよその割合であり、冷熱が温熱の約1.5倍の供給熱量である。

### 【KN3.26】 熱供給事業法は「21 GJ/h」以上の規模に適用

熱供給事業は、一般電気供給事業、ガス供給事業と同じく、公益事業として認められている。「熱供給事業法」が定められており、需要家や一般市民が不利益を被らないように規制がかけられている。これによると、供給規模として、加熱能力 21 GJ/h（5 Gcal/h）以上の規模が規定されている。また、熱供給事業を行うには、同法に基づく事業の登録が必要である。なお、平成28年に規制緩和がなされ、許可制から登録制になり、熱料金の認可なども不要となった。

21 GJ/h は、事務所ビルの暖房熱需要は400 kJ/$m^2$h 程度であるため、おおよそ5万 $m^2$ の床面積に相当する規模である。

その他、熱供給事業には、都市計画法および道路法が関係している。前者において熱供給施設が都市施設として位置付けられている。後者では、道路の占有について、電気・ガス等の公益物件並みの取り扱いがなされている。熱供給の都市計画決定が必要な都市もある。

> **＜ポイント＞日本の熱供給設備の総能力は温熱、冷熱とも約 14,600 GJ/h**
>
> エネルギー源は、◇温熱時（ガス系83%、電気系11%、油系4%、排熱その他2%）、◇冷熱時（ガス系59%、電気系41%、排熱その他0.2%）である（日本熱事業協会：2014年度熱供給設備・事業等実績調査）。最も多いのがガス系燃料である。地域冷暖房の熱源割合は、設備容量比で表記するか、原燃料使用量の割合とするかによって変わる。また、事業成立の事情や稼働時の社会や環境条件の変化によってもエネルギー源は変化する。事業のトータルコストが最小になるように計画・稼働がなされる。地域冷暖房で期待されるのは、都市排熱の有効活用である。

## 【KN3.27】 地域冷暖房の「11」のメリット

　熱供給（地域冷暖房）は熱源設備を熱供給側にまとめることによって様々なメリットがある。ここでは、キーナンバーを「11」として、一般的に言われている11のメリットを示す。

- ◆**省エネ効果**　高効率機器の導入、高度なエネルギーマネジメントなどにより省エネが達成できる。
- ◆**環境効果**　熱供給（地域冷暖房）は省エネルギー効果を発揮することで二酸化炭素（$CO_2$）の排出を抑え地球環境に寄与する。大気汚染などの公害防止、冷房排熱を潜熱処理することによるヒートアイランド緩和効果、などによる都市環境に寄与する
- ◆**省スペース効果**　ビル側は機械室を小さくできて、地下や屋上に有効なスペースが生まれ、様々な用途に活用できる。
- ◆**熱源設備集積効果**　個別の建物毎に熱源設備を設ける場合の総設備容量は最大負荷の合計になる。しかし、同時使用率があり、地域冷暖房は設備が集約でき、総設備容量は約60％前後となることもあるなど、集積効果がある。
- ◆**都市景観向上効果**　煙突や冷却塔の集中化による建物外観や屋上の景観が向上する。
- ◆**電力負荷平準化効果**　ガスシステムなどの導入により、電力負荷平準化に寄与する。
- ◆**都市防災機能の向上効果**　エネルギー源の集中管理による火災発生源の削減、火災発生時や地震時に蓄熱槽や受水槽の水が使用できる。発電機により非常時の電源確保ができる。なお、1995年の阪神大震災時に神戸の地域冷暖房設備に大きな被害がなく、供給安定性が確認されている。
- ◆**供給の安定性、信頼性の向上**　専門オペレータによる運転・維持管理、エネルギーの多様化による安定供給性などのセキュリティが向上する。
- ◆**省力化**　各ビルに必要な冷暖房設備関係の資格者が省略できるなど、省人化ができる。
- ◆**エネルギーの有効活用**　地域冷暖房システムの採用によって、未利用エネルギーの活用などエネルギーの有効活用が進む。
- ◆**エネルギーマネジメントの推進**　地域エネルギーマネジメントにより、地域トータルでのエネルギーシステムの運用が向上する。

---

**＜ポイント＞デメリットは初期投資の大きいこと**

　以上のように地域冷暖房には多くのメリットがある。しかし、それほど普及していないのは、地域配管に大きな投資が必要な点である。地域熱供給事業は、街の需要の張り付きに10〜15年かかる事業であり、熱供給事業には事業者が先行投資負担に耐えられるような国や地方自治体の支援施策と事業者自身の体力が必要である。このシステムの導入には、都市に長期的視点から利益を生み出すインフラを作ろうという、「行政（デベロッパー）、需要家、熱供給事業者」3者の強い信念と協力が必要となる。

---

**＜ポイント＞巨大な冷水輸送管**

　熱を送る熱媒は一般に水が使われる。温熱は、温水、高温水（加圧された100℃以上の水）、蒸気が用いられる。温水・高温水が一般的で、蒸気は高層ビルのある地区に使われる場合がある。冷熱に対しては、冷水が使われる。冷水輸送管は往きと還りの冷水の温度差が高々10℃程度しかとることができない。温水輸送管では数十度の温度差がとれるのと対照的である。送ることのできる熱量は　$c\rho \times$（流量）×（温度差）　である。温度差が小さいことは流量を大きくせねばならず、配管が巨大なものとなる。直径1mを越えることもある。したがって、配管および埋設コストが事業を圧迫することになる。

## 【KW3.01】 地域熱供給の「ネットワーク化」

ドイツなどのヨーロッパの地域暖房先進地では、地域暖房プラントがネットワーク化されている場合が多い。ネットワークには、各種排熱、CHP、専用の燃料焚きボイラなど、いろいろな熱源のプラントが連結されており、廃熱の有効活用ができるようになっている。これらの国々では、CHPと地域暖房（DH）が地球温暖化対策の二酸化炭素削減の戦略的技術に位置づけられており、更なるシェア拡大の政策が取られている。

日本でも阪神大震災あとの復興で神戸に地域冷暖房のネットワーク化のための、廃熱幹線が検討された。フィージビリティスタディでは、省エネ効果、環境効果では十分な性能があるが、初期投資等の問題もあり実現していない。本節のまえがきでも述べたように、ヨーロッパには寒冷な気候による熱需要と、長い着実な歴史があるため、このようなシステムが無理なく導入できるのであろう。一方、わが国では冬には暖房負荷が、夏には冷房負荷があり、年間の設備稼働率が高いというメリットがある。単なるヨーロッパモデルの導入ではなく、このような需要にマッチする都市廃熱等の未利用エネルギーを活用できる地域熱供給システムのネットワーク化が検討されるべきであろう。

なお、ネットワーク化はシステムの改修時やトラブル時にも威力を発揮する。あるプラントの停止時には、他のプラントからの融通が受けられるからである。予備機器などをもつ必要がなく、この点で初期費用が低減できる。

> **＜ポイント＞ CHP発電所の熱製造のCOPの例**
>
> 熱併給発電所では、熱需要があれば発電出力を減らして熱に回す。COPとして、電力1 kWhを減らして作られる熱kWhの量として定義できる。この値はシステムデザインに依るが、筆者が1990年代に訪問したデンマークの発電所では、COP＝8程度というデータが示されていた。代替の方法として、需要端で電気から熱を作れば、電熱ヒータではCOP＝1、ヒートポンプであればCOP＝3〜4といったところであろう。したがって、熱併給のCOPはかなり高く、各家庭で熱製造機器も要らないなど、メリットは大きいと言えよう。

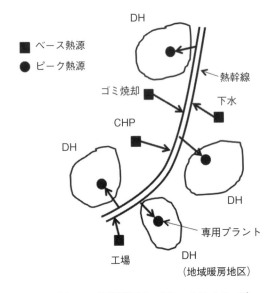

図−1　地域暖房ネットワークのイメージ

> **＜エッセイ＞都市インフラとして完全に認知されている欧州の地域暖房**
>
> 欧州などは、歩道下の浅い地中に配管敷設が行われることが多い。イェテボリでも、ストックホルムでも路面の石のフタを開けると、熱配管にすぐアプローチできるようになっていた。わが国では、先行インフラの水道、電気、ガスなどに優先権があり、これらに迷惑をかけないという考え方がベースである。したがって、埋設深さは数メートルになるなど、配管敷設やメンテナンスがきわめて高価なものとなる。
>
> 日本でも、◇プラントスペースの容積率への不算入、◇未利用エネルギー調査費融資、などの優遇措置はある。しかし、既存インフラが優先である。地域熱供給の進展には、「新しいシステムの育成」の発想が必要である。

## 【KN3.28】エネルギーの面的利用の「3」類型

最近は「エネルギーの面的利用」という用語で都市のエネルギー有効利用が重視されている。都市のエネルギーの面的利用にはつぎの3類型がある。

◆熱供給事業型

大規模なエネルギープラントをもち、広域の供給エリアに供給する。

◆集中プラント型

エネルギープラントから小規模の特定地区内の需要家に供給する。

◆建物間融通型

近接する建物が協力してエネルギーの融通や熱源設備の共同利用をする。

いままでは、熱供給事業型だけで、ガス会社や電力会社、デベロッパーが中心となって、都市の再開発などを契機に需要先の確保や事業採算性をにらんで面的利用が行われてきた。今後はもっと多様に、小規模の面的利用の推進が期待される。

このような多様な面的利用を実現するためには、地区のいろいろなエネルギー情報が整備されることが必要である。例えば、各ビルの余剰熱なども含む未利用熱源や資源など、整備すべき情報のあり方・TEMSへの発展の検討も必要である。

このようなデータベースをもとに、自治体がきめ細かなエネルギーの有効利用システムの実現を支援する発想が必要である。

いままでは、エネルギー関連情報は民事であり、自治体は民事不介入の立場で構わなかった。自治体は、原発などの供給系への意見の発信も必要であるが、このようなデマンドサイドのこともしっかりと対応するべきである。（エネルギー面的利用促進会2005）

## 【KW3.02】供給インフラとしての「地域冷暖房のあり方」

地域冷暖房や熱供給事業は、電気事業、ガス事業に次ぐ第3のエネルギー関連の公益事業である。しかし、熱供給事業法に規定されたような、きちんと熱を供給するだけの事業であれば発展性は限定されるであろう。電力供給においても、ガス供給においても、エネルギー供給事業というより、エネルギーサービス事業になりつつある。地域熱供給は、熱というより具体的なエネルギーを扱うところから、この点をより強く認識した事業とすべきである。

一つは、需要家も含んだエネルギーマネジメントを考えることであろう。すなわち、供給メーターまでが供給事業者のテリトリーであるが、需要家のシステムも含んだシステムのデザインと運用を最適化する発想が必要である。また、そこにはスマートコンシューマを育てる発想も必要である。これによって需要家まで含めたシステムCOPの上昇に貢献できる。そして、エネルギーサービス事業をより意識すべきであろう。例としては、スウェーデンのイェテボリ市では、熱供給だけではなく、暖房・冷房サービスを請け負うビジネスが行われている。また、公的支援を受けやすくするために、公共事業として認知される要件を備えることも必要である。

> **＜エッセイ＞水道事業にもこの発想が必要**
>
> 筆者は水道事業のあり方を考える委員会に参加したことがある。そこで感じたのは、水道事業者の「高品質で安全な水の安定供給」という意識と誇りであった。しかし、筆者の誤解かもしれないが、それは水道メーターまでであり、それ以後は別の問題という雰囲気であった。市民がどのような水を飲み、どのように水を使っているのかまでは視野に入っていないように感じた。これはまさにサプライサイドの発想である。エネルギーにしても水にしても、全体を見る発想は今後きわめて重要である。電力の発送電分離もこのようなシステムにならない注意が必要である。

# 第4章

## マクロエネルギー消費とデマンドサイド対応の概要

# 第4章 マクロエネルギー消費とデマンドサイド対応の概要

　世界のエネルギー資源の総消費量とその動向は最も基本的なマクロ情報である。また、日本の消費は世界の中でどのような位置にあるのかも基本情報として知っておくべきであろう。本章ではこれらに関するキーナンバーを紹介する。本章では、マクロな消費情報に止め、消費の内容については第5、6章で述べる。なお、データの表示方法として、世界の1年間の総エネルギー消費であれば天文学的数値となり、全く理解できない。そこで、ここでは原則として一人・一日あたりの原単位にして表示する。また、一つの試みとして、生物としての人間が消費するエネルギーや水の消費量を1MEU、1MWUと定義し、「その何倍の消費」という形での表示と考察も行う。

　序論でも述べたように、いままでエネルギーの需要は与件であり、少なくともわが国においては、これを満たすように安定供給がなされてきた。そして、デマンドサイドは個々のユーザーによって光熱水料の節減行動が行われるくらいで、システム的な対応はほとんど存在しなかった。今や、デマンドサイドも持続可能社会実現の重要なプレイヤーとして、エネルギーの有効活用システムを構築していくことが必要である。これには、需要の質に合った適切なエネルギー消費機器の採用、再生可能エネルギーを活用したオンサイトの分散型エネルギー供給システムの活用などのハード対応から、エネルギーマネジメントや省エネ活動の推進などのソフト対応までの総合的な対応が必要である。現在、これらの活動の展開において、政策的な各種制度や新たなビジネスモデルの開発の可能性もいろいろ模索されている。本章では、これらの考え方や事例等についても紹介する。

　また、従来の電力・ガスという巨大エネルギーインフラではなく、デマンドサイドで発電等を行う、小規模分散発電の代表であるコージェネレーションシステムについてもここで解説する。なお、地域熱源や自然エネルギーを活用する小規模分散型エネルギーシステムについては、第3章の再生可能エネルギーの項で紹介している。

　本章の要点を言えば、日本はアメリカ、中国に次ぐ世界第3位の経済大国であるが、エネルギー資源が乏しく、エネルギー消費効率を高めることが重要である。なお、日本のエネルギー消費効率は世界のトップクラスであるが、デマンドサイドのシステム的対応をさらに推し進め、それを世界のスタンダードにしていくことが、日本の国益となり、国際貢献の大きなポイントである。

<本章の主な参考図書等>
①通商産業省編「エネルギー白書2014」、②日本エネルギー経済研究所計量分析ユニット編「エネルギー・経済統計要覧」省エネルギーセンター2016、③同「エネルギー・経済データの読み方」同、2011

## 4.1　世界と日本の一次エネルギー等の消費

　ここでは、世界全体における一次エネルギー消費とその中における日本のエネルギー消費についてのキーナンバーを紹介する。定性的な動向はつぎのとおりである。日本は1960年前後の高度経済成長で一気に先進国の仲間入りをして、エネルギー消費も大きな伸びを示してきた。そして、一人あたりでは世界平均の2倍程度のエネルギーを消費している。しかし、近年のエネルギー消費量は横ばいから減少傾向にある。なお、世界では新興国が著しい発展を続けており、世界全体のエネルギー消費量は伸び続けている。しかもその大半が化石燃料（石炭・石油・ガス燃料）であり、資源枯渇リスク、環境リスクの大きな要因となっている。エネルギーのユーザーとしてのデマンドサイド関係者も、実態を正しく認識し、持続可能社会の実現のために、しかるべき役割を果たさなければならない。なお、再生可能エネルギーについては、第2章で扱ったため、ここでは、化石燃料について概説する。また、日本のマクロなエネルギー状況は2.3節の日本のエネルギー源も参照されたい。

---

### ＜ポイント＞一次エネルギーと二次エネルギー

　エネルギー消費を量的に表すときに、一次エネルギーと二次エネルギーの違いに注意する必要がある。一次エネルギーは、天然・自然に採掘されたままの石炭、原油、天然ガスの状態のエネルギーを言う。これらを加工・精製して使い易い形にした電力、石油製品、都市ガスなどの状態のエネルギーが二次エネルギーである。両者の違いは特に電力エネルギーを考えるときに大きく表れる。これは、一次エネルギーから電力への変換効率が低いためである。国の統計値などの扱いでは二次エネルギーから一次エネルギーへの換算値が決められている（詳細は【KN4.01】参照）。

---

### 【KN4.01】　日本の電力の一次エネ換算値は「昼9,970、夜9,280 kJ/kWh」

　わが国の「エネルギー使用の合理化に関する法律施行令（平成18年3月改正）」では、電力に関しては、一般電気事業者の電力に対して、昼間9,970 kJ/kWh（需要端発電効率36.1％相当）、夜間9,280 kJ/kWh（同38.7％）、その他事業者の電力は9,760 kJ/kWh（36.9％）である。なお、これらは送電損失なども考えた設定（需要端効率）である。一般電気事業者の効率が低い設定になっているのは、これが主たる理由である。

　なお、一次エネルギー換算は、火力発電の換算値で設定されている。夜間と昼間の差は、夜間の方がベース電源（【KN3.07】参照）として、高効率発電が稼働していることによる。

　熱に対しては、産業用蒸気1.02 GJ/GJ、産業用以外の蒸気、温水、冷水に対して1.36 GJ/GJとしている。これは、ボイラや冷凍機の機器の熱への変換効率の実態を考慮したものである。

### ＜ウンチク＞原子力・水力発電等の一次エネルギー相当値

　原子力発電の効率は約33％と低い【KN3.11】参照）。また、水力発電の効率は約80％である。これらは、法律での換算値でどのように位置づけられているのであろうか？一次エネルギー換算値は、火力平均で設定されており、このような点は考慮されていない。原子力・水力等の1次エネルギー相当値はこの方法で発電量から逆算して求められている。

## 【KN4.02】 エネルギー消費（石油相当）は1人1日世界「6リットル」、日本「11リットル」

2012年の世界の総一次エネルギー消費は石油換算で132億トンであった。人口は70.8億人であり、1人1日あたりの量では6.0リットルになる。

一方、日本の一次エネルギーの供給は、2012年に、石油換算4.52億トンである。これは、1人1日あたりに換算すると、11.4リットルの石油に相当する。

おおまかに言えば、日本は世界平均の「2倍」のエネルギーを消費している。

これらは、世界と日本のエネルギー消費に関する最も基本的なキーナンバーである。

なお、代表的な国の状況（2012年）を表－1に示す。これは世界平均を1とした、各国の相対値である

アメリカは世界平均の約3.6倍、ドイツ、イギリス、日本はほぼ同程度である。なお、これらの値は産業用も含んでいるため、単純にエネルギー多消費の生活の指標ではない点に注意が必要である。（参考②）

表－1 各国の一人あたりのエネルギー消費量

| 国 | 比率 |
| --- | --- |
| 世界 | (1) |
| 日本 | 1.89 |
| アメリカ | 3.64 |
| ロシア | 2.76 |
| イギリス | 1.62 |
| ドイツ | 2.07 |
| 中国 | 1.11 |
| 韓国 | 2.82 |

## 【KN4.03】 世界の総消費は1965年から年率「2.6％」の伸び率で増加

世界の一次エネルギーの総消費は1965年に38億トン石油換算であった。前項の2012年の値は約1.5倍である。年率にすると、2.6％の増加に相当する。なお、2002年には96億トンであり、ここ10年では年率2.7％とやや増してはいるが、ほぼ同程度である。すなわち、世界ではここ50年間ほぼ一定の増加率で伸びている。

参考までに、この間の人口の伸びとエネルギー消費の伸びを比較してみよう。人口は1965年に約33億人、2012年に約70億人である。これは、年率1.6％程度の伸びである。すなわち、この間の総エネルギー消費の伸び率の内訳は、人口の伸びで1.6％、生活レベルの向上等で1.0％である。人口の伸びの影響の方が大きい。

近年におけるエネルギー消費の変化について特徴的なのは、先進国（OECD諸国）の伸び率が低く、開発途上国で高くなっている点である。具体的データとして、世界に占めるOECD諸国の比率が、1965年が70％、2012年には44％に低下している。地域的にはアジア大洋州地域の伸びが顕著である。

すなわち、主役の交代によって、世界の一次エネルギー消費は伸びつづけている。（参考①）

＜注＞ OECD諸国、アジア大洋州とは

OECD諸国は、経済開発機構に参加の国で、いわゆる先進国である。ヨーロッパ各国、アメリカ・カナダ等の北米の国、アジア大洋州の国、その他で計34ヶ国である。

また、アジア大洋州は、日本、朝鮮半島、中国、東南アジア、インド、パキスタン、フィリピン、オーストラリア、ニュージーランドにわたる地域の国々であり、近年発展の著しい地域である。

## 【KN4.04】 近年の日本のエネルギー消費の伸びは「5期」に分かれる

前項で述べたように、世界のエネルギー消費は伸びつづけている。日本はどうであろうか。ここ半世紀ほどの間の日本の一次エネルギー消費量の経年変化はつぎの5期に分けられる。

◇高度経済成長期には急激に伸びた。
◇1970年代のオイルショック期から80年代の不景気の時代には伸びはわずかであった。
◇その後、90年代中ころまでのいわゆるバブルの時代には急激に伸びた。
◇以後、2007年ころまではほとんど伸びていない。
◇それ以降の最近はやや減少傾向である。

このように、日本の一次エネルギー消費は景気の動向に大きな影響を受けてきた。最近の減少傾向は、景気の低迷もあるが、省エネが進展したことも大きいと考えられる。

一般に、高度経済成長期の伸びに目をとられて、「わが国のエネルギー消費量は伸び続けている」と誤解している人が多いようであるが、「最近は減少傾向」であることは認識すべき点である。

## 【KN4.05】 化石燃料の割合は世界では「80%」、日本では「94%（2013年）」

世界のエネルギー源別一次エネルギー消費は、2012年に「石炭29%、石油32%、ガス21%、原子力5%、水力2%、新エネルギー1%、可燃性再生可能エネルギー10%」となっている。前3者はいわゆる化石燃料であり、全体の82%を占める。概数で言えば、「石油・石炭がそれぞれ30%、天然ガスが20%」である。（参考①）

化石燃料の中でのシェアの変遷は、石油が1960年前ころに石炭を追い越し、それ以後、トップシェアとなっている。しかし、2000年ころに石油の比率がピークとなり、それ以降から石炭の消費が増え出している。いまや、石炭が石油に迫る勢いである。これは、中国をはじめとする発展途上国が発電用に安価な石炭火力発電を伸ばしていることによる。天然ガスは、堅調にシェアを増しているが、現在、石炭・石油それぞれの、2/3程度の消費である。天然ガスは、比較的クリーンなエネルギーとして、特に気候変動への対応を迫られている先進国を中心に、発電用、都市ガス用の燃料として尊重されている。

1970年ころから、最も伸び率が大きかったのは、原子力（年率8.2%）と新エネルギー（同8.9%）である。これはオイルショックによるエネルギー源の多様化、地球環境問題による低炭素化の要請によるものが大きい。しかし、現状でのシェアはそれぞれ約5%と1%で、あまり大きくない。

なお、日本では東日本大震災前には、化石燃料が83%、原子力が10%、再生可能エネルギーが7%程度であったが、原発停止後では原子力が化石燃料に代わって、化石燃料の比率が94%程度になっている（2013年）。

ちなみに、各国の化石燃料依存率（2013年）は、アメリカ83%、イギリス84%、ドイツ81%、フランス48%、中国88%である。ドイツは再生可能エネルギーが多く、フランスは原子力が多いため、化石燃料依存率は低くなっている。（エネルギー白書2016）

## 【KN4.06】 日本の石油依存度は「東日本震災前40%、震災後45%」

日本におけるエネルギー源別シェアを、東日本大震災前の2010年と、後の2012年について、表-1に示す。

表-1 エネルギー源別シェア（%）

| 年度 | 石油 | 石炭 | 天然ガス | 原子力 | 水力他 |
|---|---|---|---|---|---|
| 2010 | 40.1 | 22.6 | 19.2 | 11.3 | 6.8 |
| 2012 | 44.3 | 23.4 | 24.5 | 0.7 | 7.2 |

石油が群を抜いてトップシェアである。オイルショック以後、その反省により進めてきた石油依存脱却すなわち、エネルギーセキュリティの強化策が、震災後の原子力発電の停止により、大きく後退してしまった。これはエネルギーセキュリティ上の大きな問題である。(参考①)

### ＜ポイント＞エネルギー源別シェアの国際比較

2011年における各地域・国のエネルギー源別シェアを表-2に示す。なお、表中の（小計）は化石燃料の比率である。なお、2011年の日本の原発は半分以下の稼働であり、シェアは6%である。

表-2 各地域・国のエネルギー源別シェア（%）

|  | 世界 | 日本 | アメリカ | OECD欧州 |
|---|---|---|---|---|
| 石炭 | 29 | 23 | 22 | 17 |
| 石油 | 32 | 45 | 36 | 33 |
| ガス | 21 | 22 | 26 | 24 |
| (小計) | (82) | (90) | (84) | (74) |
| 原子力 | 5 | 6 | 10 | 13 |
| 水力他 | 18 | 5 | 7 | 12 |

## 【KN4.07】 生産のエネルギー効率世界「2位」の日本

エネルギーの有効利用の指標として、「GDPあたりのエネルギー消費量」がある。

表-1に2011年における各国のデータを、世界の平均を1とした相対値で示す（参考①のデータから作表）。

表で一番小さいのはイギリスであり、日本の8割である。EUはほぼ日本と同じであるが、日本を1としてアメリカは1.7、中国は6.2、ロシアは7.7であり、世界平均は2.5である。

なお、これらの値は、産業構造にも依るため、単純な優劣づけはできないが、この値が小さいほどエネルギーが有効に使われていると言ってよいであろう。日本はトップクラスには違いない。

なお、トレンドとしては、日本の値（石油換算トン／米ドル）は1990年に約0.12から2000年0.125に漸増し、2011年までに0.10と漸減している。なお、2000年くらいまでは、世界のトップであった。

表-1 GDPあたりの一次エネ消費の国際比較
(2011年)

| 国 | GDPあたり |
|---|---|
| 世界平均 | (1) |
| 日本 | 0.40 |
| アメリカ | 0.68 |
| ロシア | 3.1 |
| イギリス | 0.32 |
| ドイツ | 0.40 |
| 中国 | 2.5 |
| 韓国 | 1.0 |

## 【KN4.08】 日本の電力消費は家庭：業務：産業はほぼ「3：3：4」

　日本の電力消費の部門別内訳は、おおまかに言えば、民生家庭：民生業務：産業用は約3：3：4である（2009年参考②）。なお、電車などの運輸用電力は全体の2％程度である。総一次エネルギー消費の比率が、産業：民生（家庭・業務）：運輸がおよそ4：3：2である（【KN4.09】参照）ことを考えると、電力消費の特徴は、民生用がリードしている点にある。

　部門内での電力の消費内訳の概要は、家庭用では家電機器が70％と多くを占め、照明は13％程度、給湯は10％程度である。一方業務用は、家庭用と比較して、空調と照明が大きく、高度な室内環境の創出が行われている。（2009年資源エネルギー庁データ）

> **＜ウンチク＞都市ガス消費は家庭：業務：産業＝1：2：3.5**
>
> 　1960年ころ、都市ガスは家庭用であり、厨房用、給湯用はもっぱら都市ガスであった。しかし、1960年代の大気汚染問題により、都市での石油類の燃焼が制限を受け、ガスが石油のシェアを奪ったことが大きいと考えられる。現在も、都市ガスの相対的なクリーン性はガス普及の一つのポイントとなっている。以後、商業用および工業用の需要が伸び、現在の部門別消費量は、家庭用：業務用：工業用＝1：2：3.5程度である。

## 【KN4.09】 産業：民生：運輸＝「4：3：2」　日本の部門別エネルギー消費

　わが国のエネルギー消費は、産業・民生・運輸の3部門に大別され、各種データが公表されている。

　産業部門は、製造・農林水産・鉱業・建設の4業種の合計であり、約9割を製造業が消費している。

　民生部門は、家庭・業務の2部門からなる。家庭部門は、自家用自動車等の運輸関係を除く家庭用のエネルギー消費であり、民生部門の4割強である。業務部門は、企業の管理部門等の事務所・ビル・ホテル・百貨店・サービス業等の第3次産業等のエネルギー消費であり、民生部門の6割弱である。

　運輸部門は、乗用車・バス等の旅客部門と、陸運・海運・航空貨物等の貨物部門に大別される。前者が運輸部門全体の6割強、後者が4割弱である。

　日本の最終エネルギー消費の部門別シェア（2012年）は、産業部門43％、民生部門34％（家庭部門14％、業務部門20％）、運輸部門23％である。概数で示せば「産業：民生：運輸＝4：3：2」である。なお、オイルショック時点（1973年）のシェアは産業66％、民生18％、運輸16％であり、圧倒的に産業部門のシェアが大きかった。この間の各部門の伸びは、全体が1.3倍であり、産業0.8倍、民生2.4倍（家庭2.1倍、業務2.8倍）、運輸1.8倍であり、産業用の減少に対して、民生用の伸びが著しい。（参考①）

　産業用の減少は、オイルショックによる産業構造の変化も含め、省エネが進展した結果である。

> **＜ポイント＞部門別シェアの国際比較**
>
> 　主要各国の部門別シェアの国際比較を表－1に示す。欧米先進国と日本は傾向が異なる。日本は、程度は下がったが、明らかに工業国である。
>
> 表－1　2008年と（1971年）の部門別シェア（％）
>
> | 国 | 産業 | 民生・農業 | 交通 |
> |---|---|---|---|
> | 日本 | 39（61） | 37（21） | 24（18） |
> | アメリカ | 28（36） | 33（34） | 39（39） |
> | ドイツ | 34（43） | 43（42） | 23（15） |
> | イギリス | 27（45） | 43（36） | 30（19） |
> | フランス | 28（44） | 45（39） | 27（17） |
>
> 注）（　）内数値は1971年のシェア

## 4.2　MEU、MWUによる日本人のエネルギー等消費の概観

　前節では、日本のエネルギー消費をマクロな観点から定量的に概観した。ここでは、少し視点を変えて、生物としての人間が「体一つで消費するエネルギーをベースとして、その何倍のエネルギーを消費しているのか」という視点から定量的情報を整理する。

　生物としての人間が活動を維持するエネルギーは「代謝エネルギー」と呼ばれ、それは食物として体内に取り入れられる。人間以外の生物は、基本的にこの範囲のエネルギーによって活動している。人間は「活動の補助エネルギー」を利用することによって、生物界の頂点に立つ存在と言えよう。現代人は主として化石燃料からこの補助エネルギーを得ている。序論でも述べたように、人間のこの特性が大きな問題の根源となっているのも事実である。

　ここでは、人間が体一つで活動のために消費するエネルギーを 1 MEU（Metabolic Energy Unit）と定義する。これをベースとして、その何倍のエネルギーを使っているのかで示す。なお、序章（【KN序.02】）では、「原始人 → 農業人 → 工業人 → 現代人」という流れで人類のエネルギー消費の伸びを概観したが、これも同じような見方である。

　さらに、同じく生物としての人間が消費する水を1MWUと定義して、補助的な水消費の大きさについても示す。また、家庭生活の水消費をはじめとする物質収支と、それらを原単位として30万人都市の供給・処理インフラの容量についても概要を紹介する。

### 【KN4.10】　基礎代謝量は成人「男性 1,500kcal/ 日、女子 1,200kcal/ 日」

　基礎代謝とは何もしない安静時に、生命活動を維持するために、生体で自動的に行われる活動のために必要なエネルギーのことである。

　その量は成長期が終了して代謝が安定した一般成人で、女性 1,200kcal、男性で 1,500kcal である。その消費の半分以上を、骨格筋、肝臓、脳が占める。

　なお、基礎代謝量について、年齢で見た場合、ピークは 10 代の半ばである（日本人の場合、男性 1,600kcal 弱、女性 1,400kcal 弱程度）である。

＜ポイント＞代謝エネルギーは食物が源

　代謝エネルギーは、食物すなわち熱量素として口から体内に取り入れられ、活動に使われるエネルギーである。この熱量素は、過不足なく体内に取り入れることが望ましい。なお、余った熱量素は脂肪組織の中に蓄積され、エネルギー不足のときに消費されるが、成人病をひき起こすなど健康や美容とも関わり、人々の大きな関心事である。カロリーという単位が、SI（1.1 節まえがきを参照）で使用が認められていないのに、相変わらずこの分野で使われているのは、この一つの表れである。

## 【KN4.11】 必要摂取カロリーは基礎代謝量の「1.5〜2倍」

　一日の必要摂取カロリーは生体を維持するための基礎代謝量と、生活活動のための運動量に備える補助カロリーによって構成される。現代人は必要摂取カロリー以上のカロリー摂取の傾向があり、これが肥満につながるため、ジョギング等のスポーツを行い、余分なカロリーを消費するようになっている。

　基礎代謝量は、日本医師会ホームページによると、除脂肪体重(kg)＝体重(kg)－体脂肪量(kg)から、必要摂取カロリーの計算法の一つとして、

BMI22：(標準体重)＝22×(身長[単位m])$^2$
を基本とする、次式がある。

◇一般の事務系作業者：(標準体重)×(25〜30)
◇幼児の居る主婦：(標準体重)×(30〜35)
◇農業、漁業など：(標準体重)×(35〜40)
◇スポーツ選手など：(標準体重)×(40〜)

　基礎代謝量に対する必要摂取カロリー比率は個人差が大きいが、概略で、あまり運動しない場合は1.5倍、結構運動している場合は1.75倍、かなり運動している場合は2倍と言われている。意外に基礎代謝量の割合が大きいのが興味深い。

### ＜ポイント＞家事に励もう

　補助カロリーの中では家庭の家事が大きい。家事の内訳として、炊事、洗濯(干す、取り込むを含む)、布団の上げ下ろし、掃除をそれぞれ30分ずつ行ったとすると、462kcalを消費するが、一方ジョギングやテニスを1時間行うと、それぞれ436,454kcalを消費し、いずれも主婦の一日の家事に相当することになる。家事をしっかりすれば、自然と肥満防止になると言えよう。

　もっとも効果が大きいのは、摂取カロリーを減らすことである。いずれにしても、生活習慣ともいうべきものとして、控えめのカロリー摂取と運動の継続が大事である。(出典：家事は「治療と予防コラム」、ジョギング・テニスは「ダイエット方法ネタ本」)

## 【KN4.12】 生物としての人間が必要なエネルギーは約「100W」(1MEUと定義)

　一般生活に必要なエネルギーは、活動レベルなどにも依るが、基礎代謝量の1.5〜2倍である。以前は1日で2,400kcalと言われていたが、現在の生活レベルは、電化製品などの普及・発達により、家庭内での肉体労働が減少した関係で少なくなっている。例えば、20代の女性が一日当たり消費する全エネルギー量は、昔と比べ20％ほど減少し1,900kcalぐらいである。ここでは、概数としてつぎのような値としておこう。

◇成人男子　2,500kcal/日
◇成人女子　2,000kcal/日

　これらを解り易くワットで表示することにして、概数で考えて、

1MEU (Metabolic Energy Unit) ≡ 100 W
としよう。

すなわち、1MEUは、
◇1日で　2,100kcal/日
◇1年で　750Mcal/年 ＝ 3,200 MJ/年

　本節では、人間によるいろいろなエネルギー消費を、この単位で概観することにしよう。

### ＜ポイント＞ MPは出力、MEUは入力の補助単位

　本書では、わかり易い補助単位として、「MP：人力＝75W」も提案している(【KN1.10】参照)。MPとMEUの違いは、MPは人体からの出力、MEUは入力という点である。両者の基本的考えは、人間個人の値をエネルギー表示のベースとする点である。なお、MPは比較的短時間を対象として、MEUは1日の平均値である。

　　1MP = 75 W　　　1MEU = 100 W

## 【KN4.13】 日本で生活に消費する一次エネルギーは「60MEU」

　日本で生活に消費する一次エネルギー量は、以下の試算に示すように、人間の消費するエネルギー量（100 W）の約60倍、すなわち60MEUである。これらは、便利・快適な生活の維持や、物の生産のために消費される。

　なお、ふつう食物のエネルギーはエネルギー統計には載せられていないが、わが国では全体の約1/60であることは認識しておくとよいであろう。

◇試算(1)　日本の一次エネルギー消費量から
　4.8（石油換算億トン）= 3.9（石油換算トン/人）= $172.4 \times 10^3$ MJ/人・年
　これは、MEU = 100 W に対し、54.7倍である。

◇試算(2)　「日本が年間に原油526.4メガトン消費」から、国民一人あたりのエネルギー消費率は5,800 W（約58倍）となる。

◇試算(3)　エネルギー需給（平成24年度）から
　一次エネルギー総供給 $21,710 \times 10^{15}$ J
　= $167 \times 10^3$ MJ/人・年
　100 W に対し　167/3.154 = 52.9倍（約53倍）

　以上3つの試算から、文明の維持やものの生産に、人間が体一つで消費するエネルギーのほぼ60倍のエネルギーを使っていることになる。

## 【KN4.14】 家庭での直接消費は「9MEU」

　日本の各部門のエネルギー消費比率（2012年【KN4.09】参照）は、
　民生（家庭・業務）：運輸：産業
　= 3.4（1.5：1.9）：2.3：4.3
である。よって60MEUは、つぎのように分割される。
　家庭・業務・運輸・産業 = 9・11・14・26MEU
　すなわち、家庭での直接消費9MEU、間接消費51MEUであり、間接消費は直接消費の約5.5倍である。

### ＜ポイント＞ 4・2・1 kW 社会の提案

　電力中研の有識者会議が毎年主催するトリレンマ・シンポジウムで議論された具体案（1998年）である。地球環境に影響を与えないエネルギー消費量を、世界全体で100億kW、人口100億人と想定される2050年の目標を、1 kW/人に漸次減少させる提案である。
　2010年の世界は70.4億人、一人あたりのエネルギー消費量は2.7kW/人である。日本は1.3億人で、5.5kW/人、アメリカ10 kW/人、先進諸国6 kW/人、中国2.5 kW/人、インド0.8 kW/人が現況である。

◆4・2・1 kW の社会
　全世界が1 kW/人になるのは理想であるが、これは非現実的である。
　当面は3つのレベルに向かうことの提案である。
◇多消費国：地球環境問題を招くに至った責任
　現状の6 kW（緩やかに上昇）
　→ 4kW 社会へ（緩やかに下降）
◇中消費国：公害などの環境問題を抑制
　現状の1～2 kW（急速に上昇）
　→ 2 kW 社会へ
◇少消費国：近代化の恩恵の享受、
　現状の低レベル状態から
　→ 1 kW 社会として基本的生活を保障

◆我が国の歴史的状況
　日本の社会の発展の経過から、4・2・1 kW 社会のイメージを見てみると、
◇1 kW に突入：1955年
　白黒テレビ、洗濯機、冷蔵庫の「3種の神器」がもてはやされた。
◇2 kW 社会に到達：1965年
　東京オリンピックの翌年で、カラーテレビ、クーラー、自動車の「3C時代」
　このあとすぐに、公害・環境問題が起こった。
◇4kW 社会：1973年
　1戸に1台の自動車、原子力の立ち上げ。
注）【KN4.13】によると、現状の日本は6 kW 社会となる

## 【KN4.15】 生物としての人間を支える水　1MWU＝「2.5リットル／日」

健康な成人の水摂取は1日に約2.5リットルと言われている。これを1MWU（Metabolic Water Unit）と定義しよう

$$1\,\text{MWU} = 2.5\,\text{リットル} / 日$$

◇取り入れられる分として、食事が1.0リットル、体内で作られる水が0.3リットル、飲料水が1.2リットル
◇排出される分は、尿・便が1.3リットル、呼吸・発汗が1.2リットル、である

### ＜ポイント＞バーチャル・ウォーター

日本の国内の農業用水使用量は年570億トンである。日本は穀物・蓄産物を大量に輸入している。東大生研沖教授により、60%を占める輸入食料に627億トンの水が使用されていると試算されている。これはバーチャル・ウォーターと呼ばれ、約540MWUと大量である。

### ＜ポイント＞日本の生活用水使用量は140MWU

日本で使用される水は年831億トンで、約1.8トン／（人・日）である。すなわち、720MWUである。エネルギーの60MEUと比べて約12倍である。使用の内訳は、生活用水19%（340リットル／（人・日）＝136MWU）、工業用水14%（250リットル／（人・日）＝100MWU）、農業用水67%（590リットル／（人・日）＝236MWU）である（2007年）。なお、生活用水と工業用水を合わせて「都市用水」と呼ぶ。

日本の水使用量は、高度経済成長期を通して年々増加し、1995年に889億トンとピーク値をとったあと減少し、2009年には815億トンになった。各地の水資源開発計画等、水に関する各種計画が、右肩上がりの伸びに基づいていたため、このトレンドは、計画の見直しなど多大な影響を及ぼした。（国土交通省水資源部）

## 【KN4.16】 家庭生活の物質収支と都市の「供給・処理インフラの容量」

日本人が家庭で消費する主な物資の一人あたりの量（消費量・排出量）はつぎのとおりである。

◆消費量
　◇水　家庭240リットル／日　都市500リットル／日
　◇食料　約500 kg／人・年（2005年）
◆排出量
　◇ゴミ　900 g／日（＜ポイント＞参照）

### ＜ポイント＞ゴミの種類と排出量

ゴミには自治体に処理責任のある一般廃棄物と、排出者に処理責任のある産業廃棄物がある。通称で、前者は「イッパイ」後者は「サンパイ」と呼ばれることもある。一般廃棄物は、「生活系ごみ」と「事業系ごみ」に分けられる。全国平均（1人・1日あたり）で、前者は620g程度、後者は280g程度、合わせて900g程度である（2013年）。

### ＜ポイント＞30万人都市の処理インフラの容量

上記の各データから30万人都市の処理インフラの容量が概算できる。
　◇下水　　　　　1日15万トン水量
　◇ごみ焼却場　　1日27万トン
ごみのトン数が下水のそれの約2倍である。

### ＜ポイント＞エネルギー源としての廃棄物

都市ゴミの発熱量は約10MJ/kgである（【KN1.13】参照）。仮にこれを発電に使うと発電効率は15%程度（【KN2.34】参照）であり、1.5MJ/kgとなる。一人一日あたりでは約1.4MJとなる。これは0.4kWhに相当する。日本人の1日の電力消費は約4.2kWh（【KN5.11】参照）であり、家庭用の電力消費は約33%（【KN4.08】参照）から考えると、約3.3人のごみで1人分の家庭用電力が賄える勘定になる。なお、ごみ発電ができるためには日量200トン処理量の規模（20万人規模）が必要とされている。

## 4.3 デマンドサイド対応の動き

**【KN4.17】** 日本の省エネ法のはじまりは「1979年」(省エネ法の変遷)

わが国の省エネルギー政策は、1970年代の2回のオイルショックにより、経済が大きな影響を受け、省エネルギーの重要性が認識されたことを受けて、法制度が整備され推進されるようになった。その後、二酸化炭素削減の目的も加わり、世界や社会の動きに連動して、改訂されてきている。

◆1979年＜石油危機が契機＞

省エネ法の制定、エネルギー管理指定工場（5業種）、指定工場の管理者の選任、記録義務

◆1993年＜地球温暖化防止計画(1990)、地球サミット（1992)＞

法律の目的の改正、通産大臣が基本方針の策定・公表、エネルギー管理指定工場の定期報告義務化、特定建築物の創設

◆1998年＜COP3（京都会議）(1997)＞

トップランナー方式の導入、第1種エネルギー管理指定工場に中長期計画の提出義務を追加、第2種エネルギー管理指定工場の創設（5業種以外の製造業およびオフィスビルなど）と記録義務

◆2002年＜京都議定書批准(2002)、持続可能な発展に関する世界首脳会議(2002)＞

第1種エネルギー管理指定工場における対象業種の限定（5業種）の撤廃、第2種エネルギー管理指定工場に対する定期報告義務を追加、特定建築物の省エネルギー措置の提出の義務付け

◆2005年＜京都議定書の発効 (2005)＞

運輸部門における省エネルギー対策の新設、指定工場に対する熱・電気の規則区分の一本化と裾きり値の事実上の引き下げ、住宅・建築分野における省エネルギー対策の強化（規制強化)、消費者による省エネ取組みを促す規定の整備

◆2008年＜新・国家エネルギー戦略(2006)ハイリゲンダム・サミット(2007)＞

指定工場の規制体系を「工場・事業所」単位から「事業者」単位に変更、特定連鎖化事業者（フランチャイズチェーン）も一事業者とみなす、第2種特定化建築物の創設（一定の中小規模の建築物）と省エネ措置提出

◆2014年＜東日本大震災(2011年)による原発事故を受けた電力需給の逼迫問題＞

電気の需要の平準化の推進に関する措置を追加、トップランナー制度の建築材料への拡大、新築住宅に対する建築物の省エネ基準適合の義務化、トップランナー制度の対象機器の拡大（三相誘導電動機と電球型LEDランプを追加)、ISO50001の活用、デマンドレスポンスなどによるスマートコミュニティの発展、BEMS・HEMSなどエネルギーマネジメントシステムの活用を推進

> **＜ポイント＞建築の省エネルギー基準**
>
> 国の「エネルギーの使用の合理化に関する建築主等及び特定建築物の所有者の判断の基準」が平成25年に改正された。これまでの基準は「外皮の断熱性と個別設備ごとの性能を別々に評価する省エネ基準」であったが、これを「一次エネルギー消費量を指標とした建物全体の省エネ性能を評価する基準」にして、建築物と住宅の省エネ基準の考え方が一本化された。建築物に対しては、210用途の室の基準値が用意されており、任意の室用途の組合せで一次エネルギーが計算できるようになっている。その計算値を基準値と比較することによって、基準の適合性が判定される。

### 【KN4.18】 年間消費量「1,500キロリットル」（原油換算）以上の事業者は義務あり

　省エネ法では、大口消費の事業者に対して省エネに関する義務を課している。事業者とは工場や事業場（病院、ホテル、学校など）を設置して事業を行う者である。ある事業者の工場・事業場の年間エネルギー使用量の合計が原油換算で1500キロリットル以上の場合、その事業者は国によって「特定事業者」と指定される。また、フランチャイズチェーン店、コンビニ、スーパーなども本部も含めた合計で年間原油換算1500キロリットル以上の場合に「特定連鎖化事業者」として指定される。

　これらの大口事業者には、中長期の省エネ計画の作成と提出、エネルギー消費の定期報告、役員クラスのエネルギー管理統括者の選定、それを補佐するエネルギー管理士などの資格をもったエネルギー管理企画推進者の選定などが義務づけられている（義務の内容は規模による）。なお、対象となるエネルギーは各種燃料、これらの燃料を熱源とする熱（蒸気、温水、冷水など）、上記燃料を起源とする電気である。なお、廃棄物からの回収エネルギーや、風力・太陽光などの自然エネルギーは対象外である。

> **＜ポイント＞原油相当量の計算**
>
> 　各種エネルギーについて、それぞれに応じた熱量への換算係数が用意されており、熱量（GJ）に換算する。それに原油換算係数 0.0258（キロリットル/GJ）を乗じて求める。

> **＜ポイント＞年間 1,500キロリットルとなる事業者の目安**
>
> ◇年間電気使用量　約600万kWh以上、◇小売店舗　床面積3万m²以上、◇ホテル　客室数300～400以上、◇病院　病床数500～600以上、◇コンビニ　30～40店舗以上、◇ファミレス　約15店舗以上　◇フィットネスクラブ　6店舗以上（経済産業局の資料による）

### 【KN4.19】 エネルギー消費量の「60%」を占める中小事業者対応がカギ

　大口事業者は資金力も人的資源にも余裕があり省エネ計画づくりや実績報告の義務づけに対応できるが、中小事業者に同じような義務つけは非現実的である。また、中小事業者数は大口事業者数の約500倍（東京都の場合）ある上に、内容もきわめて多様であり、従来は全くの手つかずの状態であった。この点では家庭用の省エネ推進と状況は類似している。なお、エネルギー消費量は大口事業者の1.5倍の60%程度（東京都の場合）あり、今後、低炭素化の推進にとって、この中小事業者の省エネ推進が大きな課題である。中小事業者に問題を適切に認識させ、目の前の損得に目を奪われることなく省エネ行動をとらせるためのシステムづくりが課題である。これは本書が目指しているデマンドサイド中心社会の根幹的課題である。

> **＜ポイント＞原油相当1キロリットルは二酸化炭素2トン相当**
>
> 　正確には燃料の種別によって異なるが、おおまかに見て、原油相当1キロリットルは二酸化炭素2トンに相当する。政策目標として、経産省は原油相当量の削減を問題とし、環境省は二酸化炭素の削減を問題としている。この数値は両者をつなぐキーナンバーである。

### 【KN4.20】 トップランナー機器は「28種」で家庭用エネルギーの約「7割」をカバー

　トップランナー制度とは、1998年の改正省エネルギー法に基づき、自動車や家電等についてトップランナー方式による省エネ基準を導入している。すなわち、エネルギー消費機器の製造・輸入事業者に対して、国が3～10年程度先に設定された目標年度において、最も優れた機器の水準に技術進歩を加味した基準（トップランナー基準）を満たすことを求め、目標年度になると報告を求め、その達成状況を確認する制度である。

　対象となる特定機器は、エネルギーを消費する機械器具のうち、つぎの三要件を満たすものとされている。①わが国において「大量に使用される」機械器具であること、②その使用に際し、「相当量のエネルギーを消費」する機械器具であること、③その機械器具に係るエネルギー消費効率の向上を図ることが特に必要なものであり、「効率改善余地等があるもの」、である。

　現在、下記の28機種が対象となっている。
　（1）乗用自動車、（2）貨物自動車、（3）エアコンディショナー、（4）テレビジョン受信機、（5）ビデオテープレコーダー、（6）蛍光灯器具及び電球形蛍光ランプ、（7）複写機、（8）電子計算機、（9）磁気ディスク装置、（10）電気冷蔵庫、（11）電気冷凍庫、（12）ストーブ、（13）ガス調理機器、（14）ガス温水機器、（15）石油温水機器、（16）電気便座、（17）自動販売機、（18）変圧器、（19）ジャー炊飯器、（20）電子レンジ、（21）DVDレコーダー、（22）ルーティング機器、（23）スイッチング機器、（24）複合機、（25）プリンター、（26）ヒートポンプ給湯器、（27）三相誘導電動機、（28）電球形LEDランプ

　なお、この28機種は、家庭用エネルギー消費の約7割をカバーしている。なお、省エネルギー法の2014年改正では、トップランナー制度が建築材料にも拡大され、建材トップランナー制度が始まっている。当面、断熱材について基準が設定され、窓に使用されるガラス及び、サッシについて現在検討中である（資源エネルギー庁資料、平成26年4月）。

　製造業者等は、製品区分毎に定められた目標年度における基準値達成に向けて開発を促進せねばならない。この目標基準値は出荷した製品のエネルギー消費効率と出荷台数の加重平均値で算出され、仮に基準を下回る製品を出荷していても、加重平均値が基準を上回ればよいとされている。したがって、エネルギー効率よりも他の機能に重きを置いた機器が出荷したい場合の対応が可能になっている。なお、トップランナー方式の省エネ効果に関しては、【KN5.17】にも記述がある。

---

**＜ポイント＞消費効率基準の三つのタイプ**

　機器等のエネルギー消費効率の決め方にはつぎの三つの方法がある。

◇**最低基準方式**　対象となる機器類のすべてがクリアーすべき最低の基準である。それを越えられない製品は出荷を差し止めるなどの措置がとられる。基準値決定に長期間を要することがふつうである。

◇**平均基準値方式**　各製造者の製品群の平均値がその値を越えればよしとする方式である。例えば、省エネ以外のニーズのある製品も出荷できるなど、柔軟性がある。

◇**最高基準（トップランナー基準）方式**　基準値策定時点において市場に存在する最高の性能値をベースとして、今後の性能向上を見込んで設定する基準である。

## 【KW4.01】 「メガワットとネガワット」「発電所と節電所」

　ネガワットは「負の消費電力」の意味であり、需要家が節約した電力を発電したものと同等にみなそうという考え方である。ソフトエネルギーパス（【KN序.03】参照）のA.ロビンスが提唱した概念であり、発電のメガワットの対の用語である。

　節電も発電と同じく、ビジネスの対象となり得る。節電量をとりまとめる中間業者（アグリゲータ：【KW4.03】参照）もいて、電力会社などと「ネガワット取引き」が行われる。

　また、P.ヘニッケとD.ザイフリートは著書「Negawatt」（省エネルギーセンター、2001年）の中で、節電所の概念と事例を紹介している。節電所は単なる節電の推進ではなく、いろいろな節電プログラムをつくり、計画的に実行される。すなわち、さまざまな技術や制度の総称である。すでに、アメリカやドイツなどでは節電所の概念が実行に移され、成果も報告されている。

　電力会社は、「発電所と節電所のどちらに投資すべきであろうか？」。発電所の建設では、資源枯渇、地球温暖化、大気汚染などのさまざまリスクがあるが、節電所建設ではこれらは生じない。また、節電所は大規模開発ではないため、比較的短時間に立ちあがるなどのメリットがある。たとえば、「電力会社が省エネ電球を無料で配り、浮いた電気代を顧客と電力会社でシェアする」などはその一例である。また、発電所では顧客への送電損失があるのに対して、節電所ではそれがないなど、両者の比較は興味ある課題である。もちろん、節電所にもいろいろな課題がある。例えば、発電量は計測できるが、節電量は計測が困難であるなどである。

　現在、エネルギー業界は、電力や都市ガスを売る供給会社から、「エネルギーサービス会社（ポイント参照）」への転換を進めている。「発送電分離」などで、電力システムを要素に分割する動きもあるが、統合システムとして最適化するメリットも大きい。この場合は、メガワットとネガワットの両者の視点が不可欠であろう。

　なお、メガワットとネガワット、発電所と節電所の概念はエネルギーのみならず、都市の各種供給処理インフラにとっても重要な視点である。

### ＜ポイント＞エネルギーサービス会社

　顧客が必要とするのは、エネルギーそのものではなく、エネルギーを使った各種サービスである。例えば、暖冷房、給湯、照明、テレビ観賞等である。エネルギーを供給するだけでなく、サービスへの変換効率を上げるところまでをビジネスとするのが、エネルギーサービス会社と言ってよいであろう。

### ＜ポイント＞デマンドレスポンス

　デマンドレスポンスとは、電力の逼迫時や、系統が不安定になったときに、「需要家が電力の使用を抑制するように仕向けること」である。これにはつぎの二つがある。

◆料金ベース

　これは、時間帯別料金制度のように、電力需要の多くなる日中の電力料金を高く設定することなどである。最近、「ダイナミックプライシング」といって、翌日の天候や電力需要の予測値をもとに、前日などに時間帯別の料金を決定することなども考えられている。

◆インセンティブベース

　電力会社からの要請に需要家が協力すれば、現金やクーポン券など、何らかの報酬を受けられるものである。

## 【KW4.02】 「エネルギーマネジメント」はデマンドサイドのキーワード

デマンドサイド中心社会のキーワードとして、「エネルギーマネジメント（EnM）」が挙げられる。これは、例えば1軒の家庭が、「エネルギー使用を適切に運営していく」ことである。

代表的なマネジメント手法として、PDCAサイクルがある。これは、行動計画を立て（Plan）、実行（Do）、評価（Check）、修正計画を立てる（Action）、これをサイクルとして回していく方法である。

EnMを行うのに、まず必要なのは、エネルギー消費の「見える化」である。例えば、1カ月の全体の消費量では不十分で、これを機器別、時間別のデータにする必要がある。これがないと、Checkできず、具体的改善計画も作れない。

最近、ビルに対してBEMS（Building Energy Management System）、家庭に対してはHEMS（Home Energy Management System）が導入されるようになってきた。これにはいろいろなレベルがあるが、各エネルギー消費機器の電力消費を記録して見える化する。設定した目標との差を表示したり、アドバイス機能をもっているものもある。

### ＜エッセイ＞あなたの家のEnMのすすめ

BEMSもHEMSもあるが、これらはEnMの「支援システム」である。大切なのは、生活者が「エネルギーマネジメントをしよう」という目的をもち、リーダーの下で、全員参加でPDCAサイクルを回すことである。家計を牛耳る主婦だけが、「1割削減」などの目標を立てて、ガミガミ言うだけでは、子供の成績と同じで、改善は期待できない。

最近、家庭が単なる「下宿人の寄り合い」とも言われている。EnMは、家庭立て直しの格好のテーマである。ぜひHEMSを導入し、家庭でめっきり影の薄くなった父親が復権に向けて旗を振り取り組まれることをお勧めする。

エネルギーを上手に使うことは、理科の学習の場でもある。EnMを通して、生活者もいろいろな面でレベルアップができるであろう。

### ＜エッセイ＞サプライサイドの作戦？

サプライサイド主導の今までは、1カ月遅れのエネルギーの検針票がそっと郵便受けに入れられている。コスト削減を理由に、検針が1カ月おきのこともあった。最近は、前年同月データ、先月のデータも記載されるようになったが、日本には四季があり、「来年は気をつけよう」と思っても、基本的には「後の祭り」である。

何とか金策だけをして一件落着、毎年同じことを繰り返している。

### ＜ポイント＞ISO50001　EnMS

事業者がエネルギーマネジメントを行うための、PDCAサイクルについての世界標準規格である。なお、先行する品質マネジメントシステム（ISO9001）、環境マネジメントシステム（ISO14001）との親和性・互換性が考慮されている。これらと同じように、第三者審査による認証があり、社会貢献する企業としての客観的アピール等ができる。なお、ISOでは、先行する環境管理EMSと区別のため、EnMSと表示される。

### ＜ポイント＞BEMSの省エネ効果は5％

エネルギー管理による省エネ効果として、5％が上げられている（省エネセンター）。つぎの各項目で、各々に対して1％程度が見込まれている。
◇エネルギー管理体制の整備・確立、◇エネルギーの原単位管理、◇省エネルギー管理目標設定、◇エネルギーデータの記録、◇機器の定期的な保守・メンテナンス

### ＜ポイント＞デマンドサイドマネジメント

供給側が、直接需要側の消費を制御して需給調整を行うものである。「ビルの冷房設定温度やスイッチ操作を電力会社が行う権利を持たせる、等の条件で安価な料金での電力購入契約をする」などがその例である。

言うまでもなく、これは全くのサプライサイドの発想である。

## 【KW4.03】　デマンドサイドを中心とする「新ビジネス」

　民生用のエネルギー消費は、第5章でも述べるようにきわめて多様である。また、個々の規模が小さく、専門家の関与も難しい。しかし、民生用のエネルギー消費はかなりのシェアがあり、消費者の意識向上に期待するだけではなく、システム的な対応を加えていかなくてはならない課題である。関連して、新しいビジネスも展開されてきている。

　例えば、「診断・評価ビジネス」もその一つである。建築等にはいろいろな性能が義務付けられているが、実現されている性能レベルは施主や購入者にはわからないという現状がある。これらを診断・評価するビジネス、とくに、エネルギーや環境性能については新しいビジネスと言えよう。

　大きな傾向としては、いままでは「エネルギー」や「家電機器」などの製造・販売をビジネスの対象としていたのに対して、これからは「エネルギーサービス」や「スマートライフ」がビジネスの対象になっていくであろう。

　以下に、省エネやエネルギーマネジメントに関連するいくつかの新ビジネスを紹介する。

　◆ESCO（Energy Service Company）
　省エネルギーによる経済メリットを原資として省エネ事業を包括的に行うビジネスである。「省エネルギー診断に基づく省エネ提案」「省エネシステムの設計と施工」「導入設備の保守」「事業資金の調達」「省エネ効果の保証（パフォーマンス契約）」「省エネ効果の計測と検証」「計測・検証に基づく改善提案」などが含まれる。省エネによる経済メリットをESCOと顧客で分配する。顧客は場の提供をするだけで、利益が保証されるため、きわめて低リスクであるが、この反面として事業者リスクが大きい事業である。

　◆アグリゲータ　アグリゲータは"集める人"という意味である。個々は小さくても、集めることによってビジネスとして成立することができる。最近のIT（情報技術）の発展で、物理的に集めることなく、事業が可能になってきている。イメージとして、クラウドコンピューティングやネット社会のプロバイダーのような発想である。いくつか例を紹介する。

　◇**BEMSアグリゲータ**　複数の中小ビルにBEMS（【KW4.02】参照）を入れ、それを中央管制し、データ解析してエネルギーマネジメントを支援するビジネスである。

　◇**分散電源アグリゲータ（再エネアグリゲータ）**　アメリカでは"Virtual Power Plant"と呼ばれたが、いろいろな分散電源を集め、それを中央管制し、相当規模の発電所と同じように、電力会社と契約してIPP的に給電したり、"同時同量技術"などを使って一般ユーザーとの契約で、PPS（【KN3.02】参照）的なビジネスをする。

　◇**ネガワットアグリゲータ**　ネガワット（【KW4.01】参照）を集め、それを電力会社と取り引きする事業である。節電所ビジネスもアグリゲータの形をとるであろう。

　◆**コミッショニング**　家電機器などはメーカーが品質管理して提供されるし、不具合が生じてもすぐユーザーが認識できる。一方、ビルの空調設備などの建築設備は、完成時にそれなりの検査はされるが、多くの要素機器からなる複雑なシステムであるし、天井裏などに隠れているため、ビルのオーナーは理解も評価もできない。したがって、不具合があっても、大きなトラブルが露見するまで、エネルギーを浪費し続けるのが現状である。

　コミッショニングは、第3者の専門技術者が設備の設計性能の実現性（新規建築）、運用性能（既設建物）を検証・評価し、より適切な改修や調整を提案し、実現するプロセスである。

　これらは、新しいビジネスであり、社会で認知されて確立するまでには、政策的に補助金などで事業が支援されねばならないことも多い。もちろん、これらの施策は自治体が「新しい都市サービス」として推進すべき重要課題であろう。

## 4.4 分散型電源（デマンドサイドの発電システム）

いままでデマンドサイドは、電力は巨大かつ遠隔の集中電力供給システムから供給を受けて、最終需要にあてていた。しかし、近年、デマンドサイドの近くに置いた小規模の電力変換装置で各種エネルギーを電力に変えて需要に充てる分散型電源も増えてきている。分散型電源のメリットは、(1) 送電距離が短く送電コストとロスが少ない (2) エネルギーのカスケード利用が可能で環境・効率性が高い (3) 災害リスクにも対応可能で系統電力が途絶したときのBCP（【KN6.09(9)】参照）などの面で優れている、などが考えられる。

分散型電源は、再生可能エネルギーを起源とするものと、燃料（都市ガス、石油等）を起源とするシステムに分かれる。前者は第2章で扱ったので、ここでは後者について解説する。

### 【KN4.21】　CGSは「二つ以上」の形態のエネルギーをつくる

燃料を起源とする分散型電源は、需要地の近くにあることを生かして、発電廃熱を地域の熱需要に充てることができる。このように、電力と熱エネルギーを有効活用するシステムを、「共に作る」という意味で、コージェネレーションシステムという。

なお、日本では「コージェネ」「CGS」「熱電併給」と呼ぶが、海外では「CHP：Combined Heat and Power」「Cogeneration」と呼ばれている。コージェネの動力機は、内燃機関、燃料電池、および蒸気ボイラ・タービンを用いる方法などがある。

近年では、原動機の高効率化が進み、40%（LHV基準）以上の発電効率、また、熱のカスケード利用により35%（LHV基準）以上の廃熱回収効率を得ることができ、両者を併せた総合効率は70〜80%と高いものとなる。

エネルギーの高度利用の原則として、エネルギーの「カスケード利用」がある。カスケードとは、連続する小滝である。大滝は位置のエネルギーを一挙に滝つぼに落として、そこで摩擦熱に変える「下手なエネルギーの使い方」のイメージである。これに対して、高度利用は、小滝のようにエネルギーの質を活かしてうまく何段にもエネルギーを使い尽くすものである。

内燃機関（ガスエンジン）を用いた民生用コージェネの基本構成イメージを図−1に示す。

発生電力は商用系統と連系し供給され、廃熱は蒸気・温水、あるいは廃熱利用吸収冷凍機によって冷水に変換するか、あるいは熱交換器を介して暖房や給湯に用いられる。これは、エネルギーのカスケード利用の具現化である。なお、図のような何段ものシステムは非現実的で、せいぜい2、3段である。

一般に、熱の搬送は困難であるため、熱需要のあるところに熱機関を置いて、副産物として動力をとって有効活用するのが現実的である。仮に動力需要がなくても、電気に変換して系統に逆潮して有効活用ができる。

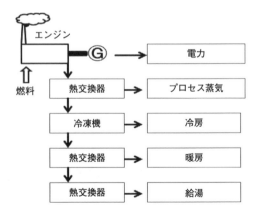

図−1　分散型電源のシステムフロー

## 【KW4.04】 コージェネは電力業界のアイデア（米と欧州のCHPの変遷）

### ◆CHP（Combined Heat and Power）の起源

CHPは、日本語では熱電併給と呼ばれ、発電プラントで熱も作り、地域に電気と熱の両方を供給するものである。日本ではもっぱらコージェネレーション（コージェネ）と呼ばれている。

この発祥は、もともと、発電所は電灯需要を満たすために、都市内につくられ、暗くなると蒸気機関で発電機を動かして電力供給を行っていた。初期の蒸気機関は、蒸気機関車と同じく、復水器を持たないで、大気圧の廃蒸気はほとんど捨てられていた。「これは勿体ない」ということで、寒冷地方で住宅等の暖房用に地域配管を設置して、熱電併給プラントとなった。日本では、コージェネと言えばガス業界のシステムというイメージがあるが、もともとは電力業界によるエネルギーの有効利用のアイデアであった。

### ◆CHPの欧州型発展とアメリカ型発展

その後、復水発電（電力専用発電）や遠距離送電技術が進歩して、変化が生じてきた。すなわち、発電所が需要地立地でなく、遠隔立地のメリットが大きくなってきた。遠隔立地には、大気汚染回避の手段、冷却水の入手、そして、何より規模の経済（【KW序.02】項参照）がある。

ここで、欧州型とアメリカ型に分かれてきた。電力会社は、主として、欧州では市営、アメリカでは民営であることもあり、アメリカでは遠隔立地・大型化、欧州では都市内立地、熱電併給型が主流となって行った。欧州のその後は、地域熱供給がネットワーク化され、そこに、「ベース熱源」であるごみ焼却排熱、工場廃熱、「ミドル熱源」であるCHP熱、下水・河川水を熱源とするヒートポンプ汲み上げ熱、「ピーク熱源」である燃料専焼熱、を連結した世界に誇るエネルギー有効システムを実現している（【KN2.33】参照）。

一方、アメリカは、都市にとり残された地域熱供給システムを、ガス業界などが、燃料専焼の熱供給で引き継ぐところとなった。これは、エネルギー有効利用の点からは、不合理なシステムである。しかし、アメリカではPURPA法（【KW2.02】参照）が1978年に施行され、それらのプラントがCHP化してきている。

この事実は、CHPが都市のシステムとしてきわめて重要なものであることの歴史的証明と位置付けてよいであろう。

## 【KN4.22】 住宅用コージェネ発電は「1kW」、太陽光発電は「3kW」その違いは？

住宅で発電するシステムとしては、都市ガスを燃料とするガスコージェネ（住宅コージェネ）と、太陽電池を用いる太陽光発電（PV：Photo Voltaic）がある。標準的な発電容量は前者が1kWで、後者は3kWである。この違いはどこにあるであろうか。住宅コージェネの発電容量は一般に熱需要で決定される。すなわち、発電容量を大きくすると、熱が使いきれず無駄が生じるためである。PVの場合には、電力が余れば系統に逆潮することができるため、ピーク需要をベースとする容量設定ができるからである（【KN5.12】参照）。

## 【KW4.05】 マイクログリッドは「Good Citizen」の発想がベース

マイクログリッドの名称は、米国の「CERTS」プロジェクトで提唱され、商標登録されている。定義は、「分散型電源と負荷を持つ小規模系統で、複数の電源および熱源がIT関連技術を使って一括管理され、電力会社の系統から独立して運転可能なオンサイト型電力供給システムで、通常は電力系統と一点で連系されて運用される」である。

このためマイクログリッドは、電力系統からは一つのユニットに見え、電力系統に電圧や周波数の変動などの各種擾乱を与えない「良き市民（Good Citizen）」であり、既存の電力系統の運用に対して貢献できる可能性のある「模範市民（Model Citizen）」と定義されている。

この概念は、米国だけでなく欧州や日本でも提案され、日本電機工業会からは、「電源として再生可能エネルギーを利用することで環境にやさしく、電力や熱の貯蔵設備をもつことで地域内の各種変動を吸収し、既存の電力系統に影響を与えない系統にやさしいシステム」とされている。

コージェネなどの分散型電源は、システムトラブル時に電力の融通を受けたり、余剰電力の受け皿として系統と連携される。このため、ある一定の技術要件が義務つけられているが、一般に系統からは迷惑な存在と見られてきた。事実、クリーム・スキミングと言われ、「おいしいところだけ取って、系統の安定性などの面倒なことは電力会社にまかせる」と揶揄されていた。

これに対して、マイクログリッド内で適切な需給調整をして、全体に迷惑をかけない形で系統に繋がることが可能である。この、「分散型電源も相応の協力をする」という発想は、デマンドサイドのあり方として、好ましい姿である。

なお、系統電源に不安があり、高品質で安定した電源のニーズがあるアメリカでは、マイクログリッドには意味がある。日本でも実証研究も行われたが、系統電源が高品質で安定しており、この点だけでは意義が十分とは言えない。

これに対して、さらに情報通信技術を進化させ、電源設備から末端の電力消費機器の制御装置をネットワーク化して、需給バランスの最適調整、事故等に対する抗堪性の向上、コストの最小化などを目的とするのが、「スマートグリッド」である。オバマ政権が、グリーンニューディール政策の柱として打ち出して脚光を浴びることとなった。電源も、再生可能電源をメインとし、電気自動車、BEMSやHEMSなどとの連携など、いろいろなレベルの提案がなされている。

---

**＜ポイント＞ CERTSプロジェクト**

CERTS（Consortium for Electric Reliability Technology Solutions：電力供給信頼性対策法）は1999年から、米国エネルギー省を中心とし、大学、電力会社、メーカー、公的研究機関等の参加で行われたプロジェクトである。

## 【KW4.06】 デマンドサイドシステムとしての「コージェネシステム（CGS）の評価」

CGSは、燃料から熱と動力をとり出すシステムである。このシステムの性能評価にはいろいろな問題がある。よくつぎの総合効率が使われる。

$\eta_S = $（電力 $+ w_T \cdot$ 熱）/（燃料の発熱量）

ここで、$w_T$ は電力と熱の質の違いを考慮した重み係数である。問題はこの値のとり方である。

簡単さからもっともよく使われているのは、

$w_T = 1$

であるが、第1章で述べたように、熱と電力は質が違うため、これは許容できない。熱力学的に意味があるのは、エクセルギー（【KN1.21】参照）で評価する方法である。この場合、分母の燃料の化学エネルギーもエクセルギー評価する必要があるが、燃料の高発熱量がほぼエクセルギーに等しいため、発熱量でとることはあまり問題はない。また、電力もエクセルギーと同じであるため、問題は熱をエクセルギー換算する方法である。この場合、

$w_T = T_0 / (T - T_0) \ln (T/T_0)$

となる。Tは熱の温度［K］（【KN1.21】参照）、$T_0$ は外界温度［K］である。

なお、エクセルギーでは理論的整合性はよいが、現実のシステムの評価には、熱の価値を低く見過ぎると思われるため、適当ではない。一次エネルギー換算値のような考え方が妥当であろう（【KN4.01】参照）。

なお、よくコージェネレーションの特徴として、例えば、「電力を燃料の発熱量の30％、熱を50％、併せて80％が利用できるたいへん好ましいシステム」と紹介されることがある。熱と仕事の重みの問題は前述したとおりであるが、これは単なる機器の評価である。デマンドサイドのシステムとしての評価は、そこにおいて「どれだけ有効にエネルギーが活用できたか」である。すなわち、現実には発生した電気と熱のすべてが利用できるとは限らない。ここでは、機器の性能よりもむしろ、需要とのマッチングが問題である。電力は逆潮などで全量使用できるとしても、熱に余りが出る場合が多い。したがって、このような熱、すなわち、需要も含めたシステムとしての評価が必要である。この場合、CGS機器の熱電比（得られる熱と電力の比）と、需要の熱電比のマッチングが問題となる。なお、熱源機の熱電比はあまり季節変動がないが、需要の熱電比は大きく変動するため、評価は年間を通した期間評価が必要である（図－1）。

図－1　デマンドサイドシステムの評価の枠組み

# 第5章

## 家庭部門でのエネルギー消費とその改善

# 第5章　家庭部門でのエネルギー消費とその改善

　日本における民生用エネルギー消費は20世紀後半に著しく伸びた。オイルショック以後、削減の進んだ産業用ときわめて対照的である。民生用エネルギー消費は、業務用と家庭用に分けられる。家庭用エネルギー消費の特徴は、多様性にある。日本では約5,000万の世帯でさまざまな文化を支えるためにエネルギーが消費されている。エネルギー消費量を決める因子は、生活様式のほか、地域、世帯人数、世帯構成、住居の形態(戸建て、集合)、世帯の収入などきわめて多い。今後、家庭用のエネルギー消費を減らす施策には、この多様性を十分に考えなくてはならない。

　従来、家庭用のエネルギー消費はあまり知識のない市民にまかされてきた。関連情報としては、国全体の家庭用エネルギー消費のデータがあり、それを総人口や世帯数で割って、一人あたりや世帯あたりの平均的データが示されているに過ぎない。このようなデータは、国やエネルギー会社といったサプライサイドが供給計画などを作成するためのデータであり、市民にとってあまり意味のないものである。また、市民が目にする他の情報としては、各世帯の電力、ガス、石油などの料金情報くらいである。これは自分の家庭のエネルギーデータであり、きわめて重要なデータである。最近は、省エネアドバイスなども含んだ情報が提供されるなど、随分進歩はしているが、まだ十分活用されているとは言えないのが現状である。

　本章では、家庭用のエネルギーの実態を示すキーナンバー等の情報を提示しながら、現在あまり進んでいない家庭用エネルギー消費の低減化の考え方を解説する。本章が、市民の生活改善のためのエネルギー情報のあり方をお考えいただく参考になれば幸いである。

　なお、エネルギー消費の一般的な事項については第4章で述べている。これと一部重複するところがあるが、本章ではエネルギー消費の詳細に関するキーナンバーを中心として記述する。

　本章では、つぎのような節立てで関連情報を示す。

　5.1　家庭用エネルギー消費のマクロな現状、とトレンド　　5.2　各家庭の多様なエネルギー消費を決定するさまざまな要因とその効果　　5.3　家電機器のエネルギー消費と省エネ化　　5.4　家庭における水消費　　5.5　給湯用エネルギー

＜本章の主な参考図書等＞
①日本エネルギー経済研究所計量分析ユニット編「エネルギー・経済データの読み方」㈶省エネルギーセンター 2011、②経済産業省編「エネルギー白書2014」、③下田吉之「都市エネルギーシステム入門」学芸出版社 2014

## 5.1 マクロ消費状況とトレンド

　日本の家庭用のエネルギー消費は、20世紀後半に生活レベルが向上して著しく伸びた。この点はだれもが知っていることである。本項で認識いただきたいポイントの一つは、ここ10年ほどは家庭用のエネルギー消費は、欧米先進国と同じく、頭うちから減少傾向を示している点である。さらに、本項では次のような点について述べる。◇日本の家庭でのエネルギー消費の現状と、外国との対比　◇家庭用のエネルギー消費量の20世紀後半からの推移　◇家庭生活を支えるエネルギー源の現状とトレンド　◇家庭ではとくに電力の利用が増えており、電力の用途別情報など。

　なお、本項では国全体の家庭用エネルギー消費量を対象とする。人口で割れば一人あたり、世帯数で割れば世帯あたりの原単位となる。

　これらを基に、自分の家庭でのエネルギー消費量を平均などと比較していただくのも理解を深めるための一つの視点であろう。

### 【KN5.01】　家庭用エネルギー消費は最終エネルギー消費の約「14％」

　【KN4.09】で示したように、わが国の民生用のエネルギー消費は2012年に国全体の最終エネルギー消費（$1,348×10^7$ GJ/年）の34％であった（二次エネルギーベース）。家庭用はその約40％で、全体の14.3％の$183×10^7$ GJ/年であった（参考③）。

　原単位として、1世帯あたりのエネルギー消費は、世帯数を約5,000万（【KN5.07】参照）として、1世帯あたりのエネルギー消費は37 GJ/（年・世帯）となる。．世帯平均人数は2.44人であり、一人あたりに換算すると、15 GJ/（年・人）となる。ちなみに、灯油に換算（発熱量は35.0 MJ/リットル【KN1.13】参照）すると、430リットル/（年・人）となる。一人一日では1.2リットル/（日・人）である。

　家庭部門でのエネルギー消費は、国の統計では、①冷房用、②暖房用、③給湯用、④厨房用、⑤動力・照明等、の5用途に分けられている。なお、自家用自動車のエネルギー消費は含まれていない（＜エッセイ＞参照）。

#### ＜エッセイ＞自家用車によるエネルギー消費

　国の統計では、自家用自動車のエネルギー消費は家庭部門ではなく、運輸部門に入れられている。本書が標榜しているデマンドサイド中心社会では、これは問題点である。自家用自動車のエネルギー消費は大きい。具体的には、自家用乗用車の台数は平成26年3月末に、5,900万台（自動車検査登録情報協会）で、およそ1.2台/世帯である。その総ガソリン消費は4,230万kリットル/年で、総走行距離は49,300万kmである（国交省自動車燃料消費量統計）。これから1台あたりの平均走行距離は年8,200 km、平均燃費11.7 km/リットル、世帯あたりのガソリン消費は846リットル/年となる。これは28 GJ/（年・世帯）となり、本文で示した世帯あたりのエネルギー消費の75％に相当する。

　自動車用も家庭用エネルギー消費の枠組みに入れて、生活者が生活のあり方を考えることが必要である。

## 【KN5.02】　20世紀後半に家庭用エネルギー消費は年率「2.8%」の増加

　家庭用エネルギー消費量の推移は、より快適な生活を求めるライフスタイルの変化、それに応える新しい機器の開発、所得の向上と人口増加、などにより著しく増加してきた。

　エネルギー消費量の増大をもたらす要因として、次のことが考えられる。

　◆**機器の普及**（生活レベルの向上、大型化）

　朝シャンなど給湯消費量の増大、エアコンの普及、冷蔵庫・テレビなどの大型化、快適な生活の追求など、一般にエネルギー消費が増大する。

　◆**生活時間の長時間化**

　睡眠時間の減少は、生活時間が長くなることを意味する。また、高齢化は、エネルギー消費増大要因である。高齢者は一般的に節約指向であるが、家での生活時間の増大の影響が大きい。

　◆**住宅床面積の増加**（個室化を含む）

　居住環境の向上や世帯人数の減少で、一人あたりの床面積が増大している。

　◆**少人数世帯化**

　世帯を構成する人数が少ないほど一人当たりのエネルギー消費量は増大する。世帯の平均人数は減少をつづけている（【KN5.07】参照）。

　一方、エネルギー消費の減少要因としてつぎの点が考えられる。

　◆**機器の省エネルギー化の進展**
　◆**住宅の断熱レベルの向上**
　◆**省エネ意識の向上**

　エネルギーマネジメントなどの進展

　オイルショック時の1973年からの家庭用エネルギー消費の変化を見る（参考③）と、2012年度の消費量は約2.1倍であり、経年的にほぼ単調に増加している。年率に直すと、1.9％に相当する。この間の人口は、1970年の1.05億人から2010年の1.28億人へと増加しているが、その増加は約1.22倍であり、人口よりもエネルギー消費量の増加の方が大きい。

　なお、最近は家庭用エネルギー消費も頭うちから減少傾向である（＜ポイント＞参照）。

---

**＜ポイント＞最近は減少傾向（1995年から世帯当り、2005年から一人あたりが減少）**

　わが国の家庭用エネルギーは1965年から1995年までほぼ線形に増加し、1995年から増加の勾配が緩やかになったものの伸び続けている。一方、世帯数はより大きな増加を続けているため、世帯当たりのエネルギー消費量は1995年から減少に転じている。また、一人当りのエネルギー量は2005年から減少に転じている。すなわち、最近は家庭用のエネルギー消費は伸びておらず、頭打ちから減少傾向である。なお、欧米との比較は【KN5.04】に示す。

---

**＜エッセイ＞日本は世界一の少睡眠民族**

　日本人の睡眠時間は1986年の7時間47分から、2011年の7時間39分と短くなっている。日本の睡眠時間の短さは世界一である。また女性の方が、男性よりも13分短い（2011年 OECDの国際比較調査など）。世界のすう勢は女性の方が睡眠時間は長い。女性の睡眠時間の方が短い国は、他に、韓国、メキシコ、インドくらいである。「女性が朝早く起きて家事をする」といったところであろうか。これらの国々の男性は感謝せねばならない。

　日本人の電車での居眠りは外国人の驚きの光景だそうである。なお、目的の駅で間違いなく降りて行くのはもっと驚きだそうである。

## 【KN5.03】 暖房・給湯用エネルギー消費は約「50～60%」（用途別のシェア）

わが国の家庭における用途別エネルギー消費内訳%（1973年と2012年）を表－1に示す。（参考③）

表－1　用途別の割合（%）

| 年 | 給湯 | 暖房 | 冷房 | 厨房 | 動力・照明 |
|---|---|---|---|---|---|
| 1973 | 31.7 | 29.9 | 1.3 | 14.1 | 23.0 |
| 2012 | 28.0 | 24.0 | 2.3 | 8.3 | 37.3 |

最近の用途別エネルギー消費の特徴は、給湯のエネルギー消費が最も多く、次いで暖房となり、両者の合計で約52%を占める。冷房需要は夏場の電力需給の逼迫に大きな影響を与えるが、エネルギー需要に占める割合は2.3%と意外に少ない。冷房が最大の用途と誤認している世帯が全体の30%に至るとの調査結果があるのも興味深いことである。

エネルギー消費の伸びを用途別にみると、1970年度を1とした場合、2008年度のエネルギー消費量は、冷房が5.3、暖房が1.1、給湯が1.7、厨房が0.95、そして家電・照明等が2.7となる（参考②）。冷房用が伸びており、利用頻度が大いに増えた上に、普及率が高まり、生活の質の向上を表している。

これらの伸びは、家電製品の多様化と大型化、生活様式の変化などが要因である。洗濯機、衣類乾燥機、布団乾燥機、テレビ、VTR、ステレオ、CDプレーヤー、DVDプレーヤー・レコーダー、掃除機、パソコン、温水洗浄便座など、普及率が高まり続けている家庭電化商品が多く該当しているため、エネルギー消費が増加するのもやむなしといえる。

なお、各用途のエネルギー消費の近年のトレンドはおおよそつぎのとおりである。

- ◇動力・照明　　増加傾向
- ◇厨房　　　　　減少傾向
- ◇給湯　　　　　やや減少傾向
- ◇暖房　　　　　減少傾向
- ◇冷房　　　　　増加傾向

### ＜ポイント＞平均的シェアはあまり意味がない

大事なことは、市民が自らの生活の実態を知り、省エネのポイントを知ることである。なお、エネルギー消費には地域性がある。全国平均データは、国の政策には参考になるであろうが、市民の立場からは、あまり意味がない。エネルギーの地域性は後述（【KM5.08】参照）のように、主として暖房エネルギーの違いにある。

### ＜ポイント＞冷房用エネルギーは意外と少ない

人々の意識の中では、冷房用エネルギーがかなり多いと考えられている。このように、何かと目の仇にされる冷房電力であるが、現実には2%程度と大きくない。もちろん、これは全国平均であり、例えば夏の暑さの厳しい大阪などでは、冷房用エネルギーは8%程度と多くなる（大阪府資料）。

## 【KN5.04】 日本はアメリカの「1/2」以下　（家庭用エネルギー消費の国際比較）

世界各国における家庭用エネルギー消費は、国ごとの経済力やエネルギー資源構成、気候、ライフスタイル、等により大幅に変化する。**表-1**に先進国の世帯あたりの一次エネルギー消費と、そのうちの暖房と給湯用の消費量を示す。

表-1　各国の家庭用エネルギー消費量

(GJ/年・世帯)

|  | アメリカ | イギリス | フランス | ドイツ | 日本 |
|---|---|---|---|---|---|
| 総消費量 | 95 | 70 | 70 | 72 | 43 |
| 内暖房用 | 39 | 47 | 50 | 53 | 10 |
| 内給湯用 | 17 | 10 | 6 | 8 | 14 |
| 世帯人数 | 2.6 | 2.3 | 2.2 | 2.0 | 2.4 |

注）期間は2010年ころ（なお、日本の値は【KN5.01】と異なるが、これは年度の違いであり、概数として見ていただきたい。）（住環境計画研究所 2014）なお、世帯人数は各種資料からの推定

米国が圧倒的に多く、日本はこの中では一番低い。なお、世帯数を基準とする比較を行う際に留意すべき点として、世帯人数がある。表に示すように、世帯人数は、日本はやや多い程度であり、各国で大きな差はない。

表からわかるように、欧米諸国における暖房用エネルギー消費の高さが特徴的である。これは厳しい寒さへの対策が必須となる地域の特質であるが、日本は欧米諸国の1/4程度であることは驚きである。日本が比較的温暖な地帯に位置することの他に、家全体を暖房する欧米流の暖房システムではなく、局所的かつ間欠的暖房にとどまっているためである。これは、気候補正をした研究からも明らかにされている（空気調和・衛生工学会編「コージェネレーションシステム計画・設計と評価」丸善, 1994）。しかし、日本でも今後より快適な暖房への要求が強まることにより、暖房エネルギー消費の増加も予想できる。

全体的なエネルギー消費から暖房用エネルギー消費を除いた場合でも米国のエネルギー消費の高さは群を抜いている。これは照明や家電への消費割合が、他国の2～3倍になっていることによる。日本においても寒さの厳しい北海道・東北地方でのエネルギー消費は日本の平均よりも高いが、暖房用を除くと、日本の平均と変わらない。

また、表に示すように、暖房エネルギーに次いで消費の多いのが給湯である。日本は米国と英国と同程度であるが、フランス、ドイツは日本の1/2程度と少ない。日本では生活文化の中で入浴への慣習が強く、欧米諸国に比べて風呂用給湯エネルギー消費が大きいためである。

### ＜ポイント＞家庭用エネルギー消費の経年変化についての各国との比較

先進諸国の家庭用エネルギー消費の推移はつぎのとおりである。オイルショック後の1981年を100としたときの1998年の値は、日本が132、イタリアが117、英国が106、フランスが93、米国が90、カナダが82、である（住環境計画研究所 中込千穂氏）。我が国の家庭用エネルギー消費量の増加率は、全エネルギー消費量、GDPや家庭消費支出などの経済指標の増加率をも上回っている。急速な経済成長期間にあった日本の伸張が著しい反面、欧米諸国ではエネルギー消費の伸びは少なく、むしろ減少していることが特徴である。

先進欧米諸国の家庭用エネルギー消費がいずれも減少傾向にあることから、生活水準があるレベルを越えると増加が止まるという傾向を示唆している。一方、わが国の場合はエネルギー消費量が低いままで、2000年以降は頭打ちの傾向にある。これは、国民性の「勿体ない精神」のためと言ってよいであろう。

## 【KN5.05】 家庭用の電力化率は約「50%」 (エネルギー源の推移)

2016年エネルギー白書によると、2014年度の我が国の家庭用エネルギー消費は、二次エネルギーベースで約34 GJ/年・世帯である。

その内訳としてエネルギー源別に見てみると、最大のシェアは電力の51%であり、それに続いて都市ガスの22%、灯油の16%、LPガスの11%となっている。

一方、1965年度では総量は18 GJ/世帯であり、石炭がトップシェアで35%、電力が23%、灯油が15%、都市ガスが15%、LPガスが12%、と続いていた。

両年度の比較で特徴的なことは、この49年間に世帯あたりのエネルギー消費量は1.9倍に増大し、1965年にはトップシェアであった石炭が2014年にはほぼゼロになり、また電力のシェア（電力化率）が50%を超えるに至っている。なお、石炭は1970年ころに完全に灯油に変わっている。

家庭での快適生活の向上には家電品の発展が不可欠になる。代表的な家電製品として、エアコンに代表される空調機や暖房器、冷蔵庫の大型化と多機能化、パソコン等の情報機器、などが普及拡大しているが、いずれも電力によって駆動される。給湯機、調理器、一部の暖房機、などはガス熱源によって駆動されるが、オール電化住宅の動きもあり、ますます電力依存が強まっている。

太陽電池の普及も著しいが、ガスエンジンや燃料電池によるコジェネレーションはガス熱源ではあるが、その発電機能が期待されており、最終の利用段階において電力への依存はますます強くなるであろう。

なお、用途別のエネルギー源のシェアは、2009年時点でつぎのとおりである（参考①）。
- ◇暖房用：灯油65%、LPG 4%、都市ガス17%、電力14%
- ◇冷房用：電力100%
- ◇給湯用：太陽熱3%、灯油17%、LPG 27%、都市ガス40%、電力13%
- ◇厨房用：LPG 38%、都市ガス37%、電力25%
- ◇動力・照明用：電力100%

### ＜エッセイ＞家庭から火が無くなるオール電化

オール電化住宅では火が無くなることになる。これは安全面では好ましいことであるが、一方では子供が火に触れ合う機会がなくなることを意味する。これは、エネルギーと人間の関わりにおいて、問題点の一つであろう。

オール電化住宅の家庭は、エネルギー教育として、キャンプなどを企画して、この問題点を補う機会を子供に与えるなど、十分な工夫が必要であろう。

### ＜ポイント＞電力化と一次エネルギー消費

電力化が進行すると、一次エネルギー消費量はどうなるか？一般論では、これは電力から熱への変換の仕方によって変わってくる。すなわち、ヒータなどによる熱変換が行われると、一次エネルギー消費が増え、高効率のヒートポンプなどが使われると一次エネルギーは減ることになる。

### ＜ポイント＞電力消費の内訳

2010年の内閣府による家庭内機器の電力消費の内訳調査によると、エアコン25%、冷蔵庫16%、照明16%、テレビ10%、電気カーペット4%、温水洗浄便座4%、衣類乾燥機3%、食器洗浄乾燥機2%、その他機器20%である。

最も消費電力の大きいのはエアコンで、家庭の1/4程度の電力消費量になり、エアコン、冷蔵庫、照明の三つで56%と過半を占めている。

いわば、この3つが電力多消費の3種の神器であり、節電を考えるときのポイントである。

## 5.2　多様性のある家庭用エネルギー消費

　家庭用のエネルギー消費の大きな特徴は、多様性である。各家庭によってさまざまなエネルギーの消費形態となっている。このような状況に対して一般的に行われているのは、標準家庭が設定され、さらに標準生活パターンも決めて標準的エネルギー消費量を算出する方法である。その結果に世帯数を乗じて全体のエネルギー消費が求められたり、いろいろな省エネ行動の評価も行われる。この考え方は、それなりの合理性はあるが、現実を無視している側面がある。それは、本文でも示すが、標準家庭はごく一部の世帯形態という点にある。少なくとも、複数の標準家庭や生活パターンで検討がなされなくてはならない。

　本節では、次のような情報を示すことによって、家庭用エネルギー消費の多様性を概観し、デマンドサイドの施策を考えるのにあたって何をファクターとして考慮せねばならないかを示す。

　◇世帯人数による一人当りのエネルギー消費の変化　◇世帯類型の現状とその動向　◇エネルギー使用を決定する地域性　◇住宅構造、とくに集合住宅と戸建て住宅のエネルギー消費の違い　◇同じような世帯構成、住宅様式であれば同じようなエネルギー消費となるのか　◇家庭用の電力需要、家庭用の熱需要はどれくらいか　◇家庭用電力消費についてのkWhとkWの現状と動向　などを示す。

### 【KN5.06】　一人住まいは4〜6人世帯の一人あたりの約「1.8倍」のエネルギー消費

　次項に示すように、日本の人口は2010年にピークをとり、以降は減少に転じている。世帯数は一貫して増え続けている。

　人口を世帯数で割った、世帯あたりの平均人数は減り続けている。2010年までは、人口増加の中での世帯数の増加であったが、人口増加よりも世帯数の増加が上回っており、世帯あたりの平均人数が減っている。2010年以降は、人口減少の中での世帯数の増加であり、世帯平均人数の減少率は大きくなっている。

　世帯人数が減ると、一人あたりのエネルギー消費は増える。これは、多人数世帯では、共通部分のエネルギーを多人数でつかうからである。

　世帯人数と一人あたりのエネルギー消費についての研究例を図−1に示す（参考④の結果をグラフ化）。縦軸は、1人世帯の一人当り消費量を1とした相対値である。図に示すように、一人当りのエネルギー消費は、世帯人数の増加とともに小さくなる。一人住まいは、4〜6人世帯の約1.8倍のエネルギーを消費する。世帯人数の減少は、エネルギー消費の増大要因である。

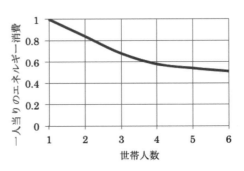

図−1　世帯人数とエネルギー消費

## 【KN5.07】 世帯数は2015年にピークで「5000万」強、平均人数2.4人

世帯とは「同一の住居で起居し、生計を同じくする者の集団」であり、一家を構えて独立の生計を営む事を言い、同居親族と使用人などの同居非親族を加えた家計単位・消費単位である。家庭用エネルギー消費の原単位は、世帯あたりで示されることが多い。

ここでは、その基本である世帯数の動向を示す。なおデータは主として国立社会保障・人口問題研究所のデータに依っている。

### ◆日本の世帯数と平均人数

表-1に過去の実績と将来の推計を示す。現在の概数は、5000万世帯、平均世帯人数は2.4人である。日本の世帯数の推移は、1985年の3,798万から単調に増大し、2005年には4,906万に達している。推定では2015年に5000万強のピークを迎えたあと、緩やかに減少傾向となるとされている。

表-1 わが国の世帯数と平均人数の推移

| 年 | 世帯数 | 平均世帯人数 |
|---|---|---|
| 1985 | 3798万 | 3.22人 |
| 1995 | 4390万 | 2.91人 |
| 2005 | 4906万 | 2.68人 |
| 2015 | 5060万 | 2.49人 |
| 2025 | 4983万 | — |

表-2 世帯類型の実態と予測（%）

| 年 | 類型I | II | III | IV | V |
|---|---|---|---|---|---|
| 2000 | 27.6 | 18.9 | 31.9 | 7.6 | 14.0 |
| 2010 | 30.3 | 20.8 | 28.3 | 8.8 | 11.9 |
| 2020 | 33.1 | 20.9 | 25.4 | 9.4 | 11.1 |

注）類型は、I：単独世帯、II：夫婦のみ、III：夫婦と子、IV：一人親と子、V：その他

### ◆単独世帯が30%でトップ

世帯構成別のシェアの変化に関する実績と予測のデータを表-2に示す。これまで「夫婦に子供2人」の世帯が標準世帯としていろいろなデータが求められてきた（1980年にはこの類型が42.1%というデータもある）。しかし、現在は単独世帯の方が多くなっており、この傾向は今後ますます顕著になっていくことが推測される。

世帯人数が少ないほど、1人あたりのエネルギー消費が増えるため、これはエネルギー消費の増加要因である。

標準世帯の発想はサプライサイドの発想と言えよう。デマンドサイドの発想からは、多様性を考えた情報が不可欠である。

---

**＜ポイント＞単独世帯の課題と世帯数の動向**

単独世帯は、世帯員相互のインフォーマルな支援が期待できないことから、相対的に失業や疾病・災害といった社会的リスクに弱くなり、また介護を始めとした支援を要する世帯の増大や負担能力の減少など、社会全体に大きな影響を及ぼすことが懸念される。

今後とも単独世帯の増加が続き、2000年の27.6%から2025年には34.6%と、全世帯の3分の1は単独世帯になると見込まれている。核家族世帯の中でも変化があり、「夫婦のみ世帯」の割合は2000年の18.9%から2025年には20.7%と微増するが、「夫婦と子」の世帯は、2000年の31.9%から2025年には24.2%に減少する。なお、「ひとり親と子」の世帯数は増加し、全体の割合も2000年の7.6%から2025年の9.7%と微増する。

---

**＜ウンチク＞平均世帯人数の地域比較**

平均世帯人数は2005年時点では全国平均では2.56人で、最小は東京都の2.16人、最大の山形県が3.09人である。将来予測では、2030年では全国平均が2.27人、東京都の1.97人から山形県の2.55人と推移し、全ての都道府県の減少が推定されている。

## 【KN5.08】 北海道の家庭では全国平均の「1.7倍」のエネルギーを消費

　日本は北海道から沖縄に至るまで南北に長く分布し、気候も大きく異なる。家庭用のエネルギー消費の地域差はどの程度であろうか。

　経産省の平成24年度の調査結果によると、北海道と東北は、それぞれ関東以南と比べて、1.77倍、1.71倍の消費となっている。これは、暖房エネルギーの差と考えてよい。なお、関東以南ではそれほど大きな差はなく、ほぼ同程度と考えてよい。また、暖房以外の用途のエネルギー消費には大きな相違はない。なお、冷房用のエネルギー消費は、暑い地方で大きくなるが、絶対量があまり大きくないので、全体統計では顕著な差は生じていない。

　また、地域による燃料の種別の違いも、暖房用によって変わってくる。北海道・東北は灯油が使われ、主たる燃料である。関東以南の大都市圏では、都市ガスインフラが整備されており、都市ガスがメイン、その他の地方ではLPガスがメインの燃料である。

　また、全国統計では暖房と給湯は二大用途でほぼ同程度の消費の30％程度であった（【KN5.03】参照）が、例えば、北海道では暖房用が約50％と突出し、関東以南では、給湯用が約40％とトップシェアの用途となる。

### ＜ウンチク＞寒冷地手当

　民間にもいろいろあろうが、国家公務員には寒冷地手当が支給されている。主として北海道を対象に1級～4級地に分けられ、11月～3月まで、月額26,380～17,800円が支給されている。近年の地球の温暖化で、支給額の見直しが検討されているという情報もある。

　関連して、温暖化の悪影響を受けている東京・大阪のヒートアイランド内での生活者（筆者もその一員）に対しても、暑熱地手当を検討いただきたいものである。

### ＜エッセイ＞ワシントンDCでの生活体験

　筆者がワシントンDCでの滞在で感じたのは、春先に寒暖の変化が激しいことであった。感心したのは、「街を歩く人が、暖かくなるときわめて軽装で、寒くなると分厚いコートを着ている」という変化の激しさであった。筆者の仮説は、「薄着の上にコートを着ている」である。家では全館暖房で薄着をし、外へは「寒ければコート、暖かければそのまま」に違いない。ドアtoドアで移動できる車社会も、この服装文化に関係しているであろう。

### ＜エッセイ＞北海道人は本州人よりも寒がり？

　北海道では暖房が普及しており、しかも全館暖房である。したがって、日常生活では、本州人よりずっと暖かい空間で生活しているようである。北海道の知人から「本州は寒い」という話をよく聞く。微妙な気候では、人はがまんする性向がある。

### ＜ポイント＞地方ではガソリン消費が多い

　ガソリンへの依存は、関東、近畿に比べて他の地域はいずれも2倍であり、地方の交通手段として車依存社会になっていることが分かる。都会では電鉄などの交通インフラが整備され、省エネ生活を支援している。なお、国の統計では、ガソリンは一般に家庭用用途には含まれておらず、運輸用で計上されている。

## 【KN5.09】　集合住宅は戸建て住宅の「50〜70％」のエネルギー消費

　集合住宅は一般に断熱性・気密性が高く、暖房エネルギー消費が小さくなる（＜エッセイ＞参照）。一般に集合住宅の暖房エネルギー消費は、戸建て住宅の4〜5割と言われている。この値は、地域性はあまり関係ないようである。なお、冷房用エネルギーは、暖房の場合よりも差は小さく、集合住宅は戸建て住宅の70％以上と言われている。これらがもととなって、住宅全体のエネルギー消費では、集合住宅は戸建て住宅の50〜70％程度となる。

### ＜ポイント＞集合と戸建て住戸数の比較

　総務省統計局では、5年毎に大規模な住宅・土地調査を行っている。平成20年調査によると、全国レベルでの戸建て住宅数と集合住宅数の比は、57：43であり、戸建て住宅の方が多い。一般に、地方では戸建てが多く、都会では集合住宅が多い。

### ＜エッセイ＞集合住宅は二次元長屋

　ふつう長屋は隣と壁を共有しており、資材が有効に活用されていると同時に、外壁部分が少なく、暖房の熱が外に逃げにくい構造である。現代の集合住宅は、上下・左右に住戸がありこれらがより徹底されている。昔は一次元長屋で、現代は二次元長屋と言えるであろう。昔の長屋ではとなりの熊さんが壁から顔を出したが、現代では天井や床から寅さんや八っぁんが顔を出すこともあろう。なお、熊さん、寅さんたちを暖房熱と考えていただきたい。すなわち、設定温度を少し低くすれば、隣から熱が流れ込んでくることも期待できる。少しがまんすれば、大きな利得が得られる。

　なお、この意味で、買うべきは中間階の住戸である。中古物件を買うなら、上下左右の住戸の暖冷房設備もチェックポイントである。

## 【KN5.10】　同じような条件の家庭でも「4倍」も違うエネルギー消費

　1998年〜1999年の1年間、当時、大阪大学教授であった辻毅一郎氏のグループ（筆者も参加した）は、新開発の住宅地区（関西学研都市）で、戸建て住宅に住む標準的な4人世帯（サンプル数40）で、エネルギー消費の調査を行った。

　それは、電気機器ごとの消費電力を、時間変化まで測定する詳細なものであった。詳細は略すが、総エネルギー消費（一次エネルギー）には4倍の違いが報告されている。また、出現分布はほぼ一様であった。

　この例は、デマンドサイドのエネルギー消費は様々であり、平均値で扱うことができないことを意味している。「標準世帯の標準エネルギー使用パターン」によって機器の省エネルギー性を評価することなどは、個々の市民にとって大いに問題であり、これはサプライサイドの発想といえよう。

　4人世帯という級内分散が大きいことは、重要な事実である。よく、世帯人数の違いなどの級間の相違が議論されることも多いが、級内の相違をいかに扱うかが、家庭用エネルギー消費を扱うときのポイントと言ってよいであろう。

## 【KN5.11】　1世帯の電力消費は1日約「10 kWh」（月に300 kWh）

「原子力・エネルギー図面集2012」によれば、日本の一世帯当たりの電力消費量（9電力会社平均）は1970年には約119 kWh/月であったが、その後家電製品の普及に伴って1996年の約291 kWh/月までほぼ直線的に伸びている。その後は、2007年の金融危機や資源価格の高騰に伴う省エネルギー促進のため、若干の下降時期もあるが、現在に至るまでほぼフラットに推移している。直近の2011年には282.6 kWh/月（9.42 kWh/世帯・日）を示している。

生活水準の向上によって、快適な生活が求められ、2000年以降は冷蔵庫を始めとしてエアコン等の家電品の効率向上への技術開発の効果もあったが、冷暖房を始めとし、テレビの大型化や家庭へのパソコン等の情報機器の普及拡大も家庭における電力消費を増加させている。

1世帯当たりの電力消費量は、各種の統計数値の根拠が必ずしも統一されてないため、やや正確性を欠くものとならざるを得ない。例えば、電力会社の公表する世帯当たりの消費電力量は厳密には契約口数であったり、また家庭の中に小規模店舗や事務所棟が含まれているなど、実際の世帯数と差異を生じると思われる。

一人あたりでは、4.2 kWh/（日・人）である。1 kWh = 25円とすると、1日で105円、月あたりで3,150円である。

## 【KN5.12】　家庭用契約電流一番多いのは「30アンペア」（電気料金制度）

電力消費を考えるとき、ふつうは積算電力量kWhを考えるが、最大電力に関わるkWにも配慮をせねばならない。

電力会社は最大電力に応じた発電設備をもつ必要があり、最大電力がきわめて重要な項目である。消費者もそれに配慮して協力するのは基本的姿勢であるが、最大電力が料金制度の中に組み込まれているため、直接的な実利に関わる事項でもある。すなわち、最大電力（許容電流値）が低いほど電気料金が安くなるように設定されている場合には、受電者は適正な許容電流値の契約が必要となる。

具体的には、電力料金は基本料金と電力の使用量に比例した従量料金から構成されている。基本料金は電力会社ごとにアンペア制と、最低料金制の2つの仕組みがある。

アンペア制とは契約アンペア数に応じて基本料金が設定されているもので、北海道、東北、東京、北陸、中部、九州の6社の電力会社が採用している。基本料金は契約アンペアによって決まる。

例えば、東京電力では、契約電流10 A当り280円80銭の基本料金となっている（2016年時点）。したがって、30 A契約では月に842円40銭、60 A契約では1,684円80銭となる。

一般家庭の契約アンペアの実態は東京電力を例に取ると（平成23年調査）によると、1980年の平均21.28 Aに対して、2011年は34.78 Aとなっている。従来一般家庭の契約電流値は30 Aが通常であったが、60 Aにする必要性も出ている。

一方、最低料金制は、一定の電力使用量までは基本料金、それを超えた量には従量料金が加算される仕組みで、関西、中国、四国、沖縄の4社の電力会社で採用されている。ここでは料金にkW、すなわち、アンペアは直接リンクされていない。

## 【KN5.13】 住宅の熱需要原単位は「20〜25 GJ/（年・世帯）」

ここでは住宅の熱需要として、暖房と給湯を対象とする。これらは家庭用エネルギーの半分以上の需要先である（【KN5.03】参照）。第1章で述べたように、暖房と給湯はせいぜい常温と数十℃の差の低レベルの熱需要である。現在のエネルギーシステムの問題点の一つが、これらの低レベル熱に多くの、電力・都市ガス・石油の、高級エネルギーが使われている点にある。

【KN5.01】で示した1世帯当たりの年間エネルギー消費 37 GJ/（年・世帯）と【KN5.03】の用途別シェアからから、全国平均の世帯当りの年間熱需要原単位を求めると、暖房 8.9 GJ/（年・世帯）、給湯 10.4 GJ/（年・世帯）となる。併せて 19.3 GJ/（年・世帯）となる。世帯の平均人数は 2.44 人であり、一人当りは約 8 GJ/（年・人）である。発熱量で灯油（35 MJ/リットル）に換算すると、551 リットル/（年・世帯）= 1.51 リットル/（日・世帯）= 226 リットル/（年・世帯）= 0.62 リットル/（日・人）となる。参考までに、風呂 200 リットルの水を 25 ℃昇温するのに必要な灯油量は 0.60 リットルである。

以上は国のマクロ統計からの推計であるが、一方では各住戸を対象とするサンプル調査でも熱需要原単位が求められている。これには、いろいろな調査が行われており、値はばらつくが、ここでは資源エネルギー庁の 2012 年調査を紹介する。調査の結果はいろいろな属性による影響が分析されている。

地域による暖房と給湯用の熱需要に関しては、当然のことながら寒冷地において大きく、温暖な地域ほど小さくなる。例えば、北海道は関東と比べて暖房需要は 4.0 倍、給湯需要は 1.7 倍、九州・沖縄と比べて暖房 4.7 倍、給湯 2.0 倍となっている。具体的に、（暖房／給湯）の熱需要原単位 GJ/（年・世帯）で示すと、北海道では（27/25）、関東（7.1/15.0）、近畿（6.6/14.8）、九州・沖縄（5.7/12.5）などの値となっている。

戸建て住宅と集合住宅におけるエネルギー用途別の消費原単位 GJ/（年・世帯）を北海道、関東、近畿、九州の 4 地区の加重平均で見ると（4 人世帯対象）、戸建て住宅では、暖房が 12.4、給湯が 21.8、合計 34.2 である。集合住宅では暖房 5.5、給湯 18.8、合計 24.3 となっている。これらの差の理由は、前述のように、住宅平均面積、住宅の断熱・気密性、平均年収、世帯の年齢構成などの差が考えられる。なお、【KN5.09】の＜ポイント＞に示す、住戸数の戸建て：集合＝57：43 および上記の 4 人世帯の値から、熱需要原単位を求めると、

26 GJ/（年・世帯）となる。前述のマクロ推計による 19 GJ/（年・世帯）と異なるが、住宅のエネルギー消費はさまざまであるので、デマンドサイドから見た場合には、平均値には目安としての意味しかないと考えられる。

ここでは、住宅の平均的な熱需要原単位として、「20〜25 GJ/（年・世帯）」、「8〜10 GJ/（年・人）」としておこう。

暖房・給湯に必要な熱はせいぜい50 ℃程度
・・・・・低エクセルギー需要

上手にエネルギーを使ってね

## 5.3 家電機器のエネルギー消費と省エネ化

家庭用のエネルギー消費は、石油・ガスの暖房機、給湯器、ガス調理器などを除いては、家電機器で行われる。個々の機器の電力消費の概要を知っておくのは、スマートコンシューマとしての基本的な事項である。また、適切な機器の選択や使い方も、無駄なエネルギー消費を避けるために必要である。

本項では、代表的な家電機器の電力消費、それらの省エネルギー化の動向や政策などの情報を示し、省エネ運転などの効果などを概説する。つぎのような項目について述べる。

◇家電機器の消費電力　　◇家電機器の効率の上昇　　◇LED照明の高効率性
◇代替手法のある用途のエネルギー消費の比較　　◇家庭におけるエネルギー支出の概要
◇省エネの駆動力（経済性と環境性）　　◇APFによる機器のエネルギー消費の評価方法
◇トップランナー方式のカバーする範囲と期待される効果　　◇HMSなどの解説
◇家電の省エネ対策と期待される効果　　◇待機電力の大きさ

---

**＜ポイント＞自分の家電の消費電力を知ろう**

家電製品の消費電力の例としてネットに公表されているデータを表－1に示す。これは、メーカーからの製品カタログに掲載されている公表値ではなく、実測されたデータである。

表中の「アイドル時」とは、電源を入れた状態で何も動作していない状態の電力値であり、「フル稼働時」は、製品の動作中の最大電力値を示す。

なお、消費電力は技術の進展とともに、一般に減少するし、性能アップなどの仕様が変われば増加することもある。

なお、表でエアコンのフル稼働時の電力消費はきわめて大きいが、これは立ちあがりの最大電力と思われる。前述のように、エアコンは定常時にはこれほどは電力を消費しないため、この点で過大評価しないことなどが注意点である。最近のエアコンには消費電力を表示する機種もある。また、コンセントに付けて簡易に電力消費を表示するワットメータもホームセンターなどで購入できる。是非、お宅のエアコン等の消費電力をいろいろな条件下で測って、特性を理解していただくことをお勧めする。

**表－1　家電製品の消費電力の例**

| 製　　品 | 消費電力（W） ||
|---|---|---|
| | アイドル時 | フル稼働時 |
| デスクトップPC | 90 | 133 |
| ノートPC | 22 | 44 |
| インクジェットプリンター | 5 | 10 |
| 17in 液晶ディスプレー | － | 33 |
| DVDプレーヤー | 6 | 9 |
| MD,CDコンポステレオ | － | 19 |
| 電話機 | － | 3 |
| 32in 液晶ハイビジョンTV | － | 166 |
| 29in ブラウン管TV | － | 135 |
| エアコン（暖房時） | － | 1040 |
| サーキュレーター | － | 26 |
| ドライヤー（Turbo） | － | 1042 |
| 石油ファンヒーター（強） | － | 26 |
| 家庭用掃除機（強） | － | 942 |
| 冷蔵庫 | － | 77 |
| 洗濯機 | － | 37 |
| 温水洗浄便座器 | 14 | 310 |

（出典）福室PCサポート（仙台市宮城野区福室）ホームページ

## 【KN5.14】 冷蔵庫の消費電力は1995年ころの「1/（4～5）」：家電の効率の向上動向

昭和40年代の高度成長期に端を発して家電製品の普及拡大は著しい伸びを示し、電力消費量も急増している。また近年では暮らしの多様化に伴い各種の電化製品の誕生により、電力消費が急増している中で、1970年代のオイルショック、最近の地球温暖化対応などにより省エネルギーの機運が高まっている。また、現在では原子力発電の停止問題などもあり、電力の安定供給に不確定要素も発生している。このような環境の中で家電機器の高効率化への要求も高まる一方である。

また、家電機器の購入に際して、機器の価格が第一に重視されるが、最近では運転コストも重要な機器選定の因子となる。とりわけ家庭における消費電力の4割を占めるエアコン、冷蔵庫などは機器の効率が大きな差別化ポイントになっている。

例えば、エアコンを例に取ると、14畳用エアコン（4.0 kW）の冷房・暖房期間を合わせた年間消費電力の推移として、1991年の年間消費電力は3,384 kWh/年（年間電気代：74,668円）であり、10年後の2001年には1,571 kWh/年（54％減）に至るまで、ほぼ直線的に消費電力が低下している。しかし、その後は2011年まではやや頭打ち状態になり、1,252 kWh/年（1991年比63％減、年間電気代：27,544円）である。なお、年間電気代は標準使用条件に基づくもので、自分の使い方によるものとは異なることに注意が必要である。

現時点で新しいエアコンに買い替えると、2002～2005年製（9～6年前）の製品なら、年間で18％の節電効果があり、さらに2001年以前（約10年前）の製品なら、年間で20％以上の節電が期待できる。

冷蔵庫の場合、2008年の資源エネルギー庁の調査によると、収納容積1リットル当たりの年間消費電力量は1991年に2.28 kWh/リットルであったが、1996年に飛躍的な消費電力の減少を示した後、2001年には0.75 kWh/リットル、2005年には0.46 kWh/リットルに至っている。現在の冷蔵庫は95年代に比べると、1/（4～5）に低減されている。

エアコンの主要構成部品は、圧縮機、熱交換器、送風機、制御用基盤、などであり、これらの部品毎の効率化に加えて、これらの最適構成化と圧縮機の容量制御によって冷凍サイクルの効率化が達成されてきた。

冷蔵庫もエアコンと同様な冷凍サイクルの高効率化が図られているが、冷蔵庫自身の機能が食物等を貯蔵するための断熱構造箱体の中の温度制御であることに特徴がある。したがって、箱体からの熱漏洩を最小にする断熱技術が重要である。現在の断熱技術はウレタンの発泡体による断熱技術が中心であるが、今後真空断熱技術の普及が期待される。

また、カラーテレビに関しては、2006年→2010年で46％減というデータもある。

家電製品の省エネルギー化は、トップランナー政策（【KN5.17】など参照）もあって、近年著しく進展した。今後の伸びは限定されるであろうが、機能の大幅な変更がない限り、今後も確実に進展すると考えられる。

---

**＜エッセイ＞省エネ目的の買い替え促進**

現在、機能的に問題なく稼働していたとしても、買い替える方が、ライフサイクルのコスト（機器代＋電力代＋廃棄費用）が安くなり、地球環境・資源に優しい暮らしと新しい機能が利用できる可能性が大きい。電気屋さんもいろいろな条件下にある市民が、このような検討ができるような支援事業をしていただくことをお願いしたい。

## 【KN5.15】　LED電球の消費電力は白熱電球の「1/5」

　照明用光源の発展は、約60年毎に大きな発明があり、1879年には白熱灯が、1938年には蛍光灯が、そして1996年には白色LED（Light Emitting Diode）が誕生している。

　日本国内では、白熱電球の製造は（一部特殊用途を除き）2012年度を以て国内メーカー全社が完全終了した。今後は直管型蛍光灯の置き換えも視野に入っている。

　ここでは、今後の主流照明として期待されるLED照明と従来型の白熱電球、蛍光灯との省電力性能を主体とした比較を行う（**表－1**）。

表－1　各種電球の比較の例（経産省資料2013）

|  | 白熱電球 | 蛍光灯（電球型） | 白色LED |
|---|---|---|---|
| 効率（lm/W） | 15 | 68 | 90 |
| 電球価格（円） | 62～100 | 280～1,000 | 1,000～3,000 |
| 電気料金 | 1 | 1/5 | 1/5～1/7 |
| 寿命（時間） | 1,000 | 6,000～10,000 | 20,000～40,000 |

　LEDの特長は、高寿命に加えて、従来の白熱灯や蛍光灯に比べてコンパクト・高効率発光のため、省電力化に大きく寄与する。

　なお、表の電球価格は1個あたりであり、電気料金は、白熱電球を1とした相対値である。

　表から、ライフサイクルで考えればLEDの白熱電球に対する優位性は、圧倒的と言える。蛍光灯との比較では、LEDの長寿命性により、管球交換のような頻繁な保守の手間が省ける点を除くとほぼ同程度である。

　なお、次世代光源として、有機ELが期待されている。有機ELは薄くコンパクトで、面光源であるため広範囲を照らすことができる。

### ＜ウンチク＞信号機の電力消費とLED化の効果

　信号機1機の消費電力は、従来電灯式で、車両用70W、歩行者用60Wと言われる。これをLEDに変えると、ともに12Wになる。全国の信号機の数は、平成18年3月末で、車両用112万機、歩行者用87万機とある。消費電力量は従来電灯式では11.4億kWh、LED電灯では2.1億kWhであり、LED化によって9.3億kWhの節電になる。この節電量は原発0.2基相当である。

### ＜エッセイ＞ルミナリエの電力収支はマイナス

　阪神淡路大震災の犠牲者の追悼に、神戸でルミナリエという電飾イベントが行われてきている。いつも、「もったいない。電力会社が儲けるだけではないか」という意見が出る。ここで、簡単な試算を行ってみる。

　電球20万個×1日4時間×消費電力12W＝9,600 kWh/日　となる。ちなみに電力料金は仮に20円/kWhとすると、192,000円/日となる。入場者数は1日約30万人であり、一人あたりの消費電力量は、32 Whとなる。

　もし、来場者が家の電灯を50W×4時間消してくれば、200 Whの節電となる。なお、消すのは電灯だけではないことも勘案して、電力収支はマイナスになると考えてよいであろう。

　考えてみれば大勢の人が、明るい室内から、ルミナリエと言ってもずっと暗い屋外へ出るため、節電になることは当然であろう。これは、一例であり、どの電飾イベントもそれほど電力を使わないし、ネット電力収支はマイナスと考えられる。

　電力消費を理由に「ルミナリエ反対」を叫ぶよりも、「外出時の消灯」「家族揃っての外出」をやさしく呼びかける方が、スマートである。

## 【KN5.16】 JISの年間エアコン運転候補日は冷房112日、暖房169日

テレビのように、電力消費一定の機器と異なり、エアコンのような、条件によって電力消費が変わる機器では、省エネ性の評価法は問題である。

エアコンのエネルギー消費効率を表す指標として、従来からのCOP（【KN1.23】参照）に加えて、2006年の省エネ法の改正からAPF（Annual Performance Factor）が導入された。

COPは室内外の温度や負荷の大きさに依存するため、規格で決められた条件で、試験室を用いて、冷房・暖房能力と消費電力等が計測されて求められる。しかし、COPは温度変化する実使用下での年間の性能指標ではないため、期間COPであるAPFが導入された。

APF＝（1年間の冷房・暖房に必要な総熱量）／（エアコンが1年間に消費する電力量）

で定義される。「JIS C 9612」規格に基づいて運転環境として、東京地区の木造住宅の南向きのモデル洋室で、冷房は6月2日〜9月21日（112日）、暖房は10月28日〜4月14日（169日）で、6時〜24時の18時間に、外気温度24℃以上の時に冷房（室温27℃）、16℃以下の時に暖房（室温20℃）する。この条件下で運転した時の消費総電力量を算出し、これで必要な冷暖熱量の総和を除して、APF値が得られる。

従来のCOPに比べて、APFには合理性がある。しかし、APFにはエアコンの使用条件の多様性が考慮されていない。例えば、1日18時間の運転時間は非現実的であるなど、実際の電力使用量とは異なる。

この点から現在のAPF評価は、デマンドサイドの発想ではなく、サプライサイドの発想と言えよう。デマンドサイドが望むのは、多様な条件でシミュレートするような評価法である。

## 【KN5.17】 トップランナー方式の導入により家庭の電気代は 約「27%」節約

トップランナー方式による省エネ推進策については、【KN4.20】で紹介した。ここでは、それによる節電効果や、省エネルギー効果の値の推定結果を示す（経済産業研究所、戒能一成氏）。

2009年の家庭部門の世帯あたり電気使用量は4,618 kWh/年で、トップランナー対象機器の割合は56.3%であった。その中で割合が大きい順は、電気冷蔵庫14%、照明器具13%、テレビ9%、エアコン7%であった。

一方、2009年の家庭部門のエネルギー消費量は34,905 MJ/年で、トップランナー対象機器の割合は68.6%で、その中で割合が大きい順は、ガス温水機器24%、ガス調理機器8%、電気冷蔵庫7%、照明器具6%であった。

トップランナー方式の導入により、省エネ開発の促進が期待できる。その対象機器の電力消費量について、「トップランナー方式」効率基準規制がある状態とない状態の値を推計し、その差分の電力消費低減量がトップランナー方式による効果と見ることができ、更にこれに対応する家計電気料金減少額を家庭における直接的便益として試算されている。

その結果、「トップランナー方式」効率基準規制の対象機器及び対象予定機器の電力消費低減量は、2010年度時点で約688億kWhと推定され、比率で27%低減する便益が推計されている。さらに、2020年度においては、家電機器の年式更新と家計世帯の家電利用形態の変化によってさらに便益は拡大し、電力消費低減量は約896億kWhで、約29%引下げると推計されている。

## 【KN5.18】 待機電力消費で年間「7,400円」ほどの電気代を負担

待機電力とは、電気機器のスイッチをオンにするとすぐに使用できるよう、タイマーなどの機能を維持するために微小電流を流して電力電源の切れている状態でも消費する電力のことである。この待機電流による電力消費は各種の家電機器の増加と生活の利便性向上への要求も相まって、日本の家庭用電力消費量の7%に相当すると言われ、省エネ、節電社会においてその対策が重要になっている。

個々の機器の待機電力は数W程度であり、それらの機器を動作させる電力に比べると一般に微々たる量と言える。しかし、家庭内には数々の家電機器が存在するため、年間を通じると消費電力は相当な量に至る。

家庭内機器の待機電力消費は年間308 kWhに至る。一方、日本の家庭用電力消費量は年間4,200 kWhであり、待機電力消費は全体の7%に相当し、電力価格を25円/kWhとすると、年間7,350円となる。

待機電力が発生する原因は、テレビなどのリモコンを備える機器ではリモコンからの指示待ちのための受信回路の動作、ビデオデッキでは結露防止のためのヘッド加熱、内臓時計の動作、モニター表示などがある。また、ACアダプターにも待機電力が必要となる。

待機電力を節約するには、長期間使わない機器あるいはプラグを抜いても問題のない機器ではそのコンセントからプラグを抜くことや電気器具の集まっている場所ではスイッチ付きテーブルタップを使用すれば、プラグを抜き差しすることなく目的の箇所だけ切ることができる。

一方、機器によってはプラグを抜くと時計やタイマーなどの設定がリセットされ利便性を著しく害することがある。デジタルテレビはメーカーから送信される更新ファームウェアが受け取れないなどの問題が生じることもある。

その他、プラグの抜き差しを頻繁に繰り返すと電圧変動などで製品そのものの寿命を短くする恐れがあり、主電源を切らずにプラグを抜いたり、主電源を切っても機器の動作が完全に停止する前にプラグを抜いたりすると故障の原因になることがある。

根本的に待機電力ゼロ化の開発もされており、情報機器の動作に不可欠なシステムLSIの集積回路を不揮発化することも研究されている。

主な家電機器の待機電力は次の通りである（省エネルギーセンター「平成20年度 待機時消費電力報告書」より）。

◇給湯器（ガス床暖房あり）11.0 W、◇HDD内蔵DVDレコーダー 10～3.4 W、◇モデム 6.0 W、◇充電式掃除機 4.1 W、◇電話機（FAXあり）3.4 W、◇温水洗浄便座 2.6 W、◇エアコン 2.4 W、◇デスクトップパソコン 2.0 W、◇ノートパソコン 1.2 W、◇電気炊飯器 1.1 W、◇加湿器 0.9 W、◇食器洗乾燥機 0.8 W、◇扇風機 0.5 W、◇テレビ（液晶）0.2 W、◇洗濯機 0.0 W、◇電気カーペット 0.0 W、◇電気こたつ 0.0 W

なお、待機電力対策も進められており、現状はここに示した値と異なる可能性がある。例えば、資源エネルギー庁の平成24年度調査では、家庭用電力消費の5.1%というデータが出ている（参考③）。

機器購入時や使用機器の値等を確認して適切な対応をするのは、スマートコンシューマの要件である。

## 5.4　家庭における水消費と給湯エネルギー

給湯は家庭用エネルギー消費の最大の用途である。給湯エネルギーは第1章でも述べたように、高々、60℃の低レベルの熱エネルギーである。暖房も同様であるが、これらに家庭用の約半分の一次エネルギーが消費されているのが現実である。エネルギーの質を活かした上手な熱変換をする機器やシステムを導入することが望ましい。本節では、家庭での水消費と、給湯の中での最大の用途である風呂まわりのエネルギー消費について、概説する。

### 【KN5.19】　家庭での最大の水消費はトイレ水の「28%」

家庭で使用される水を家庭用水、オフィス、ホテル、飲食店等で使用される水を都市活動用水といい、これらをあわせて生活用水と呼ばれる。この生活用水の一人一日当たり使用量は水洗便所の普及などに伴い、1965年の169リットル/人・日から2000年の322リットル/人・日まで約2倍に増加している。

なお、生活用水の日本全体の使用量は、人口の増加や経済活動の拡大、生活水準の向上、利便性への欲求の高まりなどに伴い、1965年の42億m³/年から2000年の144億m³/年と約3倍に増加したが、1998年頃をピークに緩やかに減少傾向になっている（国交省データ）。これは、人々の節水意識の高まりや、トイレ機器や洗濯機等の節水化対策などによる。

家庭における水使用量の割合は、洗面・その他9%、洗濯16%、炊事23%、風呂24%、トイレ28%（2006年度）である。また、世帯人数別の一か月・一人あたりの平均使用水量は、世帯人数が1人、2人、3人、4人、5人、6人以上の場合、それぞれ8.2m³、8.2m³、7.3m³、6.7m³、5.9m³、6.2m³となっている。（東京都水道局ホームページ）

日本では水道水がそのまま安心して飲料化されている世界でも稀有な国であるに加えて、高度な上水処理によって、ミネラル水にも相当した美味しい水が供給されている。

安全で良質な水を安定供給する新技術として、これまでの浄水処理方法にオゾンと粒状活性炭による処理工程を加えた高度浄水処理がある。オゾンは、酸素とは異なり、特有な臭いのある微青色の気体で、強い酸化力を持っているため、殺菌、脱臭、脱色、有機物の分解機能を有する。この強い酸化力で、水中にある有機物（かび臭物質、色の素となる物質、農薬類など）が分解できる。かび臭や、浄水場で塩素を使うことによってできるトリハロメタンなどを取り除き、より安全で良質な水をつくることができる。これによりクリプトスポリジウム等の病原性微生物に対する安全性の向上も期待できる。なお、分解された有機物は、高度浄水処理の次の工程である「生物活性炭」によって処理される。

＜エッセイ＞多元水道の勧め

高品質化上水を大量にトイレ水に利用しているのは勿体ないことである。阪神大震災で水道も壊滅的被害を受け、全国の水道の耐震化が叫ばれた。このとき、筆者は現在の水道を雑用水道として、高耐震性の飲用水道の新設を提案した。雑用水道では、都市の排熱なども乗せて地中温度と同じくらいにして、給湯負荷を減らしたり、ヒートポンプの熱源としてもよい。一方、飲用水道では冷やした「おいしい水」を供給することも考えられる。

## 【KN5.20】 給湯用エネルギーは家庭の最大用途で灯油「約 1 リットル/(日・世帯)」

【KN5.13】では住宅の熱需要についてキーナンバーを紹介した。ここでは、給湯用について、検討を加える。そこで導いた熱需要原単位は 20 ～ 25 GJ/(年・世帯)であった。これと【KN5.03】で示した給湯：暖房 = 28：24 から、給湯用エネルギー消費は 11 ～ 13.5 GJ/(年・世帯)となり、平均 12.5 GJ/(年・世帯)としよう。これを灯油に換算すると 357 リットル/(年・世帯) = 0.98 リットル/(日・世帯) = 0.40 リットル/(日・人)となる。約 1 リットル/(日・世帯)である。【KN5.13】でも概算したが、これがすべて風呂焚きに使われたとすると、湯温 42 ℃、平均水温を平均気温として（＜ポイント＞参照）東京の平年値（1981 ～ 2011 年で 15.4 ℃）とすると、湯量 G は、

$$G = 0.98 \text{リットル}/(\text{日・世帯}) \times 35{,}000 \text{ kJ}/\text{リットル} / \{(42-15.4 \text{℃}) \cdot 4.2 \text{ kJ}/(\text{kg} \cdot \text{℃})\} = 307 \text{リットル}/(\text{日・人})$$

となる。なお、＜ポイント＞に示すように、風呂の沸き上げのエネルギーは全体の 6 割程度であるとすれば、水量は 184 リットルとなる。この数値はほぼ妥当と考えられる。

### ＜ポイント＞風呂の湯沸かしエネルギーは、夏に石油 0.36 リットル、冬に 0.67 リットル相当がベース

風呂の水量を 200 リットル、湯温を 42 ℃、水道水温を夏 25 ℃、冬 10 ℃とする。熱量計算では、石油換算では、夏に石油 0.36 リットル、冬に 0.67 リットルに相当する。現実には、給湯器の効率があるため、それより多く必要である。仮に給湯器効率を 80％とすれば、2 割強多くなる。冬には汗をあまりかかないため、入浴回数を減らすことは、省エネルギーの点から効果的である。

なお、各種調査研究から入浴に係るエネルギーの概略は、家族の場合で、湯沸かしのエネルギー（200 リットル水量）が約 6 割、足し湯分が 2 割強（1 人 25 リットル程度の湯使用）、保温が 2 割弱である。なお、熱損失の約半分が蒸発に伴う潜熱である。風呂の蓋は省エネに寄与する。また、時間を空けない入浴も重要である。

### ＜ポイント＞水道水温のベースはほぼその月の平均気温に等しい

給湯用エネルギーを決定するベースは水道水温である。水道水温について、おおまかに言えば、地下埋設管の出口の水温はその月の平均気温と考えれば大きな間違いはない。東京都の大手町近辺での平成 24 年度のデータによれば、最低が 1 月の 6.7 ℃、最高が 8 月の 27.3 ℃となっている。大阪市などでは、水源の淀川水系の水温にほぼ支配され、年最低が 6 ℃、最高が 30 ℃程度（大阪市水道局ホームページ）であり、東京とそれほど変わらないと推定される。気温は 1 日のうちにかなり変動するが、水道水温は 1 ℃以内とあまり変動しない。なお、蛇口から出てくる水道水温は、敷地内水道配管の状況に大きく依存し、夏などには太陽熱を受けてお湯がでてくるような場合もある。したがって、給湯用エネルギー量の実態に合った推定は、その蛇口での水温の実測値が必要である。

## 【KN5.21】　ヒートポンプ給湯器の一次エネルギー効率は「100％」を越える

【KN5.20】項の試算では、燃料のエネルギーがすべて湯に伝わるとした数値である。しかし、湯を沸かすには、熱損失や補助機器の電力消費も必要である。一般に、エネルギー源としては、電力と都市ガスが使われる。電力の場合は、電気ヒータ方式とヒートポンプ方式がある。これらは、貯湯式であり、湯をタンクに貯めておく方式である。湯をつくるCOP（成績係数【KN1.23】参照）はヒータ方式で1、ヒートポンプ方式で3.5（APF評価：【KW5.03】参照）と言われている（ヒートポンプ・蓄熱センター資料）。なお、COPは使った電力量の何倍の熱が得られるのかの数値である。

一方、ガスの場合は瞬間湯沸かし方式であり、貯湯槽をもたない。従来のガス給湯器の効率は80％程度であったが、最近は燃焼ガスからの熱回収を徹底して効率95％（ガス協会資料）の高効率が達成されている。

両者をある程度比較できるように、電力を一次エネルギー換算して、効率に換算してみよう。電力の一次エネルギーへの換算効率は38.7％（夜間の値【KN4.01】参照）とすると、COP＝3.5は効率で136％となる。

なお、貯湯槽からの熱損失は、ある調査によると12〜24％という報告がある。これを勘案すると120〜103％となる。（なお、燃料のエネルギーよりも得られる熱量が多くなることについては、【KN1.23】参照）。

なお、ガス方式では、電力も消費する。50W程度使うようである。1回の湯沸かしが20分とすると、50×20÷60 ＝ 17 Wh ＝ 61.2 kJ ＝石油3.9cc相当である。これは、1回湯沸かしのエネルギー消費の0.6％であり、大勢に影響しない。

なお、各方式の現場での効率計測からは、色々なデータが出されている。これは現場での施工や環境条件が大きく影響することを意味している。また、機器の運用方法（省エネ運転など）によっても効率は変化するため、方式の厳密な優劣はつけ難いが、電気ヒータ方式が低効率であることは確実である。

もちろん、機器の選定は燃料消費量だけではなく、機器のコスト、燃料費、占有面積、利用可能湯量、その他も重要な因子である。これらの点を総合的に判断してスマートライフを実践していただきたい。

---

**＜ポイント＞温度差に逆比例する
ヒートポンプ給湯器の効率**

ヒートポンプ給湯器は、冬には0℃程度の周囲気温から、給湯温度60℃程度まで熱を汲み上げねばならない。冷媒は自然冷媒である$CO_2$が使われている。サイクル的な特徴は、$CO_2$の臨界温度が31℃であり、凝縮器（水の加熱器）では、相変化をしない。また、圧力が高く、高圧部が10 MPa（100気圧）、蒸発器では3 MPaと高圧力差でもある。耐久性や静音のコンプレッサーの開発などが課題であった。ヒートポンプであるため、外気温度の低い冬期のCOPが低い。外気との温度差の大きい追い焚きのCOPが、水からの沸き上げのCOPより低くなる。これらは原理的な特性である（【KN1.24】参照）。

## 【KN5.22】 シャワー「20分」で浴槽1杯分の湯を消費

就寝時間の深夜化や若年層の単身化の拡大など、ライフスタイルがさまざまに多様化している現代社会では、入浴スタイルにも大きな変化が生じている。忙しくて時間がない場合や深夜に手早く入浴する場合は、時間が掛かって面倒なお湯張りの必要のないシャワーが好まれ、また独身生活の場合、一人だけが浴槽に湯をためて入浴するよりも、シャワーを使って体の表面を洗うほうが節水効果は高い。このように、最近ではシャワーの存在が高まりつつある。

シャワーと浴槽による入浴の水量的・エネルギー的な得失比較について述べてみる。

まず、シャワーと浴槽における使用湯量は家族人数や入り方によって違いが出る。一般的な浴槽にお湯を入れると約200リットル必要であり、これと同量の湯量はシャワーの場合、流量を節水を考慮した12リットル/分(鎌田元康編著「お湯まわりのはなし」TOTO BOOKS, 1996)とすると、16分40秒の使用に相当する。一般に一人がシャワーを使う場合、頭や体を洗うと4分23秒というデータがある。これを前提とすると、家族4人がシャワーを使用すると200リットルを超えることになる。4人以上ならば浴槽入湯が有利に見えるが、4人目の人が浴槽に浸かることを考えると、少なくとも100リットル程度の湯量を浴槽に残さねばならず、その場合一人が使える湯量は25リットル程度であり、風呂桶にすれば13杯程度である。この13杯で掛かり湯をし、頭や体を洗うとなると、不足も生じそうである。

一方、浴槽入湯なら、残り湯を掃除や洗濯に活用でき、資源の有効利用を図ることもできるメリットがある。

このようにシャワーに対するニーズの高まりに合わせて、節水効果が高く、且つ体を温める温熱効果の高いシャワー器具が開発されている。これは、10ヶ所のノズルから微細なシャワーを噴出し、体全体を包み込むと、お湯につかるのと同じように全身が温まることができる。通常のシャワーよりも細かい霧状の噴射により、節水効果とともに、肌にやさしく、心地良いくつろぎも得られ、シャワーだけでお湯につかったように温まることができると言われている。このほか、水の流れに変化をつけ、マッサージ機能を付与したシャワー製品も見られる。

### <エッセイ>要は気遣い

なお、筆者ら高齢者では、省エネ・節水意識があり、筆者の生活の場合、入浴からシャワーに変えると、1/10程度の湯量になるように思われる。自家用車の洗車にしても、筆者はバケツ1～2杯の水で行う自信がある。要は資源・エネルギーに対する気遣いである。

### <エッセイ>全館暖房とシャワー

欧米では、バスタブ入浴はほとんどなく、もっぱらシャワーである。日本では、最近シャワーが増えてきているが、夏だけの場合が多い。これは、寒いからである。シャワーの年間に亘る使用のためには、暖房の充実が必要である。

わが国の入浴の主要目的に「身体を暖める」がある。これは、貧弱な暖房設備を補うもので、シャワーで暖をとるとなれば、大量の湯が必要であろう。わが国の家庭用エネルギー消費の特徴は、「暖房エネルギーの少なさ」にある(【KN5.04】参照)。それにもかかわらず、給湯用エネルギー消費がそれほど多くないのは、入浴文化にあると考えられる。この意味で、わが国の入浴は「省エネ型」と言えよう。

### <ポイント>シャワートイレの水温・水量

適正湯温は$38 \mp 2$℃、0.5リットル/分で2分弱の洗浄時間が満足のいく洗浄感には必要というデータがある。なお個人的感想であるが、洗浄時間2分は相当長いように思われる。

# 第6章

# 業務部門でのエネルギー消費とその改善

# 第6章　業務部門でのエネルギー消費とその改善

　業務部門は事務所ビル、ホテル、飲食店、学校・試験研究機関、劇場・娯楽場、その他サービス業などである。なお、営業用などの自家運輸用燃料などは運輸部門に含まれる。産業や運輸部門のエネルギー消費は把握が比較的容易なのに対して、民生用は業務・家庭ともに需要家数が多い上に多様であり、実態把握が困難である。サンプル調査によって統計処理され、概要が把握されている。

　この章では、業務系のエネルギー消費に焦点をあて、今後さらに重要性が増すと考えられる、環境・エネルギーの持続性の点から、建築および設備システムのあり方や計画・設計のポイントについてのキーナンバーおよびキーワードを解説する。なお、本章の主たる読者として、建築環境・設備設計の若手技術者を想定している。

　具体的には、①「業務系のエネルギー消費と動向」と②「エネルギー消費を左右する要因」で、業務系のエネルギー消費の実態とそのトピック・課題を解説する。そのあと、課題の解決策として追求されている③「ZEB（ネット・ゼロエネルギービル）」と④「建築由来の環境負荷を減らす5つの方策」について説明する。そして、⑤「建設技術者が知っておきたい新技術」で業務ビルに関わる建築設備技術者が知っておくべき新技術を解説する。最後に、⑥「ビルのエネルギー・物質フローと関連設備…建築設備・設計講座（1万$m^2$オフィスビル）」で建築を学ぶ人たちに業務ビルの設備設計を概説し、ビルでの生活を支援する各設備の容量や、ビルで消費されるエネルギーや水などの量を見る。

＜本章の主な参考図書等＞（その他はインターネット等による）。
①エネルギー白書2012（6.1）、②省エネルギーセンターのデータ（6.1、6.2）、③図とキーワードで学ぶ建築設備、飯野秋成、学芸出版社（6.1、6.2）、④中小業務ビルの節電対策と効果の定量把握、建築設備士、2013年4月（6.2）、⑤トップランナー制度の概要について　資源エネルギー庁（6.2）、⑥ZEB、資源エネルギー庁資料（6.3）、⑦ZEB化特集、建築設備士、2011年11月（6.3）、⑧続環境親話、日建設計（6.4）、⑨サステナブル・アーキテクチャー nikken.jp、新建築社（6.4）、⑩設備設計一級建築士資格取得テキスト（6.5）、⑪設備設計一級建築士講習テキスト（6.6）

### ＜エッセイ＞デマンドサイドの改善のためのデータ体系が必要

　現在の業務用エネルギーデータは、サプライサイドとしての電力会社や国の広域供給や管理のための体系となっている。具体例として、上記のまえがきを補足すると、①営業車の燃料消費は事業者の省エネの重要項目であるが、運輸用に挙げられている（家庭用の自家用車についても同じである）、②ビルのエネルギー消費データは平均値のみが示されることが多い。デマンドサイドの立場では、1棟のビルのエネルギー消費を考えることが課題であり、「ばらつきのデータ」がむしろ重要な情報である。このように、デマンドサイド中心社会のエネルギーデータのあり方については十分な吟味が必要である。

## 6.1 業務系のエネルギー消費の動向

この項では、業務系のエネルギー消費の状況、動向の概要を概説する。エネルギー消費総量、ビルの単位床面積あたりのエネルギー消費原単位、その業種別データ、用途別の消費割合、エネルギー源別の割合、などのマクロデータを紹介する。また、高度経済成長期から今日に至る変化の概要についても紹介する。

### 【KN6.01】 エネルギー消費は全体の「19%」で、1990年から年率「1.7%」の増加

2010年において、国全体の最終エネルギー消費の約34%を占める民生部門(家庭部門と業務部門)の中で、業務部門は約57%を占める。下記のように、全体の19%である。

◇業務用エネルギー消費量：$2.812 \times 10^{18}$ J
◇民生部門：国全体の33.6%
◇業務部門：民生部門の56.7%、
◇全体に対する割合：33.6×0.567 = 19%

エネルギー消費総量の推移は、1965→1973年度までは高度成長を背景に年率15%と顕著に伸びたが、第1次オイルショックを契機とする省エネルギーの進展により、ほぼ横ばいで推移した。1980年代後半からは再び増加傾向となり、1990→2010年度までは年率1.7%で増加した。これは延べ床面積の増加と、それに伴う空調・照明設備の増加、OA化の進展や営業時間の増加等による。1975年を100とすると、2010年は床面積当りのエネルギー消費量原単位：276、延床面積：271、GDP：239であり、原単位はGDPの伸びを上回っている。最近は、省エネの進展や東日本大震災時の原発事故などがあり、エネルギー消費量はやや減少傾向である。

### 【KN6.02】 事務所ビルのエネルギー消費原単位は平均「1.7 GJ/($m^2$・年)」(業種別消費)

業務部門の内訳にはいろいろな分類があるが、①事務所、②卸・小売業(デパート)、③飲食店、④学校、⑤ホテル・旅館、⑥病院、⑦その他(劇場・娯楽場、福祉施設等)の7業種に分けて扱われることが多い。ここでは、それぞれの平均的な年間エネルギー消費原単位(一次エネルギーベース)を示そう(表－1)。なお、業務用のエネルギー消費原単位は、ふつう単位床面積あたりのエネルギー消費量[GJ/($m^2$・年)])としてとらえる。表の値は二次エネルギーデータなどをもとにした概算値である。

表－1 業種別のエネルギー消費原単位(2009)
単位：[GJ/($m^2$・年)]

| 業種 | 原単位 | 業種 | 原単位 |
|---|---|---|---|
| 事務所 | 1.7 | ホテル | 2.8 |
| 卸・小売 | 3.4 | 病院 | 2.9 |
| 飲食店 | 5.3 | その他 | 1.8 |
| 学校 | 0.5 | 平均 | 2.2 |

<ポイント>業種別の床面積

主な業種の床面積はつぎのとおりである。下記3業種で約70%を越える(平成19年度)。
◇事務所　46,569万 $m^2$ (26.0%)
◇卸小売業　44,948万 $m^2$ (25.2%)
◇飲食店　36,008万 $m^2$ (20.1%)

<エッセイ>ビル街を見るときの一つの視点

ビルの一生(50年)のエネルギー消費量は、表－1の平均値を用いると110 GJ/$m^2$となる。石油換算すると、(110 GJ/$m^2$)/(39.1 GJ/$m^3$) = 2.8mとなる。これはほぼ階高に相当する。すなわち、ビルが一生に消費するエネルギーはビルの容積ぶんの石油相当である。なお、住宅も同じ年数で考えればこの4割程度である。

この情報により、ビル群などを見るとき、少し違った感じがもてるであろう。

## 【KN6.03】 オフィスビルの用途別消費は動力・照明用が「49%」で一位

業務部門のエネルギー消費は、冷房、暖房、給湯、厨房、動力・照明他、の5用途に分けられる。1980年と2009年のオフィスビルについて、各用途のシェアを表-1に示す。シェアの最も大きな用途は「動力・照明」用であり、この項は各種OA機器の普及などで伸び続けている。暖房用は建物の内部発熱の増加などにより、近年シェアを下げ、給湯もシェアを下げている。すなわち、温熱用途の割合が下がっているのが特徴である。

一般的なトレンドとしては、表－1の例にあるように、冷房と動力・照明が増加し、暖房と給湯が低減している。

### <ポイント>オフィスビルの用途別シェア

オフィスビルでは、厨房、給湯需要がほとんどなく、空調（冷暖房関連）が48%、照明・動力用が42%とこの2用途で大半を占める。なお、照明・動力用のエネルギー消費は、内部発熱となり、空調エネルギーの増加につながっている（表－1）。

表－1　オフィスビルの用途別比率（%）

|  | 1980年 | 2009年 |
|---|---|---|
| 冷房 | 4.5 | 11.1 |
| 暖房 | 37.8 | 16.0 |
| 給湯 | 28.6 | 14.5 |
| 厨房 | 5.6 | 9.2 |
| 動力・照明他 | 23.6 | 49.2 |

## 【KN6.04】 電力が「50%」強　（業務用のエネルギー源）

業務用エネルギー源については、動力・照明等の消費増加を反映して、電力が増加している。また、電力の負荷平準化の点などもあり、ガスを使って発電すると同時に、排熱を給湯や空調に利用するガスコージェネレーションシステム等の普及拡大に伴い、ガスも増加傾向になっている。一方、主として暖房用に利用される石油は減少傾向である。

### ◆業務部門でのエネルギー消費量

表－1にエネルギー源別の消費割合（2010年）を示す。電力が過半となっている

表－1　エネルギー源別割合

| エネルギー源 | 割合% |
|---|---|
| 電力 | 50.5 |
| ガス | 20.7 |
| 石油 | 25.2 |

### ◆業務用エネルギー源の推移

最近のエネルギー源の変化を1990年と2010年の比較として、表－2に示す（二次エネルギーベース）。電力やガスが増加傾向にある一方、石油は減少傾向である。

表－2　エネルギー源の変化（%）

|  | 1990年 | 2010年 | 状況 |
|---|---|---|---|
| 石炭 | 2 | 1 | 利用なし |
| 石油 | 47 | 25 | 18%減少 |
| ガス | 14 | 25 | 11%増加 |
| 電気 | 37 | 44 | 7%増加 |

### ◆業務用の省エネルギー

業務部門における省エネルギーを実現するためには、建物の断熱強化や冷房効率の向上、照明等の機器の効率化を行うとともに、さらなるエネルギー管理の徹底が必要である。

## 6.2　業務系エネルギー消費を左右する要因

**【KN6.05】　エネルギー消費に関わる「七つ」のトピックス**

業務系エネルギー使用量を左右するトピックスについて取り上げる。これらは、省エネルギー化のキーポイントである、ここでは、キーナンバーを「7」として、七つのトピックスを挙げる。

**【KN6.05(1)】　冷房時の室温は 28 ℃に・・・適切な室内環境の実現**

豊かな生活は大切であるが、過剰な室内環境、過剰なサービスは不必要である。室内には「条件に応じた適正な環境の実現」の発想が重要である。空調時の設定室温なども、人間の生理・心理的特性を理解して、エネルギー消費などにも配慮して適正に設定されるべきである。また、空調設備等も過大になり過ぎると、一般にエネルギー効率が悪くなるため、気象条件に応じた適正なものを設置することも重要である。＜ポイント＞に、実現すべき室内気候に関係する基準等を示す。

たとえば、つぎのような実例がある。
① 室内の設定温度を省エネモードにする（夏：28 ℃、冬：20 ℃）冷房時の室温を 26 ℃から 28 ℃に変更すると、地域冷暖房の冷水熱量が約 11％削減できた実績がある。
② 外気量の削減　外気量を 23％削減した結果、約 12％の冷水熱量の削減となった実績がある。

＜ポイント＞ビル衛生管理法に定める空気環境管理規準項目

① 温度：17 ～ 28 ℃　暖房時は上下温度差（± 3 ℃）、冷房時は外気との温度差（7 ℃）に注意する。
② 相対湿度：40 ～ 70％以下，温度を上げると相対湿度は下がり、下げると上がる。
③ 気流：0.5 m/s 以下　快適な気流域は、0.1 ～ 0.2 m/s 程度
④ 二酸化炭素：1,000ppm 以下　主な発生源は、人の呼気や石油・ガスなどの燃焼型暖房器具。
⑤ 一酸化炭素：10ppm 以下　主な発生源は、燃焼器具の不完全燃焼、タバコ、車の排ガス。
⑥ 浮遊粉塵：0.15 mg/㎥以下、微小なほこりや喫煙による。
⑦ ホルムアルデヒド：0.1 mg/m³ 以下、室内では、建材の接着剤や防腐剤などに使用される。

＜ポイント＞適切な温熱環境評価指標

熱的な快適環境は気温だけで決まるものではなく、気温、湿度、風速、放射温度、作業量、着衣によって決まる。評価指標として、PMV（予測平均温冷感申告）、SET*（新標準有効温度）、OT（作用温度）などがあり、快適化には多様なアプローチがあり得る。

＜ポイント＞気候条件に応じた適切なシステム

夏季の冷房期間中、冬期の暖房期間中において、空調の設定室温と日平均外気温との差を累積した値がデグリーデー（℃ ・day）である。暖房デグリーデー：北海道 2,000、関東 1,000、九州 800、冷房デグリーデー：東北 数十、関東 100、九州 200 である。適正な冷暖房システムを考えるときの基礎情報である。

## 【KN6.05(2)】 事務所ビルの床面積は 0.9%の微増・・・増加はいつ止まるか

平成19年度の総業務用建物床面積は17億9,347万 m²であり、その内訳と推移は、

① 事務所ビル　　　　4億6,569万 m²　26.0%
　　　　　　　　　　前年度比　　　0.9%増
② 卸・小売業　　　　4億4,948万 m²　25.1%
　　　　　　　　　　前年度比　　　1.5%増
③ 学校・試験研究機関　3億6,008万 m²　20.1%
　　　　　　　　　　前年度比　　　0.4%増
④ 病院・診療所　　　　前年度比　　　2.3%増
⑤ その他サービス業　　前年度比　　　1.2%増
⑥ ホテル・旅館　　　　　　　　　　0.2%増
⑦ 劇場・娯楽場　　　　　　　　　　0.5%増

> **＜ポイント＞2050年には 28%の床面積が過剰？**
>
> 2010→2050年でオフィスワーカーの704万人の減少が見込まれている。1人あたりのオフィス床面積は17～24 m²と言われているが、仮に17 m²とすると、1億1,980万 m²が過剰となる。これは、現在の全ストックの約26%相当であり、たいへんな数字である。

## 【KN6.05(3)】 システムの省エネ化がキー

1998年の改正省エネ法に基づき、トップランナー方式による省エネ基準が導入されている（詳細は【KN4.20】参照）。効率改善状況の例として、ルームエアコン（1997→2004年でCOP：3.01→5.05）で、67.8%の改善など、機器性能の向上は著しい。問題は、システムとしての省エネ化である。

### ◆空調システム用エネルギー入力の低減

エネルギー入力は、熱源、ポンプ、ファンの3用途に代表される。エネルギー消費係数は、入力エネルギーを目的効果（空調負荷）で割ったもので、成績係数（【KN1.23】参照）の逆数である。トータルのエネルギー消費係数は、空気搬送系（ファン）、水搬送系（ポンプ）、熱源系の各エネルギー消費係数の加算で求められる。消費係数の高さは、熱源、空気搬送、水搬送の順である。それぞれの低減が必要である。

◇空気搬送エネルギー消費係数（1/ATF*）
　0.1～0.25、

ATF*は空気搬送システムの全熱成績係数であり、（4～10、目標8）、冷房（ピーク）4.8、冷房コイル（最大）6.5、暖房（ピーク）3.2・・・変風量制御が有効。

◇水搬送エネルギー消費係数（1/WTF）
　0.02～0.05、

WTFは水搬送エネルギー成績係数であり、（目標：密閉35、開放20）、冷房（試算）23.5、暖房（試算）34.9、平均28.0・・・変水量方式が有効。

◇熱源エネルギー消費係数（1/COP）
　0.2～0.5、

COPは熱源エネルギー成績係数（2～5）、部分負荷での高効率化が必要である。

◇トータル空調エネルギー消費係数
　0.36～0.91

空調システムどうしの検討には、空気、水、熱源の消費係数の単純加算で検討できる。

### ◆エネルギー管理と省エネチューニング

建物の運用におけるエネルギー消費量の実績管理は、エネルギー消費の目標を設定し、省エネ対策の実施効果を検証するために重要である。ここにおいては、受け入れるエネルギー源や使用用途の区分に応じて、できる限り詳細かつ正確に実績を管理・把握することが有効である。

## 【KN6.05(4)】パソコン OFF で年間 1 万円削減・・・オフィス機器の電力消費

パソコンでできる節電は、◇省エネ機器の採用、◇省エネ設定、◇明るさ調節、◇コンセントを抜く、◇消費電力の測定 である。

◆節電の効果例
  ◇パソコンを起動したままでの電気代は 14 インチで、1 ヶ月で 1,280 円（本体 44 kWh、ディスプレイ 18 kWh）、年間で 1 万 5,000 円必要
  ◇PC 自動節電プログラムのインストールで、消費電力を 3 割削減
  ◇プリンター機器、5 年前と比べて電力 46 ％低減

◆トップランナー対象機器の効率改善状況
  ◇電子計算機　99.1％（1997 → 2005 年）W/ メガバイト演算（0.17 → 0.0015）
  ◇磁気ディスク装置　98.2％（1997 → 2005 年）W/ メガバイト（1.4 → 0.00255）
  ◇複写機　72.5％（1997 → 2005 年）消費電力（155 → 42.7 Wh）

◆代表的なオフィス機器の電気容量
  ◇デスクトップ PC　100 ～ 300 W、◇ノート PC　50 ～ 10 W、◇液晶モニター 20 ～ 60 W、◇インクジェットプリンター 10 ～ 30 W、◇複合機 1,500 ～ 2,000 W、◇シュレッダー　300 ～ 600 W、◇レーザープリンター　200 ～ 500 W、◇プロジェクター　80 ～ 400 W、◇スキャナー　2 ～ 40 W

エネルギー消費総量の増減は、機器の効率化と、種類・器具数の増加との争いである。過去の実績は、全体の消費量は増加し続けている。

## 【KN6.05(5)】LED 改修で 83％の削減実績・・・LED ランプは普及するか

現在、蛍光灯が照明器具として普及している。LED ランプは半導体素子である LED チップの集合体であり、電子が持つエネルギーを直接光エネルギーに変換する。今後も、効率向上が期待される。

◆LED チップ効率
LED チップの発光効率は向上を続けている。平成 22 年で 100 ～ 130 lm/W を超えてきており、将来的には 200 lm/W 超えも予想されている。

◆主な特徴
  ◇長寿命：ランプの寿命は約 40,000 時間
  ◇小型、軽量：発光体自体の寸法が小さく、ランプの形状が自由
  ◇赤外放射、紫外線放射が少ない
  ◇ガラス管やフィラメントがなくて、衝撃に強い
  ◇低温でも発光効率が低下しない
  ◇調光が容易で瞬時に点灯できる
  ◇水銀を含まないので、環境にやさしい

◆注意すべき点
  ◇色の問題：同じ色温度でも色が違って見えるという問題が起きることがある。
  ◇突入電流：LED の突入電流は、数が多くなるため、HID（高輝度放電ランプ）などと比べて小さく抑える設計が必要となる。
  ◇ノイズの問題：電気用品安全法（電安法）対象外であったため、規制をクリアしない器具が出回り、テレビやラジオにノイズが入る事故が起きている。
  ◇ちらつきの問題：電安法で規制されたので、今後はこの問題はなくなる。

◆最新事例にみる LED の導入効果
①物件：千葉公園スポーツ施設・体育館
  ◇既設：水銀燈 400 W×99 台、床面平均照度 432 lx
  ◇改修：LED ランプ　84 W×124 台、床面平均照度　506 lx、約 83％の電力削減実績を得ている。
②オフィスビルの試算例では、蛍光灯器具に対し、約 10％の消費電力が削減されている。

## 【KN6.05(6)】 15%節電に向けて・・・中小業務ビルの節電対策

15%節電に向けて建築設備技術者協会からの提言がなされている。電気設備、空調設備、衛生設備それぞれに、15%の節電を行うための具体的提案である。入居者、ビル管理者、ビルオーナーの全関係者による努力が必要としている。

### ◆電気設備による節電効果の算出例
①入居者自らできる節電対策：
　◇省エネ性能の高いOA機器等の導入　　1.3%
　◇全体照明のランプの間引き　　　　　　9.6%
②ビル管理者による節電対策：
　◇共用部の消灯とランプの間引き　　　　1.5%
　◇エレベータの一部停止　　　　　　　　1.1%
③ビルオーナーの設備改修・更新による節電対策
　◇LEDへの取り替え　　　　　　　　　　0.3%
〈合計〉照明・電気に対するビル全体の節電効果
　　　　　　　　　　　　　　　　全体　13.8%

### ◆空調設備による節電効果 (5,000 $m^2$ モデルビル)
①入居者自らできる節電対策
　◇室内温度設定の変更　　　　　　　　　3.3%
②ビル管理者による節電対策
　◇共用部の空調停止　　　　　　　　　　1.8%
　◇電力ピーク時間帯の空調停止　　　　　6.7%
　◇外気導入量の見直し　　　　　　　　　2.7%
　◇店舗用が長期の送風温度緩和　　　　　3.0%
　◇ピークカットプログラムの導入　　　　2.0%
〈合計〉空調設備による全体の節電効果
　　　　　　　　　　　　　　　　全体　22.2%

### ◆給排水衛生設備での節電対策
　◇給湯停止　　　　　　　　　　　　　　3.6%
　◇暖房便座の電源を切る　　　　　　　　2.7%
〈合計〉給排水衛生による全体の節電効果
　　　　　　　　　　　　　　　　全体　7.3%
　　　　　　　　（同協会のホームページから抜粋）

---

**＜ポイント＞最新の節電技術**

ICT（情報通信技術）を活用してエネルギー消費量を賢く管理するなど、節電技術の重要度が高まっている。BEMSは照明・空調設備や棟ごとのエネルギー消費量の見える化により、効率的な節電につなげられる。又、これらの技術をビル単体から地域全体で取り組むスマートコミュニティやスマートシティの動きも始まっている。

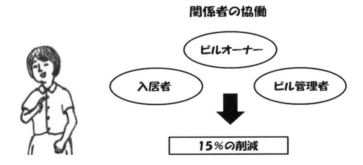

関係者の協働

## 【KN6.05(7)】 契約電力比率は50%…契約電力量と電気料金の関係

### ◆電気料金
電気料金は基本料金と従量制料金の合計からなる。

◇基本料金は契約電力 × 単価となり、契約種別や電力会社により単価は異なるが、1 kW当たり概ね1,600〜1,800円ぐらいである。なお、基本料金については力率割引制度がある。また、契約電力を越えて使用すると、超過違約金を支払わなければならない。

◇従量制料金は1 kWh当たりの料金で課金され、契約種別や電力会社、使用した時間帯屋季節等によって、単価が大きく変わってくる。安ければ1 kWh当たり7円程度、高ければ16円程度である。

＜例＞関西電力の場合（2013年4月）
① 特別高圧電力A：2万V、
　◇基本料金 1,643.25円/kW、
　◇電力量料金、夏　季　13.64円/kWh
　　　　　　　その他　12.72円/kWh
②高圧電力AL：6,000 V、
　◇基本料金 1,685.25円/kW
　◇電力量料金、夏　季　14.83円/kWh
　　　　　　　その他　13.81円/kWh

### ◆受変電容量と契約電力の例
延面積8,000 m²のホテルの例を示す
◇建物の延床面積　　　　　　8,000 m²
◇需要率　　　　　　　　　　80%
◇余裕率　　　　　　　　　　15%
　　負荷(kVA) ＝ 延面積 × 負荷容量
　　　　　　　　　× 需要率 × 余裕率
◇照明・コンセント負荷容量　30 VA/m²
◇ 221 kVA、電灯用変圧器　100 kVA×3
◇動力負荷容量　　70 VA/m²、515 kVA
◇動力用変圧器　　　　　　　600 kVA
◇契約電力比率　　　　　　　50%
◇受変電設備の総容量　　　　900 kVA
◇契約電力　　　　　　　　　450 kVA

### ◆各用途建物の受変電設備の負荷原単位

表－1　受変電設備の負荷原単位（W/m²）

|  | 電灯 | 動力 |
|---|---|---|
| 事務所 | 20〜70 | 60〜100 |
| 商業 | 40〜60 | 120〜160 |
| ホテル | 15〜35 | 45〜85 |
| 病院 | 20〜50 | 80〜130 |
| 庁舎 | 25〜35 | 70〜120 |
| 集合住宅 | 約30 | 約40 |
| 学校 | 約20 | 約30 |
| 劇場 | 約35 | 約75 |

### ＜ポイント＞フラット・レート
各エネルギーにおいて、基本料金と使用量に応じてかかる従量料金を合計した上で、使用量で除して算出した値である。これは当然使用量によって変わるが、料金を概算するときに使われるエネルギー単価である。また、昼間電力と夜間電力の料金が違うような場合も、平均的な価格として設定することもある。

### ＜ポイント＞kVAとkWの違い
kWはその装置の消費する本当のエネルギーで、有効電力と呼ばれる。kVAはその設備にかかる電圧と電流の実行値をかけたもので、皮相電力と呼ばれる。両者には次式の関係がある。

　　有効電力＝皮相電力 × 力率

## 6.3 ZEB（ネット・ゼロ・エネルギービル）

最近、省エネビルのトップランナーとして、ゼロエネルギービルの普及が叫ばれている。ネット・ゼロとは、建築物における一次エネルギー消費量を、建築物・設備の省エネ性能の向上、エネルギーの面的利用、オンサイトでの再生可能エネルギーの活用等により削減し、年間の一次エネルギー消費量が正味（ネット）でゼロ又は概ねゼロとなる建築物を言う。そのための追加投資額は、日本では概ね年間8,000億円程度。これに伴うエネルギーコストの低減は、追加投資額（16兆円＝8,000億円×20年）を大きく上回ると思われるが、投資回収期間は約8年となる。ネット・ゼロ・エネルギービルは、建物や設備（ハード）のみで達成されるものではなく、すべての人が社会人・生活者として現状を認識し、行動に参加することが必要である。どこでどのくらい消費しているかを理解して、具体的な削減技術・費用対効果を知り、$CO_2$削減運動への参加が要求される。

本節では、ZEBに向けての対策の概要、またZEBは単なる技術的問題ではなくて、あらゆる人々の協働が必要な活動、すなわちデマンドサイド中心社会の構築が本質であることを示す。また、ZEBの海外での事例も紹介する。

### 【KN6.06】「ネット・ゼロ」への世界競争始まる

英国は2019年までに「すべての新築非住宅建築物をゼロカーボン化する」との野心的目標を発表。米国は2030年までに米国に新築されるすべての業務用ビルで、2050年までに米国のすべての業務用ビルでのZEB化を規定。日本は新築公共建築物での2030年までのZEB化に向け開発等を加速。ZEB化の世界競争が始まった。

2030年頃までの技術進歩の見通しなどをもとに、中低層のオフィスビルについて概算すれば、ZEBの実現は技術的に可能と試算されている。完全にZEBとなるのは3階建て以下のビルであるが、10階建て程度でも現状のエネルギー消費量の2割程度まで削減可能である。エネルギーの面的利用、太陽光パネルの建材化（壁面利用）などを加味すれば、ZEB化のポテンシャルはさらに大きくなる。

#### ◆ 2030年ZEB化への投資（概ね年間8,000億円）

◇我が国の最終エネルギー消費の3割以上を占める民生部門は、産業・運輸部門に比し、過去からの増加が顕著である。民生部門の過半を占める業務部門（オフィスビル、小売店舗、病院等）は、家庭部門より増加が著しく、その最終エネルギー消費は対1990年比で4～5割程度増加と高止まりしており、省エネ対策の強化が最も求められている。

◇2020年までに1990年比で温室効果ガスを25％削減するという新たな中期目標、ZEB化の技術的可能性を踏まえれば、我が国のZEB化に向けたビジョンについては、2009年4月に作成された新築公共建築物に限定したものから、「2030年までに新築建築物全体での実現」と、一歩踏み込んだ、より野心的なものとすることが適当である。

◇このビジョンが実現され、既築の省エネ改修の効率も高まる場合、2030年の業務部門の一次エネルギー消費量は概ね半減する。

◇追加投資額は、概ね年間8,000億円程度。これに伴うエネルギーコストの低減は、追加投資額（8,000億円×20年＝16兆円）を大きく上回ると思われるが投資回収期間は約8年となる。

## 【KN6.06⑴】 最後の「28%」は太陽光発電・・・ZEBに至る様々な省エネ技術

ZEB化に至る様々な省エネ技術とその省エネ量の概略を示す。ZEB化のポイントは、下記の ①・②の建築物・設備システムの省エネに始まり、③高効率照明の採用、④低消費OAの利用と続き、最後に太陽光発電の省エネ技術で終わる。省エネ技術の採用により、2,030 MJ/（m²年）のベースラインが、徐々に減少し、28%まで下がる。そして太陽光発電を加味して、ネット・ゼロが達成される。

◆**省エネ量**（単位はMJ/(m²・年)）

0　ベースライン　　　　2,030、100%
①　パッシブ建築、自然エネルギー利用
　　　1,700、84%、－16%（削減）
②　高効率熱源、低エネルギー消費搬送
　　　1,520、75%、－9%
③　高効率照明　　　　1,150、57%、－18%
④　低消費OA機器　　　770、38%、－19%
⑤　その他の電力消費　　560、28%、－10%
⑥　太陽光発電　　　　　　0、0%、－28%

◆**省エネ技術の省エネ量の順位**

省エネ技術を削減率の大きい順番に並べると、1位が太陽光発電、2位が低消費OA機器、3位が高効率照明となっている。低消費OA機器、高効率照明は建物の内部負荷が減り冷房負荷が減少するので、採用の効果は大きい。低発熱の生活、自然に順応した建物で、効率的な設備を補助に生活する。そして最後に必要なエネルギーは太陽光発電の再生可能エネルギーに頼る。こんなライフスタイルがイメージである。

## 【KN6.06⑵】 ZEBはすべての社会人の役割発揮が求められる国民運動

ZEBはすべての人が参加する国民運動であり、関係者の役割はつぎのとおりである。

◆**すべての人**　社会人・生活者として現状を認識し、行動に参加する。エネルギー消費の実態を理解し、具体的な削減技術・費用対効果を知り、$CO_2$削減運動に参加する。

◆**建築に関わる人**　最新技術を駆使し、皆にわかるように説明することが必要である。パッシブ建築、自然エネルギー利用、高効率設備機器、高効率設備システムの採否を検討し、計画・施工・運用・廃棄の建物ライフサイクルでのZEB化を推進する。

◆**製品を供給する人**　高効率の製品を開発し供給する。建物の材料や設備機器の性能の向上を実現し、デマンドサイドの多様性を考え、消費者のニーズに合う技術を開発する。

◆**エネルギーを供給する人**　高効率化、低化石燃料化で安定供給を図る。電力・ガス・石油等のエネルギーの供給者は、社会インフラを提供する者として、環境と経済のバランスを考え供給を行う。

◆**エネルギーを使う人**　建築・製品・エネルギーを利用して生活するのは皆さんである。豊かな生活、安全な環境、安定した経済、多様性を認めた合意形成、すべては皆さんの選択の結果である。

◆**行政**　現状を広報し、政策・指針を策定する。行政は、エネルギー・環境・経済の情報をバランスよく広報し、エネルギー・環境・経済の政策・指針を作成して、生活者が生活の豊かさを判断し、適切な選択を支援する。

これらは、序論で述べた「デマンドサイド主導のシステムつくり」の一つの具体例である。

## ZEBの海外事例-1（米国・レガシーセンター）

◆**概要** アルド・レオポルド・レガシーセンターは米国北部の寒冷地ウィスコンシン州バラブーの郊外・農村部に計画され、本館（事務室、展示室、会議室）、ホール、ワークショップの3棟の平屋建てで構成される計1,100 m²の本部ビルである。米国を代表する環境建築で、LEEDの最上位評価であるプラチナ認証およびZEB認証を取得している。運用実態からわかるように、ネット・ゼロは実現できていない。

◆**ZEBの概要** 省エネルギーによる運用エネルギーの削減をした上で、39.6 kWの屋根面設置太陽電池により運用エネルギーを10%上回る発電をおこなう計画である。

◆**運用実態** ◇年間使用電力量 67.7 kWh/m²年 ◇サイト発電量 48.3 kWh/m²年

◆**環境配慮手法**

①持続可能な敷地 ◇敷地の選択 ◇駐輪場 ◇更衣室の確保 ◇駐車台数の最小限化 ◇排水抑制、自然浸透 ◇ヒートアイランド対策 ◇光害の削減

②水の有効利用 ◇自然なランドスケープ計画 ◇無水便器、節水型水洗タンク、効率的な給水栓 ◇水の消費量を65%削減 ◇飲用水は井戸から確保

③省エネと温暖化防止 ◇照明エネルギーを極力利用しない計画 ◇東西軸に沿う配置、大きな窓と高い天井 ◇日射負荷制御 ◇バッファーゾーンとしての廊下 ◇州基準倍超の断熱材 ◇地中熱利用、クールヒートチューブによる外気の予冷・予熱、地中熱利用ヒートポンプによる輻射空調 ◇冷房負荷・換気負荷の低減、換気窓の活用、内部負荷削減、$CO_2$濃度による換気量制御、ホールのオープン化（夏だけ利用） ◇系統連携した太陽光発電 ◇バイオマスエネルギーとしての薪ストーブ、暖炉

④その他 ◇材料と資源 ◇室内環境品質 ◇長寿命設計

◆**経済性** 建設費 400万ドル 太陽光発電 24万ドル（単純回収 97年）

## ZEBの海外事例-2（米国・オバーリン大学）

◆**概要** オバーリン大学の環境教育用センターとして2000年1月竣工の教室、事務室、オーデトリウム、環境研究の図書館・資料室、温室の排水浄化システム、オープンアトリウムをもち、延床面積1,260 m²の2階建て建物である。

◆**ZEBの概要** 全電化ビルであり、最大のエネルギー効率を目指して照明・空調に省エネルギー方式を採用している。屋根に取り付けられた太陽光発電（PV）システム60 kWと駐車場の屋根に設置された100 kWによって建物の敷地内で電力を生産している。

◆**運用実態** エネルギー収支では、2006年までの約6年間で60,700 MJの電力供給となっている。敷地ZEBであり、資源ZEB・排出ZEBの3つを実現した正味のゼロエネルギービルディングである。

①用途別消費量 ◇照明 49,400 MJ ◇コンセント他 106,000 MJ ◇空調 307,000 MJ

②年間収支 ◇消費合計 462,000 MJ ◇敷地内発電量 523,000 MJ ◇収支 60,700 MJ

◆**省エネルギー技術** ◇断熱強化（Low-e 3重ガラス、盛り土と高断熱） ◇昼光利用（東西軸、アトリウム昼光利用） ◇空調設備（$CO_2$導入外気制御、地中熱利用）

◆**環境配慮技術** ◇材料の選定（再生材料、再生可能材を使用） ◇敷地配置（盛り土部を果樹園に、日時計） ◇排水処理（水生植物による排水処理、便器洗浄水） ◇計測値の公開（エネルギー消費、発電量）

◆**まとめ** 省エネルギーに配慮した、PVシステムによる全電化の正味ゼロエネルギービルディングである。また、①環境配慮を象徴する啓発的工夫、②計量データのwebサイトによる公開などPVシステムによる省エネルギー建物にとどまらない特徴が見られる。

### ZEBの海外事例－3（米国・国立再生可能エネルギーセンター）

- ◆**概要** デンバー郊外のゴールデンに立地する、米国エネルギー省（DOE）の国立再生可能エネルギー研究所における研究支援施設であり、米国最大のオンサイトZEBである。2010年8月に竣工し、そのエネルギー消費量は、ASHRAE規定の業務ビルのエネルギー使用量を50％削減することを目標としている。当施設で年間に消費するエネルギー以上の電力を発電するために、屋上と駐車場屋根に合計1.7 MWの太陽光パネル（PV）を設置したオンサイトZEBのプロトタイプとして計画された。
- ◆**建物概要** ◇用途：事務所（研究施設） ◇人員：設計時825人（RFP時650人） ◇延面積：20,524 m²（地上4階）
- ◆**省エネ技術** ◇建物配置・平面計画（西軸のH型、すべての従業員から窓までの距離は9.1 m、ローパーテション、窓面積比 南面28%・北面26%） ◇昼光利用（庇つきの窓、反射ルーバー、Low-eガラス、手動開閉、一部自動、ナイトパージ） ◇パッシブ的配慮と床下空調システム（外壁利用の太陽熱システムと地中梁を利用した迷路状の躯体蓄熱システム、外調機による床下空調） ◇天井放射空調（床及び屋根に直接配管埋設） ◇高効率データセンター（ホットアイルとクールアイル、エバポレーテッドクーリング） ◇コンセント負荷の削減（インターネット電話、ラップトップPC、LEDタスクライト、複合機器）
- ◆**まとめ** このプロジェクトの成功で、今回採用されたプロセスを米国内で実務に活かすことが、DOEはもとより、米国において非常に期待されている。

## 6.4 建築由来の環境負荷を減らす方策

### 【KN6.07】 環境負荷を減らす「5つ」の方策

前項のネット・ゼロビル化で建物の省エネルギーの取り組みを述べた。この項では、広く環境問題をとりあげ、建物の環境共生への取り組みを解説する。ここではキーナンバーを「5」として、5つの方策に分けて示す。ここでは、実際に創られた事例から基本的な考えと方策に関するキーワードを抽出する。

主たる「省エネルギー」に関しては3つの手法に分けた。さらに、「建物のロングライフ」と「エコマテリアル、リサイクル」で環境を考えて材料を使う方策について解説する。最後に、「生き生きと生活するために必要な環境保全、景観形成」ついて述べた。これらは「時を越えて活きる建築・都市づくり」への欠かせない努力である。そして最後に、「サステナブル・アーキテクチャー」について、様々な手法をまとめて概説する。

なお、ここでは、一部で固有名詞や経験的な記述が含まれているが、これは実現された事例の経験に基づいているためである。

## 【KN6.07(1)】 建物のインプットとアウトプットを減らす（地球環境問題対応）

### ◆建物と地球環境

私たちの生活は、膨大な資源・エネルギーの消費の上に成り立っている。その消費に起因する様々な環境へのインパクトは、近年ますます増加し、人類の未来にとって危機的な状況であることは周知の通りである。地球環境の維持、自然と人間の共存への機運が高まりつつある中、私たちは今すぐ行動を起し、次世代により良い環境を残す努力を始めなければならない。我が国の $CO_2$ 総排出量のうち、約1/3が建築分野から発生していると言われており、建築・都市づくりに関わる者が環境に対して果たすべき責任は大変大きいと考えられる。

### ◆建物のライフサイクルにおける環境負荷

建物の建設から運用、改修、解体までを含めたライフサイクルの中で、私たちは資源やエネルギーを消費し、廃棄物、排出物を放出している。これらが数々の環境に悪影響をもたらす環境負荷につながっている。建物の生涯を考えると、建設（建て替え）→ 運用（稼働・維持）→ 改修 → 解体 と年齢を重ねていく。建物の生涯は、50年を超えるので、運用段階でのエネルギー消費の影響が大きい。

### ◆建物へのインプット

エネルギー、資源、水

### ◆インプットによる環境への悪影響

資源エネルギーの枯渇、森林減少・砂漠化、水資源の枯渇をもたらす。

### ◆建物からのアウトプット

二酸化炭素・メタンなどの温室効果ガス、フロンガス類、排熱、大気汚染物質、汚水、廃棄物、有害物質 と多岐に亘る。

### ◆アウトプットからの環境への悪影響

地球温暖化、オゾン層破壊、ヒートアイランド現象、大気汚染・酸性雨、水質汚濁、土壌汚染、廃棄物の不法投棄・越境移動、人体への悪影響などが考えられる。


## 【KN6.07(2)】 断熱と遮光からスタート（方策1 省エネルギーその1）

夏の強い日差しや、屋内外の温度差にともなう熱の侵入・損失を減らす。

### ◆ライトシェルフと複層LOW-e ガラスによる高性能な窓廻り

建物の空調負荷につながる直射日光や外気との温度差は不快である。ライトシェルフ（日除けの庇）は年間の太陽高度の変化を考慮して、夏場は直射日光を遮蔽し、冬は心地よい日差しを取り入れるよう設計する。また、窓のガラスには透明でありながら断熱性の高い特殊な複層LOW-e ガラスを使用し、熱の侵入を防ぐ。

### ◆外部からの負荷を断つエアフローシステム

建物の外壁面、特に出入り口や窓まわりでは、外部からの日射や外気との温度差などの影響を受けやすく、空調負荷が大きくなるばかりでなく、快適性が損なわれる。エアフローシステムは、建物の窓を二重ガラスとし、その間に室内の排気を通すことによって、夏場は窓まわりの日射を取り去り、冬はガラス面からの冷気を室内に伝えにくくする。

### ◆縁側廊下によるサンコントロール

冷房用のエネルギー消費を減らすには、夏季の日射遮蔽が有効である。建物の外周部に「縁側廊下」を巡らし、外部の熱変動からオフィスが影響されにくくするほか、日除けの役割を果たし、太陽高度の高い南からの直射日光を遮りつつ内部空間に明るさをもたらす。又、自然の丘などを利用して太陽高度が低い西日を遮る工夫も考えられる。

## 【KN6.07⑶】 自然の光や風を取り込む（方策1　省エネルギー・その2）

　太陽の恵みや心地よい風を建物にうまく取り入れて快適な環境をつくり、エネルギーの節減を図る。

### ◆エコロジカルコアで光と風を引き込む

　エコロジカルコアは全面ガラス張りの吹き抜け空間である。この空間を介して天空からの柔らかな光がオフィスにもたらされる。一方、南側の窓はライトシェルフによって直射日光を遮りつつオフィスの奥まで光が届くよう設計する。これらにより、照明用の電力量を一般のオフィスビルの約1/3にすることができる。また、春や秋には、適切に外気を取り入れることにより空調なしで心地よい空間をつくることができる。エコロジカルコアは自然換気にも利用され、オフィスの空調用エネルギーの削減に役立つ。換気用の開口部はエコロジカルコアの頂部とオフィスの南側の高窓に設けられ、その温度差による煙突効果により、無風時でも自然換気が行われる。

### ◆太陽の恵みと地中の熱を利用する

　山荘などでは、屋根に太陽熱を集める集熱装置、土中に地中熱を利用するためのヒート/クールチューブを設けエネルギー消費を抑える。地中の温度は安定しており、ヒート/クールチューブを通すことによって気温30℃の真夏でも24℃の涼風が、冬場も外気温より7〜10℃も暖かい空気が得られる。

### ◆都市部の大規模ビルでの自然換気

　都市部においては、騒音や大気汚染の問題から自然換気によって外気を直接取り込むことが困難なことがある。このような場合に、外部の涼風を二重床の下に取り入れ、コンクリートの構造体を冷やすことによって、冷房負荷を軽減する方法がある。ビルではOA機器の増加によって年間冷房が必要となっており、このような工夫の有効性が高まっている。


## 【KN6.07⑷】 エネルギーを無駄なく使う（方策1　省エネルギー・その3）

　エネルギーを使う場合には、効率の良いシステムを構成し、適正に制御・管理することによってエネルギーを無駄なく使うことが肝要である。

### ◆エネルギーを無駄なく使うコージェネレーション

　エンジンで発電を行い、その排熱の冷暖房への利用で、化石燃料を効率よく設備機器用のエネルギーに変換できる。このような高効率のシステムの採用で、エネルギー消費をさらに抑えることができる。

### ◆海水エネルギーを利用した蓄熱

　夜間に熱を蓄える地域冷暖房システムでは、地域の使用電力が小さい夜間に氷を作って蓄熱し、昼間のピーク時にその熱を利用する。蓄熱のない場合と比較して、冷水負荷のピーク値を約30％カットできる。また、大気にくらべて海水は年間を通じて温度が安定しており、効率の高い熱源として利用でき、エネルギー消費を抑えることができる。

### ◆敷地内の循環水に様々な機能をもたせる

　貯留した雨水を利用して建物周囲に配した、泉、せせらぎ、滝、池などは気持ちの良い空間をつくるとともに、建物の冷却水として使われ、大きな役割を果す。この仕組みを用いることで通常のシステムと比較して約20％の省エネルギーを実現した。また、せせらぎや池の底の砕石には生物膜と呼ばれる自然のフィルターが発生するため、この水は濾過設備がなくても浄化され、雑用水として利用できる。

## 【KN6.07(5)】 100年建築 （方策2 建物のロングライフ化）

日本の建物は、欧米諸国に比して短いサイクルで取り壊しと建て直しが繰り返される。当然、そのたびごとに周囲環境に大きな負荷を与える。例えば、建物の建設、改修、解体時の$CO_2$排出量は、その生涯における排出量の約1/3にものぼる。建物のロングライフ化には、設計の段階からその生涯を見据え、事前の対策が必要である。耐久性が高くメンテナンスが容易な建築材料を用いることはもちろん、将来の要求性能の変化に柔軟に対応できるよう備えることも大切である。

◆建物を蘇生させ、価値を高めるリニューアル

リニューアルには、建物の現状を維持し寿命を延ばすだけではなく、省資源化や成熟化社会への適応を進め、建物を再活性化することが求められている。建物のライフサイクルを考慮した適切な手法の選択と効率的な運用が望まれる。

◆100年建築を目指すしくみ

居住空間に対する機能要求の変化に追随し、永く活かすためには、それをサポートする空間に余裕をもたせ、改修や更新を容易にしておくことが重要である。天井内や床下をはじめとする設備機器や配管配線のスペースのゆとり、床の耐荷重を大きく設計しておくことにより、将来の変化に対応できる。事務室の床下は30cmの二重床によってOA機器などの配線の増加に対応し、天井内のスペースや設備のシャフトの大きさにも余裕を持たせる。又、窓廻りに設置されている空調機は、更新が容易にできるようにしつらえておく。

◆都市の財産として人々に愛され続ける建築

時代とともに都市は変化して行く。建築もまた、時代の要請によってつくられるが、人々により永く生き続けて欲しいと思われる建築は、美しく、居心地の良いものである。そのような建築をできるだけ多く残し、所有者はもちろん、都市の財産として見守っていくことが設計者の使命である。

## 【KN6.07(6)】 人と自然に害0の材料 （方策-3 エコマテリアルの採用）

私たちの生活空間を形づくる建築材料は、生産から建設、改修、取り壊しまでのライフサイクルの中で、地球上の資源やエネルギーを消費し、廃棄物・排出物を発生させる。環境への負荷を削減するためには、材料製造時および廃棄時の負荷が少なく、再生が可能な材料を採用することが大切である。また、人の健康に害のない材料を使うことにも配慮が必要である。

◆建築材料に求められること

①自然材料を適切に使う

建築材料としての木材は製造時のエネルギー消費量が少なく、樹木は植物として光合成によって大気中の$CO_2$を固定する役割も果たす。林業によって適切に森林を守りつつ建築材料として有効利用していくことは環境負荷の低減につながる。しかし、コンクリートの型枠用合板材として熱帯の木材が使い捨てられ、その産出国では森林を守ることなく大量伐採が行われている。熱帯林保護のため、建設工事に熱帯木材型枠を使わない手法の採用が求められる。

②フロン、ハロンガスの排出を抑制する

建築分野では発泡断熱材や冷媒、消火ガスなどにフロン・ハロンガスを多く使ってきた。これらのガスは、有害な紫外線から地球を守るオゾン層を破壊するだけでなく、$CO_2$の数千倍もの温室効果をもったガスである。建築材料の選択にあたっては、特定フロン・ハロンガスの使用抑制や代替フロンの活用に努め、既に使われているものに対しては、回収技術などにより、放出を抑えることが大切である。

③人に無害な材料を使う

　建物の高気密化などにより、建築材料に含まれるホルムアルデヒドや揮発性有機化合物（VOC）などの汚染空気物質が人体に悪影響を及ぼし、大きな問題となっている。これらの汚染物質は、目や鼻、喉の粘膜への刺激や頭痛などの症状を引き起こす。これらの有機物質を含まない建材の選択はもちろん、入居前に十分な換気を行うなどの配慮が必要である。

### ◆木でつくられた、環境にやさしく豊かな空間

　木で作られた空間は、建設の際の環境負荷が小さいだけではなく、暖かみがあり、親しみを感じさせる。アリーナでは床や壁、天井、客席の椅子に至るまで木材を積極的に利用している。その中でも天井や壁、客席の椅子には地元から産出される杉・ヒノキを利用しており、資材の運搬が原因で発生する環境負荷の低減に役立つ。木材を内装材として使用するにあたっては、燃焼実験をはじめとする防災上の検討を行い、安全性を実証している。なお、最近は木材の熱処理加工により、耐腐朽性の付与と寸法の変形を抑えることが可能になっており、外装材としての使用例も増えている。これはヒートアイランド現象の緩和にも寄与する（【KN7.07】参照）。

### ◆琵琶湖に対する汚濁負荷の削減

　敷地内に降った雨水は、それが流出しないようコントロールされなければ、流末の水質汚濁の原因をつくることになる場合がある。それを防ぐために、敷地内の舗装面の雨水の浸透性を高めるとともに雨水の貯留・沈殿槽を設けた。貯留槽にたまった雨水は濾過されたあと、雑用水としても利用される。

## 【KN6.07(7)】 都市環境に害０（方策４　リサイクル、廃棄物削減・適正処理）

　我が国で発生している、建設工事や解体工事にともなう建設副産物の総量は、建築系と土木系を合わせ年間約１億トンにものぼると言われている。そのうち、42％が埋立処分され、国土に堆積し続けている。昭和40年代から大量に建設された鉄筋コンクリートや鉄骨造の建物が今後寿命を迎え、建設廃棄物問題はますます深刻になっていくと考えられる。建設副産物は、その大部分が安全で、再生利用が可能である。資源の有効な利用と環境の保全のために「再生利用の促進」「発生と排出の抑制」「適正な処分の徹底」「関連技術開発の促進」が緊急課題である。

### ◆放流水質の管理とゴミの減量化で環境を守る

　世界遺産に指定された屋久島の自然との調和、人間と自然の共生を目指したこの施設は、屋久島の情報発信ネットワークのシンボルであり、自然保護の啓発の拠点として機能している。自然エネルギー利用をはじめとする省エネルギーへの配慮は当然のこと、この建物の浄化槽から放流される水はオゾン殺菌により、一般の排出基準の1/20以下のBODに抑えられる。ゴミは分別を徹底し、生ゴミはコンポスト化して再利用するなど、周辺の環境に悪影響を及ぼさないよう、細心の注意が払われている。

## 【KN6.07(8)】 緑、水にあふれた美しい街　（方策5　環境保全・景観形成）

市街地の過密化と同時に、周辺部へのスプロールによって、都市は急速に自然を失いつつある。土や緑は宅地やアスファルトの道に変わり、ヒートアイランド現象も引き起こしている。また、自然の浄化能力を超える環境汚染や乱開発によって、生態系のバランスが崩れ、野生生物種の急激な減少が進んでいる。これらの問題を食い止めるためには、都市に水と緑をよみがえらせる土地利用を考え、美しい景観をつくりだす努力が必要である。

### ◆市街地に都市機能を備えたオアシスをつくる

20数年前に生まれたこの公園は、その後の市街化による違法駐車や放置自転車の問題を解決するとともに、市街地の憩いの場としても生き続けるよう再整備された。周囲の街と一体化する歩行者動線も確保しながら、200台の駐車場や2,000台の駐輪場、図書館や情報センターなどの都市施設がこの緑の丘のランドスケープの中でデザインされている。

### ◆都市に緑の丘をつくる

古くからの港湾施設、倉庫、商店や住宅などが混在しているこの地域は、緑地空間が少ない地域であった。公園に建つこの体育館はすべての屋根面を緑化し、アリーナの屋根の部分は街の中では小高い丘として地域のランドマークとしての役割をもたせ、周辺環境に寄与するよう配慮されている。また、施設を地下に計画することで、建物に侵入する熱負荷を軽減し、省エネルギーにも役立っている。

### ◆美しく、緑豊かな都市景観をつくる

街づくりの分野においても環境問題を抜きにして考えることはできない。より豊かで美しい建築と都市を小さな環境負荷で成立させるためには、将来を見据えた新しい理念の追求や、先端の技術の研鑽に努め、総合的な視点から街づくりに取り組まなければならない。街づくりの最大の特徴は、スーパーブロックと呼ばれる一般的な小街区の数ブロック分にあたる大規模な街区割りによって車と歩行者を分離させ、歩行者は街区の中に設けられた人間味あふれるスペースを歩くことができることである。街区と道路が接する部分はすべて緑地帯とされ、これによって美しく一体的な景観が実現している。

## 【KN6.08】 環境負荷「1/2」を達成して　（時を越えて活きる建築・都市）

### ◆更なる環境負荷の削減に向けて

紹介した発想は、一つ一つの要素による効果は小さくても、それらをできるだけ多く取り入れる地道な努力を続けることが環境負荷の削減につながる。また、一つの建物にとどまらず、都市レベル、地球レベルへと環境への取り組みを展開することによって、未来の人類にかけがえない地球を受け継ぐことができる。

### ◆建築：環境への発想と努力

省エネルギーをはじめとする、環境負荷削減の発想は、それらをあらゆる面から活用することによって大きな効果につながり、条件が揃えば環境負荷を1/2にするシナリオを描くことができる。

◇一般的オフィス35年寿命　43.4 kgC/(年・$m^2$)
◇50％省エネ対策モデル　30.9
◇50％省エネ＋100年寿命対策モデル　26.6
◇上記＋エコマテリアル対策モデル　22.7

### ◆都市：循環型社会システムの推進

大切な資源やエネルギーも、使われたあとには廃棄物や排熱に姿を変える。これを可能な限り再利用し、循環させるための社会の仕組みを確立することでインプットとアウトプットの最小化が可能である。

### ◆地球：より良い環境を次世代に

今私たちが直面している環境問題は、一朝一夕に解決できるものではない。産業や国家の垣根を越えて共通の価値観をもち、継続的に取り組みつづけることによって少しずつ改善されるものである。

## 【KW6.01】　建築設計……「サステナブル・アーキテクチャー」

サステナブル・アーキテクチャー（新建築社）から、参考となる技術編のタイトルを列記する。実例は本を参照されたい。

◆光：省エネルギー時代における光の設計

建築空間の「かたち」や質感などは、光が存在して初めて認識できる。また、存在する光の性格によって、空間の印象は大きく異なる。光は人の視覚（視環境）に深く関わると同時に照明用の電力消費との関係も深いため、環境問題の側面も併せ持つ。このことから、「光」の設計では、よりよい視環境の創造と同時に、照明の高効率化や自然採光の定量的な解析による建築形態の最適化などが求められる。

　◇光を導く………光ダクトシステム
　◇光を注ぐ………トップライト、ハイサイドライト
　◇光を重ねる……自然光と人工照明
　◇光を検証する…BIM

◆熱：熱の流れのデザイン

外界の変動は安定した室内気候を乱す原因であり、その影響が小さいほど良いとする発想は、「外乱」という専門用語に象徴されてきた。しかし、自然エネルギーの多様な活用という視点からは、太陽の熱や光、風などは、積極的に活用すべき対象である。

　◇熱をためる……エコ・ウオール
　◇熱を操る………熱オイルダンパー
　◇熱を遮る………外付ブラインド
　◇熱を均す………外断熱・放射冷暖房

◆風：自然風を生かした環境デザイン

風は圧力差によって起こる。圧力は太陽熱によって生じるため、風は自然エネルギーの一種である。自然換気を利用するには、温度差か風圧を利用する。

　◇風をまとう………ダブルスキン
　◇風を導く…………自然換気
　◇風によるかたち…流体デザイン

◆水：低炭素都市の水循環とマネジメント

温室効果ガスの削減は大きな課題であるが、「水問題の方がはるかに深刻」いう指摘もある。現在、世界諸都市に普及する上下水道も、河の汚染に伴い浄化エネルギーが急増している。また、水問題はローカル問題であるが、本質は環境問題である。

　◇水で冷やす……水盤
　◇水を使う………地下水利用
　◇水を守る………生態系保全

◆大地：大地の熱利用と建築

環境の時代にあって、地中建築は省エネルギーや景観などの面から積極的に取り入れたいデザイン手法の一つである。地中建築の環境的な特徴に、長所として温度の安定性がある。欠点としては採光が得難いことである。

　◇大地を蘇らせる　都市における緑
　◇大地をつくる………屋上緑化
　◇大地に埋める………地中建築
　◇大地の熱をもらう…地熱利用

◆都市：歴史を繋ぐ都市に向けて

日本では、人口の7割以上が都市居住と言われている。この経済活動の支援のために鉄道などの交通インフラに加え、電力・ガスのエネルギーインフラが充実している。これにより、都市生活は効率よく便利である。その反面、物価問題、自然が少ない、ヒートアイランド現象などのマイナス面がある。

　◇緑を繋ぐ………緑の連続性
　◇風を繋ぐ………風の道
　◇地域を繋ぐ……エリアマネジメント
　◇景色を繋ぐ……水際の都市景観

◆外皮…スキン・デザイン

外皮の創意は、環境建築の歩みである。前述の風、熱、光等の自然と建築の関係の象徴である。寒冷地、温暖地等の気候に合わせて様々なサステナブル・デザインが創られてきた。

## 6.5 建築設備技術者が知っておきたい新技術

### 【KN6.09】 知っておきたい「9つ」の新技術

業務ビルにおいて、消費者を代表して環境・エネルギー問題に挑戦する建築設備技術者は、常に新しい技術情報を知る必要がある。ここではキーナンバーを「9」として、最近の9項目の建築設備の新技術につて概説する。

ここでは、建築設備・環境、輸送設備についてそれぞれ1項目、空調・換気、給排水・衛生、電気について、それぞれ2項目である。そして、最近の話題として、BCPとスマートグリッドを追加した。

### 【KN6.09(1)】 自然エネルギー利用…建築設備・環境

枯渇しない無尽蔵にある自然エネルギーを有効に利用して建築の計画を行うことが重要である。その結果、地球環境が保全されるだけでなく、適正に導入すれば計画建物のイニシャルおよびランニングコストの削減も達成可能となる。

◆**自然エネルギーのパッシブ利用**
　◇太陽光利用…パッシブソーラ、自然採光
　　事務・住宅に適している。
　◇外気利用…外気冷房、自然換気
　　物販・住宅に適している。
◆**自然エネルギーのアクティブ利用**
　◇太陽光利用…アクティブソーラ、太陽光発電
　　宿泊・住宅に適している。
　◇地中熱利用、風力・水力利用、河川水・海水利用
　　先進的技術の汎用化が必要である。
◆**エネルギーの多段活用**
　◇排熱利用…井水・排水ヒートポンプ
　　生産施設に適している。
　◇下水・ゴミ発電等の未利用エネルギー利用
　　地域冷暖房に適している。

◆**空調負荷の削減**
　◇日射遮蔽、周辺環境の調和
　　事務・宿泊・住宅に適している。
　◇外気負荷の削減…最小外気量の制御
　　物販・飲食に適している。
　◇照明負荷…昼光照明との連動、不在時の消灯
　　事務・住宅に適している。
◆**資源の有効利用**
　◇水資源…節水、給湯量の削減
　　全建物に適している。
　◇自然資源の利用・・雨水、太陽光、風力利用
　　全建物に適している。
　◇資源の多段利用…中水利用
　　全建物に適している。
◆**実施例（高等学校）**
　◇クールアンドヒートチューブ（50 m）
　　年間温熱取得熱量　約 8,000 MJ、年間冷熱取得熱量　約 3,200 MJ
　◇昼光利用：削減効果は年間で約25％
　◇アトリウム：年間のうち約68％は空調なし

## 【KN6.09(2)】 データセンターの空冷式分散空気調和機…空調・換気1

データセンターは建物竣工時にICT機器が全容量実装されることは希であり、年次計画やサービス需要に応じて逐次増設される事例が多い。また、ICT機器そのものの技術革新により、2～3年で機器更新が生じるため、空気調和システムとして、逐次増設が可能で熱負荷増への対応が容易な、個別分散方式が多く採用される。データセンターで消費される電力の25～50%がICT機器冷却のための空調システム用動力といわれている。このため、設計時には信頼性と同時に省エネルギーへの配慮が欠かせない要素となる。内部発熱量が大きいデータセンターでは、オフィスの空調システムと運用条件が大きく異なる（表－1）ことから、設計にあたっては与条件を十分に精査したうえで空気調和機の選定、室内の空気気流設計を行い、エネルギー消費の抑制に努めなければならない。また、運用フェーズでの使用変更にも柔軟に対応可能な仕組みへの配慮が重要となる。

表－1 データセンターと事務所の比較

|  | データセンター | 一般事務所 |
|---|---|---|
| 室内熱負荷 | 300～2000 W/m² | 50～100 |
| 運転時間 | 24時間365日 | 間欠運転 |
| 運転制御 | 年間冷房 | 冷房+暖房 |
| 熱処理 | 顕熱が主 | 顕熱+潜熱 |
| 気流方式 | 二重床吹出し | 天井吹出し |
| 送風量 | 50～300回/h | 10～20回/h |

## 【KN6.09(3)】 タスク・アンビエント空調…空調・換気2

タスク・アンビエント（TA）空調とは、空調対象を個人の周囲環境であるタスク領域と、その他の空間のアンビエント領域にわけ、各々を別々の対象として空調する。従来の居室全体空間を対象とした空調システムに比べ省エネになることが期待される。

快適性はタスク領域の空調（パーソナル空調）で確保する一方で、エネルギー的にはアンビエント領域の設定温度が高いため外気との温度差が小さくなり、貫流負荷が低減される。また、自然換気併用空調を行う建物ではアンビエント領域の温度まで自然換気を利用できるため、自然換気活用期間を長くできる。さらに、暖房時にアンビエント空調のみで負荷を処理できる場合には、タスク空調の停止により搬送動力が削減できる。

### <ポイント>設計上の留意点

アンビエント領域の空調方式として、比較的高温の冷水を利用した放射パネルシステムが登場してきた。室温をそれほど低温にしないで、冷放射効果による頭寒足熱で冷房効果を上げ、タスク用に設けられた吹出口より冷風を供給する。TA空調システムの構築では、熱源システムとの組み合わせを考慮し、最適な空調方式を選択すべきである。天井吹出しの場合は、オフィスのレイアウトにフレキシブルに対応できる配置計画が重要である。

### <ポイント>パーソナル制御システム実施例

◇自席パソコンによる吹出口ユニットの操作：84%の執務者が利用、うち39%は月に数回以上変更
◇自席パソコンと自席吹出口ユニットの在席連動制御：在席率は最高で65%
◇室内空気調和機のインバーター制御・ON/OFF制御：外気調和機は$CO_2$制御により最低開度
◇IP統合ネットワークによる制御システム：個人の温熱環境選択性と省エネルギー制御が可能

## 【KN6.09(4)】 SI住宅の合流式排水システム…給排水・衛生1

　SI住宅は建物を躯体等の耐用年数の長い共用部（スケルトン）と可変性の要求される専有部（インフィル）に区分し、耐用年数に見合った機能・性能を持たせた建築システムである。特に、従来の集合住宅では専有部に設置されていた排水立て管と収納用のパイプシャフト（PS）を共用部に配置し、排水立て管の更新や維持管理性能を高めた点が特徴である。

### ◆SI住宅対応専有部合流式システム

　前述の課題点に対する解決策の一つである。このシステムは、汚水系統と雑排水系統の衛生器具からの排水を導く器具排水管、それらを接続した合流式排水ヘッダー、その先に接続する合流排水横枝管で構成され、その端部は排水立て管継手に接続される。これによって、排水横枝管の躯体貫通部が削減され、施工性も向上される。PSもエレベータ等の設置された設備コア部分やボイド部分に集約させることで住戸バリエーションの変更が容易になる。また、排水ヘッダーを介し汚水・雑排水を合流させることで排水横枝管長を必要以上に長くする必要がなくなり、同時に汚物等の搬送性能の低下を防ぐとともに、排水管長が長くなり排水立て管の負荷も削減でき、排水立て管径の縮小にも寄与する。

> **＜ポイント＞設計の留意点**
>
> 　合流式ヘッダーは専有部の玄関付近に設置し、防火区画貫通部前後1m間に耐火被覆を施す。合流式排水ヘッダー（主管100A、雑排水管径50A、汚水管径75A）に対し、大便器系統の排水管は最上流にある汚水系統の接続口に接続し、他の雑排水系統の排水管は下流側の雑排水系統の接続口に接続する。排水管径は汚水系統75A、雑排水系統50Aとし、勾配は1/100以上を確保する。配管曲がり部には大曲エルボを用い、衛生器具から合流式排水ヘッダーまでの曲がり箇所数は3、4か所程度が目安となる。

## 【KN6.09(5)】 直列多段増圧給水システム…給排水・衛生2

　建物の給水方式は、水道直結給水方式と受水槽方式に大別できる。直列多段増圧給水システムは、水道直結増圧給水方式の一つで、水道本管から分岐した給水引込み管の途中に1段目の増圧給水ポンプを設置し、さらに中間階又は屋上等に必要圧力に再増圧する2段目以降の増圧給水ポンプを直列に接続する直列多段型の水道直結増圧給水システムである。

### ＜新技術の特徴＞

### ◆長所

◇一時貯留による水質劣化が少ない。　◇受水槽の設置が不要で、給水設備に係わる所要スペースが小さく、空間の有効利用が可能。◇受水槽等の設置が無く、イニシャルコストの抑制が可能。　◇水道本館の配水圧力の利用によって、広域的なエネルギーの有効利用が可能。また、不足する給水圧力分の増圧でよいため、ポンプ動力を少なくでき、省エネが可能。◇受水槽清掃、点検等のメンテナンスが不要になり、維持管理費の低減が可能。

### ◆課題

◇災害時での水道断水時に備える貯留機能が無く、必要な場合は、別途、設備構築が必要となる。
◇停電時には増圧給水ポンプ自体も運転できなくなる。

> **＜ポイント＞設計の留意点**
>
> ◇災害時に備えるための水備蓄の対策は必要。
> ◇現状では、複数台の増圧給水ポンプを並列に設置する方式との併用はできない。
> ◇圧力水槽方式の給水システムを採用する場合は、2段目以降の給水ポンプの吸い込み側に圧力水槽の設置が必要である。

## 【KN6.09(6)】 多様化電力供給システム…電気1

多様化電力供給システムは、ニーズの質に合わせて様々な電源品質の電力を供給しながら省エネシステムの導入が可能なものとして、一施設内で複数電力系統を有するシステムである。建物負荷は、電力だけでなく熱（暖房・冷房・給湯）需要も含むすべてのエネルギー需要を把握する必要がある。特に、コージェネレーションシステム（CGS）を導入する場合は、排熱利用率を高めることが総合効率の向上につながる。負荷パターンとしては、昼間の需要が大きく夜間の需要がほとんどないオフィス、昼間も夜間もそれなりに負荷がある24時間稼働の病院などがある。事務所は、夜間の需要が少ないため、蓄電システムや昼間の太陽光発電などが利用しやすい。また、病院では24時間通して安定的な電力・熱需要が見込まれるため、一般にCGSが適している。

電源システムとして一般的な建物に導入されるものには、主に、常用・非常用電源兼用可能なガスタービン・ガスエンジン・ディーゼルエンジン・NAS電池、または環境性能を上げるための常用発電設備である燃料電池・太陽電池・風力発電などの設備が考えられ、それらには以下の特徴がある。

◆常用/非常用

CGSなど常時商用電源と連携して電力を供給する常用発電設備と非常用発電機などのように停電時のみ独立して電力供給する非常用発電設備がある。また、CGSの一部には常用・非常用兼用で両方の場合に供給できるものもある。特に、非常時稼動するものは電力、ガス、水などインフラ供給停止時の稼働を補償する必要があり、燃料の備蓄、ガス供給ラインの信頼性（耐震導管認定）、冷却水などの水源確保を必要とする。

◆効率

CGSでは発電と排熱回収を合計した総合効率は70〜80%を目指す。

◆電源品質

一般に電力供給側からみた電源品質とは、電圧・周波数の変動を指す。

◆供給安定性

周辺環境の変化による供給継続性を指す。

◆環境性

二酸化炭素排出、ばい煙などが対象。

◆経済性

総コストを総発電量で除した発電コストにより傾向を知ることができる。

## 【KN6.09 (7)】 オフィスビルの高効率・長寿命照明…電気 2

オフィスビルで消費するエネルギーの 21％を占める照明の省エネルギー化に $CO_2$ 削減の大きな期待が寄せられるようになってきた。

### ◆LED ランプの諸特性

① LED ランプ光束に係わる温度特性：LED ランプは温度によって光束がほとんど変化しない。低温部、寒冷地での使用や冬期で部屋が暖まらない状態でも所定の明るさが得られる。

② ランプ出力による効率特性：点滅サイクルに寿命が影響されない。蛍光ランプは点滅を繰り返すと寿命が短くなるが、LED ランプはスイッチや人感センサーで細かくオンオフしても寿命に影響しない。

### ◆照度計算上の留意点

蛍光灯器具は、直管円周部から均等に光束が出るため、下面へは反射板で反射した光が届く。これに対し、LED 照明器具はランプから出た光が直接下方に届くため、光束が効率よく照度に寄与する。照明率は蛍光灯器具の 0.68 に対し、LED は 0.91 となり、照度にして 34％増加する。

オフィスビルの照度計算例によると、光束数は蛍光灯器具のほうが多いが、器具効率は LED のほうが良いため、保守率を考慮してもほぼ同じ明るさになる。消費電力は LED 照明が約 10％削減される。

## 【KN6.09 (8)】 長周期地震動への対応…輸送設備

長周期地震動とは、地震が震源地から 150～200 km 程度離れた堆積層の平野に伝播するとき発生しやすく、数秒以上の周期の地震動を指す。長周期地震動は、加速度は小さいが周期が長く、長時間持続するのが特徴で、通常の加速度感知方式の地震感知器（P 波感知器、S 波感知器）では検出できず、エレベータ（EV）のロープ等の長尺物が長周期地震動と共振し、大きく振れ回り、塔内機器に接触する。その状態で EV を走行させた場合に、EV 機器を大きく損傷させる 2 次災害の可能性がある。

### ◆長周期センサー地震時管制運転システム

長周期地震動の微小な加速度を検知し、これをもとに建物との相対的な EV の長尺物振れ量の予測演算を行い、長尺物振れの発生と収束とをリアルタイムに判断し管制運転を行うシステムである。

### ◆新技術の特徴

EV の機械室に長周期センサーを設置し、計測した加速度からリアルタイムに変位応答スペクトル演算法を用いて長尺物相対振れ量の演算を行い、その演算値が事前に定められたしきい値を超えると制御盤又は監視盤へ発報し、管制運転を行う。

### ◆設置推奨建物

① 軒高 120 m 以上の建物

② 固有周期 2 秒以上の建物

③ 管制対象は全高 30 m 以上、かつ、機械室地上高さ 30 m 以上の EV

## 【KN6.09(9)】 BCP, スマートグリッド…最近の話題

### ◆BCP（事業継続性計画）

◇BCPの基本

想定されるリスクを明らかにする。まず地震、台風、津波等の自然災害の他、火災、インフラ停止、盗難、テロ、インフルエンザ等多くのリスクを想定する。その中で、最大リスクの地震・浸水対策を検討する。

◇災害の想定

地震・浸水（津波、河川氾濫、集中豪雨）の程度を想定する。

◇被害状況の想定

被害の状況を敷地、建物、インフラ（電気、通信、ガス、上下水道）ごとに明確にする。

◇上記に基づくBCP対応計画

各企業で立案しているBCPに合わせて、事業復旧に要する時間、災害時の建物の強度、非常用発電設備をはじめとする建物のBCP対応を計画する。

＜具体的な建物のBCP対応事例＞

BCPを実行する事務室、災害対策本部の面積、位置を計画し、これに加えて帰宅困難者のための避難所を計画する。インフラ途絶（電気、通信、上水、下水）を前提に、計画された時間での機能確保のための対策（非常用発電機、水槽に加え便所利用のための緊急排水槽）を計画する。地震・浸水に備え想定する浸水高さを設定し重要設備は上層階に設置するとともに、守るべき高さを明らかにした上で対策を講じる。

### ◆スマートグリッド

スマートグリッドとは、エネルギーの安定供給、地域温暖化対策、経済成長に加え東日本大震災以降関心が高まったBCPを達成するための、電気と情報の融合ネットワークである。スマートグリッドの評価軸は、エネルギーコストと環境負荷の削減であるが、そのためには、電力供給の努力だけでなく、デマンドレスポンス（需要側の節電等の対応）が不可欠である。

ピークカットを促す電力料金メニューも出来た中で、デマンドレスポンス促進に向けて、次に注目したい技術は「スマートメーター」と「エコーネットライト」である。スマートメーターは電力使用量を自動的に随時通信するメーターであり、エコーネットライトはスマートメーター・家電・HEMSをつなぐ全メーカー製品共通の通信規格である。HEMSにこの2つを導入し宅内機器がコントロールされれば、「見る・考える・動かす」という節電までの3ステップが自動化できるであろう。

BCP以外に地域の防災への寄与も考えてね！

## 6.6 ビルのエネルギー・物質フローと関連設備
### …建築設備・設計講座（1万$m^2$オフィスビル）

建築物では電力・ガス等のエネルギーをどの程度、どのような形で消費しているか、又、給水や排水はどの程度かなどの建物のエネルギー・物資収支の理解、また、ビルには活動を支援するためにどんな容量の設備があるのかについて、1万$m^2$のオフィスビルについて数値情報を抽出する。後述するように、一万$m^2$のオフィスを基準とすると、日本にはが47,000本相当のビルが存在することになる。ここでの結果は、1万$m^2$あたりの原単位として、任意の面積のビルや全体の概略値を推定するキーナンバーとなる。建築の設備設計の概要を示しながら、数値を求めていく。

### 【KN6.10】 建築設備設計は「4分野」で「3段階」からなる

建築を学ぶ学生は、建築設備を知ることで、建築とエネルギー・環境との関連を理解できる。そこで、業務ビルの代表である10,000 $m^2$のオフィスの建築設備設計を通じて、キーナンバーを概説しよう。

◆建築設備設計

設備設計は、①空調・換気設備、②給排水・衛生設備、③電気設備、④輸送設備の4つの分野に大別される。さらに各分野は多くの設計項目から構成されており、これらについて調整し、相互に整合性を保ちつつ、一つの成果物として取りまとめることは、建築設備の専門家としての高度な知識・経験が求められる重要な業務である。

実際の業務において、設計の機会が多く、かつ、各種の建築物に共通する基本事項を含む事務所用途の建築物を例にとり、様々な建築物の設計にも応用可能な主要な項目を抽出して計算や製図などの具体的な知識・手法について解説する。

設計手順には3段階があり、①企画→②基本計画→③実施設計と進む。

◆設計手順

①企画・基本計画　企画・基本計画は、主に建築設計のボリュームスタディーや、配置計画、平面計画、断面計画、デザイン計画の基本が検討される段階である。設備設計者は、主にコンセプトの決定、主要な設備システムの検討、設備スペースの概略検討、概算予算検討などを行う。近年では、省エネ手法の提案や導入効果の検討、環境負荷低減手法を取り入れた環境建築の実現等、環境・設備技術者に対して、重要な役割が期待されている。

②基本設計　基本設計は、基本計画に基づいて、さらに具体的な提案や詳細な検討が行われ、設計精度を高めていく。この段階では、建築の平面図、断面図、外装計画の精度も高まるため、機械室、電気室、シャフトなどの床面積に影響のある平面的なスペースの検討・決定を中心に、階高や天井高に影響のある梁とダクト・配管・配線の断面的な収まりも検討する必要がある。基本設計の内容がある程度固まった段階で、概算予算の算出を行い、計画内容と全体工事予算との適合が確認される。

③実施設計　実施設計は、基本設計に基づき、さらに詳細な検討を行い、仕様書、設計図、計算書などで構成される建築確認申請図書や工事発注図書を作成する段階である。実施設計の初期段階では、建築、構造、設備の整合の取れた建築一般の確定が行われる。計算及び製図の段階になると、建築、構造、他の設備などの他の設計者に対しての要望事項を検討し、設計工程上支障のない時期までに伝達する必要がある。その他にも法令に関る書類の作成、積算及び設計予算書の作成を行う場合もある。

## 【KN6.11】 1万 m² オフィスには平均「650人」が在住　（建築物概要）

日本の事務所ビルは総面積 46,569 万 m² 存在するので、1万 m² のオフィスを基準とすると、約 47,000 本のビル相当が建っていることになる。

◆建築物概要
◇各階 900 m²（25 m×36 m）、◇地上 9 階建（高さ 43.7 m）、◇地下 1 階（地下 6.4 m）
建物は概略、地上 25 m×36 m×44 m、地下 6 m の 45,000 m³ の箱状とする。
◇用途：事務所（本社社屋）、◇場所：冷暖房ともに必要な温暖地域、◇構造：鉄骨鉄筋コンクリート造、◇敷地面積：5,000 m²、◇階数：地下 1 階、地上 9 階、塔屋 1 階、◇建築面積：1,500 m²、◇事務室：各階（16×36 m）、コア（9×36 m）

◇延べ床面積：10,000 m²
◆各階の主要室：建物の在住者は、以下のように計算すると合計 655 人（15.3 m²/人）
◇9 階：食堂、厨房（10 人）、◇3～8 階：事務室（各 90 人）、◇2 階：役員室、会議室（10 人）、
◇1 階：事務室、入口ホール（90 人）、
◇地階：設備室、中央監視室（5 人）
◆グリーン庁舎の計画手法
建物は、環境負荷の低減について環境配慮型官庁施設（グリーン庁舎）の計画手法を考慮したものとし、CASBEE の BEE に基づく環境ラベリングは A クラス程度とする。他に、地震などの災害に対する事業継続性（BCP）にも配慮した設計を行うものとする。

## 【KN6.12】 「冷房 2600、暖房 1200 GJ/年」（空調、換気設備―その1　）

◆空調・換気設備の設計：各種設計条件を想定。
◇外気：夏期　温度 34.4 ℃、相対湿度 56.4%
　　　　冬期　　 2.0 ℃、　　　　31.2%
◇室内条件：
　　　　夏期　　26 ℃、　　　　50%
　　　　冬期　　22 ℃、　　　　50%
◇人員：事務室 0.15 人/m²、会議室 5 人/m²、EV ホール　0.05 人/m²
◇照明：事務室　18 W/m²　会議室 25 W/m²　EV ホール　15 W/m²
◇OA 機器：事務室 60 W/m²、会議室 10W/m²
◇外気量：事務室、会議室 30 m³/（人・h）
◆熱源設備計画：熱源システムは高効率空気熱源ヒートポンプユニットによる中央熱源方式とし、部分負荷運転を考慮して、複数台に分割する。熱源機器は、空気熱源機を採用しているため、塔屋階に設置し、各階 2 箇所の機械室を介して冷温水を供給する。配管方式は、冷暖房切り替えの冷温水 2 管式とし、複数ポンプ方式の変流量システムにより、搬送動力の削減を図る。

◆熱負荷
◇最大負荷原単位（W/m²）冷房 90、暖房 55
◇最大熱負荷（kW）冷房 900、暖房 550
◇全負荷相当時間（h/年）冷房 800、暖房 600
◇年間熱負荷（GJ/年）冷房 2,600、暖房 1,200

◆空調設備計画：基準階事務室は、空調系統をインテリアとペリメータに分け、前者は各階 2 台、後者は各階 1 台の空調機による変風量単一ダクト方式とする。インテリア系統は、還気 $CO_2$ 濃度による外気導入制御とし、外気負荷の低減と中間期・冬期の外気冷房を可能とする。また、中間期の自然換気と、夏期夜間のナイトパージが可能なように、開口部を設ける。2 階会議室は、外気導入が多いため、全熱交換器を採用し熱源機器容量と外気負荷の低減を図る。必要な室には機械換気設備を設ける。

## 【KN6.13】「熱源 1,000 kW、空調機 150 kW」（空調・換気設備—その2）

◆各室熱負荷計算
（事務室、625 m²、室内全負荷 54 kW、87 W/m²）

中央熱源方式の場合は、各室ごとの熱負荷計算結果を、空調系統ごとに外気負荷も加算して集計し、同時使用率や同時負荷率、配管損失係数、装置負荷係数、経年係数、能力保証係数を考慮して、熱源機容量を算定する。計算すると照明・人体等の内部発熱が冷房負荷の74%を占め、人体発熱は減少できないので、照明とパソコン等のコンセント負荷が削減のポイントになる。熱負荷（W）は、

|  | 夏期（14時） | 冬期 |
|---|---|---|
| ◇構造体等負荷 | 4,438 | 10,513 |
| ◇ガラス面日射負荷 | 2,500 | – |
| ◇照明・人体等 | 40,236（潜熱 4,982） | |
| ◇室内負荷小計 | 47,174 | 10,513 |
| ◇室内全負荷 | 54,514 | 10,513 |
| ◇単位面積当たり負荷 | 87（W/m²） | 17 |

◆熱源容量　冷温熱源　1,071 kW
◇空気熱源HP　265 kW×4基
◇ポンプ　一次　3.7 kW×4台
　　　　　二次　5.5 kW×4台
◆空気調和機
◇事務室　7.5 kW×8台、7.5 kW×7台、5.5 kW×8台…合計 156.5 kW
◇会議室　7.5 kW ＋ 5.5 kW…合計 13 kW
◇その他　　　　　　　　　合計 30 kW
◆換気設備　便所、湯沸しコーナー、倉庫、シャワー室、更衣室、機械室、電気室、厨房

## 【KN6.14】上水、雑用水　ともに1日「30 m³」（給排水・衛生設備）

◆1日予想給水量：館内で使用する飲料水は、水道本管から引き込む上水を利用。環境配慮と水道費削減のために、雨水と空調排水を雑用水に利用。事業継続性に配慮し、飲料水や雑用水を備蓄。社員部分の給水量38.4 m³/日の内、大部分が便器の洗浄水であり、上水を15%、雑用水を85%として算定する。

◇社員　640人×60リットル/人＝38,400リットル、
◇食堂　650食×40リットル/食＝26,000リットル
◇上水使用量　31.8 m³/日
◇雑用水使用量　2.6 m³/日

◆衛生機器リスト：
◇上水用受水槽　16 m³（事業継続性に配慮）
◇雑用水槽　100 m³（安全のため3日ぶん）
◇加圧給水ポンプユニット（上水用）5.5 kW×2、
◇加圧給水ポンプユニット（雑用水用）3.7 kW×2
◇雨水濾過ユニット　1.5 kVA
雨水と空調排水を濾過し、便器洗浄水に利用。

◇給湯ユニット（電動ヒートポンプ）4.33 kW×5
◇電気による給湯、給湯循環ポンプ　0.15 kW
◇電気温水器 3 kW　◇電気給湯器 5 kW×3
◇汚物ポンプ 1.5 kW×2
工事費を考慮して便所内の屋内排水は合流式
◇雑排水ポンプ 1.57 kW×2×3
湯沸し室や厨房の雑排水は分流式で単独
◇湧水排水ポンプ 1.5 kW×3　◇雨水排水ポンプ 1.5 kW×3、◇スプリンクラーポンプユニット　22 kW（地盤面から31 mを超える階の存在を考慮して設置）。

◆耐震設計：耐震クラスSを適用し、設備機器の設計用水平標準震度は、地階及び1階で1.0（水槽類は1.5）、2階から7階を中間階として1.5、8階と9階及び塔屋を2.0とする。

## 【KN6.15】 受変電 「1,850 kVA」（電気　その1）

### ◆主要な設計項目
①電力供給設備（受変電、発電機、直流電源、幹線設備など）：事務室で使用可能とする電気容量の見積もり。発電機で供給する負荷の見積もり。
②通信設備・防災設備（構内交換、防災アンプ、自火報受信機など）
③照明設備（一般用）：照度の見積もり。
④法規に基づく各階の設備（非常用の照明設備、誘導灯、スピーカ、感知器など）

### ◆設計手順
①基本設計段階：統計値・他事例に基づく容量想定を行い、工事費予算、信頼性などを考慮し、基幹設備構成及び基幹部の設置場所・大きさを決定。
②実施設計段階：各階の端末機器の設計を行い、それらをまとめた集計値をもとに基本設計段階の設定値や基幹部構成を再確認し、最終図を得る。

### ◆設計概要
①受変電設備　◇一般的な事務所ビルとして、総容量は1,850 kVAと設定　◇本社機能の継続的な維持機能を高めるため、高圧（6.6 kV）の2回線を、本線予備線受電とする。
②非常用発電設備　◇法的負荷に対応した非常用発電機を設置する。地震などの商用電源停電時に本社機能維持を可能とするため、容量は300 kVAとし、2日分の燃料を備蓄（A重油）する。ラジエータ式ディーゼル発電機とする。
　直流電源装置・非常照明は電源内蔵型でなく、予備電源として直流電源装置200 Ah蓄電池を設置する。

## 【KN6.16】 最大需要電力 「730 kW」（電気　その2）

### ◆電気設備　設計概要（続き）
④幹線設備　◇動力設備は三相3線式210 V、電灯負荷は単相3線式210 V/105 Vで供給する。　◇EPSは全館同位置の各階1箇所とし、EPS内にケーブルラックを設けてケーブルを敷設する。
⑤照明設備　◇事務室の机上面平均照度は750lx以上とする。　◇事務室の照明器具は、P45形の高効率蛍光灯・調光可能型安定期を用いた白色ルーバー付きを使用する。
⑥コンセント設備　◇OAコンセント容量は60 VA/$m^2$として分電盤、幹線を設置する。ただし変圧器容量は需要率を見込む。　◇高度情報化と社内レイアウト変更に追随できるよう配線設備を実装するプレワイヤリング方式とする。
⑦最大需要電力　◇最大需要電力（契約電力）は73 W/$m^2$と算定される。延面積10,000 $m^2$では730 kWとなる。
◇2,000 kW未満なので高圧受電（6 kV受電）となる。
⑧変圧器容量　◇電灯負荷　40 VA/$m^2$×10,000 $m^2$ = 400 kVA　◇高圧変圧器　150 kVA×3　◇動力負荷　90 VA/$m^2$×10,000 $m^2$ = 900 kVA…500 kVA×2
◇発電負荷　30 VA/$m^2$×10,000 $m^2$ = …300 kVA×1
⑨コンデンサ容量　◇力率改善用の高圧コンデンサ容量は、動力用変圧器容量の1/3以下程度とされている。　100 kvar×4
⑩直流電源設備の蓄電池
0.02 Ah/$m^2$×10,000 $m^2$ = 200 Ah
⑪非常用発電設備容量　　　300 kVA

## 【KN6.17】 エレベータ 「15 kW×3台」 （輸送設備）

　エレベータの設計にあたっては、建物の規模・用途・使用目的に対して、将来の建物内交通需要も予測し、これに見合った台数・使用・配置を検討し、その結果に基づいて設備の実施設計などを行う。

◆エレベータの設計項目
①計画設計　エレベータ基本仕様の決定
②実施設計　計画図の作成、エレベータ仕様書の作成、各装置の設計図の作成
③確認申請　確認申請図面の作成
④施工設計　据付施工図、据付調整要領書の作成
⑤保全設計　取り扱い説明書の作成、保守マニュアルの作成

◆エレベータの設計概要
①交通需要の予測　◇ピーク時の集中率（5分間に集中する人数の対象利用人数に対する割合）を予測し、集中時のエレベータ利用者数の算定を行う。
②エレベータの基本計画　◇低層、中層、高層などのゾーニングを行い、各ゾーンにそれぞれ適切な速度、定員、台数のエレベータを配置する。
③エレベータの計画設計　◇常用エレベータ 17人×15 kW×3台　120 m/min　◇非常用エレベータ　1台（内）
④交通計算：5分間輸送能力 20.7％、及び平均運転間隔 37.5秒は、サービス水準表における1社専有ビルの5分間輸送能力の範囲（20～25％）、標準サービスにおける平均運転間隔の数値（40秒以内）となっている。

## 【KN6.18】 年あたり電力「200万kWh」、水「1万 m³」 （エネルギー・物質収支）

　10,000 m²のオフィスビルでは、建築設備を通して、エネルギーと物質を消費する。エネルギーと物質の消費は、その結果周囲の都市環境と地球環境に影響を与える。影響の程度に関する数値としての概略把握は、オフィスを利用する生活者にとって必要になる。数値は最大値（ピーク値）と年間消費量で理解することになる。

◆熱量：空調（冷・暖房）・衛生（給湯）設備で消費
　◇最大熱負荷：冷房 900 kW、暖房 550 kW、給湯 60 kW
　◇年間熱負荷：冷房 2,600 GJ、暖房：1,200 GJ、給湯：140 GJ

◆電力：空調、衛生、搬送設備における動力及び照明・コンセント等の電源として消費。使用する状況により、普段の業務に消費する常用と、地震・火事等の停電時に利用される非常用に分けられる。又、電源として直流と交流の2種類がある。
　◇最大電力　730 kW　◇年間電力量　203万 kWh
　（= 2.5 GJ/m²・年 ×10,000 m²×0.8/9.83）

◆水：生活上使用する水は、飲み水に利用する衛生的な上水（飲用水）と、便所の洗浄等に利用される雑用水に分類される。利用したあと、雑排水・汚水として排水され、都市排水施設で浄化される。
　◇給水量　64.4 m³/日（上水 31.8、雑用水 32.6）
　◇最大　9.1 m³/時

◆ゴミ：国民一人1日あたり 1,124 g 程度、都心ビル 8 kg/m²・年、リサイクル率 50％（紙、ガラス、金属）

＊業務ビルでの省エネルギーの努力　6.3　ZEB（ネット・ゼロ・エネルギービル）参照

# 第7章

## エネルギーと環境

# 第7章 エネルギーと環境

　序論でも述べたように、エネルギー問題と環境問題は密接な関係がある。エネルギーと環境は、ともに現代文明を支えてきた貴重な資源と言えるが、人間活動の巨大化により、どちらも危機に瀕している。素朴な疑問として、資源と環境、どちらがより危機的であろうか。
　序論で述べたローマクラブのレポート(【KN序.09】参照)では、資源的危機がまず問題となり、次いで環境的危機、そのあとに、食料的危機という序列のシナリオが提示された。このシナリオに沿うように、オイルショックが起こった。なお、日本ではその前に公害という環境汚染問題が発生し、国が大きく揺れた。公害問題を乗り越え、「さあ世界にあるエネルギー資源を使って生産に励もう」というところで、オイルショックが起こり、「現代文明の基本に関わるたいへんな問題が現実になった」という感じであった。
　しかし、オイルショックは産油国が石油を出し渋るという、政治的に起こされた危機であり、本来の資源危機は未だ隠されており、人類はそれと対峙したとは言えない。ここにおいて、ローマクラブの想定にもない地球温暖化という環境問題が、人類存続に関わる深刻な課題として新たに登場している。序論で述べたが、これは、わが国が対峙を迫られた公害問題とは異なる、新たな環境問題である。
　このように、エネルギーに関わる資源・環境問題は、色々な側面をもった問題であり、われわれデマンドサイド関係者も、本質を見る知識と能力が必要である。
　現在の困難な環境問題は気候問題である。気候は太陽と空気・水がつくり出す自然現象であり、身近な微気候や小気候を除いて、とても人類が操作できるものではない。地域や地球規模の気候についてわれわれができるのは、できるだけこれに負荷をかけないようにすることである。現代社会は、人間活動がきわめて大きくなっており、それが気候に影響を及ぼすようになっている。我々がなすべきことは、気候のことを十分理解し、悪影響のないように自らの活動を修正することである。
　第2章で紹介したように、最近、シェールガスやメタンハイドレートなどの新資源が見つかり、大量消費国であるアメリカなどは化石燃料の輸出国になると沸き立っている。また、中国、インドなども自国の石炭をフルに使った経済発展を目指すなど、相変わらず化石燃料をフル消費する発展モデルが現代社会のベースとなっている。
　しかし、これらの資源は本当に使えるのであろうか？それらは、環境問題から思ったように使えないのではないか。本文で触れるが、化石燃料については、資源的制約よりも環境的制約の方が大きいようである。
　本章では、7.1で、気候とエンジニアリングの関係、気候の基本的事項を解説する。7.2では、温暖化ガスが引き起こす地球温暖化問題を解説し、対策の現状、考え方について解説する。7.3では、わが国のような温帯から亜熱帯地域で問題となっている、都市の温暖化問題として、ヒートアイランド問題の考え方、原因、対処方法等について解説する。

<本章の主な参考図書等>
①空気調和・衛生工学会編「ヒートアイランド対策（都市平熱化計画の考え方・進め方）」オーム社、2009、②ラブロック「地球生命圏・ガイアの科学」1984、③日本エネルギー経済研究所計量分析ユニット編「エネルギー・経済データの読み方」省エネルギーセンター 2011、④環境白書 2014

## 7.1 気候一般とエンジニアリング

気候は、大気圏の気象の「平均的な状況」である。言うまでもなく、気候は太陽エネルギーによって形成されている。太陽エネルギーは、大気、地面、水面で吸収され、それらから対流熱として気温を上げ、水分を蒸発させて、湿度を変える。それが、風を吹かせ、雨を降らせる。いままで、気候はサイエンスの対象であり、エンジニアリングでは、気候は環境条件。すなわち与件と位置づけられてきた。しかし、これからは、エンジニアリングと気候は相互関係にあり、直接の操作の対象、あるいはエンジニアリングのあり方が気候を変えるという位置づけが不可欠となってきている。この節では、気候に関して基本的な項目について解説を行う。

表−1にスケール分けした空間（①→⑦へスケールが大きくなっている）と、エンジニアリング（主として熱関連技術）の関連を示した。序論でも述べたように、筆者ら空調関連技術者は、室内気候の調整システムを専門としている。表では①と②の空間である。なお、②は非空調空間であるが、この空間においても、主としてパッシブ技術（【KN2.25】参照）によって、良好な熱環境とするのは空調技術者のテリトリーである。また、今はあまり配慮されていないが、③④の空間も良好な熱環境をエンジニアリングによって創出できる空間である。それ以上のスケールの空間は、エンジニアリングは直接の操作対象とはなり得ない。しかし、エンジニアリングは、それらの空間に対する深い理解の下で、「これらに安易に負荷をかけない」という位置づけで、エンジニアリングシステムのあり方を考えるという姿勢が基本である。具体的な環境問題としては、「ヒートアイランド（都市温暖化）」と「地球温暖化」であり、それに配慮したシステムを構築せねばならない。

表−1　各スケールの空間とエンジニアリング（熱環境技術）との関係

| 番号 | 管理区分 | スケール | 対策対象 | 空間の例 | エンジニアリングとの関係 | 備考 |
|---|---|---|---|---|---|---|
| ① | 私的空間 | 建築内空間 | 空調空間 | | 今までの操作対象 | |
| ② | | | 非空調空間 | | | パッシブ技術 |
| ③ | | 建築外空間 | 敷地内空間 | 庭園・公開空地・屋上など | 新しい操作対象 | |
| ④ | 公的空間 | 都市空間 | ミクロ公共空間 | アーバンキャニオン | | ミクロなヒートアイランド対策（パッシブ技術） |
| | | | | 公園 | | |
| | | | | 運動場 | | |
| | | | | … | | |
| ⑤ | | | マクロ公共空間 | 都市大気ドーム | 熱負荷をかけない対象 | マクロなヒートアイランド対策 |
| ⑥ | | 地域空間 | | | | |
| ⑦ | | 地球空間 | | | $CO_2$負荷をかけない対象 | 地球温暖化対策 |

## 【KN7.01】 地球がバスケットボールなら大気層はわずか「0.3 mm」

大気層は、下から対流圏、成層圏、中間圏、熱圏、外気圏からなっている。我々に直接関係のある気象は対流圏で起こる物理現象である。

対流圏は、上方にいくに従って気温が低減する特徴を示す（図－1）。その厚みは、場所によって異なり、赤道付近は 17 km と厚く、極付近は 9 km と薄くなっている。平均高度は 11 km である。対流圏は日射が地面に当たって熱が発生し、その影響が上空に及ぶ範囲と考えられ、日射の多い赤道付近が厚くなるものと考えられる。

地球の平均気温は 15 ℃で、対流圏の上部境界面で －50 ℃程度となる。

対流圏上部では偏西風が流れており、日本上空での風速は、30～100 m/s と言われている。ちなみに、中国ゴビ砂漠から直線で長崎までの距離は 3,800 km であり、中国のゴビ砂漠で黄砂が舞い上がり偏西風に乗れば 10～33 時間で長崎に到達する。

成層圏は、対流圏の上にあり、上層の中間圏までの厚さ約 39 km である。成層圏では逆に、高度とともに温度が上昇する。成層圏下部では、約 －50 ℃前後であるのに対して、中間圏との境界付近では －15 ℃～0 ℃になる。ただし、成層圏の温度上昇率は一定ではない。また、中間圏上部は約 100 km、熱圏上部は約 1,000 km、外気圏上部は約 10,000 km である。

地球をバスケットボール大（直径 24.5 cm）とした場合、成層圏上部までの厚みは 0.33 mm となる。大気層はきわめて薄く、この薄い層の中で好き勝手をしているのが、現代人と言えるであろう。

なお、大気の総重量は地上の気圧から推定できる。詳細は【KN1.05】にあり、結果のみ示すと、大気の量は $5.1 \times 10^{15}$ t、大気圧での体積は $5.1 \times 10^{9}$ km$^3$ である。

---

**＜ウンチク＞宇宙飛行は高度 100 km 以上**

国際航空連盟の基準によれば、高度 100 km のライン（カーマンライン）を大気圏として、それより上を宇宙としている。ちなみに、国際宇宙ステーションの高度は 350～400 km の高度である。

前述のバスケットボールで考えると、400 km は 7.7 mm となる。宇宙と言っても、ほんの地表付近を飛んでいるイメージである

---

**＜ポイント＞空気の組成は酸素 20％、窒素 80％でどこでもほぼ一定**

空気は混合気体である。平均的組成（体積）は、窒素 80％、酸素 20％、次いで多いのが水蒸気であり、二酸化炭素は 0.04％程度である。軽い気体は上空に行くので、上空と地表付近で空気の組成が変わると思う人も多いようである。しかし、各気体は高度 80 km くらいまでは拡散によってほぼ一定の組成である。ただし、水蒸気は場所によって濃度がかなり異なる。水蒸気は蒸発・凝縮等で出入りが激しく、時・空間的に分布が生じるからである。この特性から、空気を扱うときには、ほぼ一定組成の空気と水蒸気の混合気体とすることが多い。なお、二酸化炭素濃度も北半球と南半球で濃度が異なり、陸地および排出の多い北半球の濃度が高いことも知られている。

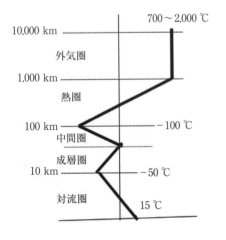

図－1　大気層の高度と温度の概要

## 【KN7.02】 対流圏の標準大気は高度 100 m で「0.6 ℃」気温が下がる（気温減率）

対流圏では上空ほど気温が低下する。これは上空ほど圧力が低く、空気が上昇すると、膨張して気温が下がる（【KW-A.06】参照）のが主たるメカニズムである。その程度は 100 m で 0.6 ℃の低下である。これを、標準大気の気温減率という。例えば、3,000 m の日本アルプスでは、海面レベルよりも約 18 ℃気温が低いことになる。対流圏の高さは約 10 km であるため、対流圏の上面レベルでは、海面よりも 60 ℃程度低いことになる。

対流圏の上には、成層圏がある。成層圏では上空ほど気温が高くなる、強安定大気（次項参照）であり、大気が層を成して、対流が極めて起こりにくい構造となっている。これは、地表の影響が及ばず、太陽熱の吸収が上空ほど多いことに依っている。このように対流圏には成層圏というフタがあり、地表面で吸収された太陽熱は対流伝熱によって、対流圏に分配されると考えてよいであろう。

## 【KN7.03】 中立大気の気温減率は 100 m で「1℃」（断熱減率）

空気は上昇／下降すると膨張／圧縮し、温度が下がる／上がる。この大気の膨張・圧縮プロセスは、断熱プロセスとして近似できる（【KW-A.06】参照）。大気の圧力の関係で、大気の 100 m の上昇で、約 1 ℃気温が減少（断熱減率）する。水平流体層の安定・不安定問題で、「上方が温度の高い流体層は安定、等温が中立、上方の温度が低いと不安定」が知られている。大気の場合は、空気塊が上下すると温度が変わるため、安定・不安定の境界の温度状態は、これを考慮する必要がある。

すなわち、断熱減率が中立となり、それより減率の小さい大気層が安定、大きい大気層が不安定となる（＜ポイント＞参照）。前項で述べた標準大気は、100 m で 0.6 ℃の減率であるため、安定大気である。

### ＜ポイント＞大気の安定・不安定

標準大気が安定であることを説明しよう。標準大気は 100 m の上昇で 0.6 ℃低下する。ある高度の空気塊が、何らかの原因で上昇したとしよう。空気塊は断熱膨張して、100 m で 1 ℃の割合で気温低下する。周囲が標準大気とすると、空気塊の温度は周囲より低温になり、重くなって復元力が働く。このように、変化により復元力が働く場は安定である。安定・不安定の境の気温減率は断熱減率である。不安定大気では上下混合が起こり、安定大気では混合が起こらず、成層をなす。なお、大気中の水蒸気が水滴に変わるときには、凝縮熱が大気に与えられるため、やや複雑になる。

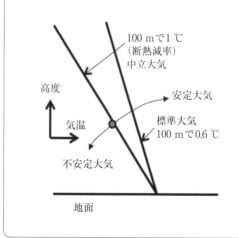

## 【KN7.04】 大気の気温減率に関連する「5つ」の話題

大気の気温減率はさまざまな現象をひき起こす。ここでは、気温減率について理解を深めるための、関連する5つの話題を紹介する。

### <話題1>山男から彼女へのプレゼント

3,000 mの日本アルプスの山の冷たい空気を、暑い海辺の都会に住む彼女にプレゼントしようと考えた純朴な山男がいたとしよう。魔法ビンに詰め、彼女に届けた。彼の気持ちは伝わるであろうか？

海辺が30℃とすると、山上は12℃程度で、たしかに寒いくらいである。しかし、魔法ビンを開けると空気が断熱圧縮され30℃温度が上がり、気温は42℃になり、生ぬるい空気となってしまい彼の思いは全く伝わらない。なお、同じ趣旨のプレゼントをするなら山の冷たい水がよい。水は非圧縮性であり、その点で低い温度が保持される。

### <話題2>六甲山の麓の地域冷房構想

神戸の六甲山は約1,000 mの高さで、臨海市街地から急激に立ちあがっている。標準大気であれば市街地よりも6℃気温が低いことになる。山に沿わせてダクトを設け、ブロワで山の空気を市街地まで引き下ろして、夏の市街地を冷やす地域冷房の事業を考えたとする。この事業は成功するであろうか？答えは、「冷房ではなく、暖房事業になってしまう」である。なお、ブロワが要るのも安定大気だからである。ここでも水を使えば、低温を街まで運ぶことは可能である。

### <話題3>逆転層時の大気汚染

日中は日射で地表面温度が高くなり、接地気層が不安定になり、上下の混合が盛んになる。したがって、例えば、大気汚染物質は拡散して、高濃度の汚染は生じない。一方、夜間には夜間放射（地表から上空に向けての熱放射）によって地表面温度が低くなり、接地気層は下方が低温の気温分布が生じる。ふつうは上空ほど低温になるのに対して、逆の温度変化になるため、この気層は「逆転層」と呼ばれる。これは、強安定の気層であり、汚染物質は拡散しないで、地表付近に高濃度の汚染が生じる。

高度成長期に、川崎球場の大洋ホエールズのナイターでは時間が経つにつれ視界が悪くなっていったことが思い出される。逆転層が一番強くなるのは、明け方である。朝、都市活動が始まるときに、スモッグ（【KN序.08】参照）などが発生するケースが多い。一般に太陽が地面を加熱し始めると、解消していく。霧の発生も同様の現象である。

### <話題4>台風のエネルギー源は蒸発潜熱

大気が上昇すると、断熱膨張により100 mで約1℃気温が低下する。気温の低下とともに空気の相対湿度は上昇し、過飽和になると凝縮が起こり、水蒸気が水滴に変わる。ここでは凝縮熱が出て、空気の温度の下がり方が小さくなる。これが湿潤減率である。詳細は専門書に譲るが、これによって、周辺大気との間で温度差が大きくなり、浮力により上昇気流がさらに加速される。台風のエネルギーのもとはこの凝縮熱であり、これは海洋に降り注ぐ太陽エネルギーが起源である。

### <話題5>フェーン現象

フェーン現象は、湿潤した空気が山越えするときに生じる。山に沿って上昇するときに、気温が低下して水蒸気が水滴になる。このときに凝縮熱を出すため、気温は断熱減率と比較して、あまり温度が下がらない。これが山を越えて下降するときには、断熱減率で加熱される。したがって、気流は、山を昇り始める温度よりも高い温度になる。これがフェーン現象である。

## 【KW7.01】 物体の温度は「平衡温度」を目がけて変化する

物体には環境との間でいろいろな熱（例えば、日射、長波放射、対流熱、蒸発熱、内部発熱など）が出入りする。環境条件が一定なら、十分の時間を置けば、物体の温度はある一定の値になる。これを平衡温度といい、これらの熱がバランスする温度である。また、環境条件が時間変動するときには、物体の温度はその時々の平衡温度に向けて変化する。物体の温度と平衡温度の差が大きいほど物体の温度は大きく変化することになる。

また、例えば、対流熱だけが出入りする場合は、当然のことながら、平衡温度は気温に等しくなる。

例えば、次項に示す惑星の平衡温度は、日射と長波放射がバランスする平衡温度である。

### ＜ポイント＞湿球温度

湿球温度は対流熱（顕熱）と蒸発熱のバランスする平衡温度である。すなわち、湿球温度は水面が気温よりも低くなることにより、対流熱が空気から水面に流れ、それが蒸発潜熱に使われて、水面の温度が一定になるものである。なお、熱伝達率と蒸発係数には比例関係（ルイスの関係）がある。したがって、風速によって湿球温度は変わらないという特性がある。

このように、湿球温度は気温と湿度の関数であり、気温と湿球温度がわかれば湿度が求められることになる。その例を表－1に示す。

表－1　各種条件による湿球温度 [℃]

|  |  | 気温℃ | | |
|---|---|---|---|---|
|  |  | 10 ℃ | 20 ℃ | 30 ℃ |
| 湿度% | 100% | 10.0 | 20.0 | 30.0 |
|  | 75% | 7.8 | 17.2 | 26.3 |
|  | 50% | 5.5 | 13.9 | 22.0 |
|  | 25% | 3.0 | 10.0 | 17.0 |

### ＜エッセイ＞意外と難しい気温計測

よくテレビ放送などで、温度計の指示値を示して、「今日の気温はこんなに高い」と具体的な数値を示してアピールされることがある。温度計の指示値は気温を示しているであろうか？温度計の指示値は「感温球の温度」と考えるのが妥当である。もし、日射がそこに当たっていれば、気温よりもずっと高い値を示すことになる。

感温球の温度は感温球の平衡温度を追いかけて変化する。もし、それが時間的に一定であればそれが平衡温度である。感温球が乾いていれば、放射熱と対流熱の平衡温度になる。この場合、日射や周辺に高温物体があれば感温球は気温よりも高い温度で熱的に平衡する。気温計で気温を正確に測るには、放射熱を遮蔽せねばならない。正確な気温と湿度を求めるときによく用いられるアスマン乾湿計では、放射熱の影響を減らすために、感温球にはクロムメッキをした筒でカバーされている。また、感温球まわりに吸い込み気流を流している。気流があると、熱伝達率が大きくなり、感温球の温度が気温に近づくことになり、放射熱の影響を小さくする。屋外では厳密に放射の影響をゼロにすることは不可能であり、気象観測では、気温計を白塗りの風通しのよい百葉箱に入れて計られる。

また、水分が関与するときはより難しくなる。学生の演習でミスト噴霧の中の気温の測定を課題としたことがある。何も考えない学生は、アスマン乾湿計の乾球温度の指示値を気温とする。このときは、乾球温度は霧が球に付着して蒸発するときの平衡温度である。ミスト濃度が高ければ原理的には乾球温度も湿球温度になるはずである。感温球でいかなる熱的平衡が起こっているかを考え、適切な対応をとることが重要である。

## 【KN7.05】 地球の放射平衡温度は「−20 ℃」、実際の平均温度は 15 ℃

惑星の温度として、太陽からの放射熱（短波放射）と、惑星の自己放射（長波放射）がバランスする温度（放射平衡温度）が一つの目安となる。

一般に太陽に近い惑星ほど、太陽放射が強く、高温になる。これを式で表すと、太陽放射を受けるのは地球の投影面積、地球放射は地球の表面積が関与することに注意すると、次式となる。

$$(1-A)J_s\pi(D^2/4)=\varepsilon\sigma T^4\pi D^2$$
$$より、\quad T=\{(1-A)J_s/4\varepsilon\sigma\}^{1/4}$$

ここで、A：惑星のアルベト（太陽光に対する反射率）[−]、$J_s$：惑星の位置における太陽放射強度 [W/m$^2$]、ε：惑星の放射率 [−]、σ：ステファン・ボルツマン定数である。

太陽系のいくつかの惑星の放射平衡温度と観測温度を表−1に示す。一般に、放射平衡温度よりも観測温度が高くなり、この両者が大きく異なる惑星には、温室効果ガスや内部発熱があると考えてよい。

地球は平衡温度が−20 ℃、観測温度は 15 ℃である。この温度差の原因は、$CO_2$と$H_2O$などの温室効果ガスの影響である。ちなみに金星は$CO_2$の濃度が高く、木星は内部の熱源が大きいのと、大気のメタンガスの効果と言われている。

表−1 各惑星の放射平衡温度と観測温度 [K]

|  | 地球 | 金星 | 火星 | 木星 |
|---|---|---|---|---|
| 観測値 | 288 | 737 | 210 | 165 |
| 平衡温 | 254 | 231 | 210 | 110 |

なお、惑星には均一に日射が降り注ぐわけではなく、地球では、赤道で最大、極で最小となる。この緯度を考えた放射平衡温度も同じように計算できる。表−2に地球の緯度別の放射平衡温度（秋・春分の日時点）を示す。赤道（緯度0°）で最大となり、極（緯度90°）では日射がないので最低となる。

表−2 地球の緯度別放射平衡温度（℃）

| 緯度 | 0 | 30 | 60 | 90 |
|---|---|---|---|---|
| 平衡温度 | 87 | 74 | 30 | −273 |

現実には、このような大きな温度差は見られない。これは、地球には大気と海水があり、これが対流を起こして、エネルギーを低緯度地方から高緯度地方に運ぶ。これが大気大循環、海流の基である。

### ＜ウンチク＞地中温度は100 mで0.3 ℃逓増

地球の中心では、核反応などによりマグマが生成されるなど、大きな熱源があると考えられる。事実、地中は深くなるほど地温が高くなり、0.3 ℃/100 m の地温逓増率があると言われている。なお、地球温度を考えるとき、地熱は無視できる程度である。また、人類の使用するエネルギー量もわずかである（【KN2.01】参照）。

### ＜ウンチク＞大気大循環は3つに分かれる

本文で述べたように、地球の赤道付近は気温が高く、高緯度地方は低い。大気は大循環を起こし、赤道付近の熱を極地方に運ぶ。このとき、赤道付近の空気は温度が高く軽いため、上空へ行き、極地方で下降する、図−1のような1つのセルのイメージを考えがちである。しかし、実際には図−2のような3つのセルに分かれる。これは地球の回転による、コリオリ力による。

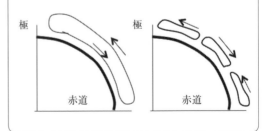

## 【KW7.02】 「地表面熱収支」

地表面は日中には日射を受けて温度が上がる。夏の日中などアスファルト面は50℃を越えることもある。また、大気は、長波放射を地表面に返す。これを「反放射」という。これらが、地面への熱の入力である。

地面からは、地中への伝導熱、大気への対流の顕熱と潜熱、上方に向けての長波放射が出力となる。なお、長波放射において、地面放射と反放射の差を「夜間放射」という。夜間には、日射がない分、放射に関しては、地面からは一方的に熱が奪われる。また、昼に地中に流れた熱は、夜間には逆に地表面に向かって流れる。晴れた夜間などは、熱容量の大きいアスファルトやコンクリート面を除いて、地表面が最も温度が低くなり、一般に、大気から地表面に対流熱が流れる（図-1）。

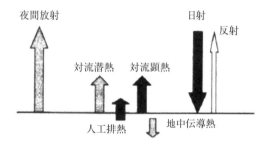

図-1 地表面熱収支

以上の地表面での熱の収支を式で表現すると、
（日射吸収量）=（大気への対流顕熱）+（同潜熱）
　+（上空への長波放射）-（反放射）-（地中への伝導熱）
となる。

数式表現はつぎのとおりである。

$$aI = \alpha(T_w - T_a) + k \cdot r(x_w - x_a) + R_N - \lambda(d\theta/dZ)$$

$R_N$ は夜間放射量であり、

$$R_N = \varepsilon \sigma T_w^4 - R_r$$

$R_r$ は反放射であり、いろいろな式が提案されているが、比較的よく使われているのがブラントの式である。

### <計算例とコメント>

典型例として、夏の1日のシミュレーション結果を示す。同じ気象条件の24時間計算を繰り返した周期定常解である。気象条件は大阪の熱帯夜日の10年間の平均値とした。なお、地面としては、都市の一般の素材として、アスファルト（日射反射率0.1相当）、コンクリート（同0.3）とした。

表-1には地表面熱収支各項について、日中と夜間の平均値（昼・夜それぞれ12時間とした）を示す（ここでは、「熱負荷」と呼んでいる）。なお、入力は地面に吸収される量、出力は地面から出る量である。

地表面には日射（直達光と天空光）と大気からの長波放射が入射し、地表面温度が上昇し、それが、地中への伝導熱、大気への対流顕熱と潜熱、反射日射、天空への長波放射に分配される。夜間には日射がないため、地表面では放熱が勝ち、地表面温度は下がっていく。なお、この例では地面は乾燥面であり、潜熱移動は存在しない。

地面からの出力では、表のような乾燥面では、長波成分より対流成分が多く、日中では倍程度、夜間では1.4倍程度である。また、地面における（出力/入力）は、日射吸収率に関係なく、昼間で0.77、夜間で3.8倍である。これは地面の熱容量が熱を夜間に持ち越す効果であり、これがヒートアイランドの主原因の一つである。

表-1 熱負荷各要素の計算例（W/m²）

| 日射吸収率 | 昼夜 | 入力 | 出力 | |
|---|---|---|---|---|
| | | 日射 | 対流 | 長波 |
| 0.1 | 昼 | 380 | 195 | 98 |
| | 夜 | 32 | 71 | 47 |
| 0.3 | 昼 | 296 | 148 | 77 |
| | 夜 | 25 | 55 | 41 |

## 7.2 地球温暖化

　1980年ころまでは、環境問題は国際問題ではなく地域問題であり、それぞれの国で対策を考えればよかった。しかし、欧州の酸性雨問題、大陸の大河問題、最近の中国のPM2.5問題などは国境を越えた環境問題であり、環境問題が国際問題化している。最近は地球規模の環境問題が顕在化しており、いままで、地球は人間活動に対して十分大きく、地球環境は無限と考えられていたが、その有限性が認識され、「宇宙線地球号」(【KN序.09】参照)と呼ばれるようになった。

　地球環境問題が大きな課題として取り上げられ始めたのは、1990年ころからである。ここでは、地球温暖化問題、砂漠化、熱帯雨林等の森林破壊、オゾン層の破壊、オイルタンカーなどの事故による海洋汚染、国境を越える酸性雨問題などが取り上げられてきている。

　地球規模の環境問題の一つにオゾン層の破壊問題がある。1984年に日本の気象学者 忠鉢 繁が南極上空でのオゾンの減少を報告したときは反応が無かったものの、翌年に英国の研究者がオゾンホールの存在を発表して世論が沸きたち、同年にウィーンで国際会議が行われ、「オゾン層の保護のための国際的取組み」が議決された（ウィーン条約）、これを受けて、1987年に対策の枠組みを決めたモントリオール議定書は締結された。その後、対策が段階的に強化され、ほぼオゾン層問題は解決のメドが立ったといえる段階にある。これは、問題が顕在化したあと着実に国際的な取組みが進められ、最近ではオゾン層の回復も報告されており、成功しつつある例である。

　現在、人類にとっての最大の環境問題は「地球温暖化」である。化石燃料の大量消費に伴う二酸化炭素等の温室ガスの排出が、温室効果による地球の温暖化を招いていると言われる問題である。1992年のリオサミットで問題への取組みが決められ、対策がスタートした。なお、詳細は序論（【KN序.11】参照）で述べたが、地球温暖化は新しい困難な環境問題である。すなわち、オゾン層の破壊を含んで今までの環境問題は主として化学汚染であり、直接汚染質の無害化、環境負荷の少ない代替物への切り替え、などの技術的対応で問題解決ができた。すなわち、環境の専門家にまかせて、各自は従来どおりの活動をすればよかった。

　しかし、温暖化問題は物理汚染であり、環境負荷である二酸化炭素（や熱）はもはや処理のできない安定な形態である。温暖化対応には、基本的にエネルギー消費量を減らすなどの、生産・生活における消費プロセスを変えねばならない。これは新しいタイプの環境問題である。

　ここにおいては、今までの環境専門家は、もはや主役ではなく、デマンドサイド・システムエンジニアリングこそ、環境を救う主役である。

　本節において、地球温暖化問題の概要を把握するキーナンバーを紹介し、解説する。

## 【KW7.03】 「生死の違い」はどこにある？…生きた星・地球、死んだ星・月

地球は「生きた星」、月は「死んだ星」と言われる。また、ラブロックのガイア論（【KN序.09】参照）によると、地球は生命体となる。「生死の違い」はどこにあるのか？大気の存在、中でも酸素の存在、生物の存在の有無もその判断指標かもしれないが、筆者は「外乱に対する応答」にあると考えている。

例えば、月では太陽の当る面の温度はきわめて高温になり、当らない面の温度は大きく低下するなど、外乱の影響がストレートに結果に表れてしまう。ところが、地球では外乱の影響を打ち消す機能をもっており、気温の「恒常性」が保たれている。

例えば日射が増えると、水が蒸発したり、空気が軽くなり上空に熱を拡散させる。日射が減ると、水が凝縮・凝固して潜熱（【KN1.02】参照）を生み出す。空気は重くなって、上空や暖かい地方から熱を集める。このように、影響を小さくする機能をもっている。これらは、人体の体温調節機能と同じである。これを「負のフィードバック機構」という。

「負」という用語は「良くない」というイメージがあるが、図－1に示すように、入力の効果を打ち消すという意味であり、システムの恒常性の点からは、良いイメージである。

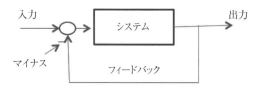

図－1　負のフィードバックシステム

これに対して、死に至るプロセスとして、「正のフィードバック機構」がある。有名なものに、気象学者ブディコが提唱した「雪氷に関する正のフィードバック」がある。これは、寒くなって地表面が白い雪氷で覆われると、白が日射を反射してますます温度を下げ、あるレベルを越えると、一挙に地球が氷で閉ざされる。また、逆に、雪氷が解け始めると、黒い地面や水面が現われ、日射吸収が増えて、一挙に温暖化が進む。また、「羊の放牧で、草がなくなると乾燥して、一挙に砂漠化が進む」など、気候関係ではいろいろ指摘されている。

このように、自然には非線形の現象があり、単なる経験による外挿では取り返しのつかないことになる可能性がある。われわれは、自然のメカニズムの理解に努めるべきであるが、安易に活動を巨大化しないで、慎重に自然の負のフィードバック機構の範囲に活動を留めるべきである。

### <ウンチク>デイジーワールド

ラブロックのガイア論では、それぞれ、寒くなると暗い色の、暑くなると明色のデイジーをガイア（大地の女神）が繁殖させて、日射吸収を調節して地球温度の恒常性を保つ「デイジーワールドモデル」が使われている。

### <エッセイ>人類の繁栄もガイアの思し召し？

人類の繁栄もガイアの思し召しかもしれない。人類の好む気温の約20℃は、ガイアの好む温度でもある。人類は、暑くなれば水を撒いたり、風通しをよくしたりする。また、寒くなれば火を燃やしたり、日射がよく当るように土地を改変したりする。人類はガイアにとって優等生であった。しかし、エアコンを発明し、室内だけ快適にして、屋外に熱を排出するようになっている。また、大量の化石燃料を使い、地球を温暖化させている。これは、ガイアの誤算であろう。ガイアは、密かに人類の処遇を考えているかもしれない。

## 【KN7.06】 1950年から50年間で地球平均気温は「0.6℃」上昇

IPCCの第4次評価報告書のデータによれば、1850年からの世界の平均気温の変化は、1950年ころまでは、変動の波があるものの、それほど顕著な経年的な上昇は認められていない。しかし、それ以降、気温の加速度的な上昇傾向が見られる。1950年からの50年間の線形トレンドでは約0.6℃の上昇が見られる。なお、産業革命以後から現在までについては0.85℃の上昇と言われている（平成26年度環境白書）。単純に考えると、産業革命後から1950年までに0.25℃の気温上昇ということになる。近年の温度上昇が著しいことを示す、一つのデータである。

なお、同報告書によると、地球の自然環境のうち、物理環境については765観測のうち94％、生物環境については28,671観測のうちの90％において温暖化の影響が現われているとしている。すでに生じている主要な影響として、氷河湖の増加と拡大、永久凍土地域における地盤の不安定化、山岳における岩なだれの増加、春季現象（発芽、鳥の渡り、産卵など）の早期化、動植物の生息域の高緯度・高地方向への移動、極地方の生態系の変化、多くの地域の湖沼・河川における水温上昇、熱波による死亡、媒介生物による感染症リスクの増大などが挙げられている。

将来予測について、同評価報告書によると、21世紀末には、20世紀末に比べて、1.8～6.4℃気温が上昇し、平均海面水位の上昇は18～88cmになるとしている。

> **＜ウンチク＞地球の平均気温の求め方**
>
> 地球を緯度5度、経度5度の格子点に分け、いろいろな観測点のデータから格子点温度を推定し、その平均値として求められる。陸上の観測点は約7,000ある。サハラ砂漠など観測点のすくない場所もあるが、空白域はそれほど大きくない。海洋については、海洋表層水の温度で代用されている。船のエンジン冷却用の取水口での夜間水温が測られている。なお、観測気温はヒートアイランドなど微気候の影響を受けるが、これらも注意深く補正されている。（環境省ホームページの要約）

## 【KN7.07】 産業革命前「280ppm」、現在「400ppm」（二酸化炭素濃度）

太古は別として、有史以来1800年ころまでの大気中の二酸化炭素濃度はほぼ280ppmで一定であった。1800年は第2次産業革命後であり、近代都市の始まりの年（【KN序.07】参照）である。1800年以降、指数関数的に大気中の二酸化炭素濃度は増加してきた。現在は約400ppmになっている。このデータから平均年率は0.17％となるが、最近の年率は約0.4％と言われている。大気中の二酸化炭素の増加は、人為的排出源によるものである。

将来の気温上昇目標は2℃で、そのときの二酸化炭素濃度は500ppmと言われている。仮に年率0.4％として、400ppm→500ppmになるのは、56年後である。

> **＜ポイント＞ミッシング・シンク**
>
> 大気中濃度から大気中の二酸化炭素の総量を計算すると、人為源からの排出量の約50％にしかならない。消えた50％の吸収先は「missing sink」と呼ばれている。IPCCによると、その約半分が海洋への吸収、半分は植物による吸収と言われている。水温が高くなると、水による吸収量は減るので、将来海水温などが高くなると、海の吸収能力が低下することも考えられる。

## 【KN7.08】　温度上昇目標「2℃以内」、二酸化炭素の濃度目標「550ppm」

2007年のEUの長期安定目標では、全球平均気温で、「産業革命以降2℃の上昇に抑える」としている。なお、産業革命以後すでに0.8℃上昇しているので、今後は1.2℃ということになる。なお、これは全球平均であり、高緯度ほど気温上昇は大きくなるようである。シミュレーションでは、このとき日本平均では2.2℃であり、北海道では2.6℃、東京で2.2℃、沖縄で1.8℃という結果がある（国立環境研究所地球環境センターホームページ）。

このときの大気中二酸化炭素濃度は550ppmであり、それを満たすためには、二酸化炭素の排出を1990年比で50％削減が必要とされている。途上国の実情も勘案すると、先進国では60〜80％削減が必要となる。

なお、これらの数値は、必ずしも確定値ではない点には注意が必要である。また、前項では500ppmと記述しているが、厳密にどちらが正しいかは不明である。目安のデータと見るのが妥当であろう。

## 【KN7.09】　地球温暖化が化石燃料利用の「第1」の制約？

IPCCの第5次報告（2013年）によると、近年の10年の平均によると、1年で表-1のようになる。

表-1　1年の人為的炭素量とその行き先

| | | |
|---|---|---|
| 発生 | 化石燃料の燃焼 | 78億トン |
| | 土地利用変化 | 11億トン |
| 行き先 | 大気残留 | 40億トン |
| | 陸地吸収 | 26億トン |
| | 海洋吸収 | 23億トン |

すなわち、1年で人為起源の炭素が約90億トン（二酸化炭素では330億トン）発生している。

産業革命以後で人為起源の炭素が、累計で5,550億トンの排出となっている。その結果、大気の二酸化炭素の濃度は、

280ppm → 400ppmで、120ppmの増加である。

大気中には7500億トンの炭素（トンC）が存在する。これは、1ppmで18.8億トンCに相当する。

年40億トンCが大気に残るので、これにより、40/18.8 = 2.13ppm　増加することになる。なお、2013年では、1年で2.96ppm増加している。この数値は、最近に加速度的に増加していることの表れと考えられる。

なお、化石燃料の炭素は、5兆〜10兆トンあると言われる。仮に、5兆トンとすると、これを使い切ったときの二酸化炭素濃度は、単純外挿で、

120×5/0.555 = 1,080ppm

の増加になり、そのときの二酸化炭素濃度は、

1080 + 400 = 1,480ppm

となる。

これはきわめて高濃度である。すなわち、画期的な二酸化炭素削減技術がなければ、化石燃料は環境的制約により、全部は使えない。

ちなみに、限界を550ppm（前項参照）とすると、余裕は150ppmであり、これに相当する総炭素量は、

5,550×150/120 = 約7,000億トンC

であり、これは前記埋蔵量の1/7以下に過ぎない。

なお、以上は線形関係を仮定した単純外挿である。温暖化が進めば、吸収源である海洋の温度が上がり、吸収力の低下が考えられる。したがって、排出できる炭素量はさらに小さくなることも推測できる。

## 【KN7.10】 人為的温室効果ガスのうち二酸化炭素が日本では「95%」

地球温暖化の原因として、大気中の温室効果ガスの増加が指摘されている。自然に存在する温室効果ガスには、二酸化炭素、水蒸気、メタン、一酸化二窒素（亜酸化窒素）、オゾンなどがある。

人為的に発生するものには、二酸化炭素、メタン、一酸化二窒素、フロンなどがある。とりあえず問題とすべきは主として後者の人為的発生量である。

発生源は、二酸化炭素は化石燃料の燃焼、セメントの製造等である。木材等の燃焼によるものはカーボンニュートラルで、炭素収支はゼロである。

メタンは化石燃料の採掘による漏出、一酸化二窒素は燃料や廃棄物の燃焼や窒素肥料などから発生する。フロンは冷凍機・エアコンの冷媒等からの漏出である。

なお、温暖化への影響は、同量の二酸化炭素の効果との比率（地球温暖化係数）で示され、メタンは25（倍）、一酸化二窒素は298、フロン類は4750（CFC-11）、10,900（CFC-12）などと大きいが、量的な効果を加味すると、二酸化炭素が57%と過半を占める。よって、地球温暖化問題はエネルギー問題といってもよい。

なお、日本からの排出では圧倒的に二酸化炭素の割合が高くなる。2009年データによると、二酸化炭素94.7%、メタン1.7%、一酸化二窒素1.8%、フロン等1.9%である。日本では二酸化炭素排出削減問題と考えてよい。

## 【KN7.11】 世界の二酸化炭素排出量は年間約「300億トン」（一人あたり4.3トン）

世界の二酸化炭素の総排出量の経年変化は表－1のとおりである。近年の約300億トンは一人当り平均で4.3トンである。国別の排出量を表－2に示す。

表－2の順位は総排出量の多い順である。国別では、米国がトップであったが、2007年に中国が米国を抜き、その後、ほぼ変化のない米国に対して、中国は大きな伸び率で独走状態である。インドが5.7%と3位である。

しかし、一人あたりでは中国は米国の半分以下で、インドは1割以下である。一人あたりの排出量が多いのは、米国、カナダである。日本はそれらの50～60%程度である。

GDPのUS$あたりの排出量は日本・ドイツが少なく、アメリカはその1.5倍程度である。中国は7.5倍程度と環境効率がかなり悪いことがわかる。

今後、先進国では排出の漸減が予想されるが、更なる削減が必要である。また、中国をはじめ、発展途上国からの排出量の伸びの対策が課題である。

表－1 世界の二酸化炭素排出量

| 年 | 2000 | 2005 | 2010 |
|---|---|---|---|
| 総排出量（億トン） | 234 | 273 | 303 |

表－2 国別データ（2011年）

| 順位 | 国 | シェア % | 1人当り t/年 | GDP当り kg/US$ |
|---|---|---|---|---|
| 1 | 中国 | 26.9 | 6.4 | 1.90 |
| 2 | 米国 | 16.6 | 16.9 | 0.40 |
| 3 | インド | 5.7 | 1.5 | 1.32 |
| 4 | ロシア | 5.3 | 11.7 | 1.75 |
| 5 | 日本 | 3.7 | 9.2 | 0.26 |
| 6 | ドイツ | 2.2 | 8.7 | 0.25 |
| 7 | 韓国 | 1.8 | 11.6 | 0.56 |
| 8 | カナダ | 1.4 | 15.4 | 0.43 |

## 【KN7.12】 日本の二酸化炭素排出量は年間一人約「10トン」

　日本で現在排出されている二酸化炭素の量は約11億トンである。これを一人あたりにすると、年間約10トンになる。これは覚えやすいし、きわめて重要なキーナンバーである。

　なお、これには産業用など、すべての国内活動が入っている。経年変化については、エネルギー消費の伸びよりも緩やかである。これは、原子力や天然ガスの大きな伸びの結果である。

　部門別直接排出およびその経年変化を見ると、1973年のオイルショック前では、運輸部門13％、民生部門11％、産業部門42％、自家消費5％、発電部門29％、であり、産業の割合がきわめて高い。

　一方、最近の2009年には、運輸部門21％、民生部門10％、産業部門23％、自家消費7％、発電部門39％となっており、産業のシェアが減り、運輸と発電部門のシェアが増えている。

　民生部門のシェアはほとんど変わらないが、発電部門の増加の多くが、民生用であり、最終需要で見ると、民生用も大きく伸びている。

　なお、発電部門を最終需要に割り振ると、2010年で、産業3.4→4.2億トン、家庭0.6→1.8億トン、業務1.0→2.4億トン、運輸2.2→2.3億トンとなる。（環境省ホームページ）

---

**＜ウンチク＞一人一年あたりの各種廃棄物量**

◇一般廃棄物 0.35トン　　◇産業廃棄物1トン
◇二酸化炭素 10トン　　　◇下水 70トン

---

## 【KN7.13】 一人一日「1kg」の二酸化炭素削減（家庭生活での目標）：18％の削減

　わが国の家庭生活による二酸化炭素排出は、一人一年で約2トンである（2010年）。そのエネルギー源別の内訳は、電気43.4％、ガソリン26.3％、都市ガス8.5％、LPG5.1％、灯油10.3％である。また、用途別内訳では、照明・家電機器31.5％、自動車27％、暖房14.6％、給湯14.2％、冷房2.6％、ゴミ3.5％、水道2.0％、キッチン4.5％である。（JCCAホームページ）

　京都議定書の日本の削減目標「1990年比で6％削減」の達成に寄与するため、2005年に環境省主導で「チーム・マイナス6％」プロジェクトが始まり、2009年まで続いた。チームリーダーに内閣総理大臣、サブリーダーに環境大臣、応援団として芸能人なども参加して、個人・法人・団体がチームとして参加する国民運動が目指された。300万人以上の個人、3万以上の団体が参加したと言われる（Wikipedia）。ロゴマークなども作られ、クールビズやウォームビズなどの用語もこのとき普及した。

　このとき、家庭用の目標として「一人一日1kg削減運動」が呼び掛けられた。これは、家庭からの排出の18％の削減に相当する。Team-6のホームページには、朝の対策（シャワー、冷蔵庫、マイカー関連）、日中の対策（外出時の主電源切り、暖冷房関連、マイバッグの使用）、夜の対策（パソコン使用、照明関連、ジャー、食器洗いなど）として、具体的な行動の二酸化炭素削減の定量データを示し、普通のことをきちんとやれば、1日に1,133gの削減が可能としている。

　なお、2010年からは同様の運動が「チャレンジ25キャンペーン」となった。これは2009年に当時の鳩山首相が「2020年までに、1990年比25％削減」目標を打ち上げたことによる。

## 【KN7.14】 都市ガスの二酸化炭素排出量は、石油の「4/5」で、石炭の「2/3」

　化石燃料の二酸化炭素排出量の比較は、単位発熱量あたりの原単位で比較するのが妥当であろう。代表的なものを表－1に示す。

表－1　各種燃料の発熱量あたりの二酸化炭素
（単位：　g-$CO_2$/MJ）

| 燃料 | 直接分 | 間接分 | 合計 |
|---|---|---|---|
| 石炭 | 88.5 | 6.4 | 94.9 |
| 石油 | 68.3 | 4.9 | 77.2 |
| LPG | 59.8 | 7.1 | 66.9 |
| LNG | 49.4 | 11.7 | 61.1 |
| 都市ガス | 51.1 | 11.1 | 62.3 |

（空気調和・衛生工学会編「都市ガス空調のすべて」2005年から作成）

　表での間接分は、生産、輸送、設備に投入されたエネルギー等による寄与ぶんである。LNGや都市ガスは液化にエネルギーが使われており、間接分が大きい。ちなみに液化用エネルギーによる寄与は8.0 g-$CO_2$/MJ である。都市ガスは発熱量調整のためLPGを加えているぶんLNGよりも$CO_2$排出量が大きくなっている。LPGの主成分はプロパンで98％を占め、他には、エタン、ブタンがそれぞれ1％である。

　都市ガスはメタンが主成分で炭素含有比率が少なく、比較的地球温暖化に優しい燃料である。逆に石炭は炭素が多く、石油は両者の中間である。

## 【KN7.15】 炭素トン当りは二酸化炭素トンあたりの「3.7倍」

　いろいろな原単位を言う場合の単位として、二酸化炭素ベースで言う場合と炭素ベースで言う場合がある。

　きわめて基本的事項であるが、炭素の原子量は12で、酸素は16であるので、二酸化炭素の分子量は44となる。従って、炭素1トンは、二酸化炭素の44/12 = 3.67トンに相当する。例えば、環境税として、二酸化炭素税が1トンあたり1,000円であれば、炭素税は1トンあたり3,667円となる。

　出された原単位が炭素重量あたりか、二酸化炭素重量あたりかは、きっちりチェックすべきポイントである。

## 【KN7.16】 全原発停止で「4割」アップ（電力の二酸化炭素排出係数）

電源別の排出係数（ライフサイクル評価8.2節参照）について、表－1のようなデータがある（電事連ホームページから作表）。表で、直接分は燃料によるもので、間接分は設備等の建設に投入されたエネルギーによるものである。

表－1 発電方式による二酸化炭素排出量

単位 [$g\text{-}CO_2/kWh$]

| 発電方式 | 直接分 | 間接分 | 計 |
|---|---|---|---|
| 風力 | 0 | 25 | 25 |
| 太陽光 | 0 | 38 | 38 |
| 地熱 | 0 | 13 | 13 |
| 水力 | 0 | 11 | 11 |
| 原子力 | 0 | 20 | 20 |
| LNG火力（複合） | 376 | 98 | 474 |
| LNG火力（汽力） | 476 | 123 | 599 |
| 石油火力 | 695 | 43 | 738 |
| 石炭火力 | 864 | 79 | 943 |

なお、LNG火力（複合）は、ガスタービン・蒸気タービンの複合発電（【KN3.10】参照）で、近年は発電効率60％程度にもなっている高効率熱機関である。LNG火力（汽力）は蒸気タービンのふつうの火力発電である。

当然のことながら、化石燃料を使わない電源は間接分だけであり、排出係数は小さく、化石燃料を使う方式の値の数パーセント以下である。太陽光は発電セルの製造に比較的多くのエネルギーが使われるため、やや大きい値であるものの、石油火力の5％程度である。

発電方式の全発電量の平均排出係数は0.395 $g\text{-}CO_2/kWh$ であり、LNG（複合））よりも小さな値となっている。これは、ひとえに原子力発電の効果である。なお、これらにはある稼働率が設定されており、これが変われば、間接分が変わって、当然排出係数も変わる。また、技術の進歩で、これらの値は一般に年々減少傾向である。

東日本大震災の前に、原子力はわが国の総発電量の約30％を発電していた。これがすべて火力（排出係数0.55 $kg\text{-}CO_2/kWh$）に変わるとすれば、平均排出係数は（0.395 + 0.55×0.3）=0.56 $kgCO_2/kWh$ となり、約40％排出係数が増えることになる。

### ＜ポイント＞平均排出係数とマージナル排出係数

平均排出係数は、総発電量についての平均値である。マージナル（限界）排出係数は、1単位発電量が変化したときの変化量1 $kWh$ あたりの二酸化炭素の排出量である。後者は、需要変化をどの発電所が受け持つかで決まってくる。原子力発電所は出力調整運転をしないため、火力発電がこの変動を吸収する。この立場からは、例えば節電分の排出係数は火力発電の値とすべきである。しかし、節電分が長期的に電源構成を変えることも考えられる。二酸化炭素問題は長期的視点が必要であるため、この点を無視することは正しくない。なお、節電等が長期的な電源構成にいかなる影響を及ぼすかは、きわめて不確定要素が多く、いくつかのシナリオを設定した検討が必要であろう。現在、一般に都市ガス事業関係者は「火力原単位」、電力事業関係者は「平均原単位」を使うべき、と主張は異なるが、需要削減を実行するデマンドサイドの努力が適正に評価されるように、排出係数に関する適切な検討が望まれる。

## 【KN7.17】 二酸化炭素税トン当り「千円」でエネルギーコストはどうなる？

二酸化炭素税が仮に$CO_2$トンあたり千円としよう。なお、これは、炭素トンあたり約3,700円に相当する。この金額は原単位的に設定したもので、仮に1万円ならば、10倍になるだけである。

日本の二酸化炭素総排出量は11億トンであり、単純計算で税の総額は1.1兆円となる。これを一人あたりにすると、平均年額1万円の負担になる。一人1日1kgの削減（【KN7.13】参照）とすると、年間365円の節税となる。

エネルギーコストの上昇額は、電力1kWhは約$0.4\ kgCO_2$であるため、1.2円/kWhの税額となる。仮に電力1kWhが25円とすると、4.8%の増加となる。ガソリンはリットルあたり2.3kgを排出するため、税額2.3円となる。等々である。

仮に、この税収を二酸化炭素の削減に振り向けたとする。年1%の削減であれば、トンあたり10万円を使うことができる。後述の追加費用（【KN7.19】参照）を考えると、十分財源になり得る。

> **＜ポイント＞わが国の環境税は炭素トン当たり約1,000円（【KN8.07】参照）**
>
> わが国も地球温暖化への一つの政策として、2009年度に環境税が設けられた。段階的に引き上げられて、最終的に二酸化炭素トンあたり289円となった。炭素トンあたりでは1,070円である。温暖化対策推進への有効活用が期待される。

## 【KN7.18】 すでに「22」回行われているCOP（国際的取組みの概要）

気候変動に関する国際連合枠組み条約（UNFCCC）がある（地球温暖化防止条約FCCCとも呼ぶ）。1992年6月にリオデジャネイロで開かれた有名な地球サミットで採択され、155カ国が署名し、各国での批准を受けて1994年3月に発効した。

締約国会議（COP：Conference of Parties）は1995年から毎年開催されている。有名なのは1997年に京都で開かれたCOP3であり、代表的先進諸国の具体的削減目標を定めるほか、京都メカニズムと呼ばれる柔軟性措置が認められた。最近は、途上国と先進国の調整が大きな問題となっている。

気候変動に関する政府間パネル（IPCC：International Panel on Climate Change）は、国際的な専門家でつくる、地球温暖化についての科学的な研究の収集・整理のための政府間機構であり、UNEP（国際連合環境計画）とWMO（世界気象機構）が1998年に共同で設立した機関である。数年おきに評価報告書AR（Assessment Report）を発行している。過去において、1990年に第1次、1995年に第2次、2001年に第3次、2007年に第4次ARが出され、2013〜2014年に第5次が順次（3部構成）出されている。ARの他に、特定テーマについて特別報告書、記述報告書、方法論報告書などが発行されている。

直近の2016年にはCOP22（モロッコ・マラケシュ）が行われている。

> **＜ポイント＞京都メカニズムは3カテゴリ**
>
> 京都メカニズムは、「共同実施（JI）」「クリーン開発メカニズム（CDM）」「排出権取引（WT）」の3つから成っている。

> **＜ポイント＞COP21 パリ協定**
>
> 2015年のCOP21（開催地パリ）では、途上国も含めたパリ協定が採択された。中身の概要は「2100年までに気温上昇2℃未満（望ましいのは1.5℃）」「同じく温室効果ガス実質ゼロの長期目標」「5年毎の目標見直し」「途上国への資金支援」「損失と被害への救済」「検証の仕組み」である。（WWF記事の要約）

## 【KN7.19】 削減単価「0円以下」が多い省エネ関係対策

二酸化炭素の削減には当然コストが伴う。例えば、太陽光発電を導入すれば、設備費がかかるが、電気代が節約できる。二酸化炭素削減のコストは、費用から電気代の儲けを差し引いた追加のコストで評価するのが妥当である。また、設備費は最初に必要（初期コスト）で、節約電気代は毎年のコストであり、この違いによって経済的な比較には金利なども関係してくる。電気代も上がっていくであろう。これらを勘案した評価が必要である。

少し古いデータであるが、環境省による検討結果を紹介しよう。ここでは、追加的費用を耐用年数内で削減した二酸化炭素量で除して、削減原単位コストとして求められている。資料には詳細な表も示されているが、ここでは概略のコスト範囲で結果を紹介する。

それを、表－1に示す。表では、二酸化炭素トンあたりコスト区分として、①マイナス、②0～5千円、③5千～1万円、④1万～5万円、⑤5万～10万円、⑥10万円以上、とした。また、可能なおよその削減量も示した。なお、この表は原表をきわめて単純化したものであるので、詳細は原表を参照されたい。なお、対策技術の採用による削減電力の二酸化炭素排出係数（【KN7.16】参照）として、火力平均を使うのか、全電源平均を使うのかで当然単価は変わってくる。表は火力平均に対するものである。

興味あるのはマイナスのコストの施策である。これは耐用年数のライフサイクルコストが電気代で回収しておつりがくる対策である。

これらの中で、マイナスの施策は、産業・民生業務・民生家庭の省エネルギー対策である。最小の費用で最大の効果を上げるには、削減コストの安価な施策から実施するのが基本である。

なお、施策の評価には、削減単価だけでなく、削減量の大きさ(たとえば1件あたりの削減量)も重要な要素である。

表－1 対策・技術のコスト区分と削減量

| コスト区分 | 技術・対策 | $CO_2$削減量 千トン |
|---|---|---|
| ① | 民生業務の省エネ機器 | 4,638 |
| | 民生家庭の省エネ機器 | 10,780 |
| | 産業の省エネ対策 | 25,200 |
| ② | HFC23回収 | 2,900 |
| ③ | 廃棄物発電 | 9,800 |
| | HFC等3ガス回収処理 | 6,933 |
| ④ | 火力発電の燃料転換 | 8,800 |
| | 食器洗い機 | 1,800 |
| | 風力発電 | 6,100 |
| | 太陽熱温水器 | 2,630 |
| | BEMS | 1,200 |
| ⑤ | 低公害車の普及 | 6,800 |
| | 下水のメタン発酵 | 340 |
| ⑥ | GT・ST複合発電 | 720 |
| | 太陽光発電 | 2,260 |

### ＜エッセイ＞コストパフォーマンスを考えた施策展開が必要

現在はともすれば、「全セクターの協働で二酸化炭素の削減をしよう」の旗印のもとに、国の各省の管轄分野で補助金などを出して関連事業が行われている。しかし、コスト・パフォーマンスの良くないものにも大きな投資がなされているように感じられる。ぜひ各省庁にまかせるのではなく、環境省の主導で「二酸化炭素の削減コスト」のような定量的データをもとに、国の削減対策が進められることを期待したい。「自主行動型対策」の思想は美しいとも考えられるが、効果の大きいところに予算がつけられるべきであろう。

## 【KN7.20】 日本の目標の限界削減コスト「＄500/CO₂トン」程度（各国対策目標の比較）

日本はエネルギー資源の乏しい国であり、エネルギー効率改善がすでに進んでいる。GDPあたりのエネルギー消費では世界のトップレベルである（【KN4.07】参照）。したがって、例えば、現状から○○％削減のような世界統一目標を設定されたとすれば、これは不公平である。

各国の削減目標の困難さの比較に、限界削減コストを使うことも行われている。限界削減コストは、目標に単位量の追加をするときの削減単価である。

図－1に、摸式的に基本的な考え方を示す。横軸は削減量である。最低のコストでそれを実現するためには、コストの安い施策から適用していくのが基本となる。図の棒は各対策であり、コストの低いものから並べてある。曲線はその削減量のときの総コストである。限界コストはある削減量のときの総コスト曲線の勾配である。もちろん、目標値までの平均削減単価でもよいが、これが使われているようである。

具体的な数値例として、わが国のRITE（地球環境総合開発機構）で行われた試算結果を表－1に示す。なお、これらの値は解析が行われた時点のものであり、必ずしも現在の目標ではなく、考え方を示すものと理解していただきたい。

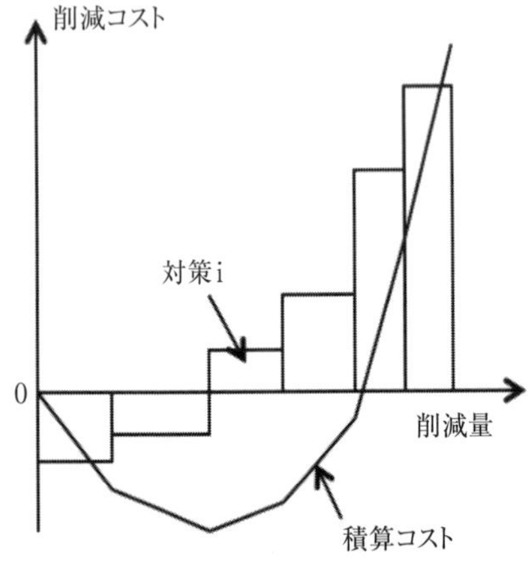

これによると、中国の目標（$0/トン）は、限界コストの説明図からわかるように、削減コストミニマムの水準である。すなわち、経済的メリットを最大限追求するレベルであり、あまり評価に値しない。また、韓国の目標はBAUケース（何もしない場合）からの削減量であり、きわめて曖昧な目標設定と言えよう。なお、日本はきわめて高い削減目標であることが読み取れるであろう。

かけがえのない地球環境ではあるが、みんなの地球である。このようなデータを国際的に認知させて、公平な負担を具体的にアピールすべきであろう。

表－1 各国の目標と限界コスト

| 国名 | 目標 | 限界コスト $/CO₂トン |
|---|---|---|
| 中国 | 05年比原単位▲40% | 0 |
|  | ▲45% | 3 |
| 韓国 | BAU比▲30% | 21 |
| EU | 90年比▲20% | 48 |
|  | ▲30% | 135 |
| 米国 | 05年比▲60% | 60 |
| 日本 | 90年比▲25% | 476 |

図－1 二酸化炭素の削減コスト評価の構造

## 【KN7.21】 京都メカニズムは削減8.4%の「5.9%」（日本のCOP3目標の達成内訳）

COP3では、日本は2008年～2012年で、1990年（$CO_2$換算値12億6,100万トン）比で6%減の国際公約をした。この目標は、会議の開催国としての立場もあったが、きわめて高いものであった。結果的に、日本はこの目標を達成した。しかし、達成できたことによって、あまり問題にならなかったこともあって、実態はあまり知られていないようである。ここでは、その計画と実績を対比する。

◆計画と実績

◇計画

| 対策カテゴリ | 削減率 |
| --- | --- |
| 温室効果ガスの削減 | 0.8～1.8% |
| 森林吸収源 | 3.8% |
| 京都メカニズム | 1.6% |
| 合計 | 6.2～7.2% |

◇実績

| 対策カテゴリ | 削減率 |
| --- | --- |
| 温室効果ガスの削減 | 1.4%増 |
| 森林吸収 | 3.9% |
| 京都メカニズム | 5.9% |
| 合計 | 8.4% |

なお、実績の森林吸収ぶんは上限を越えたため、上限値となっている。京都メカニズムでは、政府取得1950万トン、民間取得5,490万トンで、併せて7440万トンとなっている。

また、二酸化炭素だけで見れば、2012年には12億7,600万トン（うち、エネルギー起源 12億0800万トン）となっており、1990年比で11.5%増（同14.0%増）である。

すなわち、二酸化炭素の削減は、2011年の原発事故もあり、計画どおりには進まなかった（＜ポイント＞参照）ため、京都メカニズムによって、海外からの排出権を購入してつじつまをあわせたのが実情である。

### ＜ポイント＞東日本大震災後の経過

わが国は、比較的順調に目標達成プロセスを実行していたが、2011年に東日本大震災による原発停止という想定外があった。これによって、国際公約実現はきわめて難しくなった。

評価期間の2008～2012年の温室効果ガスの排出量（1990年比）は、
- 2008年 +1.6%　　2009年 −4.4%
- 2010年 −0.4%　　2011年 +3.6%
- 2012年 +6.5%
- ‥‥5年平均　（12億7800万トン）

であった。原発停止による二酸化炭素排出の急増を、京都メカニズムを利用した外国からの排出権の購入により穴埋めをしたのが現実である。

排出権の購入単価の詳細は不明であるが、国際的な約束のため、多額の金額が海外に投じられたのは間違いのないところである。本章の各項などを参照して、具体的な金額を各自推算されるとよいであろう。

なお、安価な排出権への投資は緊急的措置であり、大事なのは長期的な評価であろう。「国内に長期的に寄与する構造をつくる」という視点からの評価も必要である。

## 【KN7.22】 地球温暖化に対する「二つ」の対策（緩和策と適応策）

温暖化問題に対する対策には二つのカテゴリがある。一つは、「起こらないようにする」という緩和策であり、もう一つは「起こりうる影響に対して自然や人間社会のあり方を調整する」という適応策である。

いままでもっぱら緩和策が検討されてきたが、現在、気候災害の激化などを受けて、適応策にも注目すべきことが言われ始め、現実的な対応が検討され始めている。IPCC の第 5 次評価書でも、今までと異なり、多くのスペースが適応技術について割り当てられている。

適応策を考えるのは、場当たり的であり、温暖化を是認しているとも取られることがあるが、今や両者のアプローチが必要であろう。

適応策は、豪雨や洪水、土砂災害、渇水の被害の規模拡大を避けること、温暖化による農林・水産業などへの影響を小さくすることが考えられる。例えば、高潮被害や土砂災害の少ないことなどが、住宅地開発やリゾート開発の要件となることなどが考えられる。適応策を検討するにあたっては、温暖化の影響評価がきわめて重要になる。

なお、これらは必ずしも一方的に負担増となるとは限らない。温暖化適応策ビジネスも十分に考えられるからである。温暖化に強い品種の開発、水資源に関するビジネスなどが注目されているようである。

## 【KN7.23】 IEA では 2050 年に $CO_2$ 削減に対する CCS の寄与を「14%」としている

緩和策として、「化石燃料消費削減」という根本的な対策が基本であるが、他の公害と同じく「処理技術」にも可能性はある。この一つが CCS（Carbon Capture and Storage）である。

これは、火力発電所や工場で、燃焼ガスなどから二酸化炭素を回収し、地中深くに閉じ込める技術である。現在、実証試験段階である。いろいろな手法があるが、代表的なものとして燃焼ガスをアミン液などと接触させ、二酸化炭素を吸収させる。それを加熱して、二酸化炭素を分離し、パイプラインやタンクローリーで圧入基地へ運び、深度 1,000～3,000 m の地中へ圧入して貯蔵する。

貯蔵する地層は、上部に二酸化炭素を通さない泥岩などの遮蔽層のある、砂岩などのすき間のある地層である。この技術は、油田に注入して石油の回収率を上げる手法として、米国で発展してきた。

二酸化炭素は、地下水に溶けて炭酸水になり、千年単位の時間をかけて炭酸塩鉱物に変わることが想定されている。それまでに、地表や海底に漏出しないことが肝腎である。

回収貯留のコストとしては、二酸化炭素 1 トンあたり、7,000 円程度と見込まれている。IEA（国際エネルギー機関）の 2050 年見込みでは、排出増が続いた場合、二酸化炭素の排出量は年 550 億トンで、気温上昇を 2 ℃以内に止めるためには、それを 150 億トンまでの削減が必要としている。このときの対策の内訳として、発電所の効率改善（3%）、原子力発電（8%）、消費者側の燃料転換（12%）、消費者側の省エネ（42%）、再生可能エネルギー（21%）、CCS（14%）が見込まれている。なお、日本周辺では、1,400 億トンを貯留する地層があると報告されている（朝日新聞 2014 年 8 月 25 日朝刊）。

この方法は大気からの回収ではなく、発生源での回収であるところが優れている。一方、典型的な「エクステンシブ」な対応（【KW 序.03】参照）であり、新たな環境問題等が発生しないように十分な注意が必要である。

## 【KN7.24】 冷媒が関係する「2つ」の地球環境問題（オゾン層破壊と温暖化）

オゾンは成層圏（高度 10 km 〜 50 km）に存在し、中でも 20 〜 25 km の高度に多く存在する。1974 年ローランド（米）が、塩素原子が成層圏でオゾンを分解することを指摘した。

1985 年に南極上空のオゾン層が春季に減少することがファーマン（英）らによって報告され、国際的な問題と認識されるところとなった。なお、その 1 年前に日本の忠鉢 繁が同じ現象を観測して報告していた。

これらを受けて 1985 年に国際会議が行われ、「適切な対応をとる」というウィーン条約が採択された。これを実行に移すために、モントリオール議定書が 1987 年に採択された。ここでは、問題物質の特定、生産・消費と貿易の規制が具体的に決定された。それ以後、毎年行われる締約国会議で、規制措置の強化が進められている。

モントリオール議定書によって、オゾン層への影響が少ないことが、冷媒の要件となり、CFC（クロロ・フルオロ・カーボン：これらは「特定フロン」とも呼ばれる）から、水素を含む HCFC（ハイドロ・クロロ・フルオロ・カーボン）や、塩素を含まない HFC（ハイドロ・フルオロ・カーボン）へと変わっていった。これらは、「代替冷媒」と呼ばれる。先進国では、HCFC22（R22）から HFC410A に変わっていき、途上国では、R22 が現行の主要冷媒となっている。途上国も 2030 年には R22 が全廃されることになっている。

ついで、1997 年の京都での地球温暖化に関する締約国会議 COP3 で、地球の温暖化への関与が問われ、それ以後、温暖化係数の低いことも冷媒の要件に加わった。＜ポイント＞に示す ODP と GWP の両者に配慮した冷媒が「次世代冷媒」として注目されている。

### ＜ポイント＞オゾン破壊係数と温暖化係数

オゾンの破壊への影響を表す指標として、オゾン破壊係数 ODP（Ozone Depletion Potential）がある。これは、単位質量あたりのオゾン層の破壊効果を CFC-11（CFC-12 も同じ）のそれを 1.0 とした場合の相対値である。

地球温暖化係数 GWP（Global Warming Potential）は、二酸化炭素を基準として、同じ質量の他の温室効果ガスがどれだけ温暖化するのかを表した数値である。

表−1　特定フロンの特性

| 用途 | フロン | ODP | GWP |
|---|---|---|---|
| エアコン | R22（HCFC） | 0.055 | 1,810 |
| 冷凍冷蔵機器 | R502（CFC） | 0.334 | 4,520 |
| 自動車用エアコン | R12（CFC） | 1.0 | 10,900 |
| 家庭用冷蔵庫 | R12（CFC） | 1.0 | 10,900 |

表−2　代替冷媒の特性

| 用途 | 代替冷媒 | GWP |
|---|---|---|
| エアコン | R410（HFC） | 2,090 |
| 冷凍冷蔵機器 | R404A（HFC） | 3,920 |
| 自動車用エアコン | R103a | 1,430 |
| 家庭用冷蔵庫 | R103a | 1,430 |

なお、冷媒によって冷凍機の効率、すなわち、消費する電力も変わる。温暖化への影響はこの電力ぶんも加味する必要がある。すなわち、冷媒の環境性の評価には、冷凍機のライフサイクル温暖化係数を考えなくてはならない（【KN8.13】参照）。

なお、次世代冷媒としては、現在、合成品として R32 や R1234yf/ze や自然冷媒が候補として上がっており、絞り込みが行われている。いずれも、ライフサイクルでの GWP は、現在の 2/3 程度に低減される（ダイキン工業の資料による）。

## 7.3 都市温暖化（ヒートアイランド）問題

都市では人間活動が集中し、大量のエネルギーが使われている。使ったエネルギーはすべて熱に変わる。また、現代都市は、地表面はコンクリートやアスファルトのような熱容量の大きい道路や構造物で造られている。ここでは日中の熱を夜間に持ち越すなど、自然とは大きく異なる熱特性をもっている。このような都市は欧米先進国がモデルであり、概ね、寒冷地の都市である。寒冷地では、温暖化すなわち、使ったあとの都市から外部への熱の流れ（筆者らはこれを「熱代謝」と呼んでいる）のことは全く考える必要はなく、むしろ、気温が上がることは歓迎される側面がある。都市に生じる独特の気候は「都市気候（Urban Climate）」と呼ばれ、少なくとも200年以上も前から研究されてきた。これは物理的な興味の対象であり、サイエンスとしての研究対象であった。

しかし、温帯から亜熱帯にあるわが国の大都市の多くは、都市気温の上昇は対処すべき環境問題である。このような点から、わが国では2005年に政府が「ヒートアイランド対策大綱」を定めて、公式的に対処すべき環境問題に位置づけられ、エンジニアリングの対象となった。

ヒートアイランド（HI：熱の島）は、水平方向には都心部が高温で、地図上に等温線を描くとそれが閉曲線になり、地図上で等高線を描いた島のようになるところから名付けられた。都市の周辺で温度が立ち上がり、都心部で比較的平坦な台形状に近い温度分布を形成する場合が多いようである。

本章では、HIの空間特性、時間特性などの物理的な解説を行い、HI現象の原因から対策の考え方、現在の対策計画の問題点などをキーナンバーを中心に解説する。

---

### ＜ポイント＞地球温暖化（GW）問題と都市温暖化（HI）問題の違い

主要自治体では、GW対策計画とHI対策計画が策定されている。GW問題は国際的な問題であり、対策計画立案に関して国から具体的な指針が示されている。一方、HI問題に対しては、国の「ヒートアイランド対策大綱」はあるものの、詳細は自治体にまかされている。このような点から、ほとんどの自治体では両者が同じ枠組みの中にあり、GW対策はHI対策にも寄与するといったレベルで、省エネなどのGW対策のみが推進されているように感じられる。GW対策とHI対策は**表ー1**に示すように多くの点で相違がある。例えば、環境負荷が異なり、GW問題では温室効果ガスであり、HI問題は熱である。また、GW問題はグローバル問題で、HI問題はローカル問題という相違がある。よって、GW問題は地球のどこで温室ガスの排出を減らしてもよいのに対して、HI問題では当該都市で熱を減らさねばならない。また、HIでは都市外に熱を放出する策もとり得る。時間スケールも、GW問題は長期問題で、HI問題は後述のように、夜間問題である。これらの点を明確に認識したHI対策計画が必要である。

表ー1　GW問題とHI問題の相違

|  | GW問題 | HI問題 |
|---|---|---|
| 環境負荷 | 温室効果ガス | 熱 |
| 評価ベース | 一次エネルギー | 二次エネルギー |
| 空間規模 | グローバル | ローカル |
| 時間規模 | 長期 | 24時間 |

## 【KN7.25】 100万人都市のヒートアイランド強度は「8～11℃」程度

ヒートアイランド（HI）の強さを表す指標として、都心と郊外の温度差である「ヒートアイランド強度」が使われることが多い。

HI強度は、都市の大きさの指標としての人口に比例して大きくなることが報告されている（齋藤武雄「ヒートアイランド」講談社ブルーバックス1997）。それによると、北米グループとヨーロッパグループに分かれ、前者の方がHI強度が大きくなることが示されている。日本の都市として東京と仙台が挙げられており、後者に属すことも示されている。仮に100万人都市とした場合には、前者では11℃、後者では8℃程度になる。これは、HIが強く出る気象条件（晴れた弱風日の明け方）のものと推測される。

両グループの違いの原因は明らかには示されていないが、HI強度は、都市の人口だけではなく、建ぺい率、容積率、緑被率、水面率、臨海都市か内陸都市か、人工排熱の状況にも依存するので、原因の特定は困難であろう。しかし、二つのグループに分かれるのは、興味ある点である。

なお、筆者らの大阪での観測によると、晴れた明け方の平均的な値として、都市内に3℃程度、都市と郊外で3℃程度、郊外内でも3℃程度の温度差があり、都市の密集地と郊外の緑地の間では6℃近くの気温差になると推測している。

### ＜ポイント＞HIを論じるのに気象台データは吟味が必要

なお、都市内の気温分布は、都市形態にも依るが、都市と郊外の境界で急に大きくなり、都市内でフラットな分布をとる場合が多いようである。なお、都市内にも気温分布があり、例えば緑が多い場所では低い気温が観測される。大阪などでは、管区気象台の近辺は比較的緑が多く、密集地の気温よりも低くなることが観測されている。したがって、「HIを代表する気温として、どのデータを使うべきか」は基本的な問題である。

典型的な観測例として、筆者らによる大阪都心の地下鉄駅の換気取り入れ口の吸い込み気温と大阪管区気象台データの比較例を図－1に示す。日中には差がないが、明け方に3℃程度の差が表れている。

この相違の様子は、あたかも気象台データに郊外のような性格があり、必ずしもHIを考えるときのデータとして妥当とは言えず、吟味が必要である。

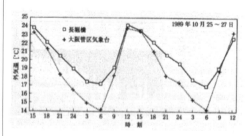

図－1 大阪管区気象台と地下鉄長堀橋の換気空気取り入れ口の気温の比較

### ＜ポイント＞ヒートアイランドを消す風速

HIは空気が静穏なときに起こりやすい。ある風速を越えるとHIが解消することが知られており、この風速は限界風速と呼ばれる。一般に都市が巨大になるほど、限界風速が大きくなる。100万人超のロンドンやモントリオールのような大都市では10 m/s以上とされており、数十万人都市では5～8 m/sの値が示されている（齋藤武雄「ヒートアイランド」前出）。

## 【KN7.26】 ニューヨーク市の都市大気ドームの高さは平均「300 m」

HI の水平方向の構造は、都心部が高温で郊外が低温という、等温線が等高線で描いた海の中の島のようである。これが HI の名前の所以である。一方、その垂直構造はどうなっているだろうか。

図－1 にボーンスタイン（米国）によるニューヨーク市での観測結果のイメージ図を示す。この図は、きわめて有名な図である。地上レベルでは都市と郊外の温度差（HI 強度）が 1.6 ℃ である。前述の人口と HI の関係と定量的に整合しないが、この図は、多くの観測値の平均である。都市と郊外の気温差は地上で最大となり、高さとともにほぼ線形に小さくなって約 300 m でゼロ、すなわち、都心と郊外が等温になる。都市の高温領域はこの高さの下の部分であり、この領域は「都市大気ドーム」と呼ばれる。エンパイア・ステート・ビルは高さ 320 m であるので、ほぼその高さと同等である。

この高さの上には、都心の方が気温の低い、クロスオーバー（XO）域と呼ばれる領域がある。いわば、都市大気ドームの上には、冷たい空気のフタがあると考えてよい。それより上空では、都心の方が少し高温となる。

### ＜ポイント＞都市大気ドーム形成のメカニズム

メカニズムを図－2 で説明する。図には、郊外と都心の垂直方向の気温変化が示してある。地表レベルでは都心の方が高温である（HI 強度）。都心大気は軽く、浮力により上昇する。この場合の上空への気温減率は 100 m で 1 ℃（【KN7.03】参照）である。郊外大気を標準大気（気温減率は 100 m で 0.6 ℃）とすると、都心と郊外の気温差は 100 m で 0.4 ℃ 縮まることになる。HI 強度を図－1 の 1.6 ℃ とすると、バランス点（BP）は 400 m となる。これが、都市大気ドームの高さである。図－1 の 300 m とはオーダー的に一致している。

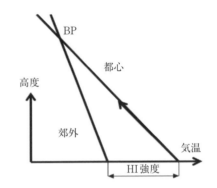

図－2　都市大気ドームの形成メカニズム

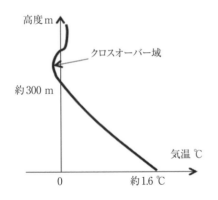

図－1　都心と郊外の気温差の高さ方向変化

### ＜ポイント＞XO 現象の意味

都心大気は上昇気流である。図－2 の BP で、浮力はゼロになるが、慣性力により行き過ぎて郊外より低温で重くなってブレーキがかかり、停止する。重くなった空気は周辺に流れ下り、図－3 のような流れになり、上空の空気を引きずり下ろすと考えられる。これが XO 域の上の高温域の理由である。XO 域の存在は、都市大気に強い上昇気流の存在を意味している。

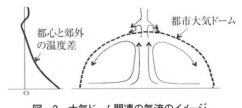

図－3　大気ドーム関連の気流のイメージ

## 【KN7.27】 東京の日最低気温の上昇は日最高気温の約「5倍」（HIの時間特性）

都市の気温は、少なくともここ1世紀は上昇を続けている。日本の大都市に関して、表-1のようなデータがある。これは、ここ百年の年平均気温の上昇である。なお、日最高気温は昼の気温であり、日最低気温は明け方であるが、夜の気温と考えてよい。大都市を含まない日本の平均気温は0.7℃の上昇である。IPCCデータの筆者の読み取りによると、地球の温度も約0.7℃上昇している。

表-1 日本大都市の100年の気温上昇

| 都市 | 平均気温 | 日最高気温 | 日最低気温 |
|---|---|---|---|
| 東京 | 3.1℃ | 1.5℃ | 4.6℃ |
| 名古屋 | 2.6℃ | 1.1℃ | 4.1℃ |
| 大阪 | 3.1℃ | 2.3℃ | 3.9℃ |

ここで、0.7℃を地球温暖化効果として控除し、都市温暖化効果のみとすると、表-2のようになる。

表-2 地球温暖化を控除した場合

| 都市 | 日最高 | 日最低 | 最低/最高 |
|---|---|---|---|
| 東京 | 0.8℃ | 3.9℃ | 4.9 |
| 名古屋 | 0.4℃ | 3.4℃ | 8.5 |
| 大阪 | 1.6℃ | 3.2℃ | 2.0 |

表の最低気温上昇と最高気温のそれの比からわかるように、最低気温の上昇の方が明らかに大きく、東京では約5倍になっている。名古屋はそれよりも大きく、大阪は比較的低い。大阪が低い理由は【KN7.25】で示したように、管区気象台の代表性の問題とも考えられるが、詳細は不明である。

なお、近年には都市気温も地球気温も加速度的な上昇傾向があり、今後の動向の推定に、これらの値の単なる外挿を使うことは問題がある。

いずれにしても、ヒートアイランドの特徴は、主として「夜間現象」であり、「夜になっても気温が下がらなくなった大都市」といえよう。

### ＜ポイント＞日中と夜間の熱の拡散性の相違

ヒートアイランドが夜間に顕著である理由として、大気の拡散性の相違が挙げられる。日中には地表面が太陽熱で加熱され、大気が不安定となり、熱の拡散性が高い。一方、夜間は地表面が夜間放射で冷却されて低温となり、安定大気であり、熱の拡散性が低い。これによって、日中は都心と郊外の熱的相違が大きく表れず、夜間に大きく表れる。日中には都市で消費されるエネルギーが多いが、その効果よりも、拡散性の促進の効果の方が大きいと言えよう。なお、次項に、都市大気ドーム形成の点からも解説した。色々な原因による多重効果と考えるべきであろう。

### ＜エッセイ＞HI問題のターゲット

ヒートアイランド問題にはいろいろな側面がある。たとえば、①都市全体なのか居住区域なのか、②全日なのか、日中なのか、夜間なのか、③気温なのか湿度も含んだ熱環境なのか、④地表面付近なのか上空も含んで考えるのか、⑤すべてを元に戻すことを考えるのか、等々が考えられる。対策を考えるときに、いろいろな面を考え過ぎて何も得られないことも多い。長期的には⑤が実現できれば理想的であるが、当面はターゲットを絞って重点的に対策を立てるのが賢明であろう。

筆者は、少なくともかねてより研究対象としている大阪においては、夏期の夜間の気温の低下をターゲットとして緩和策を展開する。また、夏期の日中に対しては、都市にクールスポットを作り出す適応策を考えるのが妥当と考えている。この考え方は大阪のヒートアイランド対策計画で取り入れられている。

## 【KW7.04】 典型的 HI は「夜間現象」（ターゲットは熱帯夜の削減）

前述した点などから、HI は主として夜間現象である。それは、都市大気ドームが形成され、その中に温度の高い大気が閉じ込められる現象である。日中も都市の気温が高いのも観測的事実であるが、それは、風通しの悪いビルの谷間（アーバンキャニオン）や、日当たりのよい広い交差点や広場などの微気象であると考えられる。

これらについて、いろいろな意見はあるが、筆者は、典型的なヒートアイランド現象は、夜間現象とするのが妥当と考えている。ビルの谷間の微気象問題は、もちろん重要な熱環境問題であるが、切り分けて考えるべきであろう。そして、夜になっても気温の下がらない点を HI の主対象として問題を絞り込むことが重要と考えている。いわば、熱帯夜日数の削減が主たるターゲットと考えるべきである。

参考データとして、主要大都市の年間の熱帯夜日数の経年変化のグラフを図－1 に示す。大阪が全国で一番熱帯夜日数が多いが、最近やや減少傾向であり、東京の伸びが顕著である。

### ＜ポイント＞熱帯夜は最低気温が 25 ℃以上

夏は暑く、冬は寒い。その程度を表すのにいろいろな用語が使われている。それらの定義は以下のとおりである。
　◇猛暑日：最高気温が 35 ℃以上の日
　◇真夏日：最高気温が 30 ℃以上の日
　◇熱帯夜：最低気温が 25 ℃以上の日
　◇真冬日：最高気温が 0 ℃以下の日

日本は寒さよりも、暑さが問題になることが多く、気象用語としては寒さに関するよりも暑さに関する用語の方が多く用意されている。

なお、これらは暑さ・寒さなどに対する感覚を示すものであり、体感指標と関連づける方がよいように思われる。すなわち、湿度、風なども考慮した定義とする方がよいであろう。

### ＜エッセイ＞熱帯夜の命名は熱帯に失礼？

熱帯夜は暑くて寝苦しい夜、不快な夜というイメージであり、気象庁がこのイメージで命名した公式用語である。筆者も当然のこととしてそういう意味で使っていたが、とある講演会でフロアから「熱帯の夜は快適なのだ」という指摘があった。そう言われて、用語の設定には慎重さが必要と思った次第である。

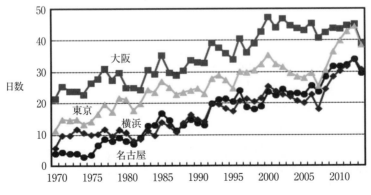

図－1　全国四都市の熱帯夜日数の変化（大阪府資料）

## 【KW7.05】 夜間に強くなる HI の「メカニズム」

【KN7.27】では、夜間に HI が強くなる現象について、大気の安定性による拡散の低下で説明した。これも一つの説明であるが、【KN7.26】で示した都市大気ドームモデルでも解説しておこう。

前述のように、都市大気ドームは郊外の上下方向の気温変化と都心のそれとの相対的な関係で決まってくる。HI の都心の空気は上昇気流であり、100 m で 1 ℃の減率の温度分布となる。一方、郊外の地面は都心ほど高温にならず、上下方向気温分布は安定から不安定（【KN7.03】参照）までいろいろな温度分布をとる。

典型的な二時点として、図－1 に明け方（郊外は逆転気温分布【KN7.04】参照）、図－2 に日中（郊外も不安定気温分布）のイメージ図を示す。

### ◆夜間（明け方）

郊外（実線）は、夜間放射による地面冷却により、低い高さでは逆転気温分布となる。都心大気は、破線で示すように、地表面で HI 強度だけ高い気温からスタートして（上昇気流により）上空へ断熱減率で気温低下する。前項で示したように、BP が都市大気ドーム高さになる。熱の移流を考えなければ、三角形 BP-SUB-UB の面積が都心と郊外の熱量の差を表す。

図に示すように、三角形の高さが低いので、底辺（HI 強度）は大きくなる。

### ◆日中（郊外も不安定の場合）

日中は、郊外も地表面が加熱され上昇気流が起こり、上下気温分布は断熱減率的になる。この場合のイメージを図－2 に示す。この場合、高さとともに都心と郊外の気温差は縮まらず、BP 点は上空へ移行する。図形 BP-SUB-UB の高さは大きくなり、底辺（HI 強度）は大きくならない。日中は都心と郊外の熱量の差は大きくなるが、都市大気ドーム高さの上空移行が勝つものと考えられる。

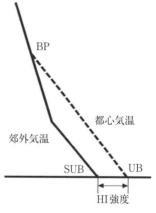

図－2　日中の温度分布

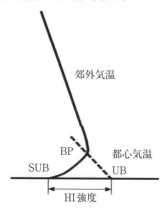

図－1　夜間の都心（UB）と郊外（SUB）の温度分布

### ＜ウンチク＞タワーマンション周辺の気温

最近タワーマンションなども多くあり、高層階の周囲の気温はどうなっているかも興味があろう。暖かい空気は上へ行くので、暑いのではないかと心配する人もいる。

条件によって変わるが、基本特性として、都心大気は気温が高く上昇気流がある。すなわち、100 m 上昇すると約 1 ℃気温が低下する、断熱減率の気温変化と考えてよい。100 m 上空では地表よりも 1 ℃低い。また、風もあって涼しいはずである。したがって、タワーマンションの上の方は熱的には快適である。

## 【KN7.28】 大気熱負荷の気温感度は夜間には日中の「数倍」

筆者らは大気に対流で伝えられ、気温を高める熱を「大気熱負荷」と呼んでいる。大気への対流熱には顕熱と潜熱がある（【KW7.02】参照）が、筆者らは現実的なターゲットとして顕熱のみを対象とするのがよいと考えている。

筆者らは地表に単位大気熱負荷を加えた（削減した）ときに、それがどの程度地表付近の気温を高める（低める）のかを示す「大気熱負荷の気温感度（単位：℃/kJ）」を定義した（詳細は、空気調和・衛生工学会編「ヒートアイランド対策」オーム社 2009）。これは熱の拡散性の指標であり、小さいほど拡散性が大きいことを示す。

筆者らは、この値を数値シミュレーションで求めた。詳細は上記専門書に譲るが、結果として、気温感度にはおおよそ次のような特性があることが確認されている。

◆気温感度は、日中と夜間に大別できる

日中には場所に関わらず気温感度ほぼ一定である。これは圧倒的な太陽熱が地表面を加熱して、大気の拡散性がそれによって決定されるからである。そして、大気が不安定場となり、拡散性が大きくなり、気温感度は比較的小さくなる。一方、夜間には、地表面温度が低くなり、安定大気で拡散性が小さく、気温感度が大きくなる。

◆夜間の気温感度は場所によって異なる

地面温度が相対的に高い都心部で拡散性が大きく（感度が低く）、郊外で拡散性が小さく（感度が大きく）なる。これらのメカニズムを考慮して大阪市を対象とした数値シミュレーションによれば、日中の気温感度を1（全域でほぼ一定）とした場合に、夜間の都心では2.2倍、郊外では5.2倍という値が得られている。定量的にはさらに吟味が必要であるが、定性的には間違いないであろう。

<ポイント>最適対策計画問題

気温感度の点から、ある都市の夜間の平均気温を下げるためには、都心に対策（例えば、ミストを散布するなど）を行うよりも、郊外の住宅地区で行う方が一般的に効果的と言えよう。

<ポイント>マージナル気温感度と平均気温感度

電力の二酸化炭素排出係数について、マージナル係数と平均係数の概念を【KN7.16】で述べた。本文の気温感度は、マージナル（限界）感度である。これは、現在の熱負荷場（すなわち、熱の拡散場）において、微小な熱負荷の変化に対する気温変化を表すものである。では、対策が進めば気温感度はどうなるであろうか。答えは「感度は大きくなる」である。すなわち、対策が進めば、熱負荷が減って大気は安定化し、拡散が小さくなる。すると、気温感度は大きくなるはずである。

大気熱負荷の削減量と気温の低下の関係のイメージ図、および、気温感度について図−1に示す。

なお、図に示すように対策の初期には気温感度（曲線の勾配、マージナルな気温感度）は小さく、対策効果は表れにくい。したがって、成果が見えないといって対策を放棄してはならず、着実に対策計画を実行すべきである。

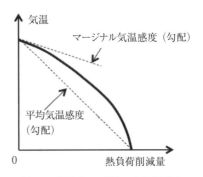

図−1 平均とマージナルの気温感度

## 【KN7.29】 熱代謝無配慮都市には「5項目」がある

HIの原因は、現代の都市に熱代謝が全く考慮されていないことによる。都市熱代謝とは、都市に入ってきた様々なエネルギーが最終的に熱になるが、その熱が大気に伝わり、最終的には宇宙へ霧散していくことを言う。

現代都市は、概ね寒冷地にある欧米先進国をモデルとする都市である。ここでは、夏の暑さはあまり問題ではない。わが国やこれからの発展が期待される途上国では、温帯から亜熱帯の都市が多い。これらの都市では夏の暑さをしのぐことは大きな課題であり、街づくりにおいて、熱代謝を十分考えなくてはならない。

現代都市は熱代謝無配慮都市であり、それにはつぎの5つの項目がある。

(1) **熱代謝と水代謝の連携を断った都市**

水には蒸発機能があり、気温を上げることなく、潜熱として蒸発により多くの熱を運ぶ機能がある。現代都市は、水面や緑を減らし、この機能を著しく低下させてしまった。都市を生体になぞらえて「発汗のない都市」と表現されることもある。

(2) **風通しの悪い市街地**

地表面につくられた建造物により空気の交換が悪くなっている。この結果、熱が拡散しにくく、地表付近に滞留する。

(3) **エネルギー大量消費と人工排熱に無配慮**

都市では多くのエネルギーが使われており、それらは廃熱となって都市大気に伝わる。現代都市では、この熱にほとんど配慮がなされていない。

(4) **太陽熱の吸収の増大**

アスファルト面など、都市には比較的暗い色の材質が多く使われている。これらは太陽熱を多く吸収し、蓄熱して夜間の大気への熱負荷となる。また、建物による地表面の凹凸は、壁面間の相互反射により日射の吸収を増大させる効果をもつ。

(5) **熱的に重い都市**

現代都市では、コンクリートやアスファルトなどの熱容量の大きい材質が多く使われている。これらは、日中の熱を溜めこみ、夜間に持ち越す。

【KW7.03】で述べたように、自然には「負のフィードバック機構」があり、高温になれば放熱を盛んにするような機構が組み込まれている。都市づくりにおいても、このようなメカニズムを阻害することなく、むしろ促進するようにデザインする必要がある。

HI対策は、これらの欠点を修復していくことである。各項目に対する対策のイメージは後述する。

---

<エッセイ>街づくりは夏を旨とすべし

徒然草で兼好法師が、わが国の気候風土を考えて、「家づくりは夏を旨とすべし」と言っている。しかし、今や冷房があり、この必要はなくなりつつある。なお、HIと冷房の関係には問題があり（【KW7.09】参照）、注意が必要であるが、今は、街づくりこそ夏を旨とすべきであろう。

---

都市づくりに熱代謝も忘れないでね

## 【KW7.06】「発汗都市」 熱代謝と水代謝の連携強化の勧め

筆者は、HIの最大の原因は熱代謝と水代謝の連携を断ち切ったところにあるとして、造るべき都市のキーワードは「熱代謝と水代謝の連携都市」と考えている。

ポイントは、蒸発が盛んに起こる都市で「発汗都市」と呼ばれることもある。筆者が具体例として挙げているのはつぎのようなものである（詳細は、空気調和・衛生工学会編「ヒートアイランド対策 − 都市平熱化計画の考え方・進め方」2009を参照）。

◇公園緑地等の蒸発機能の強化
◇半開放空間などへのミスト散布涼房
◇道路などへのさまざまな水の散水
◇冷房の放熱器への散水
◇負荷をつながない冷却塔の単独運転
◇河川・池・海における蒸発促進

### ＜ポイント＞池や堀などは逆効果？

水には「熱容量が大きい」という特性がある。この点から、どの水もHI緩和に効果があるわけではなく、効果のある水は限定される。例えば、池や堀などの周辺は、一般に開けた場所で日射が多く当り、日中には気温が高くなる場合が多い。また、水は熱容量も大きく、熱を夜間に持ち越すことも多い。したがって、風通しのよい場合を除いて、HI緩和効果は疑問である。例えば、皇居の堀の水が夜間に気温よりも高く、周辺気温がまわりより高いことも観測されている。

気温を低下させる水は、量が少なく、蒸発がよく起こる場合である。理想的なのは緑のもつ水や、人工のものとしては、ミストなどである。

### ＜エッセイ＞自動車も蒸発促進に寄与しよう

自動車は都市の人工排熱の25％程度を占める大きな排熱源である。しかし、現在、自動車業界はヒートアイランド対策にほとんどアイデアをもっていない。これはわが国のトップ産業としてはきわめて残念であり、寄与できるように最大限の工夫がなされるべきである。

筆者は、自動車を動く蒸発器とするアイデアを提案している。例えば、都心を走る自動車は水を撒きながら走ることを義務付けよう。これはウインドウォッシャーを利用してもよいし、散水用のタンクを付けて道路に散水してもよい。また、自動車の屋根に水を含んだスポンジ的なものを貼付してもよい。なお、このアイデアは車内温度の低下にも寄与するため、快適性の向上やカーエアコンのエネルギー消費も減らすメリット（私的効用）がある。また、水の供給は地下水を汲み上げて、車道の上から道路管理者が散水するのがよいアイデアであろう。単なる道路散水で面的にカバーするなら、かなり高価なインフラが必要になるであろう。

なお、走行しながら散水するアイデアは自動車だけでなく、電車でも自転車でも成立する。「関連セクター協働による交通機関による都市散水実験」などは興味あるアイデアである。

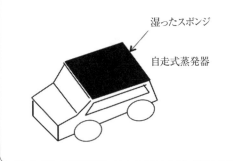

湿ったスポンジ
自走式蒸発器

## 【KN7.30】 気温30℃で1℃の気温低下と相対湿度「1.5%」増加が等価

HIを水で処理するのは「湿度が上がり、蒸し暑くなって容認できない」という批判がある。確かに物理的にそれは事実である。「水で処理」という言葉を使うと、批判的な目で見られるが、「緑を増やす」という案はきわめて好意的に受け取られる。前述したように、緑のHI緩和効果にはいろいろあるが、ベースは水による潜熱化効果である。

なお、湿度が上昇する点に関して、定性的にはそのとおりであるが、定量的には潜熱は大きいので、湿度の上昇量はわずかである。

具体的な数値例を上げると、①気温30℃、湿度60%の空気（絶対湿度 $x = 16.39$ g/kg'）の空気に対して、顕熱で気温1℃の上昇させると、②31℃で絶対湿度は同じである。一方、潜熱で同じ熱量を与えると、③30℃、61.5%になる（$x = 16.80$ g/kg'）。（なお、kg'は乾き空気の質量である）。すなわち、1℃の気温変化は相対湿度1.5%の変化に相当する。もちろん、湿度の上昇は体感温度を上げるが、人間の温感は気温の上昇に対する方が感度が高いこともあり、これらの数値から判断しても、湿度を上昇させる効果は小さいと考えられる。

なお、顕熱で大気を暖める場合と、潜熱で湿度を上げる場合では、空気の比重量は異なり、ともに比重量は小さくなるが、後者の変化の方が小さくなる。上述の空気で具体例を上げると、それぞれの密度 [kg/m$^3$] は、① 1.154、② 1.150、③ 1.153 となり、潜熱で与える方が密度変化は少ないことがわかる。東京などでは、HIが作り出す上昇気流で豪雨が発生することなどが指摘されている。この点からも、潜熱化することは影響緩和に寄与すると考えられる。

## 【KN7.31】 緑のHI緩和効果には「2要因」がある

緑の保全はHI緩和の最重要策といっても過言ではない。緑のHI現象緩和の物理的効果は二つの要因がある。緑は葉面で日射を受け、①熱容量の大きな地面への入射、すなわち蓄熱を防止する（日傘的効果）。②葉面で吸収された熱を蒸散により潜熱に変える（潜熱化効果）。この二つの複合効果である。この両者の比率は条件によるが、一般に後者がメインといえよう。

この点から、緑を人工物で代替するには、水で濡らしたテントとなるであろう。

<ポイント>屋上緑化、壁面緑化の効果

都市では緑化すべき場所が限られており、屋上緑化が注目されている。しかし、地上緑化と比較して、高所での大気熱負荷の削減であり、効果は限定される。なお、壁面緑化は地面に近く、建物への蓄熱の防止の効果がある。HIが夜間現象であることから、熱の夜間への持ち越し防止の点から、特に西日のあたる西面への適用が望ましい。

<ポイント>蒸発させない緑は効果が少ない

メンテナンスの容易さから、乾燥に強い蒸散の少ない植物が採用されることがある。もちろん、日傘効果はあるが、HI緩和効果はあまり期待できない。

同様に、保水性舗装も地面での蒸発熱によってHI緩和効果が大きいが、HIが問題となる夏期には降雨が少なく、散水などのメンテナンスが不可欠である。

## 【KN7.32】 海風の到達で「2〜5℃」気温が低下（風通しのよい都市）

臨海都市には有力な冷却源がある。それは日中の海風である。水は熱容量が大きいため、水温の日較差が小さい。一方陸地は海水よりも日較差が大きい。したがって、日中は陸地が海水よりも温度が高く、海から内陸に向かって風（海風）が吹く、夜間は逆に陸地から海に風（陸風）が吹く。HIの生じる都市は、陸地が高温化するため、都市の海風を強め、海岸線での陸風を弱める働きをする。片山らによる福岡での観測では、海風の到達で都市の気温は2〜5℃程度低下する様子が明らかにされている。風は自然がもつ負のフィードバック機構（【KW7.03】参照）であり、都市気温の低下に寄与する。

東京の汐留地区の開発で、海岸線近くに高層ビルが建ち、海風をブロックしたことにより、ビルの内陸側の気温が上昇したことが観測されている。街の形態だけでなく、住居を考えるときも、風の状況を活かした設計がなされるべきである。昔の大工の棟梁は、地域の風を熟知して住宅を建てていた。地域情報も含め、街づくりのあり方は改善すべきポイントである。

### ＜ポイント＞都市計画に「風の道」を考慮

ドイツのストゥットガルト市は、都市計画的に風の道を作り出したことで有名である。これは、HIではなく、大気汚染防止の点から考えられたものであった。同市では気候マップ（クリマ・アトラス）が整備されており、自然の気候に配慮した街づくりが行われている。日本でも、HI対策として、風の道を作り出すことが、都市のグランドデザインのなかで配慮されている例があるが、この点では、ドイツなどと比較すると遅れている。

## 【KW7.07】 都市の「熱的軽量化」

HIの主原因の一つとして、熱の拡散性の良好な日中の熱を構造物等に蓄熱して、拡散性の良くない夜間に持ち越すことがある。これは、都市が熱容量の大きい素材で造られているという"熱的重装化"による。木と紙で造られていると言われた、わが国の伝統的建築からなる都市では、大都市であってもHI問題は生じなかったであろう。

この問題に対して、木材や断熱材などの軽量材の使用が効果的である。なお、建物に断熱を施す場合、簡単さから建物の壁の内側に断熱（内断熱）が施されることが多い。しかし、HI対策としての都市の軽量化の観点からは、内断熱は効果が小さく、外断熱とすべきである。なお、外断熱は建物内部の結露問題からも好ましいなど、断熱方法の評価はこのような点も含んで適切に行われる必要がある。

### ＜ポイント＞都市木化は建物の熱的軽量化を実現

HI対策として、都市緑化は前述のように効果が大きい。しかし、筆者らは「都市木化」の効果も大きいことを明らかにしている。木材自身は断熱性も大きく、熱容量も小さいため、木造構造物はコンクリート等と異なり、夜間への熱の持ち越しが少ない。また、コンクリート造のビルに外装材として木材を貼ることによって、蓄熱を大きく減少できることも明らかにしている。最近、耐腐朽性をもたせ、寸法の変形も抑えた木材の熱処理技術などが進歩しており、建物外装材としての使用が可能になっている。

## 【KW7.08】 「熱を捨てる」をエンジニアリングの対象に位置付ける

使用したエネルギーは最終的にすべて熱となって環境中に拡散し、宇宙へと霧散して行く。ごく最近まで、われわれのエネルギーシステムの概念は、エネルギーを使う段階までであり、「使用後の熱の問題」はほとんど無視されていた。太陽熱のフローに対しても同様である。エンジニアリングでは、「やってくる量」のみが対象であり、建築では、太陽熱利用や、夏には室内に入らないように工夫することだけが課題であった。

今や、人間活動の結果、地球から宇宙への放熱構造（エコ熱代謝系）が破壊されつつある。これが地球温暖化問題である。また、都市で使われるエネルギーや太陽熱の環境への拡散も問題となっている。これは、ヒートアイランド問題、すなわち、都市温暖化問題である。ここでは、「熱を捨てる」という視点から、関連する問題を整理しておこう。

### ◆熱を捨てるのが問題となるケース

「熱を捨てる」という行為が問題になるのは、大量に熱が発生する生産プロセス（工場や火力・原子力発電所など）、または焼却場などの処理システムなどである。また、われわれの生活関連、すなわち民生部門では、「冷房」を挙げることができる。

### ◆巨大汽力発電の排熱問題

熱機関は、明確な「熱を捨てる」プロセスをもっている。巨大火力発電や原子力発電では、大量の熱が捨てられている。1970年前後に、これらの巨大プラントからの排熱による環境の熱汚染問題が、主として生態系への影響の点から論じられ、今では環境アセスメントの課題となり、解決に至っている。

### ◆都市での廃熱問題（冷房排熱）

今問題になっているのは、都市での熱の捨て方である。冷房システムは、「熱を集める技術」である。そして、「熱を捨てる」プロセスを明確にもつという、特徴的なシステムである。なお、暖房システムは多くの熱を生み出しているが、熱の拡散プロセスであることと、暖房が問題となる冬期には環境に拡散して行く熱は問題とはならない。冷房の排熱はヒートアイランドの原因の一つであり、「環境に優しい熱の捨て方」に十分な吟味が必要である。なお、これが実現しやすい点が地域冷暖房プラントの利点の一つに挙げられている。

また、焼却場などではゴミを焼却処理して、発生する熱を無為に大気放出している場合も多い。また、コンピュータセンターのように、多くのエネルギーを消費しているビルなどでは、冬でも冷房をして、大量の熱を無為に廃棄している。これらは、ある施設で不要な熱が廃熱化している現状の欠陥であり、周辺に融通するシステム的対応が必要である。これは、「エネルギーの面的利用」の発想である（【KN3.28】参照）。

序論で、エネルギー・熱代謝系の特徴として、「処理の概念のない」ことを挙げた。「熱の捨て方」をエンジニアリングの対象とすることは、この欠陥の是正である。

## 【KW7.09】 冷房は「エセ環境技術」か？ 室内も室外も気温を下げる湿式放熱冷房

周知のように、冷房技術は「室内温暖化問題」に対処するために、エネルギーを使って室内の熱を室外に排出する技術である。したがって、冷房をしない場合に比して、投入したエネルギーぶんだけ室外への熱が増加する。

この点に着目して、冷房は「私的空間の快適化のために公的空間を不快にする技術」と言われることがある。暑くて冷房を入れるとますます屋外が高温になる。これは「正のフィードバック機構」（【KW7.03】参照）であり、好ましくない。こういう意味で、「冷房技術はエセ環境技術」と言われることがある。

その模式図を図－1に示す。ここでは簡単のため、室内発生熱はゼロとして、低温に保った部屋に外部から入って来る熱をQとした。また、エアコンのCOP=4（【KN1.23】参照）とした。従ってエアコン駆動電力はQ/4となる。室外への熱は(5/4)Qとなり、当然ながら、Q/4だけ大気に熱が加わる。確かにこの構造は好ましくない。

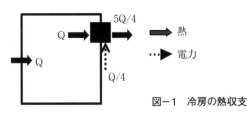

図－1　冷房の熱収支

しかし、室内も室外も気温を下げる冷房がある。この理解には、顕熱と潜熱の概念の導入が必要である。大気との吸放熱には顕熱と潜熱の両者が存在する（【KN1.31】参照）。ここで、顕熱と潜熱を区別した熱収支を考えよう。このとき問題になるのは、室外機での大気への熱放出の形態である。これには、【KN1.31】で述べたように、乾式放熱と湿式放熱の2種類がある。前者はふつうのエアコンのような、水を使わないタイプ、後者はビル冷房などで見られる水を使うタイプである。湿式放熱では、室内機で集めてきた熱を水に伝え、それを空気と接触させ、蒸発させながら放熱する。この場合、条件にも依るが、顕熱：潜熱＝1：4くらいになる（【KN1.31】参照）。各場合の熱収支を図－2と図－3に示す。なお、ここでは室内機での顕熱：潜熱＝1：1としている。また、エアコンのCOPは図－1と同じとした。

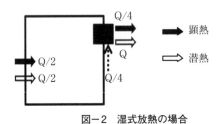

図－2　湿式放熱の場合

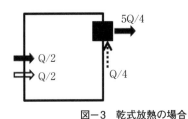

図－3　乾式放熱の場合

トータルの熱収支は、乾式放熱の場合には顕熱は＋(3/4)Q、潜熱は－(1/2)Q、湿式では顕熱は－(1/4)Q、潜熱は＋(1/2)Qである。すなわち、乾式放熱冷房機はトータルで、潜熱を顕熱に変え、湿式放熱冷房機は顕熱を潜熱に変えている。

前述（【KN7.31】参照）のように、植物（緑）の気温低減効果は、大気から顕熱を吸収して、潜熱に変えるところにある。このように考えると湿式放熱の冷房は「人工の緑」であり、室内も室外も気温を下げる。一方、乾式放熱では、使ったエネルギー以上の顕熱を放出する「逆緑」と言える。なお、より厳密な評価は室内機でとれる水分も考える必要がある。この水分の多くは室外で蒸発するからである。

なお、湿式冷房の方が、COPは一般に良好であり、省エネルギー性からも湿式冷房は優っている。このような点も考慮して、冷房の放熱方式は適正に選択される必要がある。

## 【KW7.10】 「太陽熱の反射・遮蔽」

HI対策として、日射を都市構造物に蓄熱させないのも有力な手段である。これには、構造物を熱容量の小さい物体で覆うことが考えられる。これは都市の熱的軽量化であり【KN7.07】で述べた。ここでは太陽熱を壁面に吸収させない手法を述べる。

最近、屋根等を対象として、高日射反射率塗料などの技術が進展している。従来、日射の反射には白い素材を用いる必要があった。道路などに白い色の素材を用いるのは安全面で問題があったが、色目はあっても日射反射率の高い塗料も開発されており、デザインの自由度が増えている。

なお、日射高反射素材は建物の冷房負荷を減らし、冷房しない建物内の熱環境を緩和する効果もある。工場などではこれらの点から採用され、副次効果としてHI緩和効果という社会貢献も果たしている。

緑のカーテンなどは蒸散効果も加わるため、好ましい方法である。冬期には落葉し、日射を建物に蓄熱できるならさらによいアイデアである。

> **＜ポイント＞技術の公的・私的効用と費用分担**
>
> 屋上に高日射反射塗料を塗布すれば、いろいろな効用がある。①冷房負荷が小さくなり、冷房機が小容量で安価になる、②冷房用エネルギー代の低減、③電気消費量低減による地球温暖化への環境負荷の低減、④屋根温度が低くなり大気熱負荷が低減、などが考えられる。ここで、①②は私的効用、③④は公的効用である。現在、後者は施主の善意の社会貢献として行われることが多い。
>
> しかし、本来、公的効用は公的費用で賄われるべきである。デマンドサイドシステム（DSS）技術者は、施主を説得してこのような技術の採用を進めてきた。しかし、施主の善意には限度があり、なかなか対策が進まないという現実がある。
>
> DSS技術者は、持続可能都市の実現のために、公的機関にも働きかけ、公平性に配慮した制度などの実現にも尽力せねばならない。

## 【KW7.11】 大気熱負荷と「ヒートアイランド熱負荷」

大気熱負荷は、地表面などから都市大気に伝わる熱であり、都市気温を高める。これは、自然地でも当然発生する。HIを起こす熱負荷（HI熱負荷）としては、自然地からの増分を考えるのが合理的である。

自然地として何を考えるべきかについて、筆者らは草地をとるべきことを提案している。図ー1に草地とアスファルト面の大阪の夏の典型的な1日の大気熱負荷の時間変化のシミュレーション結果を示す。アスファルト面のHI熱負荷は、自然地の大気熱負荷と同じくらいあり、2時間ほど時間遅れがあることがわかる。

なお、サイエンスの立場からは両者の違いは重要であろうが、対策を考えるエンジニアリングでは、大気熱負荷の削減とHI熱負荷の削減は同じであるので、「ベースは何か？」はあまり重要ではない。

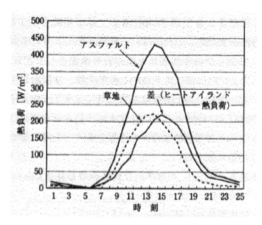

図ー1 大気熱負荷とヒートアイランド熱負荷

## 【KN7.33】 大阪では「20 W/m²」の大気熱負荷削減（HI対策にも行動目標が必要）

国の「ヒートアイランド対策大綱」を受けて、主要自治体ではヒートアイランド対策計画が立てられている。しかし、これらには大きな欠点がある。

計画には計画目標が設けられる。例えば、「○年までに都市の昇温を止める」「熱帯夜日数の○%の削減」などである。これらは、温度目標であり、環境目標である。これは結果であり、気温は変動するため、気温を指標とする計画の進捗度評価は不可能である。

地球温暖化（GW）対策計画と比較すると、課題は明確である。GW対策にも環境目標である温度目標はある。しかし、行動目標として環境負荷である温室効果ガスの排出量削減目標が設けられている。計画の進行管理は、行動目標で確実に行われている。すなわち、HI対策計画においても環境負荷削減に関する行動目標が設定されるべきである。

筆者は、HIの環境負荷である大気への熱負荷削減を行動目標とすべきことを提案している。なお、前述したように、"夜間の大気熱負荷削減量"について目標を定めるのが、当面の課題であろう。なお、筆者らのシミュレーションでは、大阪の熱帯夜を1970年代に戻すのに、平均12 W/m²必要という数値が得られている。これから面的開発では、少し多めに20 W/m²を熱負荷削減目標と考えている。

> **＜ポイント＞大気熱負荷に係るHIの原因の2カテゴリ**
>
> HIの原因には、都市大気への熱負荷の面から見た場合、少なくとも2つのカテゴリがある。一つは大気熱負荷の増加であり、「大気熱負荷増加型」である。もう一つは、大気熱負荷の拡散性能の低下、すなわち「拡散悪化型」である。例えば、東京の汐留地区の開発で、海風がブロックされることによる、気温の上昇が観測されている。
>
> なお、大気熱負荷増加型は、さらにソースによって二つに分類ができる。一つは地面等に吸収された太陽熱のフローが大気へ対流で伝わるもので、もう一つは都市で使われるエネルギーの結果としての熱である。
>
> 大気熱負荷によるヒートアイランド対策は、大気熱負荷増加型に関するものである。当面はこれでよいが、拡散向上型対策に関する評価手法の開発も必要である。これには、【KN7.28】で述べた「気温感度」の導入が必要であり、更なる研究が必要である。

## 【KN7.34】 100 m²の土地の住人は1晩でバケツ「1杯」の打ち水をしよう

夜間に20 W/m²の大気熱負荷の削減を蒸発潜熱で行う場合、24cc/(h·m²)の水を蒸発させねばならない。仮に、100 m²の土地に住んでいる人がこれを1晩（12時間）で実現しようとすれば、約28リットルとなる。おおまかには、バケツ1杯である。これは不可能な量ではない。市民がいろいろな水を、打ち水をすればよいことになる。なお、この水は土中に浸透させたり、下水に流下させないで、蒸発させることが肝要である。なお、屋根や庭、道路など撒き場所はいろいろあるが、自分たちも涼しさを感じられる（私的効用のある）ことが重要なポイントである。

> **＜エッセイ＞地球に、都市に住まわせてもらう義務を果たす**
>
> 今や、われわれは「この世に住まわせてもらうための義務を果たす」という発想が必要である。環境関連では、地球に住まわせてもらうのに「二酸化炭素排出を年○トン以下にする」、都市に住まわせてもらうには「大気熱負荷を○W/m²削減する」などが必要である。こういう視点から、われわれは必要な義務を果たすか、できなければ金銭を払い他者に委託することになろう。

### 【KN7.35】 夜間には一次破壊系熱は二次破壊系熱の「5～8倍」大きい

　HIを引き起こす環境負荷は熱である。この熱のもとには二種類がある。一つは太陽熱が地面を経由して大気に伝わる熱で、もう一つは都市で使われたエネルギーの廃熱である。前者は太陽熱のフローであり、後者は、化石燃料としての太陽熱のストックである。尾島俊雄教授は著書（NHKブックス「熱くなる大都市」1975）において、HIは自然のエコ太陽熱フローを破壊した結果として、前者を「一次破壊系」、後者を「二次破壊系」と呼んだ。

　実際の都市で、この両者の比率はどんなものであろうか。筆者らは実際の都市を対象に評価を行った（空気調和・衛生工学会編「ヒートアイランド対策」オーム社 2009）。

　これによると、人工排熱は都心の業務・商業地区で日中に、平均200～250 W/$m^2$、住宅地区で平均30～50 W/$m^2$である。夜間では、いずれも5～10 W/$m^2$程度であり、太陽熱フロー熱は、日中約100 W/$m^2$程度で、夜間は40 W/$m^2$程度であった。これらはもちろん各種条件に依存するので、概略値である。

　これらのデータをまとめると、日中では人工排熱は太陽熱フローによるHI熱負荷に対して、都心では倍程度、住宅地では1/2程度、夜間では後者が5～8倍程度と考えてよいであろう。

　ヒートアイランドが夜間現象とすれば、人工排熱よりも、日中に地面や構造物に蓄えられた太陽フロー熱が主原因と考えられる。

### 【KW7.12】 「大気熱負荷を基礎情報とするHI対策体系」の確立

　今まで、HI対策技術の評価は統一されておらず、各分野で勝手に行われていた。例えば、保水性道路では、表面温度が測られ、「アスファルト面よりも低い、よってこの道路はHIの緩和に有効」、また、緑地の気温を測定して「道路上より低温でHI緩和に有効」というように、各分野でまちまちであり、全くの分野内情報であった。そして、「この両者のどちらが有効か」が問われることもあまりなかった。

　これは、HIが「科学」的興味の対象であったからである。2005年に政府が「ヒートアイランド対策大綱」を定め、公式的に対処すべき課題とり、各自治体で、HI対策計画が策定されることとなった。HI対策計画は、「一定の予算で最大の効果を上げる」ことが目的であり、このような評価の現状ではHI計画など立てようがない。いろいろな分野の対策を相互比較できる「分野間情報」が必要である。

　筆者らは「大気熱負荷削減能」を使うことを提案している。そして、大気熱負荷を基礎情報とする対策体系の確立を提案している。

　たとえば、つぎのような課題を研究し、適切なツールを用意することが大事である。筆者らは、大阪で大阪HITECという産官学の協働の技術コンソシアムを立ち上げ、以下のような方向で地域の課題解決に取り組んできた（詳細はホームページ参照）。

⑴　**各地区の大気熱負荷削減目標を定める**

　これには、数値シミュレーションなどで熱負荷削減量を求めたり、〇年前に戻すなどで、必要な削減量を決定する。

⑵　**各対策技術の大気熱負荷削減能を用意**

　公的な機関などで、熱負荷削減能の認証をするなどの公平性があればよい。

⑶　**開発に対する数値目標を設定する**

　建築や地区再開発などの面的開発に対して、削減すべき大気熱負荷量を行政が決定する。

⑷　**目標達成度定量化支援システムの開発**

　建築などの面的開発にあたって、建物・敷地から発生する大気熱負荷を予測する計算プログラムを作成する。ここには、対策技術の性能データベースももっており、対策計画の支援ツールとして用いることができる。

## 【KN7.36】 ヒートアイランド対策の「2つ」のカテゴリ （緩和策と適応策）

地球温暖化対策にも緩和策と適応策の二つのカテゴリがある（【KN7.22】参照）ように、HIにもその両者がある。前者は都市の気温を下げる対策であり、後者は暑くなっても悪影響が出ないようにする対策である。2013年に政府のヒートアイランド対策大綱が改定されたが、対策の柱に適応策を加えた点が主な改定点である。前述（【KN7.27】＜エッセイ＞参照）したが、「熱帯夜日数の削減」は緩和策であり、「日中に都心にクールスポットを創出する」などは適応策である。

### ＜ポイント＞暑熱環境の評価指標としてのWBGT

WGBT（Wet Bulb Glove Temperature：湿球黒球温度）は、湿度、放射熱、気温の3因子を考慮した指標であり、暑熱環境中での労働や運動の環境指標として有効とされている。乾球温度 $T_a$、湿球温度 $T_{wb}$、黒球温度（黒塗りした中空球の中に挿入した温度計で求める）$T_G$ から求める。

◇屋外では　WBGT = $0.7 \times T_{wb} + 0.2 T_G + 0.1 T_a$
◇屋内では　WBGT = $0.7 \times T_{wb} + 0.3 T_G$

例えば、熱中症リスクの面から、運動の指針として、下表の指針がある（日本体育協会 1994）

| | |
|---|---|
| WBGT＞34℃ | 運動は原則禁止 |
| 34＞WBGT＞28℃ | 厳重警戒 |
| 28＞WBGT＞25℃ | 警戒 |
| 25＞WBGT＞21℃ | 注意 |
| 21＞WBGT | ほぼ安全 |

### ＜エッセイ＞HI対策は地球温暖化の適応策

ヒートアイランド問題が最近クローズアップされた理由に、地球温暖化効果も加わって、わが国の大都市の夏の熱環境がきわめて劣悪化した点が挙げられる。10年ほど前には、熱中症が注目を浴びることはほとんど無かったが、ここ数年、夏には熱中症患者が激増している。市民の関心はきわめて高いにもかかわらず、各都市の問題として、対策費がほとんど用意されていない。地球温暖化問題には、環境税が設けられて、資金的な裏付けをもって対策が講じられている。しかし、環境税はHI対策にはほとんど回されておらず、軽視とも言える状況である。

既述したように、最近の都市の熱環境悪化にはGWが原因の約半分を占める。また、最近は「GW対策に適応策も重視すべき」という基本的方向も認識されるようになっている。「都市住民は地球温暖化の被害者」という位置づけで、対策に環境税が積極的に割り当てられるための大義は十分に存在する。市民も関連技術者もこのような政策実現に向けて尽力して行かねばならない。

# 第8章

エネルギー関連のコストと
システムの経済的評価

# 第8章　エネルギー関連のコストとシステムの経済的評価

　消費者の立場からは、光熱水費は最も関心のある情報である。しかし、金額には興味があるが、内容を理解するのは困難なのが実情であろう。例えば、含まれている税額、電気やガス代の詳細もあまり理解されていないであろう。とくに最近はいろいろな料金メニューが用意されており、これも理解を困難にしている大きな要因である。このような状況では、上手な暮らしの実行はきわめて困難であろう。

　本章では、エネルギーコストに関する基本的な情報をいくつか紹介する。国全体の燃料の代金、各種燃料の料金の決定構造、各種発電方式の発電コスト、電力料金に占める燃料代の割合、などについてキーナンバーを挙げて解説する。なお、第2章で述べたように、最近シェールガスのような非在来燃料が市場に加わり、価格動向に不確定要素が加わり、しかも燃料が投機対象にされるなどしており、各種二次エネルギーのコストは日々大きく変動している。とくに最近は、原発停止の特異的な時期でもあり、具体的な定量データの表示は誤解を呼ぶなどの問題がある。また、二次エネルギーについては色々な料金メニューが作られており、単純に電気料金やガス料金を扱うことができない。この点は、「キーナンバー」としての本書の企画上の一つの悩みであった。これには、一部で、基本的な評価の枠組みのみを示し、「読者の状況に応じた料金を調べて、自分で料金比較をする」という演習題とする対応をとることにした。この点で、情報が不完全であることをご了解いただき、スマートコンシュマとしてご協力いただきたい。

　また、本章のテーマの一つは税金である。エネルギーにはいろいろな税金が乗せられている。ガソリン税は有名であるが、最近は二酸化炭素排出量に応じた環境税も徴収されている。世界の動向も含んで、環境税の基本も解説する。また、もう一つのテーマはライフサイクル評価である。エネルギー消費機器の経済的評価には、設備費（イニシャルコスト）とエネルギーコスト（ランニングコスト）の両者が関係する。両者にはトレードオフの関係があることが多い。このような場合には、ライフサイクル評価として、機器の製造から廃棄にいたるまでの全コストで評価する方法がとられる。金額評価が「ライフサイクルコスト」、二酸化炭素発生量であれば「ライフサイクル$CO_2$」評価などとなる。このライフサイクル評価についても、いくつかの数値情報を上げて解説する。

<本章での主な参考図書等>
①経済産業省編「エネルギー白書2014」、②日本エネルギー経済研究所計量分析ユニット編「エネルギー・経済データの読み方（改訂第3版）」省エネルギーセンター2011、③同「EDMCエネルギー・経済統計要覧」同2016

## 8.1 経済性

ここでは、基本情報として、わが国の輸入燃料の総額およびそのトレンドについてデータを紹介する。また、原発停止の経済的影響などを概観する。ついで、各種二次エネルギーのコストおよび、その決定のシステムを紹介する。また、家庭用の節電の金額的な寄与について述べる。ついで、税金として、ガソリン税と環境税を紹介する。そして、エアコンとストーブのような、家庭内の代替的手法のコストの比較なども紹介する。

### 【KN8.01】 わが国1人あたりの化石燃料輸入額は年「24万円」

日本の化石燃料輸入額は、つぎのように近年著しく増加している（参考③）。
- ◇ 2000年：8.6兆円　◇ 2002年：8.9兆円
- ◇ 2004年：11.2兆円　◇ 2006年：18.4兆円
- ◇ 2008年：24.5兆円　◇ 2010年：18.1兆円
- ◇ 2012年：24.7兆円　◇ 2013年：28.4兆円

最近の高騰化は著しい。主な原因は、単価高騰と円安である。もちろん、原発停止による化石燃料の増加も関係している（＜ポイント＞参照）。なお、2013年では、日本の総輸入額（84.6兆円）の1/3が化石燃料費であった。ちなみに、日本の食料輸入額は2013年で、約7.5兆円であり、エネルギー輸入額は食料の3.8倍である。この数値からも、わが国のエネルギー問題の重要性がわかるであろう。

昨今、エネルギーは投機対象の金融商品化しており、とくに最近は価格変動が大きく、今後の予測はきわめて難しい。2014年は、原油安で、数兆円の削減がなされたが、長期トレンドは価格上昇を示しており、楽観は禁物である。

わが国の化石燃料輸入額を一人当りにすると、2013年度で28.4兆円/1.2億人＝約24万円/(年・人)となる。

#### ＜ポイント＞原発停止による輸入額の増加

2011年の東日本大震災により、原発停止が起こり、発電は化石燃料で代替された。これによって、2013年で燃料費がどれくらい増加したであろうか。エネルギー白書2014によると、2008～2010年平均と比較して、①化石燃料による代替で70%の2.6兆円の増加、②燃料価格の上昇で20%の0.7兆円、③円安による増加10%強の0.5兆円、④ウラン燃料の削減で10%減の0.3兆円、で合計3.6兆円の増加、と見積もられている。なお、燃料費増の内訳は、LNGが1.9兆円、石油が1.8兆円、石炭が0.1兆円でいずれも莫大である。

#### ＜ポイント＞原発再稼働しないと、日本が赤字となる？

「①原発を稼働させないと日本の富が（燃料代として）失われ、困窮する」という主張に対して、「日本の赤字の主要因はそれではなく、原子力推進派の過剰宣伝」と批判されることがある。また、「②電気料金が上がると、庶民は困窮する」という主張もある。

どちらも、全てではないが、きわめて大きな要因の一つであることに間違いはない。なお、サプライサイドは①に賛成、②にも賛成であろう。攻撃的なデマンドサイドは、①に反対で、②に賛成、良心的なデマンドサイドは①と②の狭間で悩む、などいろいろな立場がある。

## 【KW8.01】 ベースは「原油価格」 一次エネルギーのコスト

いろいろな化石燃料のコストには、お互いに関連がある。ベースになっているのが原油価格であり、原油価格の変動に各エネルギーが追従するという構造である。

原油の価格は、1970年代の2度のオイルショック（【KN序.10】参照）で一挙に上昇したあと、1986年ころ暴落して、2003年くらいまで低価格で推移し、それ以後急騰するなど、複雑な変動を示している。原油は単なるエネルギーではなく、金融商品として投機の対象となるなど、価格動向は予測がきわめて難しい。

また、LNGの価格は、同じ熱量で比較した場合、原油とほぼ同一であったが、最近は原油の85％程度の価格となっている。一方、石炭（発電用の一般炭）は原油の25～50％の価格であり、相対的に安価である（エネルギー白書2014年）。

なお、燃料には品質があり、それによって価格が異なる。原油では重質油は安価である。また、石炭においても、製鉄用の原料炭は、発電用の一般炭よりも高品質であり、高価格である。

### ＜ポイント＞原油価格決定の構造

原油価格には先物価格と現物の1回の取引におけるスポット価格がある。もともと期間を定めて契約するターム契約が主流であったが、年々スポット取引が増えてきている。なお、ターム契約の価格もスポット価格とリンクして決まるようになっている。

原油には北米、欧州、アジアの三つの市場が形成されており、北米の「ニューヨーク原油先物」、欧州の「ブレント原油先物」、アジアの「ドバイ原油・オマーン原油のスポット価格」が三大指標である。日本を含むアジアでは、大部分を中東原油が占めている。

よく報道されるものとして、ニューヨークでの標準となる原油種であるWTI原油（West Texas Intermediate：西テキサス中質油）がある。これの先物価格は、原油価格の中で最も有力な指標である。単に、「ニューヨーク原油先物」と表記されることもある。

### ＜ポイント＞先物取引とは

先物取引とは、「先（将来）に商品を受け渡す」という条件で、売買の取引を行うものである。先物取引は、ほとんどがバーチャルな取引で、買って転売、売って買戻しをして差益をかせぐものである。市場では「差額」だけが、やりとりされる。この関係上、投機として利用されることが多く、原油価格の異常ともいえる大きな変動の要因の一つとなっている。

### ＜ポイント＞FOB価格、CIF価格

化石燃料のコストは、現地の価格や輸送後の価格など、いろいろな場所でのコストがある。よく使われるものとして、FOB（Free On Board）価格は積地引渡し価格である。CIF（Cost, Insurance and Freight）価格はFOBに運賃や船荷保険料を加えた価格である。

## 【KN8.02】 「二次エネルギーのコスト（熱量ベース）」（演習題）

われわれが使う段階でのエネルギー（二次エネルギー）のコストの比較は消費者にとって最も興味のある情報である。比較の基準として、熱量ベースで考えるのが妥当である。**表－1**に電気を含む各種燃料のMJあたりの単価の例を示す。なお、この表には単位量あたりの単価と、MJあたりの単価は記入していない。この点は本章のまえがきで述べたように、二次エネルギーのコストは色々な要因（資源価格の変動、地域、料金メニュー等）で変化するためであり、一般的な数値の提示は危険と考えたためである。この点は読者が自分の条件でのデータを調べ、表を完成し、量的な把握をしていただくことをお願いする。

ここで問題になるのは電力である。これには1次エネルギー換算値で評価する方法（【KN4.01】参照）もあるが、表ではとりあえず1 kWh = 3.6 MJ　としている。

表－1　燃料等の1MJあたりの単価

|  | 発熱量 | 単価 | MJ当り単価 |
|---|---|---|---|
| 灯油 | 36.7 MJ/リットル | 円/リットル | 円 |
| 都市ガス | 45.6 MJ/m³ | 円/m³ | 円 |
| LPG | 75.3 MJ/m³ | 円/m³ | 円 |
| 電気 | 3.6 MJ/kWh | 円/kWh | 円 |

注）都市ガスは13Aの家庭用、LPGはプロパン、電気は電灯用を想定

なお、筆者は自分の家庭の条件を中心としてこの表を完成させており、一般的な傾向としては、つぎのようになると考えられる。灯油は安価であり、LPGは13A都市ガスより数割程度高価のようである。電気は都市ガスよりは高くなるであろう。なお、これは電気ヒータで熱変換する場合であり、熱ポンプで熱変換する場合（【KN1.23】参照）は、COPにもよるが、都市ガスよりも安価になるようである。なお、ここではMJあたりの価格であったが、消費者が知りたいのはエネルギーサービスの価格（【KN8.08】【KN8.09】参照）であろう。

### ＜ポイント＞ガソリンのコストは水の約6割？

ガソリンと水の価格を比較してみよう。
- ガソリン　1リットル　150円
- 自然水　1リットル　200円
- ミネラル水　1リットル　400円
- ほんまや　1リットル　200円
（大阪市水道局のペットボトル水）
- 水道水　1リットル　0.5円
- 工業用水　1リットル　0.05円

上の値は色々な製品で色々な価格があるが、思い切った概略値である。なお、水道水料金は、基本料金と従量料金があるが、フラットレートの概略値である。また、水道料金には、下水道料金も含まれている。おおまかに言えば、下水道料金は上水道料金の6割程度のようである。

ガソリンは、中東からタンカーで運んで、精製して、各種税を乗せてこの値段である。これらのデータから、いかにエネルギーが安いかわかるであろう。確立されたインフラのおかげである。エネルギーは、国際競争力の維持のために、安くせねばならないであろうが、これらの数値からも、本当に安いのが現実である。

### ＜ポイント＞水は「健康」項目？

逆に言えば水が高すぎるとも言える。価格の高い水が商品になるのは、「健康」関連と考えられる。少なくとも、日本の上水道は十分の水質であるのに、多くのペットボトル水が流通している。水道水をペットボトルに詰めた「ほんまや」（正確にはさらに滅菌処理をしているらしい）はそれだけで400倍の値段になる（大阪市は赤字から、この事業を数年前に廃止）。

なお、日本でのペットボトル水の水量は約20リットル/（年・人）程度である。ちなみに、世界一はイタリア190リットル/（年・人）である。一方、ガソリンの国内消費は4,717万kリットル（2010年）であり、約400リットル/（年・人）である。

## 【KN8.03】 石油火力は他の燃料よりも「2倍以上」の発電コスト

東日本大震災のあと、将来の電源のあり方を検討するために、各種電源の発電単価の再検討が行われた。表－1に示す。

表－1　各種発電方式の発電単価（円/kWh）

|  | 2010年 | 2030年 |
|---|---|---|
| 原子力 | 8.9～ | |
| 石炭火力 | 9.5 | 10.3 |
| LNG火力 | 10.7 | 10.9 |
| 石油火力 | 22.1～36.0 | 25.1～38.9 |
| ガスCGS | 10.6 | 11.5 |
| 風力 | 9.9～17.3 | 8.8～17.3 |
| 地熱 | 9.2～11.6 | |
| 小水力 | 19.1～22.0 | |
| バイオマス | 17.4～32.2 | |
| 太陽光 | 33.4～38.3 | 9.9～20.0 |

エネルギー・環境会議コスト等検証委員会（2011年12月）

表には、一部に今後の見通しとして、2030年の推定値も示されている。化石燃料関連は、燃料費の上昇が見込まれており、再生可能エネルギーは技術の進展によるコスト低減が見込まれている。太陽光は、かなり大きな技術進歩が想定されている。

### ＜ポイント＞震災前後の原子力発電コスト評価

原子力の発電単価は震災前には5～6円/kWhとされていた（2010年資源エネルギー庁）。しかし、福島第1原子力発電所の事故を受けて、1つの発電所が500年に1回深刻な事故を起こす確率を想定し、そのとき5兆円が必要という仮定で1.6円の単価上昇が見込まれ7.6円/kWhとされた。

さらに、廃炉費用、再処理費用、高レベル放射性廃棄物処分費用、立地費用・研究開発費、事故リスク対応費用などを含んで8.9円/kWh～とされたようである（Wikipedia）。

### ＜ポイント＞事故費用1.6円/kWhの根拠

原子力発電の事故費用1.6円/kWhについて、推算をしてみよう。原発（100万kW）の稼働率を0.7とすれば、計算が合うようである。

5兆円/（500年×8760時間/年×100万kW×稼働率0.7）＝1.63円/kWh　となる。この場合、1兆円の増減は、約0.3円/kWh　となる。

### ＜ポイント＞福島第1原子力発電所事故の費用

いろいろな所で、被害推定がなされていたが、政府の委員会が2011年12月に被害額が5兆8000億円と公表していた。それ以後、公式のデータは公表されていないが、NHKニュースによって平成14年3月11日付けで11兆円を越えることが明らかにされた（NHK-NEWS-WEB）。その内容は、除染が2兆5,000億円、除染廃棄物の中間貯蔵施設の整備費用が1兆1,000億円、東電の行う廃炉と汚染水対策が2兆円、賠償が5兆円超、その他原発事故に起因する国や県の予算5,690億円で、11兆円超となる。なお、除染廃棄物の最終処分費用や事故対応に当たった公務員の人件費なども未算入であるなど、今後も更なる被害額の増大が想定される。すでに、上述の事故費用ぶんの単価上昇1.6円/kWhは、実績で倍以上になっている。

## 【KN8.04】 燃料費は電気料金の「約35%」

いろいろと話題になる電気料金であるが、その内訳の例を**表−1**に示す。これは電力10社の平均的な値（平成20年）とされている（資源エネルギー庁）。燃料費は約30%であるが、購入電力費（約14%）にも燃料費が含まれていると考えられるので、キーナンバーとしては約35%とした。

なお、このデータは東日本大震災前で、円高時代の値である。燃料費が高いときには、当然、燃料費の割合が高くなる。

表−2 電気料金の国際比較 （$/kWh）

| 国 | A.産業用 | B.家庭用 | 比B/A |
|---|---|---|---|
| 日本 | 0.12 | 0.18 | 1.50 |
| アメリカ | 0.07 | 0.11 | 1.57 |
| イギリス | 0.15 | 0.23 | 1.53 |
| ドイツ | 0.11 | 0.26 | 2.36 |
| フランス | 0.06 | 0.17 | 2.83 |
| イタリア | 0.29 | 0.31 | 1.07 |
| 韓国 | 0.06 | 0.09 | 1.5 |

表−1 電気料金の内訳

| 項目 | 単価（円/kWh） | % |
|---|---|---|
| 燃料費 | 5.04 | 31 |
| 人件費 | 1.56 | 10 |
| 修繕費 | 1.73 | 11 |
| 減価償却費 | 2.26 | 14 |
| 公租課税 | 1.17 | 7 |
| 購入電力費 | 2.28 | 14 |
| その他経費 | 2.35 | 14 |
| 合計 | 16.38 | 100 |

### ◆電気料金の国際比較

「日本のエネルギー費は高い」と言われる。**表−2**にいくつかの国の電気料金（2008年時点）を示す。産業用と家庭用に分けて示す。価格は為替レートにもよるため、単純な比較は意味がないが、日本が高めとは言えるであろう。また、各国とも、産業用を安くしている。これは、大口で、設備費が相対的に安くなるという理由づけがされているが、多分に産業界の国際的競争力への配慮もあると考えられる。表の中では、韓国の低料金が目立つが、これは国策で安く設定されている。（エネルギー白書2010）

### ＜エッセイ＞電気料金は総括原価方式で認可制

電気料金は、「総括原価方式」で計算される。これは、公共性の高い電気料金、ガス料金、水道料金の算定に使われる。

総括原価方式とは、エネルギー等を供給する原価に対して、一定比率の事業報酬を上乗せして算出する。算定方法は法律で定められている。東日本大震災の原発停止を受けて、さまざまな点が指摘されているところである。例えば、電力会社の「保有資産」に対して、3%を乗じた事業報酬を見て電気料金が決まる仕組みになっている。このため、資産が多いほど利益が上がることになる。

法律で定められた計算方式で算定され、国の認可を受けて、電気料金の改定がなされる。なお、燃料代などは短期的に大きく変動するため、これらに対処するため、3カ月毎に料金を自動的に改定できる仕組み（燃料費調整制度）となっている。ガス料金についても同様である。なお、航空運賃のサーチャージも同様の仕組みである。

## 【KN8.05】 ネガワットのコストはすべて「0円以下」?

発電（メガワット）コストは明快であり、データがいろいろ公表されている。一方、節電、すなわちネガワット（【KW4.01】参照）のコストは、機器の使い方も関係して曖昧であり、十分な情報が存在しない。

表-1に、家庭におけるネガワット手段と効果の例（九州電力ホームページのデータから作成）を示す。なお、計算上の設定などは、ここでは省略した。

この表で、投資を伴うものは、LED照明、電気カーペットの一部、こたつふとんくらいであり、あとはコストをかけない運用の項目である。すなわち、ここに挙げられたネガワットのコストはすべてマイナスであり、一方的に経済的にはプラスの項目である。

民生用のネガワットも省エネ投資という概念まで拡張すべきである。耐用年数前の買い替え、トップランナー機器への切り替え行為による省エネ情報も重要なネガワット情報であり、この場合、当然、ライフサイクルコスト評価で表示すべきであろう。また、表の値はある使い方の場合の推定値であり、「自分の家の使い方」では、効果が異なる。また、業務用エネルギー消費についても、同様の情報があるべきである。

このような点から、ネガワット情報については、そのあり方を十分吟味する必要がある。また、買い替えによる機能アップ情報（快適性、環境性能など）も併せて、買い替え促進を図る情報にも吟味が必要である。

表-1　節電手法と経済効果の例　（円/月）

| 機器 | 手法 | 効果 |
|---|---|---|
| 冷蔵庫 | 設定温度「強」→「中」 | 110 |
| | 壁から適切な間隔で設置 | 80 |
| | ものを詰め込み過ぎない | 80 |
| | 無駄な開閉をしない | 20 |
| | 開けている時間の短縮 | 10 |
| 照明 | LEDに切り替え | 160 |
| | こまめに消す | 40 |
| テレビ | 明るさの適正化 | 50 |
| | 見る時間の短縮（1時間） | 30 |
| 洗濯機 | まとめ洗いをする | 10 |
| 電気ポット | 長時間不使用時プラグ抜き | 190 |
| 温水洗浄便座 | 不使用時のフタ | 60 |
| | 便座暖房温度の低め設定 | 50 |
| | 洗浄水温度の低め設定 | 20 |
| パソコン | 不使用時の電源切り | 10 |
| 待機電力 | 不使用時のプラグ抜き | 520 |
| エアコン冷房 | 室温27℃→28℃ | 180 |
| | 必要時のみの使用 | 110 |
| | フィルターの清掃 | 80 |
| エアコン暖房 | 室温21℃→20℃ | 210 |
| | 必要時のみの使用 | 160 |
| | フィルターの清掃 | 80 |
| 電気カーペット | 設定温度「強」→「中」 | 730 |
| | 広さに合った大きさ選ぶ | 350 |
| こたつ | 設定温度「強」→「中」 | 190 |
| | 布団→上掛けと敷き布団 | 130 |

## 【KN8.06】 わが国のガソリン税は「リットル58円」

わが国では、ガソリンにリットルあたり53.8円のガソリン税がかけられている。これはきわめて大きな税率であるが、世界各国でも石油関連には同様の大きな税率がかけられている。表-1に各国のガソリンを含む石油商品の価格や税を示す。

表-1　各国の石油価格と税額の%
(2014年2月時点)

| 国 | ガソリン | | 軽油 | | 灯油 | |
|---|---|---|---|---|---|---|
| | $/リットル | % | $/リットル | % | $/リットル | % |
| 日 | 1.55 | 39 | 1.36 | 29 | 1.02 | 8 |
| 米 | 0.89 | 11 | 1.05 | 11 | - | - |
| 英 | 2.14 | 63 | 2.27 | 59 | 1.10 | 23 |
| 仏 | 2.09 | 58 | 1.81 | 51 | 1.23 | 24 |
| 独 | 2.06 | 58 | 1.89 | 50 | 1.15 | 23 |

エネルギー白書2014（ただし、税額はグラフから読み取った値である。ここでは、油の価格の%で表示している。)

石油本体の価格はアメリカではやや安いものの、その他の国ではあまり大きな差はない。価格差はほぼ税額に依ると考えてよい。税金に関しては、日本はこれらの国よりも低い設定になっている。欧州各国では、ガソリンの税率よりも軽油の税率が高く設定されている。灯油の税はわが国（石油・石炭税と消費税）では欧州各国よりも低くなっている。

### ◆ガソリン税の総額

わが国のガソリンの消費量は4,717万キロリットル（2010年）であり、関連する税の総額は、

4717万キロリットル×60円/リットル＝約2.8兆円

と巨額である。もっぱら道路財源に使われている。なお、2009年までは道路特定財源と位置付けられていたが、現在は、実態はともかく、一般財源と位置づけられている。

### ◆ガソリン税の暫定税率ぶん

また、ガソリン税の半分の25.1円は暫定税率ぶんである。2010年の税制改正で、「ガソリン価格が3カ月平均で160円を越えたときには、暫定税率ぶんが停止する」という条項も設けられている。しかし、東日本大震災の復興の財源にあてるため、「法律で決めるまで、この条項は発効しない」とされた。

### ◆タックス・オン・タックス

また、消費税はガソリン税ぶんも含んだ金額に対して、8%の税率がかけられている。これは、タックス・オン・タックスと言われる。この点の不合理も叫ばれているが、このような状態は他にもあり、必ずしも特殊ではない。この消費税ぶんも含めば、

$$53.8 \times 1.08 = 58.1 円$$

が、ガソリン税ということになる。

なお、軽油の場合は、軽油取引税32.1円ぶんには、消費税はかけられていないようである。これは、トラック業界に配慮したもののようである。

---

**＜ポイント＞燃料油にかけられるその他の税金**

燃料油には、石油・石炭税：2.04円／リットル、消費税は税を含む全体価格の8%（燃料価格150円で12円）である。なお、最近二酸化炭素排出量に応じた環境税も課されている。この税額に関しては次項【KN8.07】で述べる。

## 【KN8.07】 日本の環境税は二酸化炭素トン当たり「289円」

わが国では、平成24年4月に閣議決定された第4次環境基本計画で2050年までに温室効果ガスの80％削減を目指している。具体的な施策の一つとして、平成24年度税制改正において、地球温暖化対策のための税が創設された。租税特別措置法（石油石炭税［地球温暖化対策のための課税の特例］関係）の改正である。具体的には、化石燃料ごとの排出原単位を用いて、$CO_2$排出量1トン当たり289円になるように単位量あたりの税率を設定（表－1）している。

表－1　各燃料の環境税の額と従来の税額

|  | 石油<br>円/キロリットル | ガス<br>円/t | 石炭<br>円/t |
|---|---|---|---|
| 増税 | 760 | 780 | 670 |
| 従来税額 | 2040 | 1080 | 700 |
| 合計 | 2800 | 1860 | 1370 |

炭素の塊である石炭の税率が低く見えるのは、かさ比重（【KN1.16】参照）が関係しているものと思われる。なお、石油よりもガスの方が多く見えるのは単位の相違と、ガスにはLPGも含まれていることによる。

なお、課税は3年半をかけて段階的に行われ、この税率の完全適用は平成28年4月からである。

### ＜ポイント＞石油・石炭税

石油開発、備蓄等の石油政策の推進のための財源の確保を目的として1978年から、石油税として、石油製品および、ガス状炭化水素に課税されてきた。2003年に、石炭の課税も始まり、石油・石炭税になった。平成24年度からは、その特例として、地球温暖化対策のための税が上乗せされた。

なお、湾岸戦争が勃発した1991年には、多国籍軍への追加的支援90億円の捻出のため、1年間の「石油臨時特別税」が課されたこともある。

### ＜ポイント＞環境税の三つの効果

環境税の効果として、①価格効果、②財源効果、③アナウンスメント効果、の三つが挙げられている。①は価格が上がることにより、節約志向が強まる。②は税収をエネルギー起源$CO_2$排出削減のための諸施策に活用できる。③は国民に問題が周知され、地球温暖化対策への意識や行動変革を促すことである。

### ＜ポイント＞家計負担は世帯あたり年約1200円

上述の表－1は徴税側または、サプライサイドでのデータであり、デマンドサイドでどのようなことになるのかの情報が必要である。環境省では、総務省統計局の平成22年家計調査を基に世帯あたりの負担額が試算されている。表－2にそれを示す。これによると、地球温暖化対策税による追加的な家計負担は、世帯あたり、二酸化炭素4.25tで、年約1200円とされている。

表－2　環境税による負担の試算例

|  | 単価の上昇 | 年消費量 |
|---|---|---|
| ガソリン | 0.76円/リットル | 448リットル |
| 灯油 | 0.76円/リットル | 208リットル |
| 電気 | 0.11円/kWh | 4,748kWh |
| 都市ガス | 0.674円/$Nm^3$ | 214$Nm^3$ |
| LPG | 0.78円/kg | 89kg |

### ＜ポイント＞欧州各国の環境税との比較

日本の炭素税率は低いように見える。欧州の各国ではもっと高い炭素税を課している国があるが、燃料にかけられる全体の税額で考える必要がある。したがって、日本の環境税が少ないとは言えない。ポイントは税の使い方であろう。

## 【KN8.08】 風呂沸かしには約「20 MJ」のエネルギーが必要　(演習題)

エネルギーの値段（家庭用）として熱量あたりの単価については【KW8.02】で枠組みを示した。しかし、市民が知りたいのは、ある行為でどれくらいのエネルギー量と金額が必要かであろう。ここでは、例として、風呂の湯沸かしを取り上げ、エネルギー費を概算しよう。

1回の湯沸かしに必要な熱量は、

200リットル水 × 温度差23.9℃ × 比熱4.2 = 20 MJ（= 5.6 kWh）である。これと【KW8.02】から、表-1を得る。（データは各自で計算いただきたい。）

表-1　1回の風呂沸かしの燃料代（円）

|  | COP=1 | COP=3 |
|---|---|---|
| 電気 |  |  |
| 都市ガス |  | − |
| LPG |  | − |
| 灯油 |  | − |

なお、これらのデータには熱損失などが考慮されていない。仮に効率80%とすれば、2割増しになる。なお、効率は燃料によっても異なるため、詳細な比較のためには、さらに吟味が必要である。

計算結果は、つぎのようなものとなるであろう。電熱での風呂沸かしはコスト的には厳しいであろう。なお、夜間電力が使えればガスとほぼ同等、ヒートポンプ給湯器は、運転費は安価である。LPGはコスト高であり、都市ガスサービスのない地域の住人はLPGを使わねばならず、経済面で不幸である。灯油は比較的安価である。

なお、前述のように方式の経済性の比較には機器の価格も問題であるため、トータルの経済性（ライフサイクルコスト）で検討すべきである。また、機器の選定には各方式の環境負荷や安全性、その他の利便性にも配慮が必要である。

いずれにしても、目先の機器の価格だけで方式を決めることは慎むべきである。

## 【KN8.09】 エアコンの暖房費は石油の約「1/2」　(演習題)

暖房は家庭用エネルギーの中で、給湯に次いで第2のエネルギー用途である。自分の家でどの程度のエネルギーを使っているのか知っておく必要がある。ホームセンターなどで、簡易に消費電力を測定する電力計が販売されているので、購入して消費電力の測定をお勧めする。ガスに対しては適当な機器がないのが残念である。

筆者の概算によると、8畳間を対象とした暖房負荷は、断熱住宅で1.7 kW、非断熱住宅で2.9 kWであった。ここでは、2.5 kWとして、暖房エネルギー費を概算してみよう。なお、この値は設計用気象条件が仮定された最大負荷時である。ここでも、エネルギー単価は【KN8.02】の値を用いて各自計算いただきたい。

表-1　最大負荷暖房時のエネルギー費の概略

|  | コスト（円/h） | 備考 |
|---|---|---|
| 電熱 |  | COP=1の設定 |
| エアコン |  | COP=5と設定 |
| 都市ガス |  | − |
| 灯油 |  | − |

**＜ポイント＞消費者の意識**

暖房費について一般市民への筆者らによるアンケートによると、運転費のイメージとして「エアコンは高いと思う」という回答が多かった。機器代は高いし、電気も高価なエネルギーである。しかし、電気を有効利用した運転費の安い機器という点は十分に認知されていないようである。

## 8.2 ライフサイクル評価

　1970年代にオイルショックが起こった。当時のアメリカの大統領カーターは、「カーディガンを着て、暖房エネルギーを節減しよう」と訴えた。これに対して、野党共和党は、カーディガンを作るにもエネルギーが要ると言って協力を渋った。このように、ある行動の一面のみの評価ではなく、トータルのエネルギーの増減で評価すべきことは、重要な視点である。これ以後、エネルギーアナリシスとして、ライフサイクルエネルギー解析が行われるようになったと言われている。

　有名な例として、経済学者ジュージェスク・レーゲンの「原子力発電はエネルギーを生み出さない」論があった。これは、建設に大量のエネルギー（イニシャルエネルギー）が投入される原発が、加速度的に建設される状況の下では、エネルギーを生み出さないという主旨であった。ここでは、エネルギーを生み出すためには、ある程度の稼働率が必要であることなどが議論された。

　もともと、ライフサイクル解析は、コストの評価として「ライフサイクルコスト評価」が行われていた。イニシャルコストとランニングコストを加えたライフサイクルコストで財の経済性を評価しようとするものである。ふつう、投資回収年が使われることが多い。これはイニシャルコストを、ランニングコストの削減で回収できる年数である。産業界などでは、省エネルギー投資の回収年数が3〜5年が投資対象といわれた時期もあった。回収年数の短さも重要な指標ではあるが、耐用年数でのトータル評価であるライフサイクルコストの方が合理的と考えられる。これが、ライフサイクルエネルギー解析、ライフサイクル二酸化炭素解析などに拡張されて、システムの評価に使われている。

　いままで工学分野においては、「将来は今より良くなる」という右肩上がりの社会を反映して、現在時点での評価で十分であったが、今後はますますライフサイクル評価として、時間軸を内包する形でシステムを評価していく発想が重要なものとなっていくであろう。

　本節では、ライフサイクルエネルギー解析、ライフサイクル二酸化炭素解析の例を紹介して、システムの評価について、いくつかのキーナンバーを紹介するとともに、解説を行う。

---

### ＜エッセイ＞1℃の室温低下とカーディガンの比較

　上記のカーター大統領の「カーディガンを着て、省エネしよう」のエネルギー収支を計算してみよう。カーディガン1着を作るのに、原材料の羊毛の生産エネルギーも含めて、約2万kcalが必要である（科学技術庁資源調査会「生活用品のライフサイクルエネルギー消費」1994）。わが国の暖房用エネルギー消費は1世帯あたり300万kcal/年程度である。1℃の室温低下で10%の省エネになるとすれば、年あたり30万kcalである。カーディガンを6年使えば、この間の節減量は180万kcalである。一方、カーディガンに必要なエネルギーは5万kcal（世帯人数は平均として2.5人（【KN5.07】参照）とした）であり、後者は取るに足らない。カーター大統領は自信をもって政策を推進すればよかった。筆者は「お弁当の法則」と呼んできた。遠足に行くのに、弁当をもっていくと、荷物が重くなってお腹が空く。弁当をもって行かない方がよいだろうか？この例にも示すように、イニシャルエネルギーは特殊な例を除いて、それほど多くない。結論は単純である。「省エネ設備を導入して、省エネをどんどん推し進めよう」である。

## 【KN8.10】 ビル運用時の二酸化炭素排出はライフサイクル値の「2/3」

ビルのライフサイクルの二酸化炭素の排出について、ある試算結果（大成建設ホームページ）を**表ー1**に示す。

表ー1　ビルのライフサイクル二酸化炭素排出

| 項目 | 割合% | 小計% |
|---|---|---|
| 建設時建築 | 23 | 建設時 28 |
| 建設時設備 | 3 | |
| 建設時工事 | 2 | |
| 運用時建築 | 4 | 運用時 69 |
| 運用時設備 | 3 | |
| 運用時工事 | 0.1 | |
| 運用エネルギー | 62 | |
| 解体工事 | 3 | 3 |

「建設時」は材料に内包されたエネルギーによる二酸化炭素である。建築に関しては、建設時の二酸化炭素が約1/3とかなり多い。したがって、これらの節減も重要な課題である。この点は後述の家電製品などと大きく異なる点である。また、建築を永く使うことも重要な視点である。しかし、最も多いのはやはり運用エネルギーであり、約2/3を占める。

その資料によると、1年あたりのLCCO$_2$の削減効果として。省エネ（運用エネルギーの削減）で17％、長寿命化で17％、エコマテリアルの利用1.3％、フロン処理の適正化で4％、廃棄物削減で0.3％の効果があるとしている。建築においては、省エネと長寿命化が主要対策と考えてよい。

## 【KN8.11】 建築部門の二酸化炭素排出は全体の「40％」以上

わが国にはいろいろな業界があるが、建築部門は温暖化ガスの発生に関して、最大の関連分野である。1985年、90年、95年における建築由来のわが国の二酸化炭素排出量をライフサイクル分析した結果の概要を**表ー1**に示す（漆崎昇、大阪大学博士学位論文2002）。

表ー1　わが国の建築由来の二酸化炭素排出割合（％）

| | 1985 | 1990 | 1995 |
|---|---|---|---|
| 家庭部門 | 11.8 | 11.7 | 13.0 |
| 業務部門 | 9.4 | 10.3 | 11.4 |
| 間接 | 19.2 | 20.8 | 18.3 |
| 総計 | 40.4 | 42.7 | 42.7 |

表からわかるように、建築部門は、40％強というきわめて大きな二酸化炭素排出部門である。なお、「家庭部門」と「業務部門」は、それぞれの中の設備や機器で使われるエネルギーに起因する、直接ぶんである。「間接」は資材製造、二次加工、資材の輸送、施工時に投入されるエネルギーに起因する二酸化炭素排出である。

建築は間接部分の比較的多い分野である。したがって、つくり上げるビルや住宅での省エネルギーだけでなく、建設に関わる間接投入エネルギーにも十分な配慮が必要である。

## 【KN8.12】 家電製品のイニシャルエネルギーはライフサイクルの「10%」程度

家電製品のライフサイクル評価の研究も多く行われている。一例として、城戸由能氏らの結果（1994）を、大きく直接エネルギー消費（使用）とその他に分けての抜粋を**表−1**に示す。

洗濯機の間接エネルギーの比率がやや高い。これは、直接使用エネルギー量が低いためである。その他は90%程度以上であり、エネルギー削減問題は、直接使用エネルギーの削減問題と考えてよい。すなわち、少なくとも家電製品に関しては、ライフサイクルで考える必要はあまりなく、「省エネルギー機器の導入と使い方」が解と考えてよい。

表−1 家電機器の年間LCEの例［MJ/(台・年)］

|  | 使用① | その他② | 計③ | ①/③ |
|---|---|---|---|---|
| テレビ | 1,810 | 110 | 1,920 | 0.94 |
| 冷蔵庫 | 3,060 | 300 | 3,360 | 0.91 |
| 洗濯機 | 687 | 120 | 807 | 0.85 |
| エアコン | 14,400 | 330 | 14,730 | 0.98 |
| 掃除機 | 227 | 38 | 260 | 0.87 |

注）城戸の結果をMJに変換

## 【KN8.13】 次世代冷媒のGWIは直接ぶんが「1/5」以下

冷凍機やエアコンに使われる冷媒は、オゾン層の破壊問題以前は、もっぱらフロンが使われていた。オゾン層の破壊を止めるために、国際的な取組みが行われ、オゾン層を破壊しない代替フロンが開発された（【KN7.24】参照）。

しかし、それらは地球温暖化ガスであったところから、現在はオゾン破壊係数がゼロで、地球温暖化に負荷の少ない次世代冷媒が検討されている。

候補冷媒としては、合成品としてR32、R1234yf/ze、R1234yfなどの混合冷媒があり、自然冷媒としてR290（プロパン）、R744（$CO_2$）、が挙げられている。現在、次世代冷媒の本命を絞り込むためのいろいろな検討がなされている。

地球温暖化への影響の評価には、そのガスの直接的な温暖化効果、すなわち、漏えいしたときの影響と、その冷媒を用いた冷凍機（エアコン）が消費する電力に起因する二酸化炭素による、間接的な温暖化効果の両者の検討、すなわちライフサイクルの温暖化効果の検討が不可欠である。後者では、その冷媒を用いたときの機器の効率（COP）が問題となる。

現在、先進国でエアコンに使われているR410Aに対して、**表−1**に示すように、次世代冷媒の効果は35%程度の削減が推定されている。直接ぶんはかなり減るが、間接分（エアコンでの使用電力ぶん）の比率がメインとなることがわかる。

表−1 空調用の候補冷媒のGWIの比較
注）R410Aの値を1とする相対値

| 冷媒候補 | 効率 | GWI（直接、間接） |
|---|---|---|
| R410A 高効率モデル | 1 | 1 (0.44,0.56) |
| R32 | 1.02 | 0.65 (0.11,0.54) |
| R1234混合 | 0.90 | 0.68 (0.07,0.61) |
| プロパン | 0.85 | 0.65 (0,0.65) |

（ダイキン工業の資料）

# 付録

## 熱と仕事の相互変換
## (工業熱力学のさわり)

# 付録A　熱と仕事の相互変換（工業熱力学のさわり）

　本書では、エネルギーの用途として、主として熱と動力を考える。熱は燃料を燃やすことによって容易に得られる。これは化学エネルギーから熱エネルギーへの変換であり、誰でも知っているプロセスである。問題は熱から動力への変換である。これには、①熱から動力をいかにして取り出せるのか？
　②どれくらい取り出せるのか？　の二つの問題がある。①については、自動車のエンジンなどに身近なプロセスがあり、原理は理解できるであろう。しかし、②については、工業熱力学に関する理論的な知識が必要である。したがって、熱と動力の相互比較を正しく行うには、②についての正しい理解が不可欠である。

　この付録Aでは、関連する原理をできるだけ平易に解説する。ここでは、作業流体として、理想気体を考え、シリンダー・ピストンの閉じた系、タービンなどの流れ系の機械を用いて熱から仕事を取り出す方法および、取り出せる仕事量について解説する。

　なお、ここではキーナンバーにこだわらないで、事項の解説を中心とする。エネルギーとしての熱の特徴、熱エネルギーからどれだけの仕事が採れるのかなどを述べる。また、エネルギーの質の概念の理解のためのエントロピー、エクセルギーとアネルギー、不可逆過程とエントロピーの関係、などを解説する。これは工業熱力学のさわりである。

　なお、逆に仕事を熱に変換する場合もある。これを合理的に行う機器が熱ポンプであり、熱ポンプサイクルの理解が必要である。これは理論的には熱機関サイクルを逆方向に回すだけで対応できる。ここでは、逆カルノーサイクルのみを簡単に説明し、ヒートポンプや冷凍機、冷房機については1.4.2、1.4.3で述べている。これらの内容は、機械工学を専攻した人には復習となるが、建築工学などの出身者は、少し馴染みのない分野と思われる。これを機会に、感じだけでもつかんでいただければ幸いである。

　なお、この付録の内容と、1.4節の内容に一部の重複があるが、この点はご容赦いただきたい。

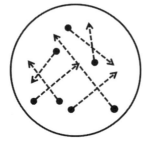

＜参考とした主な書籍等＞
①谷下市松「基礎熱力学」裳華房 1988、②石谷清幹（編著）「熱管理士教本（エクセルギーによるエネルギーの評価と管理）」共立出版 1977、③中西重康、小松源一「熱力学入門」山海堂 1998、　その他は本文中に記載

## A.1　理想気体の状態変化（熱力学の第一法則）

　本節では、比較的単純な、高圧空気のもつ圧力のエネルギーから仕事を取り出す方法を取り上げ、工業熱力学の説明をする。つぎのような項目、◇ボイル・シャールの法則　◇ガス定数とは何か　◇状態線図としてのPV線図　◇シリンダー・ピストンの閉じた系での理想気体の状態変化と仕事の出入り　◇流れ系とエンタルピー　◇絶対仕事と工業仕事　などについて解説を行う。上の各項目に対して、自分の言葉で説明いただけるようになっていただければ幸いである。

　本項はやや専門的である。しかし、高校の物理の基本の復習程度であり、エネルギーを理解するための基本的事項である。ここでは、厳密性を多少犠牲にして、できるだけ平易な解説に努めた。

> **＜ポイント＞理想気体とは**
> 　理想気体は分子間の距離が分子の大きさよりも十分大きく、分子間引力や分子の大きさによる影響が無視できる気体である。ガスが希薄なほど理想気体の仮定はよく成立する。大気圧下でそれほど高温でない空気や燃焼ガスなどは、実用上、理想気体として扱っても問題はない。理想気体にはつぎのような性質がある。(1) ボイル・シャールの法則が成立する。(2) 比熱は一定である

### 【KW-A.01】　熱力学が対象とする物体または系に関する用語

　熱力学で対象とするものを「物体」という。物体の集まりが「系」である。系は「境界」で囲まれた「領域」内にあり、その外側が「周囲」または「外界」である。物体は境界を通して、周囲と熱や仕事を交換する。

　具体例として、**図－1**のような、シリンダー・ピストンの中に入った気体を考えよう。気体が物体であり、系である。この場合、系は1つの物体から成っている。シリンダー壁を通して周囲との間で熱が出入りし、ピストンを介して圧縮・膨張仕事が周囲と交換される。

　なお、**図－1**のような、物体（系）を「閉じた系」と言う。この場合、物体は周囲と隔離されており、出入りはない。なお、シリンダーの弁を開いた場合などで、物体の一部が周囲とつながったような系を「開いた系」という。

　また、**図－2**のタービンのように、流体（物体）が流れ込んで、流れ出ていく系も扱われる。これは開いた系であるが、流入・流出があり、この変化過程を「流れ過程」、系を「流れ系」という。この場合、ふつうは定常的な流れ系が扱われる。

　物体の状態が変わることを「変化」といい、変化の連続を「過程（またはプロセス）」という。なお、変化と過程はどちらも同じように使われることが多い。また、変化や過程に条件をつけて、例えば「断熱変化」、「流れ過程」などと呼ばれる。

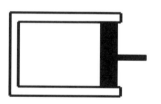

図－1　閉じた系

図－2　流れ系

### 【KN-A.01】 一般ガス定数は「8.31 kJ/(kmol·K)」（ボイル・シャールの法則）

空気などの気体は、加熱・冷却、膨張・圧縮などのさまざまなプロセスを経て、状態が変化する。

気体の状態は、状態量（温度、圧力、容積など）で表される。各状態量は独立ではなく、状態量間にいろいろな関係式（状態方程式）が存在する。たとえば、理想気体では、つぎの有名なボイル・シャールの法則が成立する。

$$PV = mRT = (m/M)\bar{R}T \quad (R = \bar{R}/M)$$

ここで、P：圧力 $[Pa=J/m^3]$、V：体積 $[m^3]$、T：絶対温度 $[K]$、m：質量 $[kg]$、M：分子量 $[kg/kmol]$ である。なお、R はガス定数 $[J/(kg·K)]$、$\bar{R}$ は一般ガス定数 $[J/(kmol·K)]$ と呼ばれる。

ガス定数 R は、「1 kg の気体が単位温度上昇に伴う膨張に際して、内部圧力と均衡している外圧を押しのける膨張仕事 $[J]$」である。一般ガス定数は、1 モルの気体についてのそれである。1 モルの気体の占める体積は、ガスの種類によらないため、温度上昇による体積変化は同一（膨張率 = 1/T）である。このことから、一般ガス定数 $\bar{R}$ はガスの種類によらない。なお、気体の体積は分子量に反比例して小さくなるので、各気体のガス定数は分子量に反比例して小さくなる。

一般ガス定数 $\bar{R}$ は、8.3143 kJ/(kmol·K) である。ガス定数はこれを分子量で割ればよい。たとえば、酸素 $O_2$ は分子量 32 $[kg/kmol]$ であるから、8.3143÷32 = 0.2598 $[kJ/(kg·K)]$ である。

空気は混合気体であるが、分子量 28.95 の気体として、ガス定数は 0.2872 $[kJ/(kg·K)]$ である。

密度の大きくない気体は理想気体で近似でき、大気圧程度の空気、大気中の水蒸気などは実用上ボイル・シャールの式に従う。

ボイル・シャールの法則からつぎのようなことが言える。

◇等温であれば、圧力と体積は反比例する
◇等圧であれば、体積と絶対温度は比例する
◇体積一定では、圧力と絶対温度は比例する

#### <ポイント>単位量あたりの状態量は"比"をつけて呼ばれる

状態量には量に比例する「容量性状態量」と量に無関係の「強度性状態量」がある。前者には、体積（容積）、内部エネルギーをはじめ、後述のエンタルピー、エントロピーなどがある。後者には、温度、圧力などがある。なお、容量性状態量は、単位質量あたりの値で示されることが多い。これには、頭に"比"を付けて表される。また、量記号は小文字で表される。例えば、容積 V に対しては、比容積 v $(m^3/kg)$、同じく、比内部エネルギー u $(kJ/kg)$、比エンタルピー i $(kJ/kg)$、比エントロピー s $[kJ/(kg·K)]$ などがある。なお、「比○○」は強度性状態量である。

#### <ポイント>気体の状態は2つの状態量で決まる

状態量には、温度、圧力、容積、内部エネルギー、エンタルピー、エントロピーなどがある。状態量はさまざまなプロセス（膨張・圧縮、加熱・冷却など）によって値が変化するが、状態量の間には状態方程式があり、独立した2つの状態量が決まれば、すべての状態量が決まる。

本文のボイル・シャールの法則　$PV = mRT$　も状態方程式の一つである。

なお、後述のように、内部エネルギーとエンタルピーは温度のみの関数であり、温度とは独立ではない。

#### <ポイント>状態図

二つの状態量で状態が決まるため、横軸と縦軸に独立な二つの状態量を目盛れば、気体の状態を点で、変化を線で表すことができる。代表的なものに、PV 線図（【KW-A.03】）、TS 線図（【KW-A.13】項参照）などがある

## 【KW-A.02】　シリンダー・ピストンによる「仕事の取り出し」

　自動車のエンジンのようなシリンダー・ピストンにより、エネルギーをもった気体から仕事を取り出す方法を解説しよう。ここでは、図－1のような、シリンダーの中にある圧縮空気を考える。

　熱力学では、準静的変化を前提にする。すなわち、簡単化のため、ピストンの外側から内部圧力Pと釣合う力Fで押している状況を想定する。釣合った状態でほんの少し（微小）だけ内部圧が高く、ピストンが微小速度で右に動く場合が、準静的膨張である。

　シリンダーの面積を A とすると、中の圧力Pと釣合う力 F は、つぎのようになる。

$$F = P \cdot A$$

　仕事は、「力 × 動かす距離（【KN1.01】項参照）」である。ピストンは右へ動いて、F に抗して仕事をする。$\Delta X$ だけ動いたときの仕事 $\Delta W$ は

$$\Delta W = F \cdot \Delta X = P \cdot A \cdot \Delta X = P \cdot \Delta V$$

一般に P は変化するため、微分表示をすると

$$dW = PdV$$

となる。なお、$\Delta V$、$dV$ は体積の変化である。ピストンをある距離動かしたときの仕事は、積分によって求まり、次式となる。

$$W = \int PdV$$

　なお、上ではシリンダー内の一方向の膨張を考えたが、任意形状の気体が膨張するときも、圧力は界面に垂直にかかるため、これらの式は一般的なものである。

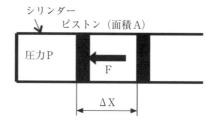

図－1　ピストンによる仕事の取り出し

## 【KW-A.03】　「PV 線図」は仕事の出入りの理解に便利

　代表的な状態線図として、最もよく使われるのがPV線図である。図－1のように、縦軸に圧力P、横軸に体積Vをとった線図である。

　例えば、ボイル・シャールの法則

$$PV = mRT$$

をもとに考えると、図に示すように、

①等温変化：PV ＝ 一定（双曲線）、②等容変化：V ＝ 一定、③等圧変化：P ＝ 一定　などとなる。

　PV線図の便利な点は、図に示すように、横軸がピストンの位置に対応し、気体をシリンダー・ピストンの中で膨張させて仕事を取り出したりするときの仕事の出入りの理解が容易になる。前述のように、圧力Pで体積がdV変化するときの仕事dWは

$$dW = PdV$$

となる。PV線図では、図－2に示すように、変化線の下の面積（$\int PdV$）が、気体が外部と交換する仕事となる。

　図－2で、ある点Aからの変化を考えよう。

◇右への変化（dV > 0）

　体積が増えるから膨張であり、面積 $\int PdV$ はプラスとなり、これは外部になす仕事である。

◇左への変化（dV < 0）

　体積が減るから圧縮であり、面積 $\int PdV$ はマイナスであり、これは外部から受ける仕事である。

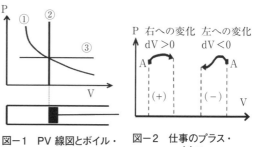

図－1　PV 線図とボイル・シャールの法則

図－2　仕事のプラス・マイナス

## 【KW-A.04】 「絶対仕事」は一回のみ、「工業仕事」は継続的（エンタルピーIの解説）

工業的に有用な仕事は、必要なだけ継続して取り出せるものでなければならない。流れ系の機械であるタービンなどは、この要件を満たしている。問題はシリンダー・ピストンの場合である。例えば、タンクの中の圧縮空気を使って、車をある距離走らせるには、ピストンを元に戻すなど、繰り返し操作が必要である。これをサイクルという（【KW-A.09】参照）。

このような継続的に取り出す仕事を「工業仕事」といい、1回の膨張など、ある単一プロセスの間の仕事 $\int PdV$ を「絶対仕事」と呼ぶ。

シリンダー・ピストン系から取り出す工業仕事を具体的に例示しよう。動力源として、十分大きなタンクに入っている圧縮空気を考えよう。まず、シリンダーに高圧空気を取り入れ、仕事を取り出すために膨張させる。さらに、継続のためには、膨張を終わった空気を外に押し出し、ピストンを元の位置まで戻す必要がある。

図-1のPV線図でこのプロセスを表現する。タンクは十分大きく、一定圧力$P_1$の空気があるとしよう。はじめ、ピストンは左端にある（V=0）とする。給気弁を開いて、$V_1$まで$P_1$の空気を注入する。この時ピストンで仕事が取り出せる。それは、$P_1V_1$である（面積a1d0）。弁を閉じて圧縮空気を大気圧$P_2$まで断熱膨張させる（体積$V_2$）。この時は、$\int PdV$ の仕事が取れる（面積12cd）。断熱変化では内部エネルギーが使われて仕事になる（【KW-A.06】参照）ため、これは$U_1 - U_2$となる。継続するには、空気を追い出して、ピストンを左端に戻さねばならない。これは、大気圧$P_2$の等圧で空気を押し出す。これに必要な仕事は$P_2V_2$となる（面積2b0c）。ここで、$P_1V_1$, $P_2V_2$は「押し込み仕事」と呼ばれ、ある圧力で気体をある体積だけ押しのける仕事である。結局、継続的に取り出せる仕事は、図のa12bの面積となり、次式となる。

$$Wt = (U_1 + P_1V_1) - (U_2 + P_2V_2)$$

このように、工業仕事では、U+PVがセットとなる。U、P、Vは状態量であり、I = U + PVも状態量である。これを、「エンタルピー」と呼ぶ。エンタルピーは、流れ込んだり、流れ出る流体がもつエネルギーと考えてよい。すなわち、流れ系で「ある断面を流れる流体のエネルギー」が、エンタルピーである。

◇ $dI = c_p m dT$ の関係があり、温度変化に定圧比熱の値を乗じてエンタルピー変化は計算できる。理想気体では、エンタルピーも内部エネルギーと同様に、温度のみから決まる。

◇タービンのような回転動力機（流れ系）であれば連続的に仕事が採れる。なお、この場合も断熱過程で取り出せる仕事は、作業流体の機械の出入り口のエンタルピー差で求めることができる。

すなわち、ピストンにしてもタービンにしても、断熱膨張で状態1から状態2までの変化過程で採り出せる工業仕事は、

$$Wt = I_1 - I_2 \quad である。$$

◇シリンダー・ピストンを使った工業仕事も、マクロに見れば流れ系である。ともに出入り口のエンタルピー差が工業仕事になるのは当然である。

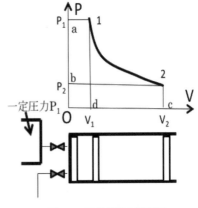

図-1　工業仕事の説明図

## 【KW-A.05】 エネルギー保存則は熱力学では「第一法則」と呼ばれる

エネルギーは不生不滅であり、あるプロセスの前後で、形態は変わっても総量は変わらない。これがエネルギーの保存則である。

この原理を熱と仕事と気体等が保有する内部エネルギー（【KN1.02】参照）の関係に適用したのが、熱力学の第一法則である。

◆閉じた系の場合

ある気体が外部と交換する熱量をQ、仕事をW、気体の内部エネルギーをUで表わそう。これらはすべて同じエネルギー量の次元[J]である。ここで、Q＞0は問題とする気体が外部から受けた熱量、W＞0は気体が外部になした膨張仕事である。

熱力学第一法則はエネルギー保存則であり、ある気体が「受け取った熱dQは、外部になした仕事dWと内部エネルギーの上昇dUとして保存される」ことを表す。なお、dが付いているのは、微小量を意味する微分表現である。閉じた系でのエネルギー保存則は次式となる。

$$dQ = dU + dW$$

なお、$dW=PdV$であり、$dU = c_v mdT$である。

また、ある有限の変化（状態1→状態2）に対する第一法則の表現は次式となる。

$$Q_{12} = U_2 - U_1 + W_{12}$$

ここで、$Q_{12}$と$W_{12}$は1→2の変化の間に受けた熱と外部になした仕事であり、これらは状態量ではないため、2点の差では表現できない。

◆流れ系の場合

流れ系の場合の熱力学の第一法則の表現は、定常系において、図－1のように、流れ系機械の「入口から入るエネルギー」と「出口から出るエネルギー」の差が、「系から外へ取り出した熱と仕事の和」に等しいとなる。

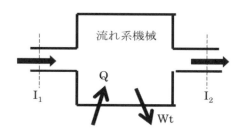

図－1　流れ系機械における収支

なお、出入り口での運動エネルギーと位置のエネルギーの差も問題ではあるが、一般にこれらは無視できる。前項で示したように、流れ系の断面を流れる流体のエネルギーがエンタルピーであることから、エネルギーの保存の式は次式となる。

$$Q = W_t + (I_2 - I_1)$$

これが、流れ系における熱力学の第一法則である。

熱力学の第一法則
　もらった熱量Q
　　＝外部への仕事W
　　　＋内部エネルギーの増加ΔU

流れ系の熱力学の第一法則
　もらった熱量Q
　　＝外部への工業仕事Wt
　　　＋エンタルピーの増加ΔI

### <ポイント>絞り変化は等エンタルピー変化

パイプの中を流体が流れるとき、図－2のような流路を狭くした場合を絞りという。パイプは断熱されているとする。熱も仕事も出入りがないため、流体のもつエネルギー（エンタルピー）は前後で変わらない。これが、絞り過程の第一法則的見かたである。第二法則的見かたは後述する。

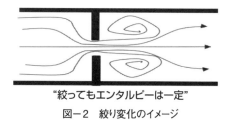

"絞ってもエンタルピーは一定"
図－2　絞り変化のイメージ

## 【KW-A.06】 代表的な「変化プロセス」

空気などの変化プロセスにはいろいろなものがある。理論的な考察によく使われるものには、等温変化、等圧変化、断熱変化などがある。

これら代表的な膨張、圧縮プロセスのときの熱と仕事の出入りや、内部エネルギーの増減の関係を、第一法則（$dQ = dU + dW$）によって概観しよう。

(1) **断熱変化（$dQ = 0$）** では、
$$-dU = dW　であり、$$

◆気体が膨張（外部に仕事をする）→ 内部エネルギーが減少する（温度が下がる））。このプロセスでは、内部エネルギーが使われて仕事がなされる。

◆気体が圧縮（仕事を受ける）→ 内部エネルギーが増加する（温度が上がる）。ここでは、受けた仕事がすべて内部エネルギーの増加になる

(2) **等温変化（等内部エネルギー変化）** では、
$$dU = 0　で、dQ = dW　である。$$

◆気体が膨張（外部に仕事）するとき、変化の間に外部から受けた熱がすべて外部への仕事にまわされる

◆気体が圧縮される（外部から仕事を受ける）ときは、変化の間に受けた仕事を熱として外部に出す。

PV線図（図－1）での変化の表現は、等温や等圧はボイル・シャールの法則から簡単にわかる（＜ポイント＞参照）ので、ここでは断熱変化の場合だけを解説しておこう。

空気などの断熱変化では、PV線図上での関係は、$PV^\kappa = $一定 となる（式の導出は省略）$\kappa$ は比熱比で、$\kappa > 1$ である（【KN1.04】参照）。したがって、PV線図で、断熱変化の際の変化線①は、等温変化線（$PV=$一定）②より変化が急である。

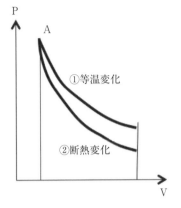

図－1　PV線図

### ＜ポイント＞ポリトロープ変化

PV線図で$PV^n = $一定の変化を、ポリトロープ変化という。ポリトロープ指数nは任意の数値であり、PとVの関係が指数関数的な変化をするというものである。そして、$n = 0$が等圧変化、$n = 1$が等温変化、$n = \kappa$が断熱変化、$n = \infty$が等容変化となる。

すなわち、ポリトロープ変化で理論を作っておけば、nにそれぞれの値を代入することにより、いろいろな変化に対する式が得られる。

### ＜ポイント＞大気は100m上昇で、約1℃気温低下

短時間の気象現象は断熱変化と考えてよい。空気が上昇すると、上空ほど圧力が低いため、断熱膨張する。内部エネルギーが膨張仕事に使われ、内部エネルギー、すなわち、気温が低下する。大気は圧力の関係から、100m上昇すると約1℃気温が低下する。これは、大気の断熱減率と呼ばれている。空気が降下するときは、逆に同じだけの気温上昇が起こる。この断熱変化が、上空ほど大気の温度が低い一つの理由である。なお、標準的な大気（静止状態）の気温減率は、100mの高度で、0.6℃である。この差がさまざまな気象現象を引き起こす（詳しくは【KN7.03】【KN7.04】参照）。

## A.2　熱から仕事を取り出す

　前節では、温度や熱のことを考えないで、圧縮空気の圧力にのみ注目して、仕事を取り出す方法を考えた。ここでは、理想気体を作業流体として、熱から仕事を取り出す方法を考えよう。ここでは、熱源からの熱、例えば、ヤカンの中のお湯の熱や、カイロの熱から仕事を取り出す方法である。もちろん、実際にはこのような低レベルの熱源から仕事をとることは非現実的であるが、思考実験として、手法の理解のための原理的な解説をしよう。まず、熱エネルギーが他のエネルギー形態と異なるエネルギーであることから説明する。そして、熱から継続的に仕事をとる熱機関サイクルについて解説し、もっとも基本的かつ重要なカルノーサイクルを解説する。

---

### 【KW-A.07】　熱エネルギーは「無秩序エネルギー」

　「熱とは何か？」これは中世ヨーロッパで長年をかけて明らかにされた課題である。それまで支配的な考え方であった熱素説（＜ポイント＞参照）が覆され、熱は仕事と同じくエネルギーの一形態であることが明らかとなった。前述の熱力学第一法則が示すように、熱は仕事にもなり、仕事は熱にも変換できる。

　物体がもつ熱エネルギーは、エネルギーの一形態であるが、「内部エネルギー」と言われるように、他のエネルギーとは異質である。前述のように、すべてのエネルギーは最終的には熱エネルギーに変換され、無用なものとなり、環境中に霧散していく。

　内部エネルギーは分子のランダムな運動エネルギー（並進・回転・振動のエネルギー）であり、いわば無秩序エネルギーである。仕事をする能力であるエネルギーは、秩序の下に存在する。例えば、位置のエネルギーは重力の下で「高・低」という秩序、電気エネルギーは「＋・－」という秩序の下に存在する。

　無秩序エネルギーである熱エネルギーからは、直接仕事を採ることはできない。たとえば、熱帯地方の空気の内部エネルギーは極地方の空気のそれより大きいが、空気のみからは仕事は採り出せないため、熱帯地方のエネルギー事情の方が良いとは言えない。

　熱エネルギーから仕事を引き出すには、秩序が必要である。それは、温度差（ふつう周囲との温度差）である。では、温度差秩序の下で熱からどれだけの仕事がうみだせるのか？これが課題である。

---

**＜ポイント＞熱素説**

　18世紀ころの主要な考え方で、熱を「熱素」という一種の物質と考える。「質量をもたず、あらゆる物体のすき間にしみ込む。温度の高いところから低いところに流れ、まさつや打撃により押し出される」などと考える。この考え方はなかなか上手くできており、改められるまで長年を要した。

---

**＜ポイント＞内部エネルギーの求め方**

　内部エネルギーの増加 $dU$ は
$$dU = c_v m dT$$
の関係があり、温度変化に比熱（気体の場合は定容比熱）と質量を乗じて求める。前述した（【KW-A.04】参照）エンタルピーとの異同をチェックされたい。

## 【KW-A.08】 空気の入ったシリンダー・ピストンを使って「熱から仕事」をとる

【KW-A.02】では、圧縮空気から仕事をとることを考えたが、ここでは、一つの思考実験として、シリンダー・ピストンで、作業流体として空気を使って、熱源としてカイロの熱から仕事を取り出す方法を考えよう（図－1）。

シリンダーの中には、大気と平衡（温度・圧力が同じ）した空気（作業流体という）が入っている。PV線図の状態点を◯数字で表す。なお、現実的に、周りには大気圧 $P_0$ がある場合を考える。

◇①→②　最初、空気は大気と平衡状態①である。ピストンを動かさない（等容変化）でシリンダーに高温熱源であるカイロを接触させて空気を加熱する。その結果、熱を取り入れた空気の温度と圧力が上昇し、②となる。

◇②→③　熱源を外して、シリンダーを断熱状態にして、高圧となった気体でピストンを動かして気体を膨張させる（圧力と温度が下がる）。大気圧 $P_0$ とバランスする③まで、大気圧との差をもとに仕事が採れる（断熱膨張）。

◇③→①　ピストンを元の位置まで戻す。このときは内も外も大気圧で、差圧がなく、仕事の出入りはない。内部の空気の変化は等圧圧縮であり、①にもどすためには、シリンダーを冷やしながら熱を外部に捨てなくてはならない。このぶんは損失となってしまう（本書のこの段階では、難解と思われるが、先に進んでから考えて欲しい）。

このようにして、①→②で取り入れた熱から仕事が採れる。ここで取り出せる仕事は、面積①②③①となる。

なお、③の空気は、図に等温線を示すように大気温度 $T_1$ よりも高くなる。やや難解かもしれないが、この温度ぶんも仕事に変換できる。

それには、つぎのようにすればよい。

◇③→④　気体をさらに断熱膨張させ、大気温度 $T_1$ まで膨張させる。このとき、シリンダー内の空気は、大気圧以下になってしまうので、③から④まで膨張させるには仕事を投入せねばならないが、これはどこかから借りておこう。

大気圧以下のシリンダー内空気から仕事をとるために、つぎのプロセスを加える。

◇④→①　④では、シリンダー内の圧力は大気圧以下である。膨張時と力の向きは逆になるが、大気圧との差を利用してピストンを動かして、仕事が採れる。ここでは、圧縮プロセスであり、内部で熱が発生するが、温度 $T_1$ 一定で（シリンダーを大気と触れさせて、大気へ熱を捨てながら）大気圧（①点）まで圧縮するのである。大気は、低温熱源である。

これで、投入した熱の有効成分をすべて仕事に変換し尽くせることになり、それは面積①②④①となる。なお、①②④①のプロセスによって、①→②の間に投入した熱は、仕事と大気温度の熱（【KN1.18】参照）に変換される。

このプロセスで、熱は全量仕事には変えられずに、一部低熱源である周囲に捨てる成分が存在することもわかる。

なお、①→②→③→①は不可逆（③→①で温度差のある伝熱）サイクルであり、①→②→③→④→①は可逆サイクルである。この点について、本書を読み進んで考えていただければ幸いである。

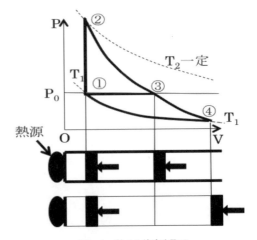

図－1　熱から仕事を取る

## 【KW-A.09】 「サイクル」は、熱と仕事の継続的変換プロセス

サイクルは、状態線図で閉曲線を描く変化プロセスである。1サイクルを考える（現実には、ぐるぐると何回も回って連続的に仕事を取り出したりする）。たとえば、**図－1**のPV線図の点Aが始点とすると終点もA点となる。始めと終わりが同じ状態であるため、状態量である内部エネルギーの変化 $\Delta U$ はない。したがって、第一法則（$Q = W + \Delta U$）から $Q = W$ となる。なお、サイクルにあたっては、熱や仕事にはそれぞれ出入りがあり、QもWもそれらの合計である。

すなわち、サイクルは熱⇔仕事の変換を実現するものである。なお、始点はサイクル線上どこであっても構わない。

<ポイント>サイクルはマクロに見ると流れ系

サイクルはいろいろなプロセスで構成されるが、マクロに見ると、連続的に熱が流れ込んで、仕事が取り出されていく。また、仕事にならない熱も流れ出ていく。これは流れ系に他ならない。

<ウンチク>「時計回りサイクル」と「反時計回りサイクル」

サイクルは回転方向によって性質が異なる。時計回りサイクルと反時計回りサイクルの違いの理解は重要である。

◆時計回りサイクル（熱機関サイクル）

**図－1**で、A→R→B→L→Aであり、これを上半分（A→R→B）と下半分（B→L→A）に分ける。PV線図で面積1-A-R-B-2-1はA→R→Bの変化をするときの仕事を表し、これは正である。一方、面積2-B-L-A-1-2はB→L→Aの変化の際の仕事であり、負である。したがって、両者の合計である閉曲線内の面積は、時計回りサイクルの仕事であり、正となる。すなわち、$Q = W > 0$ である。QもWも正であり、このサイクルは外から熱を受けて、外に仕事を取り出す。これを「熱機関サイクル」と呼ぶ。

◆反時計回りサイクル（作業機サイクル）

同じように考えれば $Q = W < 0$ である。これは外から仕事をもらって、それを熱に変えて外に出す。これは「作業機サイクル」または「熱ポンプサイクル」と呼ばれる。

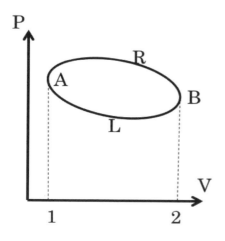

図－1　サイクルの説明図

<ポイント>サイクルと状態量

なお、サイクルでは始点と終点が同一であり、任意の状態量をXとすると、$\oint dX = 0$ となる。ここで、$\oint$ は経路に沿って変化する際のXの変化量を1周にわたって足し合わせる（積分する）ことを意味する。逆に、どの経路を辿ってもこれが成立すれば、Xは状態量といえる（【KN-A.01】参照）。

## 【KW-A.10】 「熱機関サイクル」の具体例

実用化されている代表的なエンジンのサイクルを紹介しよう。この中で、【KN1.17】で述べた5つの要素がどこに相当するのか、チェックされたい。

ガソリンエンジンの理論サイクルは【KN1.17】で述べたので、ここではディーゼルエンジン、ガスタービン、蒸気タービンサイクルを紹介する。

### ◆ディーゼルエンジン（ディーゼルサイクル）

ディーゼルエンジンでは①から空気を断熱圧縮して②にする。②は高圧で高温になる。②から③まで等圧で燃料を噴霧すると自己着火して、圧力が一定に保たれる。③からは断熱膨張で④に至る。④→①は等容変化である。

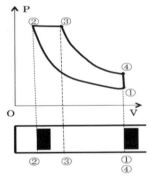

### ◆ガスタービン（ブレイトンサイクル）

ガスタービンはシリンダー・ピストンではなく、流れ系である。状態①の空気をコンプレッサーで断熱圧縮②、燃焼器で燃料の燃焼熱を与え（等圧過程）③、そこからガスタービンで断熱膨張して④に至る。④→①は等圧変化である。

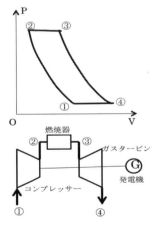

### ◆蒸気タービン（ランキンサイクル）

図には、理論サイクルを後述（【KW-A.13】参照）のTS線図で示す。蒸気タービンでは、水①をポンプで高圧に加圧して②、ボイラで飽和蒸気③にして、過熱器で過熱蒸気④にする。それを蒸気タービンに送り込み、タービンで膨張仕事をとる。タービンからの廃蒸気⑤は復水器で海水などによって冷却され、水にもどり①、ポンプに戻される。発電プラントでは、蒸気タービンに発電機が連結され、発電される。蒸気タービンサイクルのエネルギーフローについては【KN1.32】および【KN1.34】に、汽力発電については【KN3.10】に解説がある。

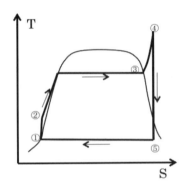

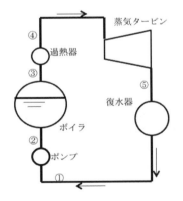

## 【KW-A.11】 温度 $T_1$ の高熱源と $T_2$ の低熱源から仕事をとる「カルノーサイクル」

【KN1.18】で述べたように、カルノーサイクルはきわめて有名かつ重要なサイクルである。

ここでは、カルノーサイクルを PV 線図（図－1）を使って詳細に解説する。

- ◇①→②：断熱圧縮（加えた仕事が内部エネルギーの上昇となる）、
- ◇②→③：温度 $T_1$ の等温膨張（加熱プロセスであり、入ってくる熱 $Q_1$ は仕事に変わる）、
- ◇③→④：断熱膨張（内部エネルギーを消費して仕事を取り出す）、
- ◇④→①温度 $T_2$ の等温圧縮（冷却プロセスであり、圧縮で受けた仕事は熱 $Q_2$ に変わり外に捨てる）となる。

サイクルであるので、「W（正味の外になした仕事）= Q（正味のもらった熱）」となる。

この内訳はつぎのとおりである。

（正味の外へなした仕事）
= （②→③、③→④の膨張プロセスで外部にした仕事：プラス）+（④→①、①→②の圧縮プロセスで気体にした仕事：マイナス）
= 正味の取り込んだ熱（$Q_1 + Q_2$）

なお、上での Q、W には、正負がある。また、温度 $T_1$ の熱源を高熱源、$T_2$ の吸熱源を低熱源という。

ここで、どれだけの仕事が取り出せるのか紹介しておこう。このとき、熱源とカルノーサイクルの作業気体との間の伝熱が問題となる。すなわち、②→③では、高熱源から作業気体に、④→①では、作業気体から低熱源に伝熱がある。現実の伝熱には温度差が必要であるが、ここでは、無限小の温度差を考え、きわめてゆっくりと熱が伝わる「準静的」伝熱、すなわち、可逆伝熱が仮定される。なお、温度差が生じる不可逆伝熱のある場合は【KW-A.13】に説明がある。

なお、カルノーサイクルの理論の理解には、後述する TS 線図（【KW-A.15】）が有用であるので、参照されたい。なお、その導出はそこに譲るが、つぎの重要な関係がある。

$Q_1/T_1 + Q_2/T_2 = 0$

これはクラウジウスの積分（【KW-A.12】参照）に他ならない。

可逆カルノーサイクルでは、高熱源から取り入れた熱 $Q_1$ のうちの、仕事 W になる比率（カルノー効率）は、次式となる。

$\eta = W/Q_1 = (Q_1 + Q_2)/Q_1 = 1 - T_2/T_1$

なお、詳細は省略するが、カルノーサイクルは温度 $T_1$ と $T_2$ の熱源の間で仕事を取り出すサイクルのうちで最も効率の良いものである。

なお、「④→①のプロセスで捨てる熱 $|Q_2|$ を減らしたい」と思うかもしれない。しかし、ここで捨てる熱はエネルギー的に価値のない熱である。この点はきわめて重要である。

カルノーサイクルは、ある温度の熱から損失なし（可逆変化）で、「仕事になる成分（秩序分）」を抽出する理想サイクルである。

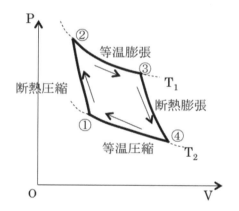

図－1　カルノーサイクルのイメージ

---

**＜ポイント＞効率向上には「高温は高く」「低温は低く」する**

カルノー効率の式からわかるように、効率向上には、高温は高く、低温は低く（温度差を大きく）することが必要である。火力発電などでは、蒸気の高温・高圧化と、冷却水温度の低下が追求される。

## A.3　エネルギーとエントロピー（熱力学の第二法則）

　第1章で述べたように、熱力学第一法則は、熱は仕事と同じエネルギーの一形態で、熱と仕事は相互に変換できることを示すものであった。すなわち、「熱＝仕事」であった。しかし、熱力学には第二法則があり、これは、「仕事は全量熱に変わるが、熱は全量を仕事には変え得ない」という変化の方向性に関するものである。すなわち、同じエネルギー量であっても、仕事は熱エネルギーよりも「質が高い」のである。また、熱エネルギーは、同じ熱量であっても温度が高い（正しくは、周囲との温度差が大きい）ほど質が高いことを示すものである。この点はエネルギーの評価にきわめて重要である。熱エネルギーの質、すなわち、熱エネルギーから取り出せる仕事の量（熱エネルギーと等価な仕事の量）について、エネルギー関連技術者は十分な理解が必要である。

　熱力学第二法則の理解のためには、「エントロピー」という状態量をマスターすべきである。エントロピーは、他の状態量（例えば、圧力・体積・温度など）と異なって、「感じ」がつかみにくい。この点から、学生などに敬遠される面もあるが、ぜひマスターしていただきたい。

　熱力学第二法則にはいろいろな表現がある。（谷下市松「工学基礎熱力学」掌華房 1988）

◇「自然界に何らの変化も残さないで、一定温度のある熱源の熱を継続して仕事に変える機械は実現不可能である」（ケルビン-プランクによる表現）

◇「自然界に何らの変化も残さないで、熱を低温の物体から高温の物体に継続して移す機械（熱ポンプ）は実現不可能である」（クラウジウスによる表現）

その他、つぎのような表現も可能であろう。

◇熱エネルギーには「質」がある。熱は温度が高いほど多くの仕事が取れることから、同じ熱量でも温度が高いほど質が高い。可逆変化では熱エネルギーの質は保存されるが、伝熱などの不可逆変化があると、熱の質は低下する。現実のプロセスは不可逆変化であるため、熱の質は必ず低下する。

◇熱は自然には温度の高いところから低いところへ流れ、逆方向には流れない。

◇熱を温度の低いところから温度の高いところに移すには、エネルギーが必要である。

◇断熱孤立系である宇宙のエントロピーは必ず増加し、決して減少しない。行きつく先は混とんとした秩序のない状態である。なお、これは「エントロピー増大の法則」であり、「宇宙の支配法則」と呼ばれている。

◇覆水盆に返らず

その他、いろいろな表現があり得るであろう。本項を読んで、各自お考えいただければ幸いである。

## 【KW-A.12】 可逆サイクルの∮dQ/Tはゼロ →「エントロピーは状態量」

クラウジウスはカルノーサイクルの考察から、「任意の可逆サイクルでは∮dQ/T = 0」であることを発見した。これは、クラウジウスの積分と呼ばれている。カルノーサイクルの項（【KW-A.11】参照）で示した $Q_1/T_1 + Q_2/T_2 = 0$ はまさにそれを示している。そして、$dS = dQ/T$ と置けば、$\oint dS = 0$ となる。すなわち、どのような変化プロセスを辿っても、もとに戻ると、Sが変化していないということである。これは、Sが状態量である（【KN-A.01】、【KW-A.09】参照）ことを意味している。クラウジウスはSをエントロピーと名付けた。まさに、天才クラウジウスである。

ある系が、外部から熱をもらう（dQ＞0）と、dS＞0となり、エントロピーは増加する。また、高温状態で熱をもらう場合は、低温状態よりもエントロピーの増加は少ないことになる。外部に熱を出す（dQ＜0）とエントロピーは減少する。このように、エントロピーはある系が外部と熱のやりとりをするときに増減する状態量である。

エントロピーは「変化」を意味する用語である。エントロピーの解り易い説明は難しいが、つぎのようなたとえ話がある。「同じお金をもらっても、お金もち（T：大に相当）の変化は少ないが、貧乏人（T：小）には変化が大きい」。

なお、微分表示に慣れていない人のために、有限変化でエントロピーを表現すると、

$$S_2 - S_1 = \int dS$$

となる。右辺はある変化経路に沿って、Sの変化量を足し合わせることを意味する。

### ＜ポイント＞エントロピーの計算方法

状態量にはいろいろあるが、二つの状態量の値が決まると、その他のすべての状態量の値は決定される（【KN-A.01】参照）。詳細は専門書に譲るとして、理想気体の比エントロピーは次式で求められる。例えば、温度と圧力が決まるときには、

$$ds = c_p(dT/T) - R(dP/P)$$

比熱が一定とすれば、積分して、次式となる。

$$s = c_p \ln(T/T_0) - R\ln(P/P_0) + s_0$$

$s_0$ は、基準状態（$T_0, P_0$）のときのエントロピーの値である。なお、ふつうエントロピーは差で扱われるので、$s_0$ が問題になることはない。

このように、エントロピーは比熱の値をベースとして計算される。とくに、理想気体では、比熱値が一定であるため、計算式は上に示すように簡単になる。一方、蒸気機関などの作業流体である水蒸気や、密度の比較的大きい気体などでは比熱は温度や圧力の複雑な関数となる。したがって、比熱の実測値やそれに基づく回帰式などを用いて、数値積分から決定される。

なお、エントロピーは状態量であるために、二つの状態量で決定される。したがって、技術者がいろいろな技術計算する場合には、蒸気表や線図がつくられており、例えば、温度と圧力からエントロピーを読み取ることができるようになっている。最近は近似式からコンピュータで計算で求められる。

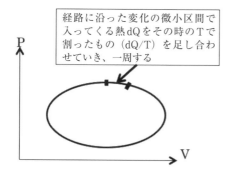

図－1　クラウジウスの積分の説明図

## 【KW-A.13】 「TS線図」は熱の出入りの理解に便利

エントロピーSは状態量であり、エントロピーを一方の軸に取った状態図（【KN-A.01】参照）もよく使われる。最もよく使われるものに、エントロピーSを横軸、温度Tを縦軸にとった状態線図があり、これをTS線図という。

$dQ = TdS$ であることからTS線図で代表的変化はつぎのようになる（図－1）。

◇**断熱変化**：S＝一定（図の①）
◇**等温変化**：（図の②）
◇**定圧変化**：凹曲線（図の③） $dS = mc_p dT/T$
◇**定容変化**：凹曲線（図の④） $dS = mc_v dT/T$
$c_p > c_v$ であり、同じdTでも定容変化は等圧変化よりもdSが小さい

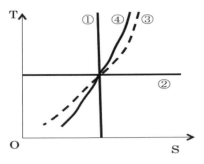

図－1 TS線図における変化の例

また、$dQ = TdS$ の関係から、TS線図は変化の際に出入りする熱量を見るのに便利である。例えば、図－2に示すように、状態点Aからのある変化線の下の面積 $\int TdS$ が、そのプロセスで系に取り入れられた熱を表す。

◇右方向（S増加）変化：$Q > 0$　熱をもらう
◇左方向（S減少）変化：$Q < 0$　熱を放出

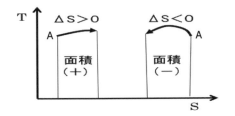

図－2 熱の出入りとTS線図

### ＜ポイント＞TS線図でのカルノーサイクル

カルノーサイクル（【KW-A.11】参照）は、TS線図ではきわめて簡潔に長方形で表される。時計まわりサイクルであり、図－3で
◇①→②　断熱圧縮　　◇②→③　等温膨張
◇③→④　断熱膨張　　◇④→①　等温圧縮
である。
◇面積A（②→③の変化線の下の長方形）
　　高熱源からもらう熱量　$T_1 \Delta S$
◇面積C（④→①の下の長方形）
　　低熱源に捨てる熱量　$T_2 \Delta S$
◇差額の面積B（①②③④の長方形）
　　仕事に変換される熱量 $(T_1 - T_2) \Delta S$
　効率（投入した熱に対する、仕事になる割合）は（面積B）/（面積A）＝ $(T_1 - T_2)/T_1$ もすぐ理解できる。

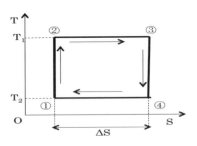

図－3 TS線図でのカルノーサイクル

### ＜ポイント＞逆カルノーサイクル

カルノーサイクルを反対方向に回すサイクルは、逆カルノーサイクルと呼ばれ、仕事Wを投入して低熱源（温度$T_2$）から熱Qを汲み上げ、高熱源（$T_1$）にQ＋Wの熱を汲み上げるサイクルである。カルノーサイクルと同じで、TS線図を使えば、きわめて簡単に表すことができ、COPなども容易に理解できる。カルノー熱ポンプのCOPが
$$COP = T_1/(T_1 - T_2)$$
となることなど容易に理解できる（【KN1.23】参照）。

## A.4　不可逆過程とエントロピー

【KW-A1.12】で述べたように、クラウジウスの発見したエントロピー S は、熱の授受により増減するものであり、可逆、不可逆に関係のない状態量であった。S の導入により、TS 線図などを用いて変化プロセスでの熱の出入りが明確になり、とくに、カルノーサイクルなどの理解がきわめて容易になった。しかし、エントロピーの真の価値は、不可逆プロセスとの関連の中に存在する。

クラウジウスは、不可逆プロセスがある場合には、$\oint dQ/T < 0$ であることを発見した。これを前述のクラウジウスの等式（$\oint dQ/T = 0$）に対して、「クラウジウスの不等式」という。なお、このことは、不可逆性のあるカルノーサイクル（【KW-A.11】参照）では、$Q_1/T_1 + Q_2/T_2 < 0$ となる。仮に $Q_1$ が同じとすると、不可逆の場合は $-Q_2$ が大きくなり、$W = Q_1 + Q_2$ の関係により、W が小さくなることを意味している。すなわち、不可逆性があると、低熱源に捨てねばならない熱が多くなり、その分、熱から取り出せる仕事が少なくなることを意味している。

不可逆過程の代表的なものは、「まさつ」や「温度差のある伝熱」などである。例えば、流体まさつを考えてみよう。パイプ等を流体が流れるときには摩擦で圧力降下がおこる。その代わり、流体内に熱が発生する。流体を逆に流しても決してもとには戻らず、これは典型的な不可逆過程である。また、温度差のある伝熱（ふつうの伝熱）では、熱は温度の高いところから低いところへ流れ、逆方向には流れない。なお、前述したように、カルノーサイクルなどでは熱源と作業流体に温度差がない理想的な極限状態で、きわめてゆっくりと熱が流れると考えた。この場合は可逆伝熱であるが、現実にはこのような伝熱は生じないで、有限の温度差での不可逆伝熱が起こる。

なお、流体摩擦の場合に、パイプが完全に断熱されているとすると、外部への熱損失や仕事はなく、流体が保有しているエネルギーは一定で、この過程の第一法則的評価は「損失なし」となる。熱力学第二法則では、不可逆過程により、アネルギーが発生し、エクセルギーが減少して、「損失あり」と評価されることになる（エクセルギー、アネルギーについては【KN1.19】参照）。

クラウジウスは、熱力学的な状態量に留まらず、エントロピーを「宇宙の支配法則」にまで発展させた。この点についてはやや難解であるため、深入りしないで、できるだけ簡単に取り上げておこう。

なお、エントロピーは統計力学などで別の定義がされ、情報理論などでも使われるなど、奥の深い状態量である。これらの統一的な解説に関しても専門書にゆずる。

エントロピーの増大　　不可逆変化

宇宙の支配法則

第二法則的損失　　　　クラウジウスの積分

## 【KW-A.14】 エントロピー増大の法則は「宇宙の支配法則」

エントロピーの定義式は $dS = dQ/T$ である。すなわち、ある系がもらった熱をその時の絶対温度で除したものがエントロピーの増加量である。なお、微分形式で表示しているのは、熱のやりとりをすると、一般に温度が変わるため、温度の変化が無視できる微小熱としての表現である。なお、温度が一定の熱源の場合は簡単であり、エントロピーの変化は授受した熱量を絶対温度で割ればよい。温度が変わる場合は$\int dS$と積分すればよい。Sはエントロピーと呼ばれ、クラウジウスが「変化」という意味をベースに名付けた。単位は[kJ/K]である。

定義式からわかるように、エントロピーはある系が熱をもらうと増加し、系の外に熱を放出すると減少する。

例えば、500 Kの熱100 kJを300 Kの環境中に霧散させた場合のエントロピーの増大を見てみよう。500 Kの熱源は、熱100 KJを出すので、エントロピーは減少し、

$$\Delta S_1 = -100/500 = -0.200 \text{ kJ/K}$$

一方、環境は熱をもらうのでエントロピーは増加し、

$$\Delta S_2 = +100/300 = +0.333 \text{ kJ/K}$$

となる。

なお、熱はまさつなど系の内部で発生したものも含まれる。まさつ熱は発生するのみであるため、まさつのある断熱系では、エントロピーは増加のみである。

上述の例で、全体のエントロピーの変化を見てみよう。

$$\Delta S = \Delta S_1 + \Delta S_2$$
$$= -0.200 + 0.333 = 0.133 \text{ kJ/K}$$

これは、エントロピーの増大の法則であり、「孤立系では、不可逆変化があると必ずエントロピーは増大する」というものである。上の例でエントロピーが増大することは、「熱は温度の高いところから低いところへ流れる」という方向性のあることと一致している。

これは、「宇宙の支配法則」と言われる。宇宙全体は孤立系であるので、エントロピーは増大する一方である。秩序のある状態（差のある状態）はエントロピーが低い状態である。差を小さくするように変化が起こり、エントロピーが増大する。行きつく極限は、エントロピー最大の「秩序のない」、「混沌とした」宇宙である。

この意味で、エントロピーは「混沌性の指標」とも言われる。

### ＜ポイント＞「環境技術否定論」の否定

宇宙の支配法則によれば、あらゆる行為はエントロピーを増大させ、終末への到達を早めるだけである。たとえば、清掃行為などは、エントロピーを減少させるが、それに使ったエネルギーなどを加えて評価すれば、エントロピーを増加させ、終末に向かう速度を高めるに過ぎない。すべて空しい。これは、環境技術否定論といえよう。

この点にはつぎのように反論できる。地球は実質上開放系であり、われわれは、宇宙全体を心配する必要はない。また、人間が自然等の構造改革をすると、たしかに一時的に宇宙のエントロピーは増えるであろう。しかし、その構造改革がエントロピーの増加を緩める合理的なものであれば、終末に向かう速度を遅らせることは可能である。例えば、「省資源・省エネ社会を作る」ことは、多分好ましい構造改革であろう。

## 【KW-A.15】　TS線図で不可逆性によるエントロピー増加と仕事の減少を見る

　ここでは、代表的な二つの不可逆変化として、「温度差のある伝熱」と「内部まさつのある断熱変化」について、TS線図でエントロピーの変化を見よう。なお、不可逆性のエントロピーを考えるときには、「全体の変化」が問題となる。

### (1) 伝熱によるエントロピーの増加

　簡単のため、熱源は熱容量無限大として、作業流体も等温変化で熱を受け取る場合を考えよう。全体の変化を見るために、TS線図には熱源と、作業流体の両方の変化を示す。温度差のない可逆伝熱では、図－1の左図のようになる。TS線図で、熱の移動量は変化線の下の長方形の面積で表される。なお、熱源のエントロピーの増加 $\Delta S_s$ はマイナスで作業流体のそれ $\Delta S_l$ はプラスであり、全体のエントロピーの変化 $\Delta S_{ir} = \Delta S_s + \Delta S_l = 0$ となる。

　一方、温度差のある伝熱では、右側に示すように、変化線の下の面積が等しく、長方形の高さは作業流体の方が低いため、$\Delta S_{ir} > 0$ となる。

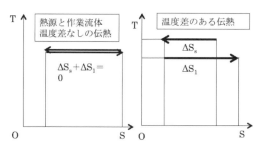

図－1　伝熱のエントロピーの変化

### (2) 断熱プロセスに不可逆性がある場合

　断熱系では、系は一つの物体からなり、流体の内部まさつ等でエントロピーが増加する。図－2にイメージ図を示す。【KW-A.05】で「絞り変化は第一法則的には損失がない」と述べたが、エントロピーが増大し、第二法則的には損失のあるプロセスである。図の実線が可逆断熱変化である。左は断熱膨張、右が断熱圧縮である。内部まさつによる不可逆性があると、内部での熱発生があり、エントロピーは必ず増加する。これは、「エントロピーの増大の法則」と符合する。

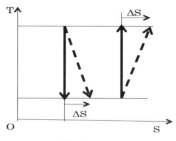

図－2　断熱変化とエントロピー

### <ポイント>不可逆カルノーサイクルのエントロピーの増大と取り出せる仕事の減少

　不可逆カルノーサイクルでのエントロピーの増加と、取り出せる仕事の減少をTS線図（図－3）で見よう。

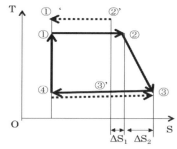

図－3　不可逆カルノーサイクルのTS線図

　関連する物体は、高熱源、作業流体、低熱源の三つである。ここでは例として、高熱源からの伝熱に温度差があり、断熱膨張に内部まさつがある場合を考えよう。その他は可逆とする。

　前述の例から①→②で $\Delta S_1$、②→③で $\Delta S_2$ の増加がある。不可逆性のないカルノーサイクルは、④①'②'③'④となる。同じ高熱源からの熱に対して、低熱源に捨てる熱は可逆サイクルの場合は③'④の下の長方形の面積となり、不可逆の場合は、③④の下の面積となる。低熱源温度を $T_0$ とすれば、損失の増加は $T_0 (\Delta S_1 + \Delta S_2)$ となる。

## [KW-A.16] エントロピーの増加によるエネルギーの損失 $T_0\Delta S_{ir}$「グイ・ストドラの定理」

エネルギーは秩序の下に存在し、エントロピーの増大は秩序の低下で発生するので、エネルギーの損失は、エントロピー増加と関係がある。ベースとなる周囲温度を$T_0$として、不可逆プロセスによるエントロピーの増加を$\Delta S_{ir}$とすれば、

（エネルギーの損失）＝ $T_0\Delta S_{ir}$

となる。これは、グイ・ストドラの定理と呼ばれている。

前項で、不可逆性のあるカルノーサイクルを考えたが、結果からこの定理の成立を確認できる。

もう一つの例として、図−1のように、断熱境界の中にAと周囲からなる系（宇宙と考えてもよい）を考えよう。温度をそれぞれ$T_A$、$T_0$〔K〕（$T_A>T_0$）として、AからQの熱が周囲に流れ霧散したとしよう。なお、簡単のためAも周囲も熱容量が大きく熱移動による温度の変化は無視できるとしよう。

エントロピーの増加は

$\Delta S_{ir} = (Q/T_0) - (Q/T_A) > 0$　　である。

一方、Qが霧散したので、Qからとれる仕事が損失である。これは、カルノー効率から求まる。

$W = Q\ (1 - T_0/T_A) = T_0\Delta S_{ir}$

これは、グイ・ストドラの定理と同じである。

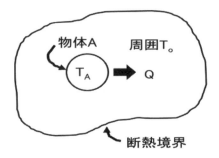

図−1　断熱系内部での熱の移動

なお、物体Aからは、Qの損失があるが、系全体では、熱は周囲に移っただけで、損失はない。これは、第一法則的な見かたである。第二法則的には、系全体から見ても$T_0\Delta S_{ir}$の明らかな損失がある。このようなことから、不可逆性による損失$T_0\Delta S$を第二種損失と呼んで、いわゆる熱損失（第一種損失）と区別される（参考②）。

エネルギーの保存則（熱力学の第一法則）に対して、不可逆過程によるエネルギーの質（エクセルギー）の低下法則（熱力学の第二法則）はきわめて重要である。

エネルギーの損失
　◇熱を外部に漏出（第1種損失）
　　　……熱力学第一法則的損失
　◇不可逆性による取り出せる仕事の損失（第2種損失）
　　　……熱力学第二法則的損失

## 【KW-A.17】 一番まずい断熱膨張は等温変化「不可逆断熱膨張」

いままで述べたことを、さらに理解を深めるように、一つの例として、不可逆断熱膨張について少し考察しておこう。

ここでは、図－1のようなシリンダー・ピストンに発電機をつけ、シリンダーの中に、自己発生電力を使ったヒータによる加熱機能を加えたシステムを考えよう。ヒータへ流す電力は任意に調節できるものとしよう。また、各機器は損失のない理想的なものと仮定しよう。

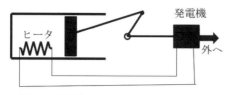

図－1 発電機・ヒータつきシリンダー・ピストン

つぎの(1)～(3)の3ケースを考え、それぞれのプロセスをPV線図とTS線図で表そう。

なお、式を使うと嫌われることが多いので、ここでは式を使わないようにしよう。もちろん、優秀な人は、式も使った結果の一般化など、さらに理解を深めていただけることを期待したい。

### (1) ヒータに電気を流さない場合

このときは、可逆断熱膨張である。もちろん、このときに一番多くの電気エネルギーが得られる。PV線図とTS線図でのプロセスの表現は、すでに示したので、これは全く問題ではない。

### (2) 全部の電気を流す場合

このときは、外部に取り出す電気はゼロであり、熱も仕事も取り出さない。いわば、前述の絞り過程と同じである。作業流体のエンタルピーは一定である。このとき読者への出題として、「PV線図、TS線図での変化プロセスの表現」と、「発電機での発電量はどのようになるのか、線図的に表現せよ」である。

### (3) 発電量の半分だけヒータに流す場合

一部をヒータに流す場合はどうなるであろうか。流す量は発電量の半分としよう。

＜解答＞以下の図に示す。

◆TS線図

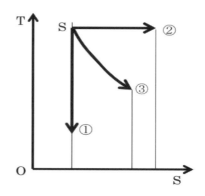

(1)は①となる（$PV^\kappa = $ 一定）
(2)は②となる　内部エネルギー一定で等温変化（$PV=$ 一定）
(3)はその中間③

◆PV線図

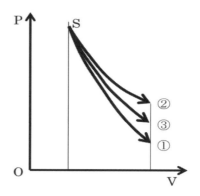

(1)は①へ、(2)は②へ、(3)は③へ、
変化線S③の下の面積はS②の面積の半分、
温度変化S③は、S①の半分

# 索 引

## あ

|  |  |
|---|---|
| 一次エネルギー効率 | 159 |
| 一次エネルギーのコスト | 234 |
| 一次破壊系熱 | 229 |
| 一石四食 | 6 |
| 一般ガス定数 | 248 |
| 宇宙の支配法則 | 262 |
| 馬の効率 | 36 |
| 海風 | 224 |
| ウラン資源 | 67, 74 |
| エアコンの暖房費 | 241 |
| 英馬力 HP | 34 |
| エクセルギー | 47 |
| エクセルギー効率 | 58 |
| エコマテリアル | 176 |
| エセ環境技術 | 226 |
| エネルギー・環境の歴史 | 2 |
| エネルギー・物質収支 | 190 |
| エネルギー・物質フロー | 186 |
| エネルギー資源 | 62 |
| エネルギー消費原単位 | 163 |
| エネルギーの面的利用 | 115 |
| エネルギー変換プロセス | 57 |
| エネルギー保存則 | 251 |
| エネルギーマネジメント | 132 |
| エレベータ | 190 |
| エンタルピー | 250 |
| エンタルピー効率 | 58 |
| エントロピー | 258, 261 |
| オイルショック | 13 |
| 大型風車 | 82 |
| 大阪万博の地域冷暖房 | 112 |
| オゾン層破壊 | 213 |
| オバーリン大学 | 172 |
| 温度上昇目標 | 203 |

## か

|  |  |
|---|---|
| 可逆サイクル | 259 |
| 可採年数（R/P 比） | 64 |
| 華氏目盛 | 32 |
| ガス供給事業 | 105 |
| 化石燃料の割合 | 121 |
| 化石燃料輸入額 | 233 |
| 風通しのよい都市 | 224 |
| ガソリン税 | 239 |
| 家庭生活の物質収支 | 127 |
| 家庭部門 | 140 |
| 家庭用エネルギー消費 | 141 |
| 家庭用契約電流 | 150 |
| 家庭用システム | 79 |
| 家電製品のイニシャルエネルギー | 244 |
| 家電の効率の向上 | 153 |
| 火力発電 | 57 |
| カルノーサイクル | 257 |
| 環境負荷 | 173 |
| 環境保全 | 178 |
| 環境問題 | 13 |
| 環境問題の解決策 | 11 |
| 緩和策 | 212, 230 |
| 気温感度 | 220 |
| 気温減率 | 195 |
| 基礎代謝量 | 124 |
| 気体の比熱 | 31 |
| 規模の経済 | 15 |
| 給湯エネルギー | 157 |
| 給湯用エネルギー | 158 |
| 供給・処理インフラの容量 | 127 |
| 京都メカニズム | 211 |
| 業務系のエネルギー消費 | 163 |
| 近代都市 | 10 |
| グイ・ストドラの定理 | 264 |
| 空調用冷却塔 | 56 |
| 景観形成 | 178 |
| 契約電力比率 | 169 |
| 限界削減コスト | 210 |
| 原子力発電 | 101 |
| 建築設備技術者 | 180 |
| 建築設備設計 | 186 |
| 建築由来の環境負荷 | 173 |
| 顕熱 | 56 |
| 原油価格 | 234 |
| 原油の精製 | 110 |
| 工業仕事 | 250 |
| 工業熱力学 | 246 |
| 高効率・長寿命照明 | 184 |
| 合流式排水システム | 182 |
| コージェネ | 135 |
| コージェネシステム（CGS）の評価 | 137 |
| 国際比較 | 144 |
| 国立再生可能エネルギーセンター | 173 |
| 戸建て住宅 | 149 |
| 古典的風水車 | 37 |
| ごみ焼却発電 | 87 |

## さ

|  |  |
|---|---|
| 再エネ | 70 |
| 再エネポテンシャル | 76 |
| サイクル | 255 |
| 再生可能エネルギー | 69 |
| 再生可能エネルギー資源 | 75 |
| 最大仕事 | 45 |
| 最大需要電力 | 189 |
| 最大電力 | 97 |
| 削減単価 | 209 |
| サステナブル・アーキテクチャー | 179 |
| 産業革命 | 7 |
| 3 大限界 | 12 |
| シェールガス埋蔵量 | 68 |
| 自家発電設備 | 99 |
| 自給率 | 72 |
| システムの省エネ化 | 166 |
| 次世代冷媒 | 244 |
| 自然エネルギー利用 | 180 |
| 自然の光 | 175 |
| 湿式放熱 | 56 |
| 湿式放熱冷房 | 226 |
| 質の低下法則 | 47 |
| 事務所ビル | 163 |
| 事務所ビルの床面積 | 166 |
| 遮光 | 174 |
| シャワー | 160 |
| 集合住宅 | 149 |
| 住宅の熱需要原単位 | 151 |
| 住宅用コージェネ | 135 |
| 10 電力体制 | 95 |
| 集熱効率 | 81 |
| 集熱面積 | 81 |
| ジュール［J］ | 28 |
| 省エネ法 | 128 |
| 情報発信性 | 17 |
| 処理インフラ | 11 |
| シリンダー・ピストン | 249 |
| 新鋭火力発電 | 100 |
| 新技術 | 180 |
| 新ビジネス | 133 |
| 人類史 | 4 |
| 水素 | 90 |
| 水素社会計画 | 91 |
| スマートグリッド | 185 |
| スマートコンシューマ | 20 |

| | | |
|---|---|---|
| 生産のエネルギー効率 122 | 中小事業者対応 129 | 日最低気温 217 |
| 生死の違い 201 | 中東依存度 73 | 日本の環境税 240 |
| 世界の再エネ発電設備 71 | 中立大気 195 | 日本の部門別エネルギー消費 123 |
| 世界の総消費 120 | 中小業務ビル 168 | ネガワット 131, 238 |
| 世界の総発電設備容量 70 | 長期契約 74 | 熱機関 8, 43 |
| 石炭化 65 | 長周期地震動 184 | 熱機関サイクル 256 |
| 石炭消費 65 | 直列多段増圧給水システム 182 | 熱供給事業法 112 |
| 石油依存度 122 | 定圧比熱 31 | 熱代謝と水代謝の連携 222 |
| 石油資源 66 | 低負荷率問題 97 | 熱代謝無配慮都市 221 |
| 石油の備蓄 109 | 定容比熱 31 | 熱帯夜の削減 218 |
| 世帯数 147 | データセンター 181 | 熱的軽量化 224 |
| 絶対仕事 250 | 適応策 212, 230 | ネット・ゼロ・エネルギービル 170 |
| 節電 168 | 適正処理 177 | 熱と仕事の相互変換 42, 246 |
| 節電所 131 | デマンドサイドシステム 2 | ネットワーク化 114 |
| 設備容量 69, 98 | デマンドサイド 16 | 熱ポンプ 49 |
| 潜熱 56 | デマンドサイド中心社会 23 | 熱力学の第一法則 247 |
| 送電網 103 | デマンドサイド対応 128 | 熱力学の第二法則 258 |
| ソフト・エネルギー・パス 16 | 電気料金 169, 237 | 熱を捨てる 225 |
| | 天然ガス（NG）資源 66 | 年間総発電量 97 |
| **た** | 電力化率 145 | 年間太陽熱 77 |
| 大気圧 32 | 電力供給システム 95 | 年発電量 69 |
| 大気層 194 | 電力事業者 96 | 年表 3 |
| 待機電力 156 | 電力自由化 104 | 燃料専焼 86 |
| 大気熱負荷 220 | 電力消費 123 | 燃料の発熱量 38 |
| 大気熱負荷削減 228 | 電力設備の予備率 99 | 燃料費 237 |
| 代謝系都市 19 | 電力の一次エネ換算値 119 | |
| 太陽エネルギー 63 | 電力の二酸化炭素排出係数 207 | **は** |
| 太陽エネルギーの利用 78 | 電力負荷率 97 | 廃棄物削減 177 |
| 太陽光発電 81, 135 | 同時同量 104 | 廃熱幹線 86 |
| 太陽電池の電力変換効率 79 | 動力機の能力 34 | 白熱電球 154 |
| 太陽熱温水器 81 | 都市温暖化 214 | パソコン 167 |
| 太陽熱の反射・遮蔽 227 | 都市ガス供給システム 105 | 発汗都市 222 |
| 太陽熱発電 81 | 都市ガスの種類 107 | 発送電分離 104 |
| 第4世代の都市代謝系 14 | 都市大気ドーム 216 | 発電コスト 236 |
| 対流圏 195 | 都市廃熱等 84 | 発電排熱 102 |
| タスク・アンビエント空調 181 | 都市未利用熱源 84 | 発電プラント 59 |
| 建物のロングライフ化 176 | トップランナー機器 130 | 馬力 34 |
| 多様化電力供給システム 183 | トップランナー方式 155 | ヒートアイランド 214 |
| タンカー 109 | 土木環境工学と建築環境工学 21 | ヒートアイランド強度 215 |
| 炭素トン 206 | | ヒートアイランド熱負荷 227 |
| 断熱 174 | **な** | ヒートポンプ給湯器 159 |
| 断熱減率 195 | 二酸化炭素 204 | 非在来型資源 68 |
| 暖房・給湯用エネルギー消費 143 | 二酸化炭素削減 205 | 必要摂取カロリー 125 |
| 地域暖房 86 | 二酸化炭素税トン 208 | 100年建築 176 |
| 地域冷暖房システム 111 | 二酸化炭素トン 206 | 標準大気 195 |
| 地下水 88 | 二酸化炭素濃度 202 | ビル運用時 243 |
| 地球平均気温 202 | 二酸化炭素濃度の目標 203 | 風力発電 82 |
| 蓄電装置 101 | 二酸化炭素排出量 204 | 不可逆過程 261 |
| 地政学的リスク 74 | 二次エネルギーのコスト 235 | 不可逆断熱膨張 265 |
| 地熱 77 | 二次破壊系熱 229 | 仏馬力 PS 34 |
| 地表面熱収支 199 | 日最高気温 217 | 風呂沸かし 241 |

分散型電源 ........................ 134
平衡温度 ............................ 197
平準化対策 .......................... 97
平板式太陽熱集熱器 ............ 80
ベース電源 .......................... 98
ボイル・シャールの法則 .... 248
放射平衡温度 .................... 198
補助単位 .............................. 35
補助動力源 ............................ 4

## ま

マイクログリッド ............ 136
マクロ消費 ........................ 141
水消費 ................................ 157
水の比熱 .............................. 29
緑の HI 緩和効果 .............. 223
民生部門の効率 .................. 60
無秩序エネルギー ............ 253

## や

夜間現象 ............................ 218
輸送設備 ............................ 184
揚水発電 ............................ 101

## ら

ライフサイクル評価 ........ 242

リサイクル ........................ 177
理想気体 ............................ 247
利用率 .................................. 98
理論 COP .................... 51, 54
理論未利用エネルギー量 .... 85
冷却トン .............................. 56
冷蔵庫の消費電力 ............ 153
冷凍トン .............................. 55
冷熱の製造 .......................... 54
冷媒選定 .............................. 55
冷房時の室温 .................... 165
冷媒 .................................... 213
レガシーセンター ............ 172
ローマクラブ ...................... 12
ロンドンスモッグ .............. 10

## わ

ワット .................................... 9

## 英文

A. ロビンス ........................ 16
BCP .................................. 185
CCS .................................. 212
CGS .................................. 134
CHP .................................. 135
COP .................................. 208

COP3 目標達成内訳 ........ 211
DS 中心社会 ........................ 14
DSS 技術者 .......................... 14
FIT ...................................... 89
Good Citizen .................. 136
GT-ST コンバインド発電 .. 100
GWI .................................. 244
HHV .................................... 39
HI 対策体系 ...................... 229
HI の時間特性 .................. 217
JIS の年間エアコン運転 .. 155
LED 改修 .......................... 167
LED 電球 .......................... 154
LED ランプ ...................... 167
LHV .................................... 39
LPG .................................. 107
MEU .................................. 124
MP（人力）........................ 35
MWU ................................ 124
NC 機関 ................................ 9
PPS .................................. 104
PURPA 法 .......................... 90
PV 線図 ............................ 249
SI 住宅 .............................. 182
TS 線図 ............................ 260
ZEB .................................. 170

## 執筆者略歴

**宇治公宣** 1943年広島県生まれ、広島大学工学部化学工学科卒業、主な職歴（大阪ガス都市圏営業部長）地域冷暖房・コージェネシステムの普及に尽力（本書では第3章の執筆）

**大窪道知** 1939年北海道生まれ、千葉工業大学機械工学科卒業、現職（JapanE-ECO.LAB代表、中国同済大学緑色建築及新能源研究中心客員教授）、主な経歴（新晃工業㈱常務執行役員、㈱建築設備設計研究所取締役技師長、㈱ザイマックス不動産総合研究所技術顧問、大阪大学工学部講師（非常勤）、立命館大学理工学研究科客員教授など）、空調システムおよびその省エネルギー化技術の進展に尽力（全体の編集および、第2章、3章の執筆）

**加藤　晃** 1942年神奈川県生まれ、早稲田大学大学院建築工学専攻修了、主な経歴（日建設計常務執行役員　技術・情報・業務システム担当）、主な経歴（大阪大学大学院、関西学院大学非常勤講師など）、多くの建築設備設計において環境配慮技術の進展に尽力（第4章、6章の執筆）

**宅　清光** 1943年奈良県生まれ、大阪大学大学院基礎工学研究科機械工学専攻修了、現職（環境・エネルギーコンサルタント）、現役時代の主な職（三機工業㈱取締役社長）、主な経歴（大阪大学工学部、東京理科大学非常勤講師など）、空調システム計画・設計・施工および業界の発展、省エネルギー・再生可能エネルギーの導入・普及に尽力（第2章の執筆）

**水野　稔** 1943年岐阜県生まれ、大阪大学大学院工学研究科修了、工学博士、現役時代の職（大阪大学大学院教授）、主な経歴（空気調和・衛生工学会会長、大阪府環境審議会委員、大阪HITEC理事長など）、デマンド・システム・エンジニアリングおよびエネルギー・熱代謝系概念の確立に尽力（全体の企画・編集、全体の章の執筆、イラスト）

**山中晤郎** 1942年大阪府生まれ、大阪大学大学院基礎工学研究科機械工学専攻修了、工学博士、主な職歴（三菱電機㈱役員　先端技術総合研究所所長）、主な経歴（日本機械学会関西支部支部長、大阪電気通信大学客員教授など）、熱・流体関連システムおよび機器の研究開発に尽力（第5章の執筆）

キーナンバーで綴る 環境・エネルギー読本

平成29年3月20日　初版第1版発行
定価:本体3,500円+税

環境技術交換会　著
編　著 :　水野　稔
共　著 :　大窪道知　　加藤　晃　　宇治公宣　　宅　清光　　山中晤郎

発行人 :　小林大作
発行所 :　日本工業出版株式会社
　　　　　〒113-8610
　　　　　東京都文京区本駒込 6-3-26
　　　　　TEL 03-3944-1181　　FAX 03-3944-6826

ISBN978-4-8190-2906-3　　C3050　　¥3500E